网络规划设计师备考一本通

夏杰　编著

中国水利水电出版社
www.waterpub.com.cn
·北京·

内 容 提 要

本书是全国计算机技术与软件专业技术资格（水平）考试（简称“软考”）的辅导参考书，内容紧扣最新考试大纲，并结合作者通过历年真题总结出的考试重点及规律，旨在帮助考生在较短的时间内，比较深刻地把握核心知识点。

在考点总结的梳理与讲解部分，每一小节都配备精选真题，使考生可以快速检验对本节知识点的掌握程度，同时能够及时了解所学知识点的考法、深浅度等；补充知识中包含普通教材上没有但每年考试中又会经常考到的知识点；专题突破主要是针对考试中分数占比较高的专题知识进行训练，如基础知识专题、DHCP 和 DNS 专题、等保 2.0 与安全攻防专题、论文专题等；冲刺密卷中的模拟试题都是根据考试频率统计、精选的历年真题，以帮助考生巩固核心知识点，使准备过程有的放矢。全书知识点清晰，通俗易懂，可助考生轻松通过考试。

本书可作为网络规划设计师备考考生、相关培训机构的教学用书，也可作为相关讲师的参考资料。

图书在版编目（CIP）数据

网络规划设计师备考一本通 / 夏杰编著. -- 北京 : 中国水利水电出版社, 2023.8
ISBN 978-7-5226-1669-8

Ⅰ. ①网… Ⅱ. ①夏… Ⅲ. ①计算机网络－资格考试－自学参考资料 Ⅳ. ①TP393

中国国家版本馆CIP数据核字(2023)第140125号

策划编辑：周春元　　责任编辑：王开云　　封面设计：李　佳

书　　名	网络规划设计师备考一本通 WANGLUO GUIHUA SHEJISHI BEIKAO YIBENTONG
作　　者	夏杰　编著
出版发行	中国水利水电出版社 （北京市海淀区玉渊潭南路 1 号 D 座　100038） 网址：www.waterpub.com.cn E-mail：mchannel@263.net（答疑） sales@mwr.gov.cn 电话：（010）68545888（营销中心）、82562819（组稿）
经　　售	北京科水图书销售有限公司 电话：（010）68545874、63202643 全国各地新华书店和相关出版物销售网点
排　　版	北京万水电子信息有限公司
印　　刷	三河市德贤弘印务有限公司
规　　格	184mm×240mm　16 开本　22 印张　532 千字
版　　次	2023 年 8 月第 1 版　2023 年 8 月第 1 次印刷
印　　数	0001—3000 册
定　　价	68.00 元

前　言

计算机技术与软件专业技术资格（水平）考试是由人力资源和社会保障部、工业和信息化部领导的国家级考试，目的是科学、公正地对计算机专业技术人员进行水平与能力测试。软考证书可用于职称评定、专家库申请、积分落户、项目加分、申报退税等众多领域，得到了社会的广泛认可。

本书紧扣最新考试大纲，结合历年考题，先梳理高频考点以帮助读者速读教材，接着对每年必考重点内容进行专题总结，最后附考前冲刺密卷，对知识点进行查漏补缺。本书覆盖考试准备的各个阶段，深入浅出，可助考生轻松备考。

1. 内容丰富，针对性强

本书一共分为四个模块：考点分析、补充知识、专题突破、冲刺密卷。

- 考点分析。深入分析历年真题，剖析重点知识，让考生轻松备考，有的放矢。同时，每个考点后都附有历年真题和解析，即学即练。
- 补充知识。补充讲解每年必考（综合知识第1～10题）但官方教材缺少的四块内容：计算机组成原理、操作系统基础、软件开发、知识产权。
- 专题突破。对每年必考知识点进行强化突破，快速提分，尤其是论文专题，这是考生的痛点，也是专题部分的重点。
- 冲刺密卷。方便考生考前查漏补缺。

2. 名师辅导，快速拿证

本书作者持有CCNA/CCNP/CCIE、PMP、一级建造师、网络工程师、信息安全工程师、网络规划设计师、信息系统项目管理师、通信工程师等多个证书；在网络设备领域工作多年，拥有丰富的项目实战经验，发布了50余门视频课程，软考辅导经验丰富，授课风格深受欢迎，通过总结完善知识点和配套资料，帮助上万名学员成功通过考试。

3. 互动讨论，专家答疑

为了方便考生讨论和交流备考经验，我们建立了软考网络规划设计师QQ群：865253134，提供技术答疑，也会在群里共享备考资料，不定期进行备考指南、专题总结、职业规划等直播服务。

由于篇幅限制，本书未能对所有技术展开详细讲解，考虑到部分读者零基础入门，缺乏实操经验，我们提供了配套华为技术讲解和配置视频，并保持动态更新，欢迎 QQ 扫码入群获取。

4. 配套视频，体系化学习

本书免费提供配套专题视频讲解（交流群内可下载），帮助考生通过图书+视频的方式体系化学习，提升学习效率。完整版配套视频课程（教材精讲+真题解析）参考如下二维码。

非常感谢在本书编写和出版过程中，济南慧天云海信息技术有限公司产品总监朱洪江和中国水利水电出版社周春元编辑提供的建议和帮助。

夏　杰

2023 年 5 月

目　　录

备考指南

网络规划设计师考试是软考中网络和安全方向的高级考试，每年考一次，都在下半年的 11 月进行。一共考查如下三科，必须同时达到 45 分（每科满分 75 分）才能通过。

- 综合知识：75 道单选题，最后 5 道题为计算机英语。
- 案例分析：3 道大题，每题 25 分，考查的知识面非常广。
- 论文：一般包括两道论文题目，二选一进行作答，要求摘要 300 字，正文 2000～2500 字。

作者对最近 8 年的网络规划设计师真题进行了深入研究和分析，发现网络规划设计师考试综合知识和网络工程师考试的上午题类似，考查的知识点高度重合，只是难度加大了，所以一般建议考生考网络规划设计师之前，最好先考网络工程师，这样会事半功倍，提高通过率。

下午试题 I（案例分析）历年考查的知识点统计见表 1，主要包括三个方向：园区网、数据中心和网络安全。

表 1　案例分析统计

年份	题目 1：园区网（25 分）	题目 2：数据中心（25 分）	题目 3：网络安全（25 分）
2015	园区组网，IPSec VPN	数据中心网络，动环	网络安全组网与设备部署
2016	数据中心，机房动环，综合布线	数据中心，存储，云计算，虚拟化	网络安全设备与组网
2017	园区组网，Wi-Fi，ACL	桌面虚拟化，数据中心	网络安全
2018	园区基本组网与配置	RAID 技术（考查内容比较深）	数据中心，网络安全
2019	总分机构，IPSec，SD-WAN	电子政务组网，大二层，RAID，视频会议	网络安全与等级保护
2020	园区网，以太网与 PON	数据中心，DCN 与 SAN	网络安全与等级保护
2021	园区组网，认证/集群/出口	数据中心组网，分布式存储，能耗	安全管理，攻击防范，等保 2.0
2022	裸纤/专线，网络改造，设备冗余	IPv6，网络出口，二层攻击	攻击防范，等保 2.0

下午试题 II（论文）历年题目统计见表 2，跟案例分析的大方向高度重合，也是集中在三大领域：园区网、数据中心和网络安全。

表 2　论文题目统计

年份	题目 1	题目 2
2015	局域网络中信息安全方案设计与攻击防范技术	智能小区 Wi-Fi 覆盖解决方案
2016	论园区网的升级与改造	论数据灾备技术与应用
2017	论网络规划与设计中的光纤传输技术	论网络存储技术与应用
2018	网络监控系统的规划设计	网络升级与改造设备的重用
2019	IPv6 在企业网络中的应用	虚拟化技术在企业网络中的应用
2020	论疫情应用系统中的网络规划与设计	论企业网中 VPN 的规划与设计
2021	论 SD-WAN 技术在企业与多分支机构广域网互连中的应用	论数据中心信息网络系统安全风险评测和防范技术
2022	论 5G 与校园网络融合的规划与设计	论企业数据中心机房建设

如果没有项目经验，大部分人会觉得案例分析和论文很难，其实论文只要掌握方法和套路，通过的概率很大，案例分析虽然只考 3 道题，但涉及的知识面非常广，而且偏向实战，对于没有项目经验的考生的确有些难度，需要下功夫学习。

针对考试特点，同时考虑基础较差的考生，可以按照如下四轮进行复习：

- 基础知识：简化教材内容，适当扩展和补充学习。（25%精力）
- 专题突破：针对几大重要考点扩展学习产品和项目实战。（20%精力）
- 真题强化：先做一遍综合知识真题和案例分析真题，然后看解析。（30%精力）
- 论文专项突破：论文书写方法、套路技巧、论文真题、范文解析。（25%精力）

建议考生投入教材的精力不超过 30%，投入历年真题和论文的精力要达到 50%以上。原因很简单，网络规划设计师考试考查的内容非常广，比如案例分析，园区网中的路由交换、无线、运维管理等每个方向都可以延伸出很多内容；数据中心中的服务器、存储、数据中心网络、云平台、机房建设也可以单独写成一本书；网络安全更是如此，Web 安全、网络攻防、等级保护等细分领域也可以单独成书，所以考生不要期望一本教材或辅导书可以包含所有内容。案例分析中有不少考试内容在教材中找不到，必须通过专题突破和真题去扩展。作者结合历年辅导经验，针对网络规划设计师考试，给出了四阶段复习备考指南，供考生参考：

第一阶段：通读教材，然后完整看一遍教材讲解视频，了解整体知识架构。基础较差的考生，视频可以多看几遍。看完后先从最近 8 年的真题中随机选一套真题做一做，找找感觉。不会没有关系，主要是感受考查哪些内容，保证后面复习能够有的放矢。

第二阶段：专题突破。结合补充的专题内容进行深度学习，特别是没有项目实战经验的考生，该阶段甚为重要，主要为下午案例分析和论文提供"弹药"。这个阶段学得好，论文下笔如有神。

第三阶段：真题练习。把最近 8 年的真题"做实吃透"。很多考生做真题一直存在误区，迅速做完题目，对照一下答案，然后就开始下一题。这样做真题不仅完全没有达到目的，而且浪费时间，不会的题下次遇到依旧不会。建议考生做完真题一定要认真“复盘”：哪些错了？为什么错？当时怎么思考的？正确思路是什么？答对的题目是否完全理解？有没有更好的思路等。如果对题目完全没有思路，也没关系，看看真题解析，认真研究应该怎么思考，题目有哪些“陷阱”，主要考查什么知识点等。网络规划设计师考试每年考一次，真正有价值的真题不多，所以更要在真题上下足功夫。

第四阶段：论文专项突破。根据个人情况，如果特别害怕写论文，此阶段可以与第三阶段并行。考生若能掌握论文的套路和技巧，则论文难度并不大。当然，字写得潦草的考生，前期一定要练字，不然会影响卷面主观分。

第1章 计算机网络基础

1.1 考点分析

本章主要介绍网络基础，在考试中主要以选择题形式出现，需要重点掌握 OSI 和 TCP/IP 模型。

1.2 计算机网络概论

1. 计算机网络基础

计算机网络是一个将分散的、具有独立功能的计算机系统，通过**通信设备与线路**连接起来，由功能完善的软件**实现资源共享**的系统。随着技术的进步和应用的相互渗透，**电信网络、电视网络、计算机网络**已经逐步实现**三网融合**，骨干网络走向统一。

2. 计算机网络分类

计算机网络分类方式有多种，可以按组成元素、网络拓扑类型、使用场景、覆盖范围以及提供的服务进行划分。计算机网络分类如图 1-1 所示。

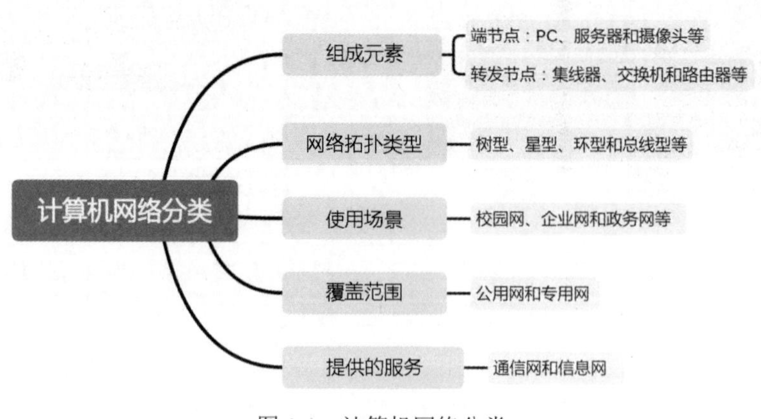

图 1-1 计算机网络分类

1.3 OSI和TCP/IP模型

1.3.1 考点精讲

1. 为什么会有网络参考模型

大部分与计算机网络相关的书籍，开篇都会介绍OSI和TCP/IP模型，原因很简单，OSI和TCP/IP模型是构成计算机网络的基础，后续学到的所有技术，都跟这两个模型息息相关。要掌握这两个模型，就必须清楚两个问题：第一，为什么会有这两个模型，它们解决了什么问题？第二，这两个模型具体定义了什么？

首先来看第一个问题，为什么会有OSI和TCP/IP模型，它们解决了什么问题？其实计算机诞生很早，1946年人类发明了世界上第一台计算机，但之后一直不温不火，因为早期计算机都是封闭系统，所有部件由同一厂商研发制作，比如典型的IBM小型机，采用自研Power系列CPU和自家的AIX系统，就连运行的数据库也是IBM的DB2，基本所有系统都由IBM一家公司完成，如图1-2所示。其优点是安全性高、性能强，缺点是兼容性差、更新周期慢。

为了加快技术和产品的迭代速度，人们提出了OSI和TCP/IP参考模型，主要将网络通信系统拆分为小一些、简单一些的部件，通过网络组件的标准化，允许多个供应商进行开发，允许各种类型的网络硬件和软件互相通信，同时有助于各个部件的设计和故障排除。正是基于OSI和TCP/IP模型的标准化，现在的计算机可以使用英特尔的CPU、英伟达的显卡、三星的硬盘、微软的操作系统，大家各司其职，协同工作。于是诞生了以英特尔CPU和微软操作系统为核心的兼容机，如图1-3所示。

图1-2 IBM小型机

图1-3 PC兼容机

2. OSI模型

OSI模型将网络分为七层，分别是物理层、数据链路层、网络层、传输层、会话层、表示层、应用层。各层的大体功能如图1-4所示，了解即可。

应用层	各种应用程序、协议
表示层	数据和信息的语法转换内码，数据压缩解压、加密解密
会话层	为通信双方指定通信方式，并创建、注销会话
传输层	提供可靠或者不可靠的端到端传输
网络层	逻辑寻址；路由选择
数据链路层	将分组封装成帧；提供节点到节点的传输；差错控制
物理层	在媒介上传输比特流；提供机械和电气规约

图 1-4　OSI 模型的层次与功能

3. TCP/IP 模型

为了简化 OSI 模型，美国国防部创建了 TCP/IP 模型，它是由一组不同功能的协议组合在一起构成的协议簇，TCP/IP 是当今互联网的基础。TCP/IP 模型各层的功能如图 1-5 所示。

应用层	对应OSI参考模型的高层，为用户提供所需要的各种服务器，例如：FTP、Telnet、DNS、SMTP等
传输层	为应用层实体提供端到端的通信功能
网络层	定义逻辑地址，路由选择（路由和寻址）
数据链路层	将分组数据封装成帧，提供节点到节点的传输
物理层	在媒介上传输比特流；提供机械和电气规约

图 1-5　TCP/IP 模型的层次与功能

图 1-6 为 TCP/IP 模型与 OSI 模型的对应关系，TCP/IP 模型中把 OSI 模型的会话层、表示层和应用层融合为应用层，把物理层和数据链路层融合为网络接口层，有时也称网际接入层。当然，也能看到最下面两层不做合并的情况，日常项目中也经常说 TCP/IP 的物理层和数据链路层。

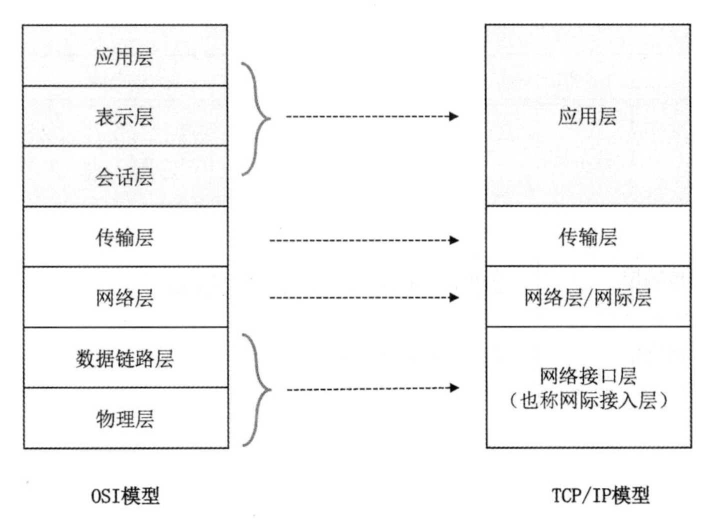

图 1-6　OSI 和 TCP/IP 模型的对应关系

4．通过 OSI 模型理解数据封装过程

PC 上某个应用（假设是浏览器）产生一个应用层访问数据，首先进行传输层封装，加上 TCP 或 UDP 报头，接着进行网络层封装，添加 IP 报头，然后进行数据链路层封装，加上以太网报头，最后转换为 01 编码，在物理层进行传送，如图 1-7 所示。需要注意各层数据封装的名称：**物理层叫比特流，数据链路层叫数据帧，网络层叫数据包，传输层叫数据段，应用层叫应用层协议数据单元**（Application Protocol Data Unit，APDU），简称数据。2016/（11）

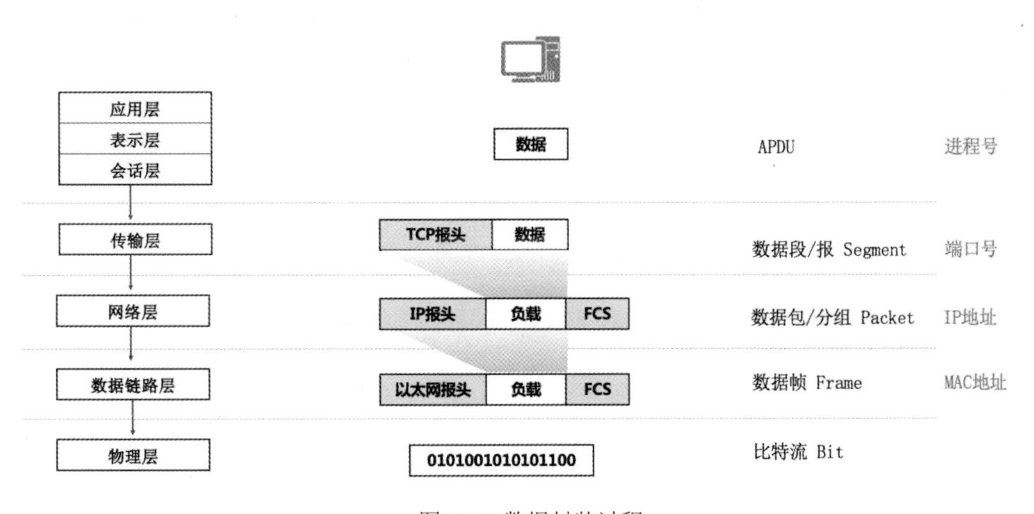

图 1-7　数据封装过程

5．重点协议的层次

考生需要掌握常见协议对应的网络层次，见表 1-1。

表 1-1　常见协议与对应层次

OSI 模型	TCP/IP 模型	常见协议	
应用层（Application）	应用层	Telnet、SSH、FTP、SMTP、POP3	TFTP、SNMP、RPC、DHCP
表示层（Presentation）			
会话层（Session）			
传输层（Transport）	传输层	TCP	UDP
网络层（Network）	网络层	IP、ICMP、IGMP、ARP/RARP	
数据链路层（Data Link）	网络接口层	Ethernet、PPP、HDLC、L2TP	
物理层（Physical）			

1.3.2　即学即练·精选真题

- 由于 OSI 各层功能具有相对性，在网络故障检测时按层排查故障可以有效发现和隔离故障，通常逐层分析和排查的策略在具体实施时＿（1）＿。（2015 年 11 月第 67 题）

  （1）A．从低层开始　B．从高层开始　C．从中间开始　D．根据具体情况选择

  【答案】（1）D

  【解析】网络故障排查通常逐层分析，可以按照 OSI 模型从低到高排查，也可以从高到低进行排查。

- 数据封装的正确顺序是＿（2）＿。（2016 年 11 月第 11 题）

  （2）A．数据、帧、分组、段、比特　　B．段、数据、分组、帧、比特

  　　C．数据、段、分组、帧、比特　　D．数据、段、帧、分组、比特

  【答案】（2）C

  【解析】掌握数据封装在各层的名称，应用层传输的是应用层协议数据单元，简称数据，传输层是数据段、网络层是数据分组、数据链路层是数据帧、物理层是比特流。

第2章 数据通信原理

2.1 考点分析

本章内容在考试中一般考查 2～3 分，内容较多，且部分知识点比较抽象，建议前期好好学，如果冲刺阶段还不能掌握，可以战略性选择放弃。需要重点掌握奈奎斯特定理、CRC、信道延迟、HDLC 和 MLT-3。

2.2 信道特性

2.2.1 考点精讲

1. 信道带宽 W

- 模拟信道带宽：$W=f_2-f_1$（f_2 和 f_1 分别表示信道能通过的最高和最低频率，单位为 Hz）。例如：模拟传输信道频率范围为 10～16MHz，那么此信道带宽为：$W=f_2-f_1=16-10=6$MHz。
- 数字信道带宽：数字信道是离散信道，带宽为信道能够达到的最大数据传输速率，单位是 bit/s。例如：数字信道最大传输速率为 100Mbit/s，那么信道带宽即为 100Mbit/s。

2. 码元与码元速率

- 码元：一个数字脉冲称为一个码元，可以理解为时钟周期的信号。
- 码元速率：单位时间内信号波形变化的次数，也是单位时间内传输码元的个数。
- 码元宽度（脉冲周期）为 T，则码元速率（波特率）为 $B=1/T$，单位是波特 Baud。
- 一个码元携带的信息量 n（位）与码元种类数（N）的关系为 $\boldsymbol{n=\log_2 N}$。

3. 奈奎斯特定理和香农定理

奈奎斯特定理和香农定理非常重要，在考试中大多以计算型选择题出现。2018/（14）

- 奈奎斯特定理：在一个理想的（没有噪声环境）信道中，若信道带宽为 W，最大码元速率 $B=2W$（Baud），极限数据速率 $R=B\log_2 N=2W\log_2 N$。首先需要记住奈奎斯特定理公式，其次要掌握公式中每个字母的含义，比如 **R 代表极限数据速率**，**B 代表码元速率**（也称波特率），W 代表信道带宽，N 代表码元种类数量。最后还要能结合题目，灵活代入公式进行计算。

- 香农定理：表示在一个有噪声信道中，极限数据速率和带宽之间的关系。极限速率公式为：$C=W\log_2(1+S/N)$，其中 C 为极限数据速率，W 为信道带宽，S 为信号平均功率，N 为噪声平均功率，S/N 为信噪比（信息和噪声的比值，题目可能会直接告诉信噪比的值）。例如，已知信道带宽为 10MHz，信噪比为 3，那么该信道的极限速率 $C=W\log_2(1+S/N)=10M\times\log_2(1+3)=20Mb/s$。

考试一般不会直接告诉简单的信噪比值，而是用分贝表示信噪比。比如，已知信道带宽为 10MHz，信噪比为 30dB，要求信道极限速率。第一步需要把 30dB 转换成 S/N，接着再代入香农公式求解。

dB 与 S/N 的关系如下：

$$dB=10\log_{10}(S/N)$$

把 30dB 代入公式得到：

$$30=10\log_{10}(S/N)$$

$$3=\log_{10}(S/N)$$

$$S/N=10^3=1000$$

以上换算过程必须掌握，或者直接记住当信噪比等于 30dB 时，S/N 是 1000。

接着代入香农公式：$C=W\log_2(1+S/N)=10M\times\log_2(1+1000)=10M\times\log_2 1001\approx10\times\log_2 1024=10M\times10=100Mb/s$。

大家可以尝试计算一下信噪比为 10dB 时，S/N 的值是多少。答案是 10，这里就不展开计算了。介绍完奈奎斯特定理和香农定理，我们梳理一下两大定理的区别和联系，同时区分带宽（W）、码元速率/波特率（B）、数据速率（C 或 R）、信噪比（S/N）、码元种类数（N）几大参数的含义。这两大定理涉及的参数及对应的数据速率公式如图 2-1 所示。

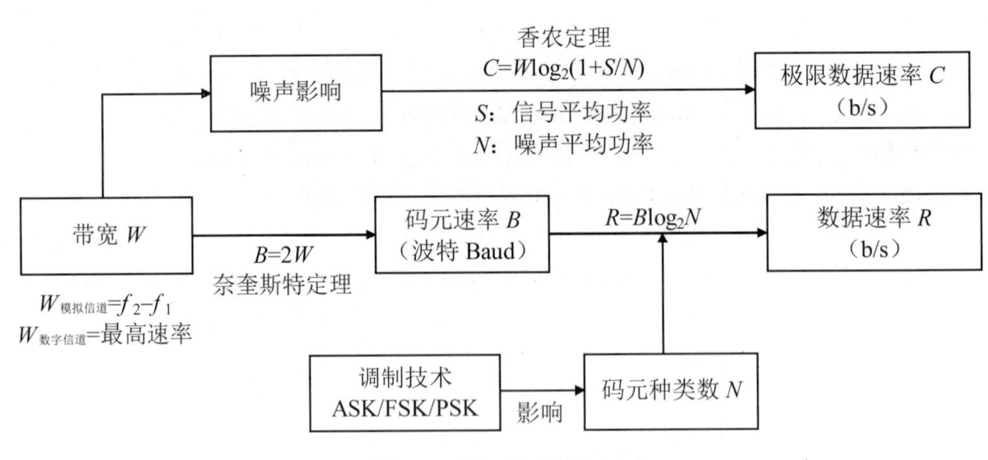

图 2-1 数据速率计算公式

4. 信道延迟 2017/（14）（15）、2019/（38）、2020/（14）、2022/（20）

信道延迟是指数据从源端到达目的端需要的时间，一般包含两个部分，数据发送时间和传播时间，其中数据发送时间与数据量和信道速率有关，传播时间与源端和目的端距离有关。光速为300000km/s，光纤中信号速率约等于光速，同样为 300000km/s（即 300m/μs），电缆中信号传播速度为光速的 67%，即 200000km/s（即 200m/μs）。卫星信道的单向延时大约 270ms，故用户发送数据到卫星，再到卫星返回应答，延时约为 540ms。

例如，在 1000m100BASE-T 线路上，发送 1000 字节数据，信道延迟计算过程如下：

（1）单位换算：100BASE-T 线路带宽是 100M，即 100Mbit/s=100×106bit/s，1000 字节=1000×8bit。

（2）发送时间：1000×8bit/(100×10^6bit/s)=8×10^{-5}s=80μs。

（3）传播时间：1000m/(200000km/s)=5×10^{-6}s=5μs。

（4）信道延迟=发送时间+传播时间=80μs+5μs=85μs。

2.2.2 即学即练·精选真题

- 局域网上相距 2km 的两个站点，采用同步传输方式以 10Mb/s 的速率发送 150000 字节大小的 IP 报文。假定数据帧长为 1518 字节，其中首部为 18 字节；应答帧为 64 字节。若在收到对方的应答帧后立即发送下一帧，则传送该文件花费的总时间为＿（1）＿ms（传播速率为 200m/μs），线路有效速率为＿（2）＿Mb/s。（2017 年 11 月第 14～15 题）

（1）A. 1.78　　B. 12.86　　C. 17.8　　D. 128.6

（2）A. 6.78　　B. 7.86　　C. 8.9　　D. 9.33

【答案】（1）D　（2）D

【解析】（1）信道延迟=发送时延+传播时延。

数据一共 150000 字节，而以太网最大帧长 1518 字节，其中头部 18 字节，故有效载荷 1500 字节，那么数据一共有 150000/1500=100 帧。

数据发送时延=100×1518×8/（10×10^6）=0.12144s，应答帧发送延迟=100×64×8/（10×10^6）=0.00512s。

➢ 总发送延迟=0.12144s+0.00512s=0.1266s=126.6ms。

➢ 总传播延迟=2×100×2000/200000000=0.002s=2ms。

➢ 信道延迟=总发送时延+总传播时延=126.6ms+2ms=128.6ms=0.1286s。

（2）有效速率为：150000×8/0.1286=9.33Mb/s。

- 以太网的最大帧长为 1518 字节，每个数据帧前面有 8 个字节的前导字段，帧间隙为 9.6μs。若采用 TCP/IP 网络传输 14600 字节的应用层数据，采用 100BASE-TX 网络，需要的最短时间为＿（3）＿。（2019 年 11 月第 38 题）

（3）A. 1.32ms　　B. 13.2ms　　C. 2.63ms　　D. 26.3ms

【答案】（3）A

【解析】以太帧的最大帧长 1518 字节，除去 18 字节以太网报头，20 字节 IP 报头，20 字节 TCP 报头，那么应用层数据是 1460 字节，故 14600 字节的应用层数据，会封装成 10 个以太网帧进行传送。每个数据帧前面有 8 字节的前导字段，帧间隔 9.6μs。每帧的传送时间=$(1518+8)\times8/100\times10^6$=0.00012208s=0.12208ms，10 帧传送时间是 1.2208ms，加上帧间隙 9.6μs×10=96μs=0.096ms，那么总传送时间为 1.2208ms+0.096ms=1.32ms。

- 以 100Mb/s 以太网连接的站点 A 和 B 相距 2000m，通过停等机制进行数据传输，传播速度为 200m/μs，最高的有效传输速率为＿（4）＿Mb/s。

（4）A．80.8　　B．82.9　　C．90.1　　D．92.3

【答案】（4）B

【解析】以太网数据帧最大为 1518 字节，按最大帧计算，则帧发送时间：1518×8/100Mb/s=121.44μs；数据帧传播时间=2000m/(200m/μs)=10μs。

题目指出采用停等传输机制，即收到确认帧后再发下一帧，确认帧是 64B，则确认帧发送时间：64×8/100Mb/s=5.12μs。

总时间：121.44μs+5.12μs+10μs+10μs=146.56μs=0.14656×10^{-3}s。

则有效速率为 $1518\times8/0.14656\times10^{-3}$=82.9Mb/s(直接使用 1518B，不用考虑 MTU 静载荷 1500B，不然没有答案），故选 B 选项。

- 如下图所示，假设分组长度为 16000 比特，每段链路的传播速率为 3×10^8m/s，只考虑传输延迟和传播延迟，则端到端的总延迟为＿（5）＿秒。（2022 年 11 月第 20 题）

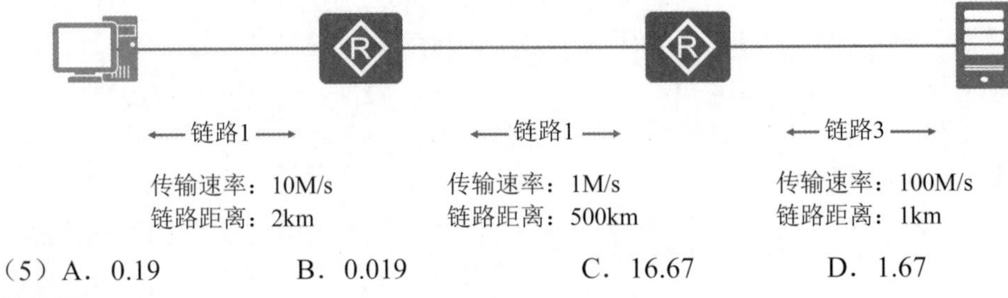

（5）A．0.19　　B．0.019　　C．16.67　　D．1.67

【答案】（5）B

【解析】总共距离为 503km，则传播延迟是：503×10^3m/3×10^8m/s=167.67×10^{-5}s=0.00168s。

传输延迟是：$16000/10\times10^6+16000/1\times10^6+16000/100\times10^6$=0.01776s。

总延迟=传播延迟+传输延迟=0.00168+0.01776s ≈ 0.019s。

注：从直观感觉可以直接排除 C 选项和 D 选项。考试不允许用计算器，可以先化简后再计算，统一化成 10^6 位分母计算。

2.3　数据编码

2.3.1　考点精讲

数据编码方案非常多，需要重点掌握曼彻斯特编码、差分曼彻斯特编码、MLT-3、4B/5B、8B/6T 和 4D-PAM5，需要清楚**每种技术采用了什么编码，以及各种编码的效率**。

1. 曼彻斯特编码

曼彻斯特编码常用于以太网中，是一种双相码，在每个比特中均有一次跳变，编码和波形可由用户定义，编码规则如图 2-2 所示，定义由低电平向高电平跳变的波形代表“1”，由高电平向低电平跳变的波形代表“0”。

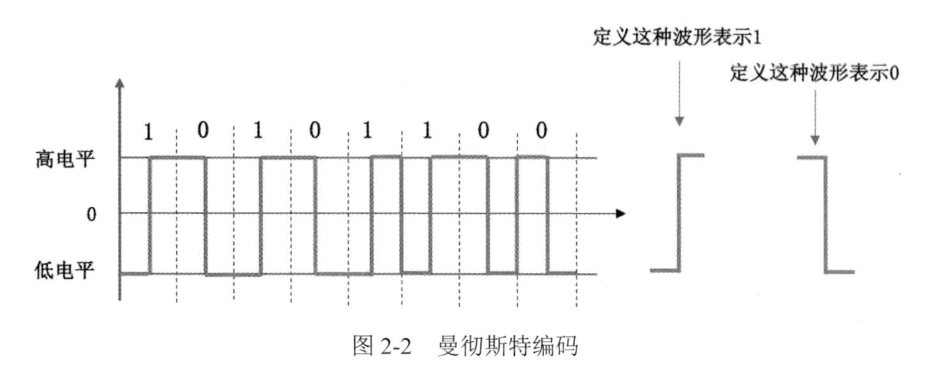

图 2-2 曼彻斯特编码

2. 差分曼彻斯特编码

差分曼彻斯特编码主要应用在令牌环网中，编码不关注波形形状，而是比较始末电平，下一个编码的起始电平与上一个编码的结束电平如果相同（没变化），表示 1，有变化表示 0，简称“有 0 无 1”。2018/（12）

如图 2-3 所示，第一个编码的结束电平是高电平，第二个编码的起始电平是低电平，很明显有变化，那么根据“有 0 无 1”的编码规则，第二个编码就是 0。按照同样的规则可以推断出第 3、第 4、第 5、……、第 N 位的编码，但不能通过差分曼彻斯特编码推出第一位的编码。

两种曼彻斯特编码的优点是将时钟包含在信号数据流中，也称自同步码；缺点是编码效率较低，编码效率都只有 50%。由于每位数据需要高低两个电平来表示，所以**码元速率是数据速率的两倍**，如果数据传输速率为 100Mb/s，那么码元速率是 200 Baud（波特）。

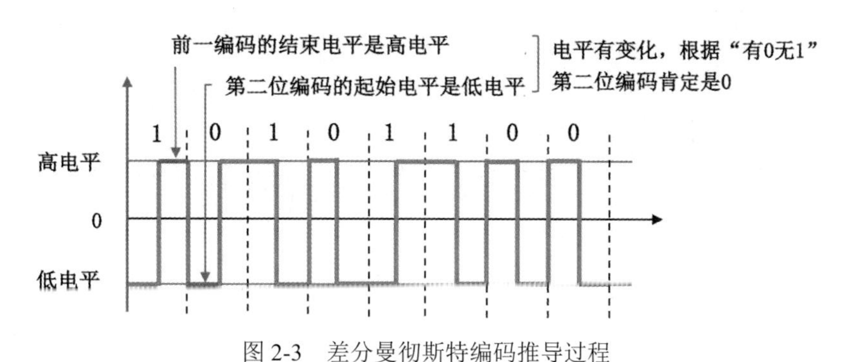

图 2-3 差分曼彻斯特编码推导过程

3. MLT-3 编码

MLT-3 编码常用于 100BASE-TX，用 3 种电位状态分别表示“正电位”“零电位”和“负电位”。MLT-3 编码规则较为复杂，总结如下：2019/（16）、2020/（15～16）

（1）如果输入是数值 0，则电平保持不变。

（2）如果输入是数值 1，则产生跳变，但跳变分两种情况：如果前一个电平是+1 或-1，则下一电平为 0，如果前一电平是 0，下一个电平和最近一个非 0 电平相反。

4. 4B/5B 编码

快速以太网 100BASE-FX 采用 **4B/5B 和 NRZ-I** 编码，先把信息按 4bit 进行分组，接着转换为 5bit 编码，最后转换为 NRZ-I 代码序列发送到传输介质。

5. 8B/6T 编码

快速以太网 100BASE-T4 采用 8B/6T 编码，原理为：先把信息按 8bit 分组，然后映射为 6 个 3 进制位（比如：0、+、-）。了解即可，具体编码细节不必深究。

6. 4D-PAM5 编码

4D-PAM5 编码用于 1000BASE-T 以太网标准，1000BASE-T 物理层采用 4 对 5 类双绞线，支持全双工。

各类编码的应用场景总结见表 2-1。

表 2-1　编码类型的应用场景

编码类型	应用场景
曼彻斯特	以太网
差分曼彻斯特	令牌环
4B/5B	百兆以太网 100BASE-TX 先 4B/5B 编码，再 MLT-3 编码 2017/（12）（13） 100BASE-X 先 4B/5B 编码，再 NRZ-I 编码 2018/（13）
8B/10B	千兆以太网（1000BASE-TX）2021/（12）
4D-PAM5	1000BASE-T（除 1000BASE-T 外，其他千兆以太网都采用 8B/10B 编码）
64B/66B	万兆以太网
MLT-3	100BASE-TX
8B/6T	100BASE-T4

需要掌握常见编码的效率，曼彻斯特码和差分曼彻斯特码效率为 50%，4B/5B 效率为 80%，8B/10B 效率为 80%，64B/66B 效率为 97%。

2.3.2　即学即练·精选真题

- 100BASE-TX 采用的编码技术为___（1）___，采用___（2）___个电平来表示二进制 0 和 1。（2017 年 11 月第 12～13 题）

（1）A．4B/5B　　B．8B/6T　　C．8B/10B　　D．MLT-3

（2）A．2　　B．3　　C．4　　D．5

【答案】（1）D （2）B

【解析】100BASE-TX 先采用 4B/5B，再采用 MLT-3 编码，联系上下文选 MLT-3 更合适。

- 下图中 12 位差分曼彻斯特编码的信号波形表示的数据是___（3）___。（2018 年 11 月第 12 题）

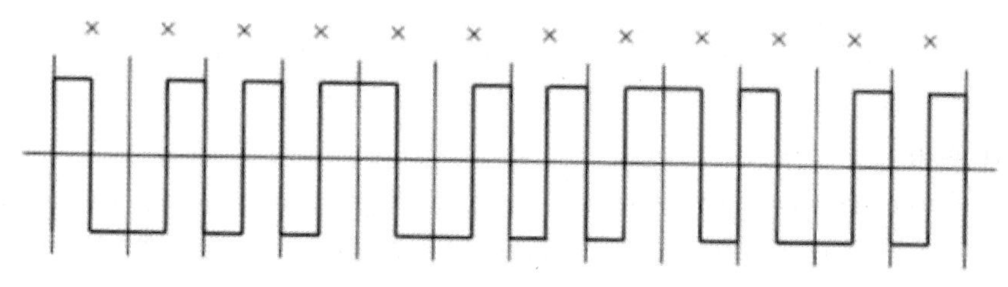

（3）A．001100110101　　B．010011001010
　　C．100010001100　　D．011101110011

【答案】（3）B

【解析】差分曼彻斯特编码中，编码规则是“有 0 无 1”，即后一个波形的起始电平跟前一个波形的结束电平相比，如果有变化就表示 0，没有变化表示 1。差分曼彻斯特编码中，只能从第二个波形开始推断具体编码。第一个波形结束电位是负电平，第二个波形的起始电位是正电平，明显有变化，所以第二位肯定是 1，其他位依此类推。

- 100BASE-X 采用的编码技术为 4B/5B 编码，这是一种两级编码方案，首先要把 4 位分为一组的代码变换成 5 单位的代码，再把数据变成___（4）___编码。（2018 年 11 月第 12 题）

（4）A．NRZ-I　　B．AMI　　C．QAM　　D．PCM

【答案】（4）A

【解析】4B/5B 编码方案是把数据转换成 5 位符号，供传输，因其效率高和容易实现而被采用。这种编码的特点是将要发送的数据流每 4bit 作为一个组，然后按照 4B/5B 编码规则将其转换成相应 5bit 码，再把数据转换为 NRZ-I 编码。

- 下图是采用 100BASE-TX 编码收到的信号，接收到的数据可能是___（5）___，这一串数据前一比特的信号电压为___（6）___。（2019 年 11 月第 15～16 题）

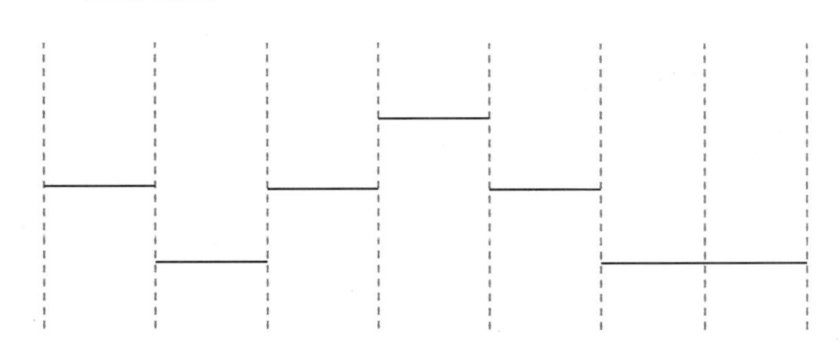

（5）A．0111110　　B．100001　　C．0101011　　D．0000001
（6）A．正电压　　B．零电压　　C．负电压　　D．不能确定

【答案】（5）A （6）B

【解析】100BASE-TX 采用 4B/5B 编码，即每 4 位数据用 5 位的编码组来表示，编码效率是 80%。然后再采用 MLT-3 进行编码。由于最后 1 位与倒数第 2 位电位一样，根据 MLT-3 编码规则可知，最后一位是 0，（5）空选择 A 选项。从（5）空的 A 选项得知第 1 位数据是 0，那么第 1 位的前 1 位电压应该与第 1 位相同，都是零电压，故（6）空选 B 选项。

- IEEE 802.3z 定义了千兆以太网标准，其物理层采用的编码技术为___（7）___。在最大段长为 20 米的室内设备之间，较为合理的方案为___（8）___。（2019 年 11 月第 18～19 题）

（7）A．MLT-3　　B．8B/6T
　　C．4B/5B 或 8B/10B　　D．Manchester

（8）A．1000BASE-T　　B．1000BASE-CX
　　C．1000BASE-SX　　D．1000BASE-LX

【答案】（7）C　（8）B

【解析】曼彻斯特编码效率为 50%，用于以太网，4B/5B 效率为 80%，用于百兆以太网，8B/10B 效率为 80%，用于千兆以太网，64B/66B 效率为 97%，用于万兆以太网。题目没有 8B/10B 编码，只有 C 选项最接近。1000BASE-CX 的传输距离是 25 米。

- 下面是 100BASE-TX 标准中 MLT-3 编码的波形，出错的是第___（9）___位，传送的信息编码为___（10）___。（2020 年 11 月第 15～16 题）

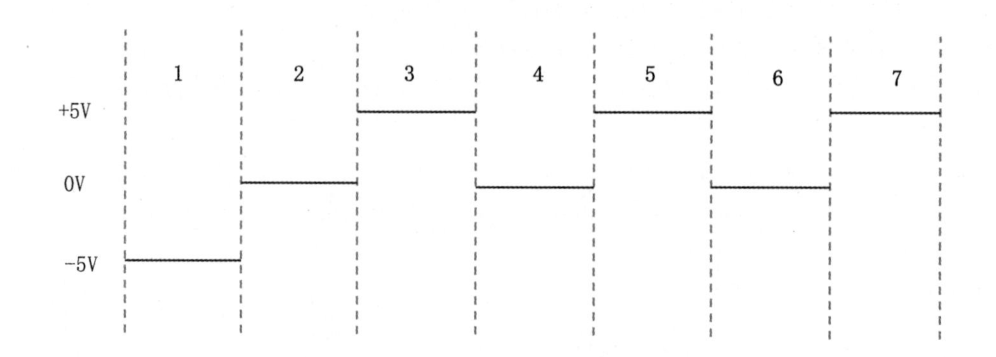

（9）A．3　　B．4　　C．5　　D．6

（10）A．1111111　　B．0000000　　C．0101010　　D．1010101

【答案】（9）C　（10）A

【解析】MLT-3 跟 NRZ-I 码类似，遇 1 跳变，遇 0 不跳变，MLT-3 编码规则如下：

（1）如果输入是 0，则电平保持不变；

（2）如果输入是 1，则产生跳变，但又分两种情况：如果前一输入是+1 或-1，则下一输出为 0，如果前一输出是 0，其信号极性和最近一个非 0 相反。

通过观察，第 2 个电平有变化，结合规则（1），判定第 1 位表示 1。由于第 3 位与第 2 位电平相比，有变化，故第 3 位表示 1，故（9）空选 C 选项。根据（10）空得知所有位都表示 1，那么第 5 位应该是负电平，而图中显示为正电平，故出错的是第 5 位。

- 1000BASE-TX 采用的编码技术为___（11）___。（2021 年 11 月第 12 题）

  （11）A．PAM5　　B．8B/6T　　C．8B/10B　　D．MLT-3

  【答案】（11）C

  【解析】1000BASE-T 采用 5 类或超 5 类双绞线传输，使用的编码方案是 4D-PAM5。1000BASE-X 采用光纤或短距离铜缆传输，采用 8B/10B 编码技术。1000BASE-TX 技术对传输介质要求高，只有 6 类或更高的布线系统才能支持，同时其编码方式也相对简单，采用 8B/10B 编码（8B/10B 简单，PAM5 复杂），相当于用更好的硬件传输介质去弥补编码技术的缺陷。

2.4 调制技术与 PCM

2.4.1 考点精讲

1．调制技术

常见的调制方式有幅度键控（Amplitude Shift Keying，ASK）、频移键控（Frequency Shift Keying，FSK）、相移键控（Phase Shift Keying，PSK）和正交幅度调制（Quadrature Amplitude Modulation，QAM）。

- 幅度键控（ASK）：用不同振幅的两个载波表示 0 和 1。
- 频移键控（FSK）：用不同频率的两个载波表示 0 和 1。
- 相移键控（PSK）：用不同相位的两个载波表示 0 和 1。
- 正交幅度调制（QAM）：把**两个幅度相同但相位差 90°**的模拟信号合成一个模拟信号。

2 相调制码元只取两个相位，即码元种类数 N=2。4 相调制码元取 4 个相位，即码元种类数 N=4。DPSK 是典型的 2 相调制，码元种类数 N=2。QPSK 是典型的 4 相调整，码元种类数 N=4。几种调制技术波形对比如图 2-4 所示。

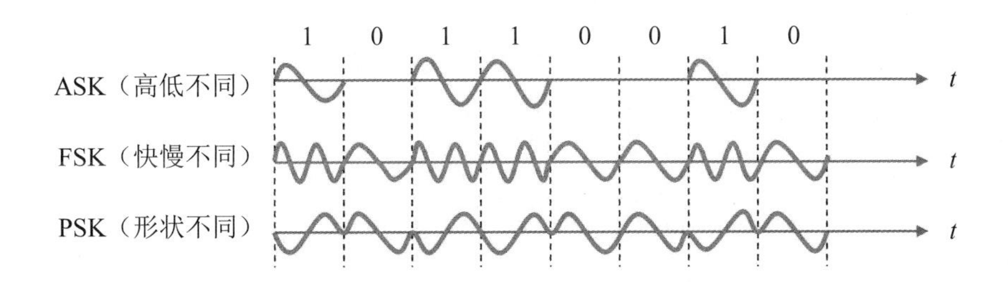

图 2-4　几种调制技术波形对比

2．脉码调制（PCM）

把模拟信号转换为数字信号常用的数字化技术就是脉冲编码调制技术（Pulse Code Modulation，PCM），简称脉码调制。PCM 数字化过程包括**采样、量化和编码** 3 个步骤。

- 采样：按照一定的时间间隔对模拟信号进行取样，把模拟信号的当前值作为样本。奈奎斯特采样定理：如果模拟信号的最高频率为 f_{max}，若以大于等于 $2f_{max}$ 的采样频率对其进行采样，则采样得到的离散信号序列就能完整地恢复出原始信号。例如，音频信号频率为9～12kHz，那么采样频率至少为2×12=24kHz。

$$f=\frac{1}{T}\geqslant 2f_{\max}$$

- 量化：把取样后得到的样本由连续值转换为离散值，离散值的个数决定了量化的精度。
- 编码：把量化后的样本值变成相应的二进制代码。

例如，对声音信号数字化时，由于语音的最高频率是4kHz，所以取样频率至少是8kHz。如果对语音样本采用128个等级量化，则每个样本用7bit表示（2^7=128，即7位正好能够表示128种状态，也就是量化等级）。每个样本携带信息为7bit，频率为8kHz，即每秒传输8000次，那么在数字信道上传输这种数字化后的语音信号速率是7bit×8k=56kb/s。

2.4.2 即学即练·精选真题

- 在异步通信中，每个字符包含1位起始位、7位数据位、1位奇偶位和2位终止位，每秒钟传送200个字符，采用QPSK调制，则码元速率为___（1）___波特。（2018年11月第14题）

（1）A．500　　B．550　　C．1100　　D．2200

【答案】（1）C

【解析】每个字符包括11位，每秒传送200个字符，所以数据速率R为200×11=2200b/s。采用QPSK调制，码元种类为4种，根据奈奎斯特定理$R=B\log_2N$，$2200=B\log_2 4$，$2200=2B$，所以B=1100。

- 模拟信号数字化的正确步骤是___（2）___。（2022年5月第14题）

（2）A．采样、量化、编码　　B．编码、量化、采样
C．采样、编码、量化　　D．编码、采样、量化

【答案】（2）A

【解析】PCM数字化过程包括采样、量化和编码3个步骤。

2.5 通信方式与交换方式

2.5.1 考点精讲

1．异步传输与同步传输

（1）异步传输：把各个字符分开传输，在字符之间插入同步信息，典型的是插入起始位和停止位。异步传输的优点是实现简单，但引入了起止位，会影响传输效率，导致速率不会太高。

（2）同步传输：发送方在传送数据之前，先发送一串同步字符SYNC，接收方检测到2个以上SYNC字符就确认已经进入同步状态，开始准备接收数据。同步传输效率更高，在短距离高速数据传输中，大多采用同步传输方式。HDLC是典型的同步传输，HDLC帧格式如图2-5所示，起始标志和结束标志都是“01111110”。

标志：1字节	1字节	1字节	≥0字节（可变）	2字节	标志：1字节
01111110	地址	控制字段	DATA	FCS	01111110

图 2-5　HDLC 帧格式

2. 单工通信、半双工通信和全双工通信

按照传输方向，通信方式可以分为：单工通信、半双工通信和全双工通信。

- **单工通信：**信息只能在一个方向传送，发送方不能接收，接收方不能发送，典型代表有电视和广播。
- **半双工通信：**通信的双方可以交替发送和接收信息，但不能同时接收或发送，典型代表有对讲机、集线器和 Wi-Fi 通信。
- **全双工通信：**通信双方可同时进行双向的信息传送，典型代表有电话和交换机。

3. 电路交换、报文交换和分组交换

按照数据交换方式，通信可以分为：电路交换、报文交换和分组交换。

- **电路交换：**将数据传输分为**电路建立、数据传输和电路拆除** 3 个过程。数据传送之前需建立一条物理通路，在线路被释放之前，该通路将一直被用户完全占有，不能再被其他用户使用，典型应用是传统电话。
- **报文交换：**报文从发送方传送到接收方采用存储转发方式，报文中含有每一个下一跳节点，完整的报文在每个节点间传送。类似快递转运，比如 100kg 的货物，要从北京运到上海，中间需要经过徐州、南京两个中转站，由于采用存储转发，就需要每个中转站都有足够的空间，必须能存储下 100kg 的货物，然后再转发出去。
- **分组交换：**本质是把原始数据拆分成多个分组进行传输，中间网络节点不再需要接收完整数据，降低对缓存空间的要求。分组交换可以按分组纠错，发现错误只需重发出错的分组，提高了通信效率。分组交换又可以分为**数据报方式和虚电路方式**。2015/（11）、2021/（20）

（1）数据报方式：每个分组被独立地处理，每个节点根据路由选择算法，为每个分组选择一条路径，使它们的目的地相同。如图 2-6 所示，如果采用数据报方式，从 A 到 B 的数据分组，可以有多条路径，比如一部分数据走 ACDB，另外一部分数据走 AEFB，分组可能出现乱序，到目的地 B 进行组装，代表协议是 IP。

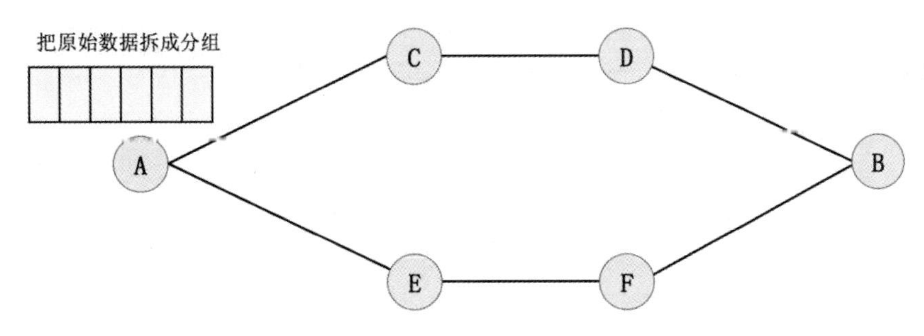

图 2-6　数据交换示意图

（2）虚电路方式：在数据传送之前，先建立起一条逻辑上的连接，每个分组都沿着这条逻辑连接的路径传输。如图 2-6 所示，如果采用数据报方式，首先建立虚电路，比如是 ACDB，数据分组只能沿着这条路径传送，且分组不会乱序，代表协议是 X.25、FR 和 ATM。2020/（22）、2021/（21）

2.5.2 即学即练·精选真题

- 下面的网络中不属于分组交换网的是＿（1）＿。（2015 年 11 月第 11 题）

  （1）A．ATM　　B．POTS　　C．X.25　　D．IPX/SPX

  【答案】（1）B

  【解析】ATM、X.25、FR、IP、IPX/SPX 都是分组交换技术，普通老式电话业务（Plain Old Telephone Service，POTS）是电路交换。

- 广域网可以提供面向连接和无连接两种服务模式，对应于两种服务模式，广域网有虚电路和数据报两种传输方式，以下关于虚电路和数据报的叙述中，错误的是＿（2）＿。（2020 年 11 月第 22 题）

  （2）A．虚电路方式中每个数据分组都没有源端和目的端的地址，而数据报方式则不然

  B．对于会话信息，数据报方式不存储状态信息，而虚电路方式对于建立好的每条虚电路都要求占有虚电路表空间

  C．数据报方式对每个分组独立选择路由，而虚电路方式在虚电路建好后，路由就已确定，所有分组都经过此路由

  D．数据报方式中，分组到达目的地可能失序，而虚电路方式中，分组一定有序到达目的地

  【答案】（2）A

  【解析】数据的三种交换方式：电路交换、报文交换、分组交换，而分组交换又分为虚电路和数据报两种方式。虚电路技术有：FR、ATM、X.25，数据报技术有：IP。

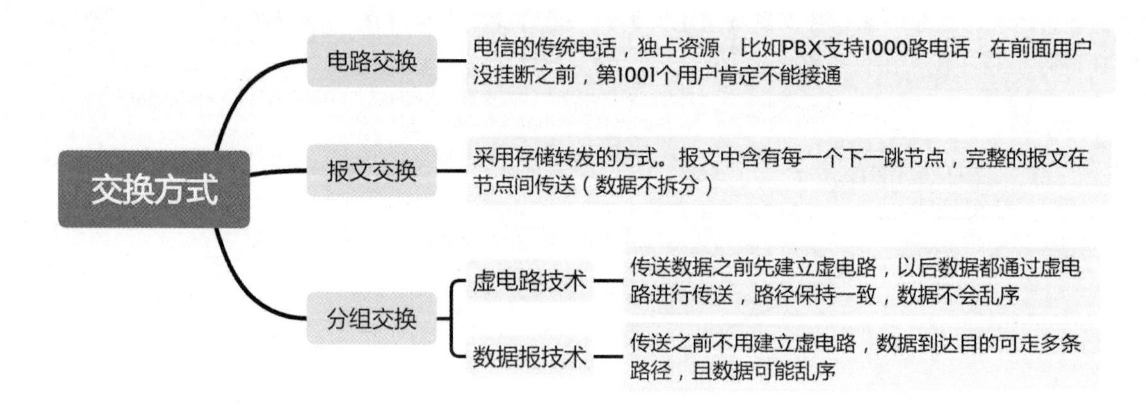

虚电路的特点：

（1）在每次分组发送之前，必须在发送方与接收方之间建立一条逻辑连接。

（2）一次通信的所有分组都通过这条虚电路顺序传送，因此报文分组不必携带目的地址、源地址等辅助信息。分组到达目的节点时不会出现丢失、重复与乱序的现象。

（3）分组通过虚电路上的每个节点时，节点只需要做差错检测，而不需要做路径选择。

（4）通信子网中的每个节点可以和任何节点建立多条虚电路连接。

（5）每个节点上都保存一张虚电路表，表中各项记录了一个打开的虚电路的信息，包括虚电路号、前一个节点、下一个节点等信息，这些信息是在虚电路建立过程中被确定的。

数据报的特点：

（1）同一报文的不同分组可以由不同的传输路径通过通信子网。

（2）同一报文的不同分组到达目的节点时可能出现乱序、重复与丢失现象。

（3）每一个分组在传输过程中都必须带有目的地址与源地址。

（4）数据报方式报文的传输延迟较大，适用于突发性通信，不适用于长报文、会话式通信。

注：本题的A选项和B选项有争议，A选项中虚电路本身没有源端和目的端的地址，但上层IP报文中有。B选项对于会话信息，IP数据报方式不存储状态信息，但TCP会存储状态信息，理解即可。

- Internet网络核心采取的交换方式为__(3)__。（2021年11月第20题）

  （3）A．分组交换　　B．电路交换　　C．虚电路交换　　D．消息交换

  【答案】（3）A

  【解析】三种主要的交换方式是电路交换、报文交换和分组交换，目前Internet应用最广的是IP协议，属于分组交换。其他两种交换的特点和优缺点需要掌握。

- 以下关于虚电路交换技术的叙述中，错误的是__(4)__。（2021年11月第21题）

  （4）A．虚电路交换可以实现可靠传输　　B．虚电路交换可以提供顺序交付
  　　C．虚电路交换与电路交换不同　　D．虚电路交换不需要建立连接

  【答案】（4）D

  【解析】掌握几种交换方式的特点。

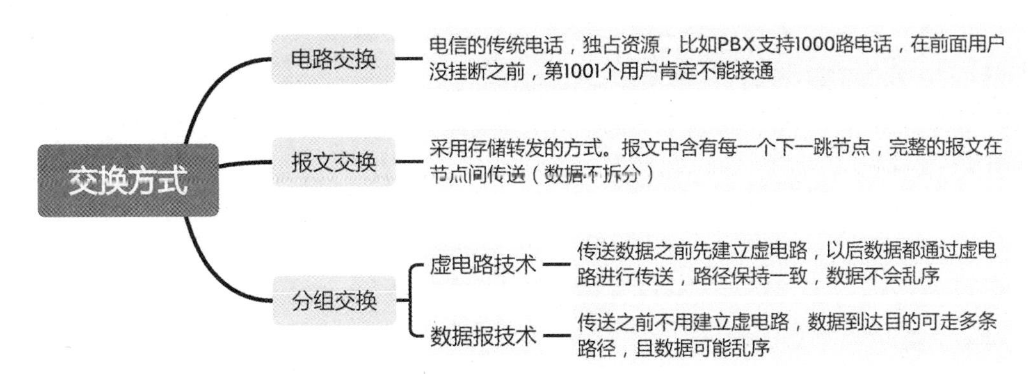

2.6 复用技术

2.6.1 考点精讲

在点对点通信方式中，两点间的通信线路是专用的，线路利用率很低，提高线路利用率的方法是**使多个数据源合用一条传输线路**，这就是多路复用技术。多路复用技术包括**时分复用、统计时分复用、频分复用和波分复用**等。

1. 时分复用

信号分割的参量是**信号占用的时间**，使复用的各路信号在时间上互不重叠，在传输时把时间分成小的时隙，每一时隙由复用的一个信号占用，如图 2-7 所示。2020/（19）

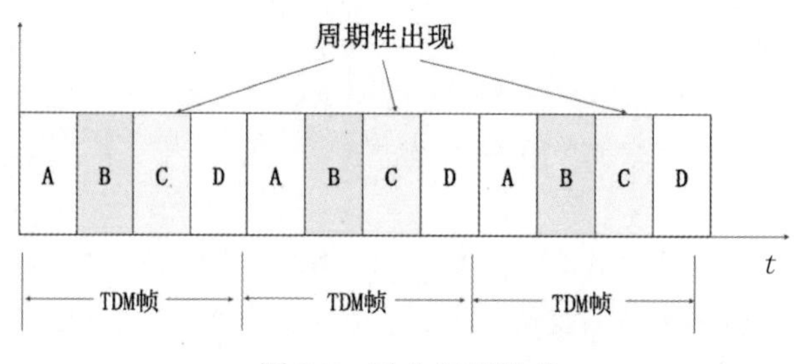

图 2-7 时分复用技术

2. 统计时分复用

统计时分复用（Statistic TDM，STDM）是一种改进的时分复用方法，它能明显地提高信道的利用率。STDM 帧不是固定分配时隙，而是**按需动态地分配时隙**。由于用户所占用的时隙并不是周期性地出现，所以在每个时隙中还必须有用户的地址信息，这是统计时分多路复用不可避免的开销，如图 2-8 所示。2021/（19）

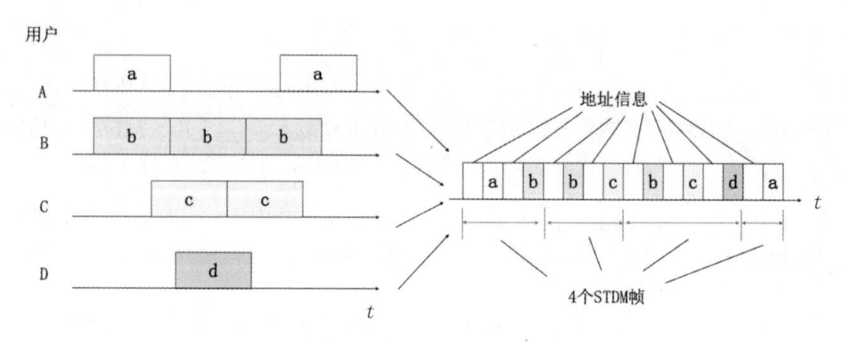

图 2-8 统计时分复用技术

3. 频分复用

频分复用（Frequency-Division Multiplexing，FDM），**主要用于模拟信号（比如 ADSL）**。多路

复用器接收来自多个源的模拟信号，如图2-9所示，每个信号有自己独立的带宽。接着这些信号被组合成另一个具有更大带宽、更加复杂的信号，产生的信号通过某种媒体被传送到目的地，在那里，另一个多路复用器完成分解工作，把各个信号单元分离出来。

图2-9 频分复用技术

4. 波分复用

使用一根光纤来同时传输多个频率很接近的光载波信号，能使光纤的传输能力成倍地提高。由于光载波的频率很高，习惯上用波长而不是频率来表示所使用的光载波，所以波分多路**复用**（Wavelength-Division Multiplexing，WDM）本质上也是**光的频分复用**，原理如图2-10所示。2020/（23）

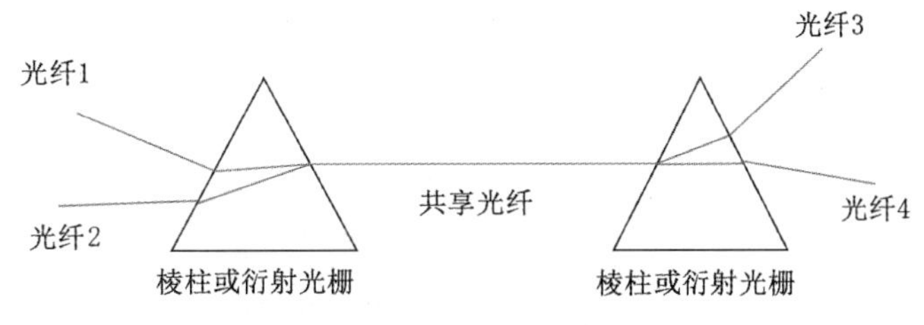

图2-10 波分复用技术

2.6.2 即学即练·精选真题

- ADSL采用＿＿（1）＿＿技术把PSTN线路划分为话音、上行和下行三个独立的信道，同时提供话音和联网服务，ADSL2+技术可提供的最高下载速率达到＿＿（2）＿＿Mb/s。（2015年11月第12～13题）

  （1）A．时分复用　　B．频分复用　　C．空分复用　　D．码分多址

  （2）A．8　　B．16　　C．24　　D．54

  【答案】（1）B　（2）C

  【解析】 ADSL采用频分复用技术，ADSL2+最高下行可达24Mb/s。

- 6个速率为64kb/s的用户按照同步时分多路复用技术（TDM）复用到一条干线上，若每个用户平均效率为80%，干线开销4%，干线速率为＿＿（3）＿＿kb/s。（2020年11月第19题）

  （3）A．160　　B．307.2　　C．320　　D．400

【答案】（3）D

【解析】由于采用同步时分多路复用技术（TDM），故分配的时隙固定，每个信道都是标准的64kb/s，不关注用户使用率，那么干线速率为6×64/(1−4%)=400kb/s。

- 在光纤通信中，WDM实际上是____（4）____。（2020年11月第23题）

（4）A．OFDM　　B．OTDM　　C．CDM　　D．EDFA

【答案】（4）A

【解析】WDM是波分复用，将两种或多种不同波长的光波复用汇合在一起，耦合到同一根光纤中进行传输。由于波长=光速/频率，所以波分复用的本质是频分复用，故选A选项。B、C、D选项可适当了解，OTDM是光时分复用，CDM是码分，EDFA是掺饵光纤放大器。

- 6个速率为64kb/s的用户按照统计时分多路复用技术（STDM）复用到一条干线上，若每个用户平均效率为80%，干线开销4%，则干线速率为____（5）____kb/s。（2021年11月第19题）

（5）A．160　　B．307.2　　C．320　　D．400

【答案】（5）C

【解析】由于采用统计时分多路复用技术（STDM），故分配的时隙不固定（按需分配），那么干线速率为(64×6×80%)/(1−4%)=320kb/s。

2.7 扩频技术

2.7.1 考点精讲

扩频技术主要是为了提供通信系统的抗干扰性，改进通信质量，核心思想是将信号散布到更宽的带宽上以减少发生阻塞和干扰的机会。常见的扩频技术有直接序列扩频、跳频、跳时和线性调频扩频技术。重点掌握直接序列扩展频谱（Direct Sequence Spread Spectrum，DSSS）和频率跳动扩展频谱（Frequency-Hopping Spread Spectrum，FHSS）。

（1）直接序列扩展频谱（简称直接扩频）。如果输入数据是1，加上伪随机数1001，经过异或运算可以将输入数据转换为0110，增加了传输数据量，但可以有效防止数据因干扰而产生错误。无线**Wi-Fi一般采用直接扩频技术**。2022/（63）

（2）频率跳动扩展频谱（简称跳频）。调频技术通信频率不固定，不容易被窃听，安全性高，可应用于军事领域，同时具有抗干扰和抗信号衰落的优点。**蓝牙一般采用跳频技术**。

2.7.2 即学即练·精选真题

- 以下关于跳频扩频技术的描述中，正确的是____（1）____。（网工2019年5月第64题）

（1）A．扩频通信减少了干扰并有利于通信保密

B．用不同频率传播信号扩大了通信的范围

C．每一个信号比特编码成N个码片比特来传输

D．信号散布到更宽的频带上增加了信道阻塞的概率

【答案】(1) A

【解析】跳频技术是在传输过程中反复转换频率，利于保密，可用于军事领域，A选项正确。B选项中通信范围主要跟发射功率相关。C选项描述的是直接扩频，而不是跳频。D选项描述错误，跳频技术能减小信道拥塞的概率。

- 在IEEE 802.11b标准中使用了扩频通信技术是__(2)__。(2022年11月第63题)

  (2) A. 直扩(DS)　B. 跳频(FH)　C. 跳时(TH)　D. 线性调频(Chirp)

  【答案】(2) A

  【解析】无线Wi-Fi使用直接序列扩频技术，蓝牙使用跳频技术。

2.8 差错控制

2.8.1 考点精讲

1. 差错控制基础

数据传输中错误不可避免，因此需要进行差错控制，常用的差错控制方法是**检错和纠错**。差错控制的核心原理是传输 k 位数据，加入 r 位冗余，接收方收到后进行计算比较，如果接收方知道有差错发生，但不知道是怎样的差错，则向发送方请求重传，称为检错；如果接收方知道有差错发生，而且知道是怎样的差错，这种方法称为纠错。常见的检错码有奇偶校验码和CRC循环冗余校验码，最典型的纠错码是海明码。

2. 奇偶校验

奇偶校验是最常用的检错方法，可以检出一位错误。奇偶校验原理是在7位ASCII码后增加一位，使码字中1的个数成奇数(奇校验)或偶数(偶校验)。

- **奇校验**：整个校验码(包含有效信息位和校验位)中"1"的个数为奇数，比如信息位1011010中1的数据是4个，是偶数，如果采用奇校验，需要保证1的个数是奇数，那么校验位就是1，整个校验码是：1011010 **[1]**。
- **偶校验**：整个校验码(有效信息位和校验位)中"1"的个数为偶数，如果1011010采用偶校验，那么校验位是0，最终生成的校验数据是：1011010 **[0]**。

3. 循环冗余校验码

循环冗余校验码(Cyclic Redundancy Check，CRC)在传输数据的末尾加入校验码，**可以检测出小于等于校验位长度的错误**，广泛用于网络通信和磁盘存储。通过练习题，掌握CRC的计算方法即可。2018/(10)、2021/(34～35)

2.8.2 即学即练·精选真题

- 采用CRC进行差错校验，生成多项式为 $G(X)=X^4+X+1$，信息码字为10111，则计算出CRC校验码是__(1)__。(网工2010年5月第17题)

  (1) A. 0000　B. 0100　C. 0010　D. 1100

【答案】（1）D

【解析】CRC 计算主要分为如下 4 步：

（1）判断校验位数：生成多项式的最高次方是几，校验位就是几位。题目已知生成多项式是 $G(X)=X^4+X+1$，最高是 X 的 4 次方，由此可得校验位是 4 位。

（2）数据位后补充与校验位相等个数的 0，即补充 4 个 0，生成 10111 0000。

（3）提取生成多项式的系数，$G(X)= X^4+X+1=1\times X^4+0\times X^3+0\times X^2+1\times X^1+1\times X^0$，提取系数 10011。

（4）用第（2）步的结果，除以第（3）步的结果（注意过程中采用异或运算，而不是直接加减），余数就是 CRC 校验码，余数不够位，前面补 0。运算过程如下：

```
             1 0100
       ______________
10011 | 10111 0000
        10011
       ----------
          100 00
          100 11
         ----------
             1100
```

● 若信息码字为 111000110，生成多项式 $G(X)=X^5+X^3+X+1$，则计算出的 CRC 校验码为___（2）___。（2018 年 11 月第 10 题）

（2）A．01101　　B．11001　　C．001101　　D．011001

【答案】（2）B

【解析】掌握 CRC 计算过程，计算如下：

```
                          1 1 0 1 1 1 1 1 1
              ________________________________
1 0 1 0 1 1 | 1 1 1 0 0 0 1 1 0 0 0 0 0 0 0
              1 0 1 0 1 1
             --------------
                1 0 0 1 1 1
                1 0 1 0 1 1
               --------------
                    1 1 0 0 1 0
                    1 0 1 0 1 1
                   --------------
                      1 1 0 0 1 0
                      1 0 1 0 1 1
                     --------------
                        1 1 0 0 1 0
                        1 0 1 0 1 1
                       --------------
                          1 1 0 0 1 0
                          1 0 1 0 1 1
                         --------------
                            1 1 0 0 1 0
                            1 0 1 0 1 1
                           --------------
                              1 1 0 0 1 0
                              1 0 1 0 1 1
                             --------------
                                1 1 0 0 1
```

● 下图为某 UDP 报文的两个 16 比特，计算得到的 Internet Checksum___（3）___。（2020 年 11 月第 35 题）

1110011001100110
1101010101010101

（3）A．1101110111011011　　B．1100010001000100
　　C．1011101110111100　　D．0100010001000011

【答案】（3）D

【解析】Internet Checksum 计算方法是：将所有的二进制数加起来，之后取反码。如果遇到最高位进位，要把进的那一位加到尾部，之后取反码。例如题中两个 16 位相加为 11011101110111011，最高位进位 1，就把 1 加到结果中：1011101110111011+1=1011101110111100，然后取反码为 0100010001000011。

- 若循环冗余校验码 CRC 的生成器为 10111，则对于数据 10100010000 计算的校验码应为___（4）___。该 CRC 校验码能够检测出的突发错误不超过___（5）___。（2021 年 11 月第 35 题）

（4）A．1101　　B．11011　　C．1001　　D．10011

（5）A．3　　B．4　　C．5　　D．6

【答案】（4）A　（5）B

【解析】掌握 CRC 计算过程，CRC 校验码可以检测出小于等于校验位长度的突发错误。

- 给定如下图所示的 3 个 16bit 字，则求得的 Internet Checksum 是___（6）___。（2022 年 11 月第 33 题）

0110011001100000
0101010101010101
1000111100001100

（6）A．1011101110110101　　B．1011010100111101
　　C．0100101011000010　　D．0100010001001010

【答案】（6）B

【解析】Internet Checksum 计算方法是：将所有的二进制数加起来，之后取反码。如果遇到最高位进位，将要进的那一位加到尾部，之后取反码。

第3章

局域网

3.1 考点分析

本章内容比较容易理解，一般考查分值为3～4分，以选择题为主，部分知识点在案例分析中也可能出现。需要重点掌握：HDLC、以太网、二进制退避算法和VLAN技术。

3.2 HDLC协议

3.2.1 考点精讲

高级数据链路控制（High-level Data Link Control，HDLC）是一种面向位（比特）的数据链路层控制协议，通常使用CRC-16、CRC-32进行校验，帧边界（代表开始/结束）是“01111110”。为了防止数据部分出现帧边界是“01111110”，让对方误以为传输结束，HDLC采用**比特填充技术**，当数据帧中出现5个连续的1以后，就需要插入1个0，还原的时候出现连续的5个1，就把后面的0去掉，比如“0110**11111**001”使用比特填充后是“0110**111110**001”。2021/（14）

HDLC帧格式如图3-1所示，重点掌握控制字段，一共8位。根据控制字段的不同编码，把HDLC分为信息帧、监控帧和无编号帧3种数据帧。2018/（11）、2020/（17）、2021/（13）

标志：1字节	1字节	1字节	≥0字节（可变）	2字节	标志：1字节
01111110	地址	控制字段	DATA	FCS	01111110

I帧：信息帧	0	N(S)			P/F	N(R)		
S帧：监控帧	1	0	S		P/F	N(R)		
U帧：无编号帧	1	1	M		P/F	M		
比特序号：	0	1	2	3	4	5	6	7

图3-1 HDLC帧格式

（1）信息帧（I 帧）：第一位为 0，用于**承载数据和控制**。N(S)表示发送帧序号，N(R)表示下一个预期要接收帧的序号，N(R)=5，表示下一帧要接收 5 号帧。N(S)和 N(R)均为 3 位二进制编码，可**取值 0～7**。

（2）监控帧/管理帧（S 帧）：前两位为 10，监控帧用于**差错控制和流量控制**。S 帧控制字段的第三、四位为 S 帧类型编码，共有 4 种不同的编码，含义见表 3-1。

表 3-1　HDLC 的 4 种监控帧

记忆符	名称	S 字段		功能
RR	接收准备好	0	0	确认，且准备接收下一帧，已收妥 N(R)以前的各帧
RNR	接收未准备好	1	0	确认，暂停接收下一帧，N(R)含义同上
REJ	拒绝接收	0	1	否认，否认 N(R)起的各帧，但 N(R)以前的帧已收妥
SREJ	选择拒绝接收	1	1	否认，只否认序号为 N(R)的帧

（3）无编号帧（U 帧）：控制字段中**不包含编号 N(S)和 N(R)**，用于提供对链路的建立、拆除以及多种控制功能。当要求提供不可靠的无连接服务时，它也**可以承载数据**。常见的无编号帧见表 3-2，需要知道 **SABME、UA、UI、DISC/RD 和 RESET** 都是无编号帧。2017/（16～17）、2021/（13）

表 3-2　无编号帧的名称和代码

记忆符	名称	类型		M1	M2
		命令	响应	b3 b4	b6 b7 b8
SNRM	置正常响应模式	C		0 0	0 0 1
SARM/DM	置异步响应模式/断开方式	C	R	1 1	0 0 0
SABM	置异步平衡模式	C		1 1	1 0 0
SNRME	置扩充正常响应模式	C		1 1	0 1 1
SARME	置扩充异步响应模式	C		1 1	0 1 0
SABME	置扩充异步平衡模式	C		1 1	1 1 0
DISC/RD	断链/请求断链	C	R	0 0	0 1 0
SIM	置初始化方式	C		1 0	0 0 0
UP	无编号探询	C		0 0	1 0 0
UI	无编号信息	C		0 0	0 0 0
XID	交换识别	C	R	1 1	1 0 1
RESET	复位	C		1 1	0 0 1
FRMR	帧拒绝		R	1 0	0 0 1
UA	无编号确认		R	0 0	1 1 0

3.2.2 即学即练·精选真题

- 站点 A 与站点 B 采用 HDLC 进行通信，数据传输过程如下图所示。建立连接的 SABME 帧是___（1）___。在接收到站点 B 发来的“REJ，1”帧后，站点 A 后续应发送的 3 个帧是___（2）___帧。（2017 年 11 月第 16～17 题）

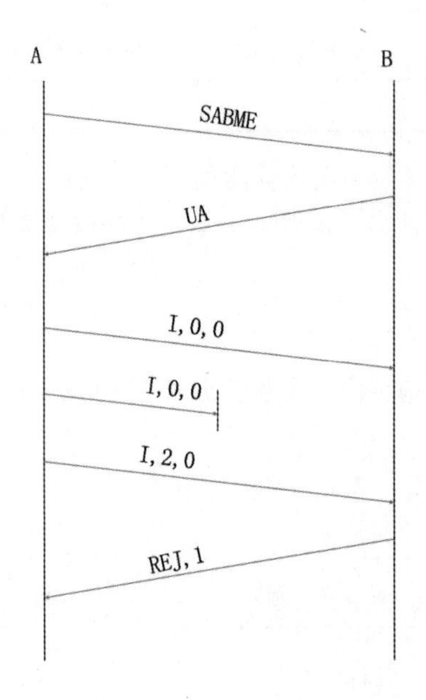

（1）A．数据帧　　B．监控帧
　　C．无编号帧　　D．混合帧

（2）A．1,3,4　　B．3,4,5
　　C．2,3,4　　D．1,2,3

【答案】（1）C　（2）D

【解析】 U 帧（控制帧）记忆符统计见表 3-2。

通信过程分析如下：

（1）前 2 个帧（SABME 和 UA）是控制帧，用于建立通信连接。

- SABME：置扩充异步平衡模式（选择了一种传输模式）
- UA：无编号确认

第 3 个帧开始是数据帧（I 帧）

（2）I,0,0 表示发送 N(S)=0，N(R)=0 的数据（A 发送帧编号为 0，请求 B 发送编号为 0 的帧）。

（3）由于 A 没有收到 B 的确认，A 重发 I,0,0，但这个帧丢失了。A 继续发 I,2,0（发送编号为 2 的帧，请求 B 发送编号为 0 的帧）。

（4）由于 B 没有收到编号为 1 的帧，于是发送 REJ,1，让 A 重发编号为 1 和以后的帧。

- 关于 HDLC 协议的帧顺序控制，下列说法中正确的是___（3）___。（2018 年 11 月第 11 题）

  （3）A．只有信息帧（I）可以发送数据

  B．信息帧（I）和管理帧（S）的控制字段都包含发送顺序号和接收序列号

  C．如果信息帧（I）的控制字段是 8 位，则发送顺序号的取值范围是 0～7

  D．发送器每收到一个确认帧，就把窗口向前滑动一格

【答案】（3）C

【解析】HDLC 三种类型帧：

➢ 信息帧（I 帧）用于传送用户数据。

➢ 监控帧（S 帧）用来差错控制和流量控制。

➢ 无编号帧（U 帧）用于提供对链路的建立、拆除以及多种控制功能，可以承载数据。

1）**信息帧（I 帧）**。I 帧控制字段中的 N(S)用于存放发送帧序号，N(R)用于存放接收方下一个预期要接收的帧的序号，N(R)=5，即表示接收方下一帧要接收 5 号帧。N(S)和 N(R)均为 3 位二进制编码，可取值 0～7。

2）**监控帧（S 帧）**。监控帧用于差错控制和流量控制，通常简称 S 帧。S 帧以控制字段第 1、第 2 位为"10"来标志。S 帧带信息字段，只有 6 个字节。S 帧控制字段的第 3、第 4 位为 S 帧类型编码，共有 4 种不同编码，见表 3-1。

3）**无编号帧（U 帧）**。无编号帧因其控制字段中不包含编号 N(S)和 N(R)而得名，简称 U 帧。U 帧用于提供对链路的建立、拆除以及多种控制功能，但是当要求提供不可靠的无连接服务时，它有时也可以承载数据。

➢ 除了 I 帧可以传送数据，U 帧也可以承载数据，故 A 选项不对；

➢ 只有信息帧（I 帧）包含 N(S)，故 B 选项不对；

➢ 发送器每收到一个确认帧，根据确认帧中的编号来把窗口向前滑动，故 D 选项不对。

- 以下关于 HDLC 协议的叙述中错误的是___（4）___。（2020 年 11 月第 18 题）

  （4）A．接收器收到一个正确的信息帧，若顺序号在接收窗口内，则可发回确认帧

  B．发送器每接收到一个确认帧，就把窗口向前滑动到确认序号处

  C．如果信息帧的控制字段是 8 位，则发送顺序号的取值范围是 0～127

  D．信息帧和管理帧的控制字段都包含确认顺序号

【答案】（4）C

【解析】HDLC 包含三类帧：信息帧（I 帧）、监控帧（S 帧）、无编号帧（U 帧）。

➢ 信息帧：用于传送用户数据，包含 N(S)和 N(R)，其中 N(S)用于存放发送帧序号，N(R)用于存放下一个预期要接收帧的序号。HDLC 的控制字段是 8 位，但 N(S)和 N(R)都只占 3 位，取值为 0～7。

➢ 监控帧（S 帧）：用于差错控制和流量控制，包含 N(R)。

➢ 无编号帧：也称为 U 帧，主要用于链路建立、拆除以及其他控制功能，也可以承载数据。其控制字段不包含编号 N(S)和 N(R)帧。

● HDLC 协议通信过程如下图所示，其中属于 U 帧的是___（5）___。（2021 年 11 月第 13 题）

（5）A．仅 SABME　　B．SABME 和 UA

C．SABME、UA 和 REJ,1　　D．SABME、UA 和 I,0,0

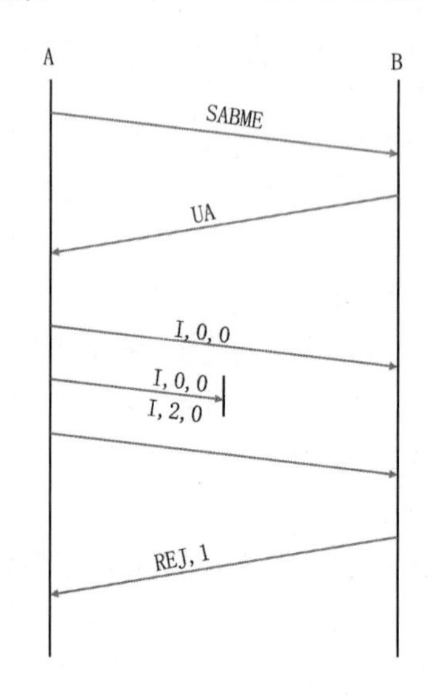

【答案】（5）B

【解析】U 帧主要用于链路建立、拆除以及多种控制功能，故发 I 帧之前建立链路的 SABME 和 UA 帧是 U 帧。

● HDLC 协议中采用比特填充技术的目的是___（6）___。（2021 年 11 月第 14 题）

（6）A．避免帧内部出现 0111110 序列时被当作标志字段处理

B．填充数据字段，使帧的长度不小于最小帧长

C．填充数据字段，匹配高层业务速率

D．满足同步时分多路复用需求

【答案】（6）A

【解析】HDLC 帧中出现标志位“01111110”，代表开始或者结束，为了防止数据中的“01111110”被误读为标志位，会使用比特填充技术。本质是数据帧中出现连续的 5 个 1 后插入一个 0，还原的时候出现连续的 5 个 1 就把后面的 0 去掉。比如“011011111001”使用比特填充后是“0110111110001”。

3.3 以太网技术与标准

3.3.1 考点精讲

1．介质访问控制协议

早期总线型和集线器组成的星型以太网是半双工模式，只能一个用户收或发，有点类似“独木

桥”，访问控制协议可以避免大家同时上桥造成拥塞。早期有线网络普遍使用的访问控制协议是载波侦听多路访问/冲突检测（Carrier Sense Multiple Access/Collision Detection，CSMA/CD）。CSMA/CD的基本原理是：发送数据之前，先监听信道上是否有人在发送，若有，说明信道正忙，否则说明信道是空闲的，然后根据预定的策略决定：

（1）若信道空闲，是否立即发送。

（2）若信道忙，是否继续监听。

如果连续发生16次碰撞后，认为网络繁忙，不再尝试发送。

2. 二进制指数退避算法

二进制指数退避算法的工作原理如下：

（1）检测到冲突后，马上停止发送数据，并等待随机时间再发送数据。

（2）等待的随机时间=$\tau \times$Random[0,1,⋯,2^k-1]，其中Random表示随机函数；τ为基本退避时间，可以看作固定值。k=min[重传次数,10]，如果重传16次后，还不能正常发送数据，则认为网络拥塞或信道故障，不再尝试重传。根据公式，如果重传12次后，k=min[12,10]=10，那么可能等待的时间是$\tau \times$Random[0,1023]，一共有1024种可能。每次站点等待的时间都是随机数，故后一次退避时间不一定比前一次长。重传次数越多，退避窗口（即Random取值）越大，从而降低冲突概率。2021/（24）、2022/（23～24）

3. 最小帧长计算

最小帧长计算公式为：$L_{min}=2R\times d/v$，其中，R为网络数据速率；d为最大距离；v为传播速度。如果A、B间的距离是d，网络带宽是R，信号传播速度为v，A向B发送一个数据帧，长度为L。数据帧不发生冲突的条件是：发送时间>数据传送时间+确认返回时间（确认帧64B，发送时间很短，可以忽略），即$L/R\geqslant 2\times d/v$，则推出最小帧长公式$L_{min}=2R\times d/v$。这个公式偶尔会考，需要掌握，如果不理解，考前记忆即可。2017/（37）

4. 快速以太网/千兆以太网/万兆以太网

以太网技术从众多局域网标准中脱颖而出，目前已经演化出多个标准，已经商用的有以太网（10M）、快速以太网（100M）、千兆以太网（1000M）、万兆以太网（10G）、40G以太网、100G以太网、400G以太网等。需重点掌握**快速以太网、千兆以太网和万兆以太网**这几种标准物理层规范，如：标准名称、传输介质和传输距离。

快速以太网是历年考试重点，其物理层规范见表3-3，需要掌握几种标准的传输介质，采用光纤还是双绞线，采用2对还是4对线，采用屏蔽双绞线还是非屏蔽双绞线（STP为屏蔽双绞线，UTP为非屏蔽双绞蔽线），以及不同标准的传输距离。其中，100BASE-TX采用4B/5B编码。

表3-3 快速以太网物理层规范

标准	传输介质	特性阻抗	传输距离
100BASE-TX（4B/5B编码）	两对5类UTP	100Ω	100m
	两对STP	150Ω	

续表

标准	传输介质	特性阻抗	传输距离
100BASE-FX	一对多模光纤 MMF	62.5/125μm	2km
	一对单模光纤 SMF	8/125μm	40km
100BASE-T4	4 对 3 类 UTP	100Ω	100m
100BASE-T2	2 对 3 类 UTP	100Ω	100m

千兆以太网包含两个标准：**802.3z 和 802.3ab**，见表 3-4。1000BASE-LX 标准可以使用单模和多模光纤传输，可传送 5000m。1000BASE-CX 比较特殊，需要采用屏蔽双绞线传输，最大只能传 25m。千兆速率需要 4 对双绞线，如果 8 芯网线部分芯线故障，网络可能依旧能通，但只能达到百兆速率。2020/（18）

表 3-4 千兆以太网物理层规范

标准	名称	传输介质	传输距离	特点
IEEE 802.3z	1000Base-SX	光纤（短波 770～860nm）	550m	多模光纤（50，62.5μm）
	1000Base-LX	光纤（长波 1270～1355nm）	5000m	单模（10μm）或多模光纤（50，62.5μm）
	1000Base-CX	两对 STP	25m	屏蔽双绞线， 同一房间内的设备之间
IEEE 802.3ab	1000Base-T	四对 UTP	100m	5 类非屏蔽双绞线

万兆以太网标准是 **IEEE 802.3ae**，支持 10G 速率，可以使用光纤或者双绞线传输。万兆以太网应用于点到点线路，不再共享带宽，没有冲突检测机制，载波监听和多路访问技术也不再重要。万兆以太网标准见表 3-5。2022/（19）

表 3-5 万兆以太网物理层规范

名称	电缆	传输距离	特点
10GBASE-S（Short）	50μm 多模光纤	300m	850nm 串行
	62.5μm 多模光纤	65m	
10GBASE-L（Long）	单模光纤	10km	1310nm 串行
10GBASE-E（Extended）	单模光纤	40km	1550nm 串行
10GBASE-LX4	单模光纤	10km	1310nm 4×2.5Gb/s 波分多路复用（WDM）
	50μm 多模光纤	300m	
	62.5μm 多模光纤	300m	

3.3.2 即学即练·精选真题

- 采用 CSMA/CD 协议的基带总线，段长为 2000m，数据速率为 10Mb/s，信号传播速度为 200m/μs，则该网络上的最小帧长应为___（1）___比特。（2017 年 11 月第 37 题）

（1）A．100　　B．200　　C．300　　D．400

【答案】（1）B

【解析】考查最小帧长公式 $L_{min}=2R\times d/v$，R 为网络速率，d 为最大距离，v 为传播速度。换算单位后，代入公式即可。$10Mb/s=10\times10^6 bit/s$，$1s=10^6 \mu s$。$L_{min}=2\times10\times10^6\times bit/10^6\mu s\times2000m/(200m/\mu s)=200bit$。

- 按照 IEEE 802.3 标准，不考虑帧同步的开销，以太帧的最大传输效率为___（2）___。（2018 年 11 月第 59 题）

（2）A．50%　　B．87.5%　　C．90.5%　　D．98.8%

【答案】（2）D

【解析】以太网帧结构如下图所示（先导字段和帧开始标识，不计入帧长）。以太网数据部分为 46～1500 字节，而以太网帧长范围为 64～1518 字节，当 MTU 为 1500 字节时，帧长为 1518 字节，传输效率最高，所以最大传输效率为 1500/1518=98.8%。

7	1	6	6	2	46～1500	4
先导字段	帧开始标识	目的MAC	源MAC	长度	数据（MTU）	校验和
10101010	10101011					

- 以下关于 1000Base-T 的叙述中，错误的是___（3）___。（2020 年 11 月第 18 题）

（3）A．最长有效距离为 100 米

B．使用 5 类 UTP 作为网络传输介质

C．支持帧突发

D．属于 IEEE 802.3ac 定义的 4 种千兆以太网标准之一

【答案】（3）D

【解析】如下表所示，千兆以太网的两个标准是 802.3z 和 802.3ab，1000BASE-T 属于 802.3ab。

标准	名称	传输介质	传输距离	特点
IEEE 802.3z	1000Base-SX	光纤（短波 770～860nm）	550m	多模光纤（50，62.5μm）
	1000Base-LX	光纤（长波 1270～1355nm）	5000m	单模（10μm）或多模光纤（50，62.5μm）
	1000Base-CX	两对 STP	25m	屏蔽双绞线，同一房间内的设备之间
IEEE 802.3ab	1000Base-T	四对 UTP	100m	5 类非屏蔽双绞线，8B/10B 编码

- 采用 CSMA/CD 进行介质访问，两个站点连续冲突 3 次后再次冲突的概率为___（4）___。（网工 2021 年 11 月第 63 题）

（4）A．1/2　　B．1/4　　C．1/8　　D．1/16

【答案】（4）C

【解析】本题考查二进制指数退避算法，原理如下：

（1）检测到冲突后，马上停止发送数据，并等待随机时间再发送数据。

（2）等待的随机时间=$\tau\times$Random[0,1,…,2^k-1],其中 Random 表示随机函数。

注：τ 是基本退避时间，可以看作固定值，k=min[重传次数,10]，如果重传 16 次后，还不能正常发送数据，则认为网络拥塞，不再尝试。

冲突 1 次后，k=min[1,10]=1，那么等待时间 $\tau\times$Random[0,1]，有 2 个可选数字。

冲突 2 次后，k=min[2,10]=2，那么等待时间 $\tau\times$Random[0,1,2,3]，有 4 个可选数字。

冲突 3 次后，k=min[3,10]=3，那么等待时间 $\tau\times$Random[0,1,2,3,4,5,6,7]，有 8 个可选数字。

即两个站点连续冲突 3 次后再次冲突的概率是 1/8。

也可以得出简化公式：冲突概率为 $1/2^n$（n 表示已经发生冲突的次数，$n\leqslant 10$）。

- 在 CSMA/CD 中，同一个冲突域中的主机连续经过 3 次冲突后，每个站点在接下来信道空闲的时候立即传输的概率是___（5）___。（2021 年 11 月第 24 题）

（5）A．1　　B．0.5　　C．0.25　　D．0.125

【答案】（5）D

【解析】本题考查二进制指数退避算法，原理如下：

（1）检测到冲突后，马上停止发送数据，并等待随机时间再发送数据。

（2）等待的随机时间=$\tau\times$Random[0,1,…,2^k-1]，其中 Random 表示随机函数。

注：τ 是基本退避时间，可以看作固定值，k=min[重传次数，10]，如果重传 16 次后，还不能正常发送数据，认为网络拥塞，不再尝试。

冲突 1 次后，k=min[1,10]=1，那么等待时间 $\tau\times$Random[0,1]，有 2 个可选数字。

冲突 2 次后，k=min[2,10]=2，那么等待时间 $\tau\times$Random[0,1,2,3]，有 4 个可选数字。

冲突 3 次后，k=min[3,10]=3，那么等待时间 $\tau\times$Random[0,1,2,3,4,5,6,7]，有 8 个可选数字。

立即传输即等待时间为 0，而 0 是 8 个随机时间之一，故立即传输的概率是 1/8，即 0.125。

- 以下关于二进制指数退避算法的描述中，正确的是___（6）___。（网工 2022 年 5 月第 64 题）

（6）A．每次站点等待的时间是固定的，即上次的 2 倍

B．后一次退避时间一定比前一次长

C．发生冲突不一定是站点发生了资源抢占

D．通过扩大退避窗口杜绝了再次冲突

【答案】（6）C

【解析】1）检测到冲突后，马上停止发送数据，并等待随机时间再发送数据。

2）等待的随机时间=$\tau\times$Random[0,1,…,2^k-1]，其中 Random 表示随机函数。

注：τ 是基本退避时间，看作固定值，k=min[重传次数,10]，如果重传 16 次后，还不能正常发

送数据，则认为网络拥塞，不再尝试。比如重传 12 次后，k= min[12,10]=10，那么可能等待的时间是 τ×Random[0,1023]。每次站点等待的时间都是随机数，不一定后一次退避时间比前一次长。扩大退避窗口（即 Random 取值），可以减少冲突概率。发生冲突不一定是站点发生了资源抢占，还可能是链路故障。

- ___（7）___定义了万兆以太网标准。（2022 年 11 月第 19 题）

（7）A．IEEE 802.3　B．IEEE 802.3u　C．IEEE 802.3z　D．IEEE 802.3ae

【答案】（7）D

【解析】 IEEE 802.3 表示传统以太网（10M），IEEE 802.3u 表示快速以太网（100M），IEEE 802.3z/802.3ab 表示千兆以太网（1000M/1G），IEEE 802.3ae 表示万兆以太网（10G），IEEE 802.3ba 表示 40G/100 以太网，IEEE 802.3bs 表示 400G 以太网。

- 在 CSMA/CD 中，同一个冲突域的主机连续经过 5 次冲突后，站点在___（8）___区间中随机选择一个整数 k，则站点将等待___（9）___后重新进入 CSMA。（2022 年 11 月第 23～24 题）

（8）A．[0,5]　B．[1,5]　C．[0,7]　D．[0,31]

（9）A．k×512ms　B．k×512 比特时间　C．k×1024ms　D．k×1024 比特时间

【答案】（8）D　（9）B

【解析】 本题考查二进制指数退避算法，原理如下：

（1）检测到冲突后，马上停止发送数据，并等待随机时间再发送数据。

（2）等待的随机时间=τ×Random[0,1,…,2^k−1]，其中 Random 表示随机函数。

注：τ 是基本退避时间，可以看作固定值，k=min[重传次数,10]，如果重传 16 次后，还不能正常发送数据，认为网络拥塞，不再尝试。

冲突 1 次后，k=min[1,10]=1，那么等待时间 τ×Random[0,1]，有 2 个可选数字。

冲突 2 次后，k=min[2,10]=2，那么等待时间 τ×Random[0,1,2,3]，有 4 个可选数字。

冲突 3 次后，k=min[3,10]=3，那么等待时间 τ×Random[0,1,2,3,4,5,6,7]，有 8 个可选数字。

冲突 4 次后，k=min[4,10]=4，那么等待时间 τ×Random[0,1,2,3…6,15]，有 16 个可选数字。

冲突 5 次后，k=min[5,10]=5，那么等待时间 τ×Random[0,1,2,3…6,31]，有 32 个可选数字。

即两个站点连续冲突 5 次后随机选择的整数 k 范围是[0,31]。

比较容易得到（8）空选择 D 选项。（9）题较难，有两种解题方法：

【解题方法 1】 计算机微观时间里，冲突避免的时间都很短，要有基本概念，比如 C 选项 1024ms，也就是 1.024s，延迟相当大，故 A 选项和 C 选项的数量级肯定不对，直接排除，可以在 B 选项和 D 选项中猜一个，正确率也是 50%。

【解题方法 2】 10Mb/s 以太网规定争用期为 51.2μs，100Mb/s 以太网规定争用期为 5.12μs。

比特时间=比特×时间。

以太网：10Mb/s×51.2μs=10×10^6bit/s×51.2×10^{-6}s=512 比特时间。

快速以太网：100Mb/s×5.12μs=100×10^6bit/s×5.12×10^{-6}s=512 比特时间。

故 τ=512 比特时间，可以记住这个值。

3.4 VLAN 技术

3.4.1 考点精讲

1. VLAN 技术基础

如图 3-2 所示，根据位置、管理功能、组织机构或应用类型对局域网进行分段而形成的逻辑网络，即虚拟局域网（Virtual Local Area Network，VLAN）。虚拟局域网工作站可以不属于同一物理网段，任何交换端口都可以分配给某个 VLAN，属于同一 VLAN 的所有端口构成一个广播域。交换机最多支持 **4094 个 VLAN**，其中默认管理 VLAN 是 **VLAN 1，不能创建，也不能删除**。不同 VLAN 间通信需要经过三层设备，常见的三层设备有**路由器、三层交换机、防火墙**等。中继器和集线器都是一个冲突域，交换机的一个接口为一个冲突域，一个 VLAN 为一个广播域。2016/（20）

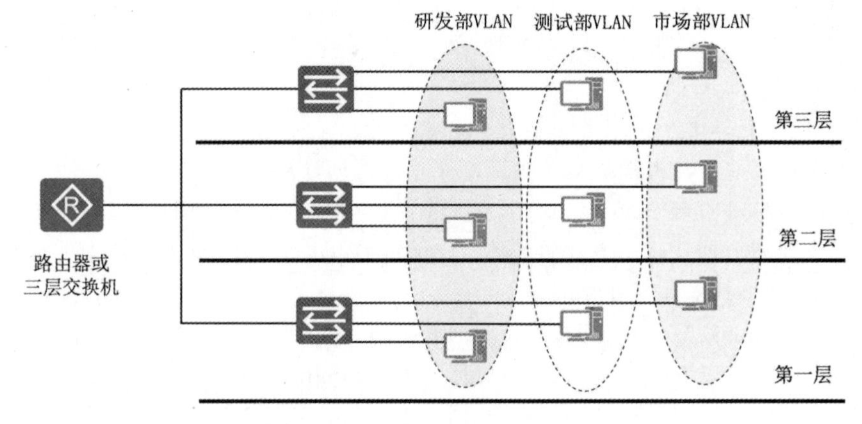

图 3-2　把局域网划分成多个 VLAN

2. 交换机 VLAN 划分方式

交换机 VLAN 划分方式可以分为静态划分和动态划分。

（1）静态划分 VLAN 是**基于交换机接口**手动进行 VLAN 划分，应用最为广泛。

（2）动态划分 VLAN 是基于 MAC 地址、基于策略、基于网络层协议、基于子网等参数进行 VLAN 划分。

（1）静态划分 VLAN。手动把交换机的某些接口加入到某个 VLAN，配置如下：2018/（38～39）

```
[Huawei] vlan 10  //创建 VLAN 10
[Huawei-vlan10] quit    //退出
[Huawei] interface GigabitEthernet0/0/1    //进入接口
[Huawei-GigabitEthernet0/0/1] port link-type access   //把接口设置成 access
[Huawei-GigabitEthernet0/0/1] port default vlan 10   //把接口加入 VLAN 10
```

（2）动态划分 VLAN。可以根据 MAC 地址、网络层地址、网络层协议、IP 广播域或管理策略进行 VLAN 划分。以下为基于 MAC 地址和基于策略的 VLAN 划分演示。

1）基于 MAC 地址进行 VLAN 划分配置：

```
[Huawei] vlan 20    //创建 VLAN 20
[Huawei-vlan20] mac-vlan mac-address 5489-98FC-5825    // 把 MAC 地址为 5489-98FC-5825 的终端加入 VLAN 20
```

2）基于策略进行 VLAN 划分配置：

```
[Huawei] vlan 20    //创建 VLAN 20
[Huawei-vlan20] policy-vlan mac-address 0-1-1 ip 10.1.1.1 priority 7
//基于策略划分 VLAN，把 MAC 地址为 0-1-1，IP 地址为 10.1.1.1 的主机划分到 VLAN 20 中，并配置该 VLAN 的 802.1p 优先级是 7
```

3. VLAN 作用总结

（1）控制网络流量。一个 VLAN 内部的通信不会转发到其他 VLAN，有助于控制广播风暴，提高网络带宽的利用率。

（2）提高网络的安全性。可以通过配置 VLAN 之间的路由来提供广播过滤、安全和流量控制等功能。不同 VLAN 之间的通信受到限制，提高了网络的安全性。

（3）灵活的网络管理。VLAN 机制使得工作组可以突破地理位置的限制而根据管理功能来划分。比如根据 MAC 地址划分 VLAN，用户可以在任何地方接入交换网络，实现移动办公。

4. 交换机端口类型

- Access：只能传送单个 VLAN 数据，一般用于连接 PC/摄像头等终端。
- Trunk：能传送多个 VLAN 数据，一般用于交换机之间互联。
- Hybrid：混合接口，包含 Access 和 Trunk 属性。
- Dot1q-tunnel：QinQ 接口，双层标签，一般用于运营商城域网或校园网。

5. 802.1Q 标签

一般在标准以太网帧中插入 802.1Q 标签，用以标记不同 VLAN，802.1Q 标签协议格式如图 3-3 所示。

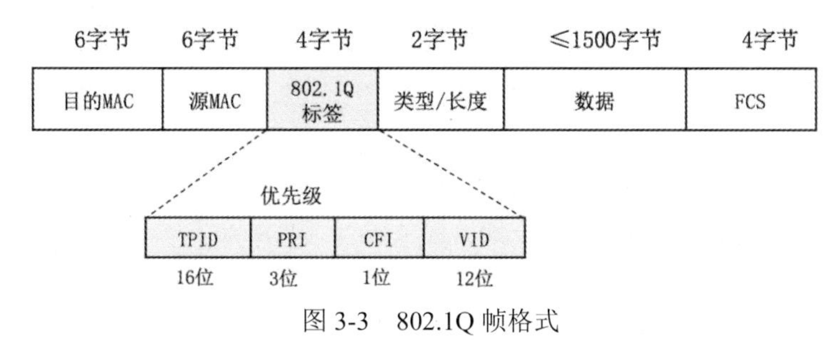

图 3-3　802.1Q 帧格式

802.1Q 标签字段中，重点掌握 PRI 和 VID。

- PRI（3 位）：Priority 表示优先级，提供 0～7 共 8 个优先级，当有多个帧等待发送时，按优先级顺序发送数据包。
- VID（12 位）：即 VLAN 标识符，最多可以表示 2^{12}=4096 个 VLAN，其中 VID 0 用于识别优先级，VID 4095 保留未用，所以**最多可配置 4094 个 VLAN**。交换机添加和删除 VLAN 标签的过程是由专用**硬件自动实现，处理速度很快，不会引入太大的延迟**。

6. VLAN 技术扩展

跟 VLAN 相关的技术很多，比如 QinQ、VxLAN 和 SuperVLAN。

（1）QinQ：也叫 Stacked VLAN 或 Double VLAN，该标准出自 IEEE 802.1ad，它将用户私网 VLAN Tag 封装在公网 VLAN Tag 中，使报文带着两层 VLAN Tag 穿越运营商的骨干网络。通过两层 VLAN 标签，可以解决 VLAN ID 不足的问题，同时实现用户隔离。比如运营商网络中，需要给每个家庭用户分配一个 VLAN，但可用的 VLAN ID 只有 4094 个，那么 QinQ 双层 VLAN 标签可以很好地解决这个问题。

（2）虚拟扩展局域网（Virtual eXtensible Local Area Network，VxLAN）主要应用于数据中心，满足多租户隔离和虚拟机迁移需求。VxLAN 在传统 VLAN 技术的基础上主要进行了如下 2 项改进：

1）扩展虚拟网络数量，传统 VLAN 有 12bit 表示 VLAN ID，可用的 VLAN ID 是 4094 个。VxLAN 用 24bit 表示虚拟网络标识符（VxLAN Network Identifier，VNI），最多可表示 1600 万个虚拟网络，可以满足数据中心海量租户隔离的需求。

2）通过定义 UDP 封装，实现大二层网络，满足数据中心虚拟机迁移需求。

（3）Super-VLAN：也叫 VLAN 聚合，可以节省 IP 地址，同时满足业务隔离的需求。传统网络中一个 VLAN 对应一个子网，由于每个子网都有网络地址、广播地址，还需要分配 Vlanif 网关地址，存在较大地址浪费。Super-VLAN 技术可以实现不同 VLAN 共享同一段 IP 地址，同时又能保证各个 VLAN 的隔离。

如图 3-4 所示，令 VLAN10 为 Super-VLAN，分配子网 10.1.1.0/24，VLAN2～VLAN4 作为 Super-VLAN10 的 Sub-VLAN。Sub-VLAN2、Sub-VLAN3 和 Sub-VLAN4 共用一个子网 10.1.1.0/24，这样，该网络中就只有一个子网号 10.1.1.0、一个子网缺省网关地址 10.1.1.1（VLANIF10 地址）和一个子网定向广播地址 10.1.1.255 共 3 个 IP 地址不能被主机使用，其余都可以被主机使用。而且，各 Sub-VLAN 间的界线也不再是从前的子网界线了，它们可以根据其各自主机的需求数目在 Super-VLAN 对应子网内灵活地划分地址范围，比如 Sub-VLAN2 实际需要 10 个，就给它分配 10.1.1.2～10.1.1.11 的地址段。

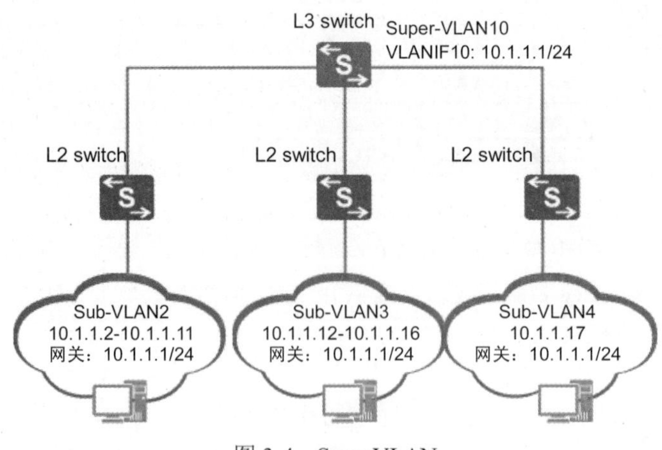

图 3-4　SuperVLAN

3.4.2 即学即练·精选真题

- ___(1)___用于 VLAN 之间的通信。（2016 年 11 月第 20 题）

  （1）A. 路由器　　B. 网桥　　C. 交换机　　D. 集线器

  【答案】（1）A

  【解析】三层设备用于不同 VLAN 之间的通信，比如路由器、三层交换机、防火墙。

- 某高校实验室拥有一间 100 平方米的办公室，里面设置了 36 个工位，用于安置本实验室的 36 名研究生。根据该实验室当前项目情况，划分成了 3 个项目组，36 个工位也按照区域聚集原则划分出 3 个区域。该实验室采购了一台具有 VLAN 功能的两层交换机，用于搭建实验室有线局域网，实现三个项目组的网络隔离。初期考虑到项目组位置固定，且有一定的人员流动，搭建实验室局域网时宜采用的 VLAN 划分方法是___(2)___。随着项目进展及人员流动加剧，项目组区域已经不再适合基于区域聚集原则进行划分，而且项目组长或负责人也需要能够同时加入到不同的 VLAN 中。此时宜采用的 VLAN 划分方法是___(3)___。

  在项目后期阶段，三个项目组需要进行联合调试，因此需要实现三个 VLAN 间的互联互通。目前有两种方案：

  方案一：采用独立路由器方式，保留两层交换机，增加一个路由器。

  方案二：采用三层交换机方式，用带 VLAN 功能的三层交换机替换原来的两层交换机。与方案一相比，下列叙述中不属于方案二优点的是___(4)___。（2018 年 11 月第 38～40 题）

  （2）A. 基于端口　　B. 基于 MAC 地址
  　　C. 基于网络地址　　D. 基于 IP 组播

  （3）A. 基于端口　　B. 基于 MAC 地址
  　　C. 基于网络地址　　D. 基于 IP 组播

  （4）A. VLAN 间数据帧要被解封成 IP 包再进行传递
  　　B. 三层交换机具有路由功能，可以直接实现多个 VLAN 之间的通信
  　　C. 不需要对所有的 VLAN 数据包进行解封、重新封装操作
  　　D. 三层交换机实现 VLAN 间通信是局域网设计的常用方法

  【答案】（2）A　（3）B　（4）A

  【解析】考查 VLAN 划分的方式，固定工位可以基于端口划分 VLAN，位置调整可以基于 MAC 地址划分 VLAN。第（4）空按传统路由器和交换机理解，路由器是每个数据包都需要经过“解封装-查询路由表-再封装”的过程，速度相对较慢，而三层交换机“一次路由，多次交换”，即第一个数据包需要路由，后续的数据包直接交换，从而大大降低转发延迟。但目前最新的路由器和交换机可以通过路由表生成转发表，通过硬件芯片直接进行数据转发，可以理解为“不用路由，直接转发”，也叫快速交换。

  注：“不用路由”不是指不用路由表，而且没有 CPU“解封装-查询路由表-再封装”的过程，直接通过硬件芯片根据转发表转发数据。生成转发表也是需要用到路由表的。

3.5 城域网和以太环网保护技术

3.5.1 考点精讲

1. 城域网

城域网指在一个城市范围内的网络，一般不超过 80km，城域网有两种标准：

（1）IEEE 802.1ad，也叫 QinQ 或 E-LAN，核心原理是为以太网帧打上双层 VLAN 标签，把用户 VLAN（C-VLAN）嵌套在运营商 VLAN（S-VAN）中进行传送，如图 3-5 所示。2017/（35）、2021/（38）

（2）IEEE 802.1ah，也叫 PBB 或 MAC-IN-MAC，核心原理是进行两次以太网封装。

6字节	6字节	4字节	2字节	≤1500字节	4字节
目的MAC	源MAC	用户标签	类型/长度	数据	FCS

6字节	6字节	4字节	4字节	2字节	≤1500字节	4字节
目的MAC	源MAC	运营商标签	用户标签	类型/长度	数据	FCS

图 3-5 传统 802.1Q 和 QinQ 帧格式对比

2. 以太网环网保护技术

传统网络中解决二层环路问题的技术是生成树协议（Spanning Tree Protocol，STP），但 STP 收敛时间较长，不适合用于骨干线路保护，因此针对骨干线路保护，专门定义了以太环网保护技术，比如弹性分组环（Resilient Packet Ring，RPR）、以太环网保护（Ethernet Ring Protection Switching，ERPS）和快速环网保护协议（Rapid Ring Protection Protocol，RRPP）等。技术原理大同小异，不需要深入掌握，了解这些技术的应用场景即可。

（1）公安平安城市视频监控环网。如图 3-6 所示，派出所交换机和所经路口的各接入交换机 RG-IS2700G 共同组成一个单纤保护环网，能够节省光纤资源。环上使用 ERPS 以太环网保护协议，可以实现小于 50ms 的快速切换。

（2）校园网骨干环网。图 3-7 为某高校校园网，学校部分核心业务（如网络教学、网络考试、视频会议等）对网络传输的实时性要求较高。一旦网络断路，将对这些核心业务产生较大的负面影响。RRPP 环网保护技术不仅提升网络可靠性，而且做到了 50ms 的快速保护，对校园网业务的可用性起到了充分的保障作用。

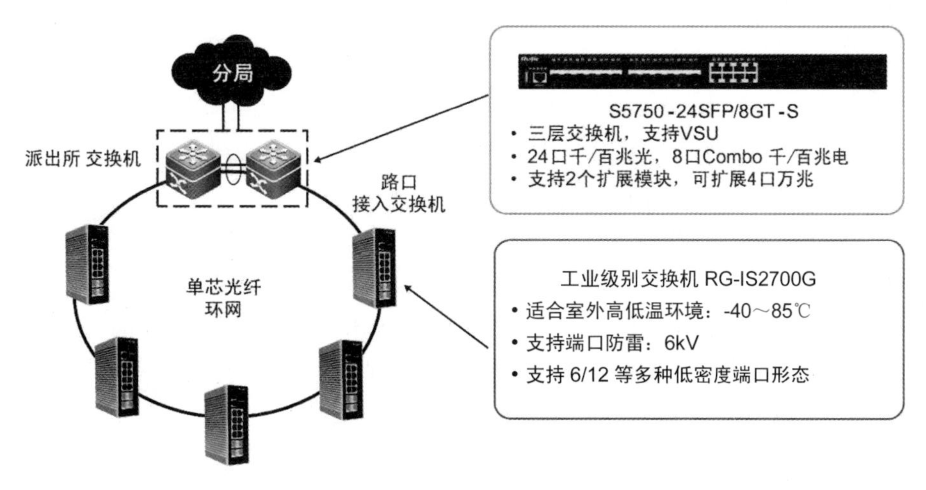

图 3-6 平安城市的环型组网方案

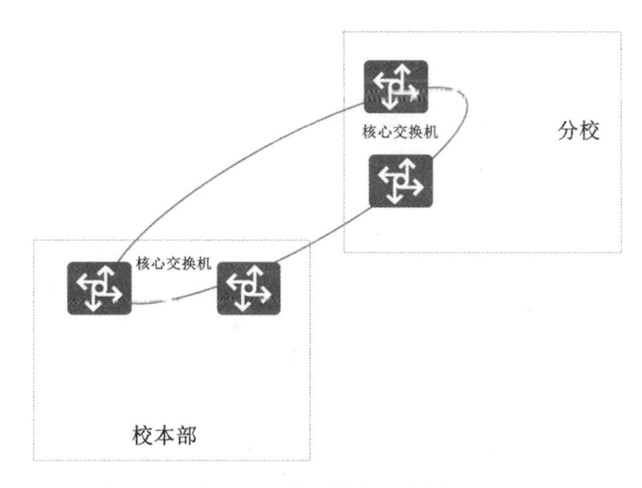

图 3-7 校园网骨干环网

3.5.2 即学即练·精选真题

- IEEE 802.1ad 定义的运营商网桥协议是在以太帧中插入___（1）___字段。（2017 年 11 月第 35 题）

（1）A．用户划分 VLAN 的标记　　B．运营商虚电路标识

C．运营商 VLAN 标记　　D．MPLS 标记

【答案】（1）C

【解析】掌握两个协议城域网 802.ad 和 802.ah。

➢ IEEE 802.1ad，也称为 QinQ，把用户 VLAN 嵌套在城域以太网 VLAN（运营商 VLAN）中传送。

➢ IEEE 802.1ah，也称为 PBB，也叫 MAC-IN-MAC 技术，进行两次以太网封装。

- 某高校计划采用扁平化的网络结构。为了限制广播域、解决 VLAN 资源紧缺的问题，学校计划采用 QinQ（802.1Q-in-802.1Q）技术对接入层网络进行端口隔离。以下关于 QinQ 技术的叙述中，错误的是___（2）___。（2021 年 11 月第 38 题）

（2）A．一旦在端口启用了 QinQ，单层 VLAN 的数据报文将没有办法通过

B．QinQ 技术标准出自 IEEE 802.1ad

C．QinQ 技术扩展了 VLAN 数目，使 VLAN 的数目最多可达 4094×4094 个

D．QinQ 技术分为基本 QinQ 和灵活 QinQ 两种

【答案】（2）A

【解析】了解基本 QinQ 和灵活 QinQ 技术。

- 基本 QinQ：如果收到的是带有 VLAN Tag 的报文，该报文就成为带双 Tag 的报文。如果收到的是不带 VLAN Tag 的报文，则为该报文打上本端口缺省的 VLAN Tag。
- 灵活 QinQ：为具有不同内层 VLAN ID 的报文添加不同的外层 VLAN Tag。根据报文内层 VLAN 的 802.1Q 优先级标记外层 VLAN 的 802.1Q 优先级和添加不同的外层 VLAN Tag。通过灵活 QinQ 技术，既能隔离运营商网络和用户网络，又能够提供丰富的业务特性和更加灵活的组网能力。

3.6 网关冗余技术 VRRP

3.6.1 考点精讲

1. VRRP 技术背景

如图 3-8 所示，所有 PC 均以路由器 Router 作为网关，当路由器 Router 出现故障时，本网段内以该设备为网关的主机都不能与 Internet 进行通信，即网络中断。

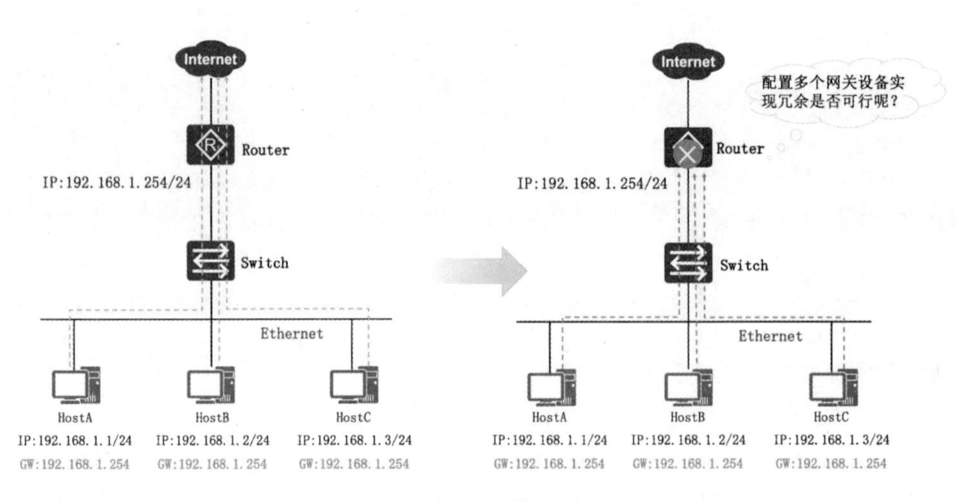

图 3-8　网关单点故障

VRRP 技术可以解决网关单点故障问题，保证网关冗余。如图 3-9 所示，两台路由器 R1 和 R2 运行 VRRP 协议，组成一台虚拟路由器，当主机的下一跳路由设备出现故障时，及时将业务切换到备份路由设备，从而保持通信的连续性和可靠性。

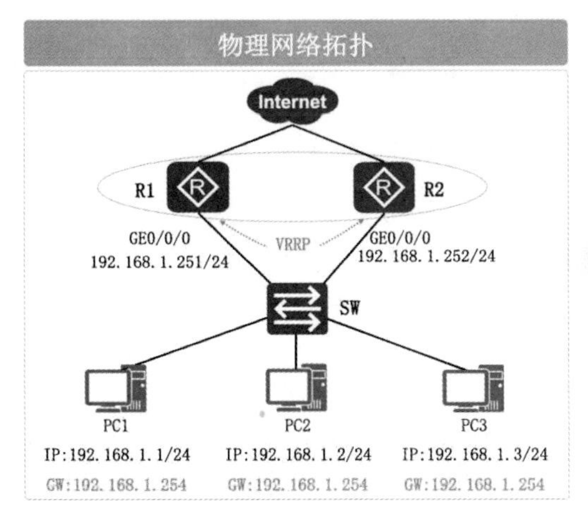

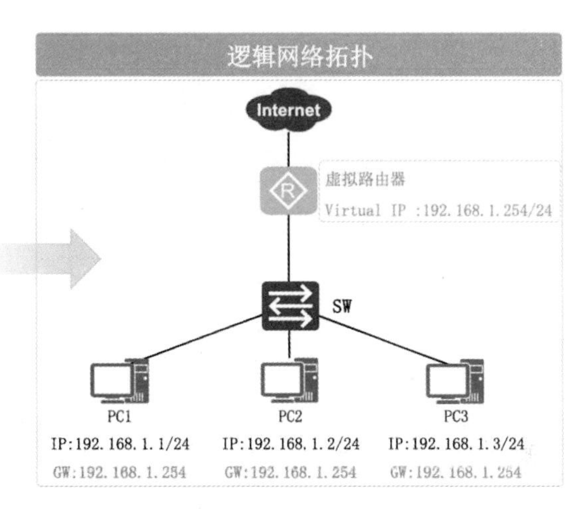

图 3-9 VRRP 实现网关冗余

2. VRRP 术语与概念

（1）VRRP 路由器：运行 VRRP 协议的路由器，如图 3-9 中的路由器 R1 和 R2。

（2）VRID：一个 VRRP 组（VRRP Group）由多台协同工作的路由器（的接口）组成，使用相同的虚拟路由器标识符（Virtual Router Identifier，VRID）进行标识。属于同一个 VRRP 组的路由器之间交互 VRRP 协议报文并产生一台虚拟“路由器”。一个 VRRP 组中只能出现一台 Master 路由器。

（3）虚拟路由器：VRRP 为每一个组抽象出一台虚拟“路由器”（Virtual Router），该路由器并非真实存在的物理设备，而是由 VRRP 虚拟出来的逻辑设备。一个 VRRP 组只会产生一台虚拟路由器。

（4）虚拟 IP 地址及虚拟 MAC 地址：虚拟路由器拥有自己的 IP 地址以及 MAC 地址，其中 IP 地址由网络管理员在配置 VRRP 时指定，一台虚拟路由器可以有一个或多个 IP 地址，通常情况下用户使用该地址作为网关地址。VRRP 虚拟 MAC 地址的格式是“0000-5e00-01xx”，其中 xx 为 VRID。

（5）Master 路由器：“Master 路由器”在一个 VRRP 组中承担报文转发任务。在每一个 VRRP 组中，只有 Master 路由器才会响应针对虚拟 IP 地址的 ARP Request。Master 路由器会以一定的时间间隔周期性地发送 VRRP 报文，以便通知同一个 VRRP 组中的 Backup 路由器关于自己的存活情况。

（6）Backup 路由器：也被称为备份路由器。Backup 路由器将会实时侦听 Master 路由器发送出来的 VRRP 报文，它随时准备接替 Master 路由器的工作。

（7）Priority：优先级值是选举 Master 路由器和 Backup 路由器的依据，优先级取值范围为 0～255，值越大越优先，值相等则比较接口 IP 地址大小，大者优先。

3. VRRP 配置

VRRP 网关冗余配置拓扑如图 3-10 所示，R1 和 R2 配置 VRRP 网关冗余，虚拟地址为 192.168.1.254/24，3 台 PC 网关均指向该虚拟地址。

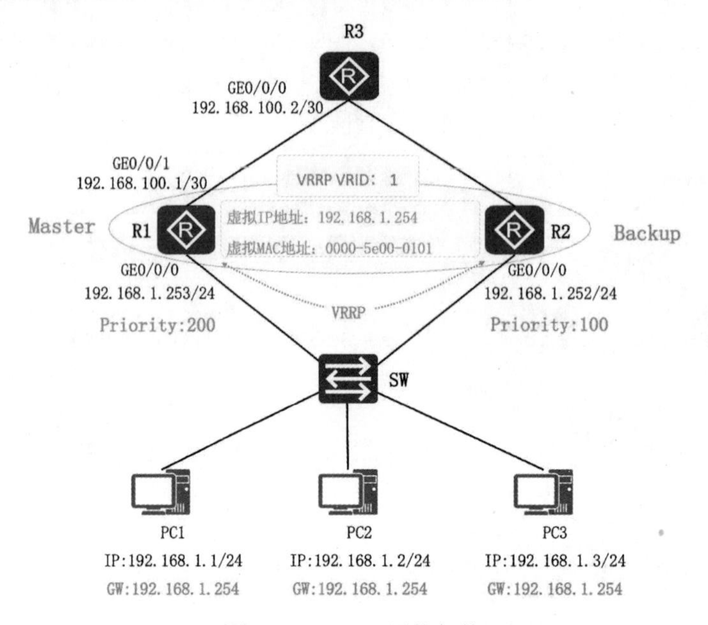

图 3-10　VRRP 网络架构

配置要求：

（1）R1 与 R2 组成一个 VRRP 备份组，其中 R1 为 Master，R2 为 Backup。

（2）Master 设备故障恢复时采用抢占模式，抢占延时为 10 秒。

（3）监视 Master 设备 R1 的上行接口状态，如果上行接口故障，自动降级为 Backup 路由器。

R1 关键配置如下：

```
[R1] interface GigabitEthernet0/0/1                                    //进入接口
[R1] ip address 192.168.100.1   30                                     //配置接口 IP 地址
[R1] interface GigabitEthernet0/0/0                                    //进入接口
[R1-GigabitEthernet0/0/0] ip address 192.168.1.253   24                //配置接口 IP 地址
[R1-GigabitEthernet0/0/0] vrrp vrid 1 virtual-ip 192.168.1.254         //配置 VRRP 虚拟 IP 地址
[R1-GigabitEthernet0/0/0] vrrp vrid 1 priority 120                     //配置 VRRP 优先级
[R1-GigabitEthernet0/0/0] vrrp vrid 1 preempt-mode timer delay 10      //配置抢占延迟为 10s
[R1-GigabitEthernet0/0/0] vrrp vrid 1 track interface GigabitEthernet0/0/1 reduced 30
  //跟踪 R1 的上行接口 G0/0/1，如果该接口 down，VRRP 优先级降低 30，即变为 90
```

R2 关键配置如下：

```
[R2] interface GigabitEthernet0/0/0                                    //进入接口
[R2-GigabitEthernet0/0/0] ip address 192.168.1.252 24                  //配置接口 IP 地址
[R2-GigabitEthernet0/0/0] vrrp vrid 1 virtual-ip 192.168.1.254         //配置 VRRP 虚拟 IP 地址
[R2-GigabitEthernet0/0/0] vrrp vrid 1 priority 110                     //配置 VRRP 优先级
```

R3 关键配置如下：

```
[R3] interface GigabitEthernet0/0/0                                    //进入接口
[R3-GigabitEthernet0/0/0] ip address 192.168.100.2 30                  //配置接口 IP 地址
```

R1 上验证 VRRP 配置：

```
[R1]display vrrp
  GigabitEthernet0/0/0 | Virtual Router 1                //VRRP 组 ID 为 1
    State : Master                                       //本设备在组中状态为 Master
    Virtual IP : 192.168.1.254
    Master IP : 192.168.1.253
    PriorityRun : 120                                    //接口在本 VRRP 组中优先级为 120
    PriorityConfig : 120
    MasterPriority : 120
    Preempt : YES    Delay Time : 10 s                   //开启抢占模式，且延迟时间为 10 秒
    TimerRun : 1 s
    TimerConfig : 1 s
    Auth type : NONE
    Virtual MAC : 0000-5e00-0101                         //虚拟 MAC 地址为 0000-5e00-0101
    Check TTL : YES
    Config type : normal-vrrp
    Track IF : GigabitEthernet0/0/1    Priority reduced : 30
    IF state : UP
```

R2 上验证 VRRP 配置：

```
[R2]display vrrp
  GigabitEthernet0/0/0 | Virtual Router 1
    State : Backup                                       //本设备在组中状态为 Backup
    Virtual IP : 192.168.1.254
    Master IP : 192.168.1.253
    PriorityRun : 110                                    //接口在本 VRRP 组中优先级为 110
    PriorityConfig : 110
    MasterPriority : 120
    Preempt : YES    Delay Time : 0 s                    //开启抢占模式，延迟时间为 0 秒
    TimerRun : 1 s
    TimerConfig : 1 s
    Auth type : NONE
    Virtual MAC : 0000-5e00-0101
    Check TTL : YES
    Config type : normal-vrrp
```

把 R1 的 G0/0/1 接口 shutdown，根据 track 跟踪配置，R1 的 VRRP 优先级会降低 30，从 120 降为 90，而 R2 的 VRRP 优先级为 110，故 R2 会成为 Master，R1 成为 Backup，验证如下：

```
[R1] interface GigabitEthernet0/0/1
[R1-GigabitEthernet0/0/1] shutdown                       //关闭 R1 的上行接口
[R1-GigabitEthernet0/0/1]display vrrp brief
Total:1     Master:0     Backup:1     Non-active:0
VRID   State      Interface               Type      Virtual IP
----------------------------------------------------------------
1      Backup     GE0/0/0                 Normal    192.168.1.254     //R1 成为 Backup
```

```
[R1-GigabitEthernet0/0/1]display vrrp
  GigabitEthernet0/0/0 | Virtual Router 1
    State : Backup
    Virtual IP : 192.168.1.254
    Master IP : 192.168.1.252
    PriorityRun : 90                //R1 的运行优先级是 90
    PriorityConfig : 120            //R1 的配置优先级是 120
    MasterPriority : 110            //Master 路由器的优先级为 110，即此时 R2 是 Master
    Preempt : YES    Delay Time : 10 s
    TimerRun : 1 s
    TimerConfig : 1 s
    Auth type : NONE
    Virtual MAC : 0000-5e00-0101
    Check TTL : YES
    Config type : normal-vrrp
    Backup-forward : disabled
    Track IF : GigabitEthernet0/0/1    Priority reduced : 30
    IF state : DOWN
    Create time : 2022-11-30 10:24:02 UTC-08:00
    Last change time : 2022-11-30 10:33:13 UTC-08:00
```

3.6.2 即学即练·精选真题

- 在交换机上通过___（1）___查看到下图所示信息，其中 State 字段的含义是___（2）___。（2019 年 11 月第 65～66 题）

```
Run Method      :  VIRTUAL-MAC
Vitual IP Ping  :  Disable
Interface       :  Vlan-interface 1
VRID            :  1                    Adver.Time    :  1
Admin Status    :  up                   State         :  Master
Config Pri      :  100                  Run Pri       :  100
Prempt Mode     :  YES                  Delay Time    :  0
Auth Type       :  NONE
Virtaul IP      :  192.168.0.133
```

（1）A．display vrrp statistics　　B．display ospf peer
　　C．display vrrp verbose　　D．display ospf neighbor

（2）A．抢占模式　　B．认证类型
　　C．配置的优先级　　D．交换机在当前备份组的状态

【答案】（1）C　（2）D

【解析】 display vrrp verbose 是新华三设备显示 VRRP 备份组详细信息的命令。State 显示交换机的状态为 Master 主交换机。

- 某数据中心中配 2 台核心交换机 CoreA 和 CoreB，并配置 VRRP 协议实现冗余，网络管理员例行检查时，在核心交换机 CoreA 上发现内容为“The state of VRRP changed from master to other state”的告警日志。经过分析，下列选项中不可能的原因是___（3）___。（2020 年 11 月第 70 题）

（3）A．CoreA 和 CoreB 的 VRRP 优先级发生变化

B．CoreA 发生故障

C．CoreB 发生故障

D．CoreB 从故障中恢复

【答案】（3）C

【解析】交换机 CoreA 的状态从主交换状态切换成其他状态，可能是两台设备优先级发生变化，不可能是 CoreB 发送故障，如果 CoreB 故障，那么 CoreA 就是 Master，不会发生状态变化。

第4章 无线通信网

4.1 考点分析

本章知识点不多，主要在上午考试的选择题中进行考查，分值为1～2分。需重点掌握无线信道、频率、隐蔽终端问题、MANET网络特点和5G关键技术。

4.2 WLAN无线局域网

4.2.1 考点精讲

1. WLAN网络分类

WLAN网络可以分为三类：基础无线网络、Ad Hoc网络和分布式无线系统，如图4-1所示。

- 基础无线网络（Infrastructure Networking）用户通过无线接入点（AP）接入。
- 特殊网络（Ad Hoc Networking）用于军用自组网或寝室局域网联机游戏。
- 分布式无线系统，通过AC控制大量AP组成的无线网络。

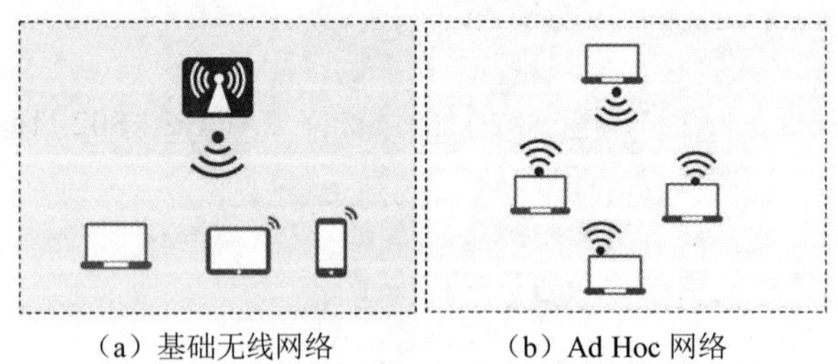

（a）基础无线网络　（b）Ad Hoc网络　（c）分布式无线系统

图4-1　无线网络架构

2. WLAN频率与信道

ISM频段（Industrial Scientific Medical Band）是各国免费开放给工业、科学和医学机构使用的特定频段。这些频段无须许可证或费用，只需要遵守一定的发射功率，并且不要对其他频段造成干扰即可（一般要求室内 AP 发射功率控制在 100mW 以内，室外 AP 发射功率控制在 500mW 以内）。ISM 定义的频段如图 4-2 所示。

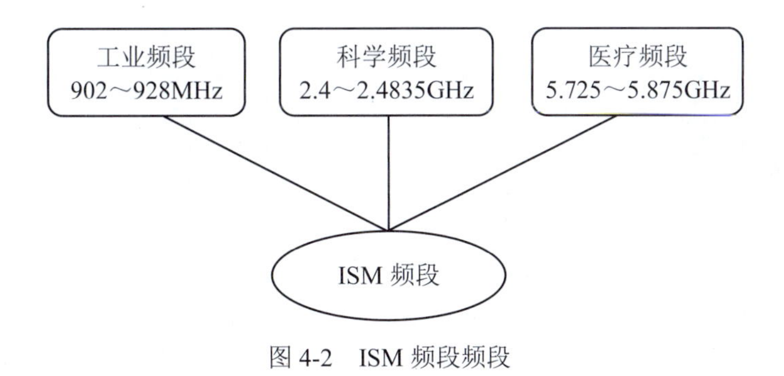

图 4-2　ISM 频段频段

目前应用最广泛的 Wi-Fi 本质上是基于 802.11 标准的 WLAN 技术，Wi-Fi 经历了多个标准演进，各种标准对比见表 4-1。2020/（62）

表 4-1　802.11 系列标准对比

标准	802.11	802.11b	802.11a	802.11g	802.11n	802.11ac	802.11ax
标准发布时间	1997 年	1999 年	1999 年	2003 年	2009 年	2012 年	2018 年
频率范围	2.4GHz	2.4GHz	5GHz	2.4GHz	2.4GHz 5GHz	5GHz	2.4GHz 5GHz
非重叠信道	3	3	5	3	3+5	5	3+5
调制技术	FHSS/DSSS	CCK/DSSS	OFDM	CCK/OFDM	OFDM	OFDM	OFDMA
最高速率	2M	11M	54M	54M	600M	6900M	9600M
实际吞吐	200K	5M	22M	22M	100+M	900M	1G 以上
兼容性	N/A	与 11g 产品可互通	与 11b/g 不能互通	与 11b 产品可互通	向下兼容 802.11a/b/g	向下兼容 802.11a/n	向下兼容 802.11a/n

重点掌握如下几点：

（1）各种 Wi-Fi 标准的工作频段。802.11、802.11b 和 802.11g 只支持 2.4GHz，802.11a 和 802.11ac 只支持 5GHz，而 802.11n 和 802.11ax 同时支持 2.4GHz 和 5GHz。

（2）非重叠信道数量。2.4GHz 频段包含 13 个信道，有 3 个不重合信道，常用信道为 1、6 和 11，不重合信道间隔 5 个信道。5G 频段包含 12 个信道，有 5 个不重叠信道，则 Wi-Fi 不重叠信道总共有 3+5=8 个。

（3）不同 802.11 标准的最大速率。比如，802.11n 最大支持 600Mb/s，802.11ax 速率可达 9600Mb/s。

需要注意的是，Wi-Fi 里面的 5G 是指使用 5GHz 这个频段进行无线通信，而运营商的 5G 是指第五代移动通信技术。

3. 信道重用与 AP 部署

为了降低干扰，WLAN 建议采用蜂窝部署，保障相邻区域信道不同，如图 4-3 所示。

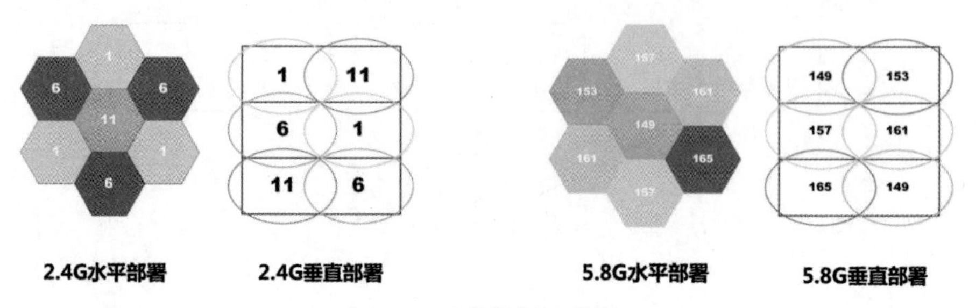

图 4-3 无线部署示意图

4. 802.11 访问控制机制

传统以太网采用 CSMA/CD 技术实现访问控制，在 802.11 无线网络中，MAC 子层同样提供访问控制机制，它定义了 2 种访问控制机制：DCF 分布式协调功能（争用服务）和 PCF 点协调功能（无争用服务），其中 DCF 分布式协调功能底层主要依赖 CSMA/CA。CSMA/CA 类似 802.3 中的 CSMA/CD，核心原理是：发送数据前先检测信道是否使用，若信道空闲，则等待一段随机时间后，发送数据。所有终端都遵守这个规则，故这个算法对参与竞争的终端是公平的，按先来先服务的顺序获得发送机会。其他访问控制机制还有 RTS/CTS 和 PCF 点协调功能。

- RTS/CTS 信道预约：访问发生前先打报告，其他终端记录信道占用时间。
- PCF 点协调功能：由 AP 集中轮询所有终端，将发送权限轮流交给各个终端，类似令牌，拿到令牌的终端可以发送数据，没有令牌的终端则等待。点协调功能比 DCF 分布式协调优先级更高，802.11 定义了超级帧的时间间隔，用来防止 AP 连续轮询锁定异步帧。

为什么无线网络不沿用有线网络的 CSMA/CD，而偏偏提出 CSMA/CA 来解决冲突问题？其实原因很简单，有线网络中所有终端直接连接起来，可以非常容易地检测到其他终端有没有发送数据（收发数据有线链路上会有光电脉冲变化）。无线网络终端没有线缆连接，可能检测不到冲突，最典型的就是隐藏节点（也叫隐蔽终端）问题。如图 4-4 所示，A 和 C 互为隐藏节点。2015/（24）

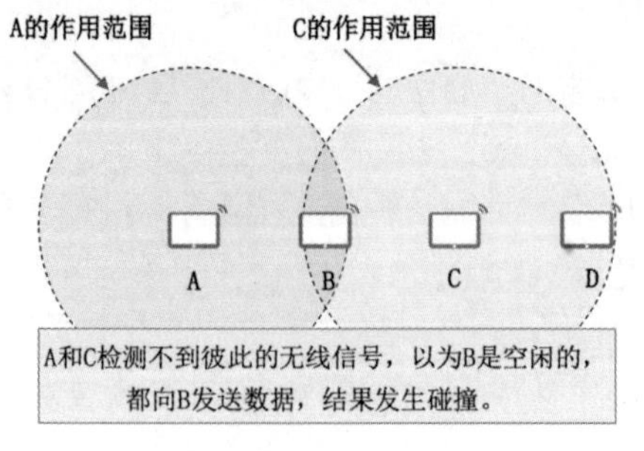

图 4-4 隐藏节点问题

5. AD Hoc 网络

AD Hoc 网络是由无线移动节点组成的对等网，不需要 AP/基站等网络基础设施，每个节点既是主机，又是路由节点，是一种 MANET（Mobile Ad-hoc Network）网络，如图 4-5 所示。Ad Hoc 来自拉丁语，具有“即兴，临时”的意思。

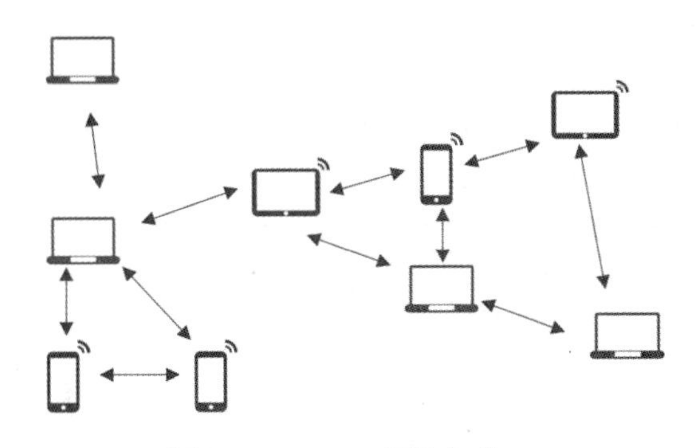

图 4-5　MANET 网络架构

MANET 网络的特点如下，偶尔考选择题。2015/（23）

（1）网络拓扑结构动态变化的，不能使用传统路由协议。

（2）无线信道提供的带宽较小，信号衰落和噪声干扰的影响却很大。

（3）无线终端携带的电源能量有限。

（4）容易招致网络窃听、欺骗、拒绝服务等恶意攻击的威胁。

4.2.2　即学即练·精选真题

- 由无线终端组成的 MANET 网络与固定局域网最主要的区别是＿（1）＿，在下图所示的由 A、B、C 三个节点组成的 MANET 中，圆圈表示每个节点的发送范围，节点 A 和节点 C 同时发送数据，如果节点 B 不能正常接收，这时节点 C 称为节点 A 的＿（2）＿。（2015 年 11 月第 23～24 题）

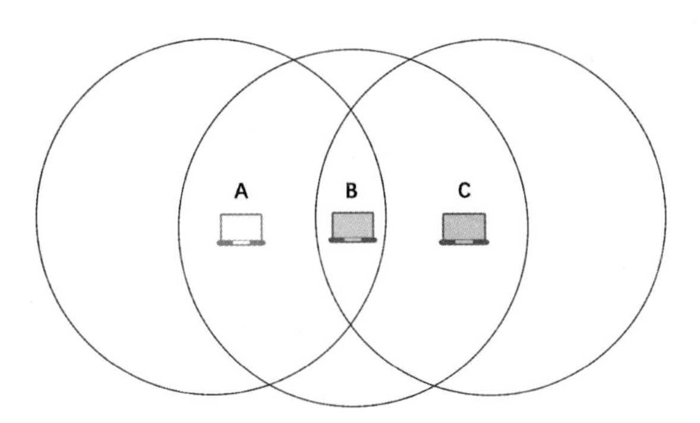

（1）A．无线访问方式可以排除大部分网络入侵

B．不需要运行路由协议就可以互相传送数据

C．无线信道可以提供更大的带宽

D．传统的路由协议不适合无线终端之间的通信

（2）A．隐蔽终端　　B．暴露终端　　C．干扰终端　　D．并发终端

【答案】（1）D　（2）A

【解析】与传统的有线网络相比，MANET 有如下特点：

- 网络拓扑结构是动态变化的，由于无线终端的频繁移动，可能导致节点之间的相互位置和连接关系难以维持稳定。
- 无线信道提供的带宽较小，而信号衰落和噪声干扰的影响却很大。由于各个终端信号覆盖范围的差别，或者地形地物的影响，还可能存在单向信道。
- 无线终端携带的电源能量有限，应采用最节能的工作方式，因而要尽量减小网络通信开销，并根据通信距离的变化随时调整发射功率。
- 由于无线链路的开放性，容易招致网络窃听、欺骗、拒绝服务等恶意攻击的威胁，所以需要特别的安全防护措施。
- 由于上述特殊性，传统有线网络的路由协议不能直接应用于 MANET。IETF 成立的 MANET 工作组开发了 MANET 路由规范，能够支持包含上百个路由器的自组织网络，并在此基础上开发支持其他功能的路由协议，例如支持节能、安全、组播、QoS 和 IPv6 的路由协议。

隐蔽终端和暴露终端问题是无线网络中的特殊现象。题目给出的拓扑中，如果节点 A 向节点 B 发送数据，则由于节点 C 检测不到节点 A 发出的载波信号并且也试图发送，就可能干扰节点 B 的接收。所以对节点 A 来说，节点 C 是隐蔽终端。如果节点 B 要向节点 A 发送数据，它检测到节点 C 正在发送，就可能暂缓发送过程。但实际上节点 C 发出的载波不会影响节点 A 的接收，在这种情况下，节点 C 就是暴露终端。这些问题不但会影响数据链路层的工作状态，也会对路由信息的及时交换以及网络重构过程造成不利影响。

- 在 IEEE 802.11 WLAN 标准中，频率范围在 5.15～5.35GHz 的是＿（3）＿。（2020 年 11 月第 62 题）

（3）A．802.11　　B．802.11a

C．802.11b　　D．802.11e

【答案】（3）B

【解析】掌握重点 802.11 协议的信道和频率，见表 4-1。

- 在进行室外无线分布系统规划时，菲涅耳区的因素影响在＿（4）＿方面，是一个重要的指标。（2020 年 11 月第 63 题）

（4）A．信道设计　　B．宽带设计

C．覆盖设计　　D．供电设计

【答案】（4）C

【解析】如下图所示，无线电波波束的菲涅耳区是一个直接环绕在可见视线通路周围的椭球区域，其厚度会因信号通路长度和信号频率的不同而有变化。

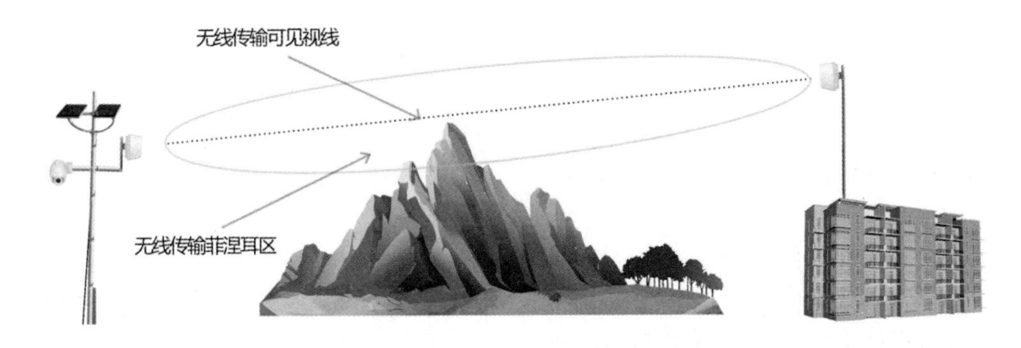

- ＿（5）＿是由我国自主研发的无线网络安全协议。（2020年11月第46题）

  （5）A．WAPI　　B．WEP　　C．WPA　　D．TKIP

  【答案】（5）A

  【解析】 WAPI属于我国自主研发的无线网络安全协议。

- 在无线网络中，通过射频资源管理可以配置的任务不包括＿（6）＿。（2021年11月第62题）

  （6）A．射频优调　　B．频谱导航　　C．智能漫游　　D．终端定位

  【答案】（6）D

  【解析】 射频资源管理可以配置的任务包括射频调优、频谱导航和智能漫游。

  - 射频优调：比如自动调整信道或发射功率。
  - 智能漫游：在WLAN网络中会存在粘性终端，通过主动引导的方式，使终端漫游到信号更强的AP。
  - 频谱导航：由于物理特性，双频设备的信号，2.4GHz的信号强于5GHz，即使速率比5GHz的慢，所以大多数的移动设备优先连接2.4GHz。双频设备打开频谱导航后，将其均衡地连接至该设备的不同射频上。
  - 终端定位需要根据多个AP信号差或时间差进行计算。

- 在无线网络中，天线最基本的属性不包括＿（7）＿。（2021年11月第63题）

  （7）A．增益　　B．频段　　C．极化　　D．方向性

  【答案】（7）B

  【解析】 天线有3个最基本的属性：方向性、极化和增益。

4.3 蓝牙和Zigbee

4.3.1 考点精讲

网络覆盖范围由大到小可以分为广域网、城域网、局域网和个域网，其中个域网主要承担半径10米左右的通信。典型的无线个域网技术有蓝牙和Zigbee技术。

1. 蓝牙技术

蓝牙技术（Bluetooth）最早被开发用于实现不同工业领域间的协调工作，现在被广泛应用于人们生活的各个领域，比如汽车与手机间的车机互联、蓝牙耳机与手机的互联等。2001 年，蓝牙被确定为 IEEE 802.15.1 标准。蓝牙技术使用 **2.4GHz** 进行通信，采用**跳频通信技术**（FHSS），数据速率为 1Mb/s。目前蓝牙 5.3 速率可达 48Mb/s，考试仍以 1Mb/s 为准。

2. Zigbee 技术

Zigbee 基于 IEEE 802.15.4 标准，它瞄准了**速率更低、距离更近、更省电**的无线个人网。Zigbee 适用于固定的、手持的或移动的电子设备，这些设备一般使用电池供电，电池寿命可以长达几年，通信速率可以低至 9.6kb/s，从而可以实现低成本无线通信。Zigbee 具有良好的安全机制，网络层和 MAC 层都采用高级加密标准 AES，同时结合了加密和认证功能的 CCM*算法。目前 Zigbee 被广泛应用于智能家居和医疗监护等场景。

- 智能家居：如电灯、电视机、冰箱、洗衣机、电脑、空调等。
- 医疗监护：如脉搏、血压、呼吸监测。

4.3.2 即学即练·精选真题

- 下列无线网络技术中，覆盖范围最小的是___（1）___。（网工 2019 年 5 月第 65 题）

（1）A．802.15.1 蓝牙　　B．802.11n 无线局域网

C．802.15.4 Zigbee　　D．802.16m 无线城域网

【答案】（1）C

【解析】802.15.4 Zigbee 技术瞄准了速率更低、距离更近的无线个人网，适合于固定的、手持的或移动的电子设备，这些设备的特点是使用电池供电，电池寿命可以长达几年时间，通信速率可以低至 9.6kb/s，从而实现低成本的无线通信。蓝牙和 Zigbee 标准有很多版本，按部分资料可能选 A 选项，但考试以软考办官方教材（网络工程师教程和网络规划设计师教程）为准，按教材描述，本题应选 C 选项。

4.4 移动通信和 5G

4.4.1 考点精讲

1. 移动通信网络发展与标准

从 1G 到最新的 5G，移动通信网络发展如图 4-6 所示。1G 蜂窝通信系统主要满足语音通信，2G GSM 和 CDMA 技术增加了短信和低速率数据传输功能，3G 网络提升了数据传输速率，4G 可以满足多媒体音视频传输需求，5G 具有低延迟、大带宽和大容量等特性。

图4-6 移动通信网络发展历程

移动通信网络技术标准对比见表4-2。需要注意ViMAX II属于4G标准，3G和4G最大的区别是，3G标准骨干网是基于传统时分复用的语音网络，而4G骨干网是基于IP的分组交换网络。

表4-2 移动通信网络技术标准对比

标准	技术	特点
1G	蜂窝通信	只能传语音
2G	GSM、CDMA、GRPS（2.5G）	可以传输少量数据
3G	CDMA2000（中国电信）、WCDMA（中国联通）、TD-SCDMA（中国移动）	骨干网是基于时分复用的语音网络
4G	TD-LTE、FDD-LTE、ViMAX II	骨干网是基于IP的分组交换网络 2015/（25～26）
5G	统一技术标准，包含NSA/SA组网	大带宽、低时延、支持物联网海量接入

2. *5G应用场景*

5G包含三类应用场景，分别是增强型移动互联网（enhanced Mobile Broadband，eMBB）、海量连接物联网（massive Machine Type of Communication，mMTC）和超低时延高可靠通信（ultra Reliable Low Latency Communications，uRLLC），如图4-7所示。

更通俗地说，就是5G技术具有高带宽、低时延高可靠和海量终端互联的能力。

（1）高带宽（eMBB）：支持20Gb/s峰值速率，适用于3D、AR/VR等应用，提升用户体验。

（2）低时延高可靠（uRLLC）：支持超低时延高可靠通信，5G可以提供小于1ms的端到端时延以及99.9999%的可靠性保障。

（3）海量终端互联（mMTC）：侧重于人与物之间的信息交互，主要场景包括车联网、智能物流、智能资产管理等，要求提供多连接的承载通道，实现万物互联。

图 4-7　5G 的三大应用场景

3. 5G 关键技术

5G 关键技术包括：**超密集异构无线网络、大规模输入输出（MIMO）、毫米波通信、软件定义网络和网络功能虚拟化**。2020/（20）

相对于 4G 网络，5G 使用较高的频谱，覆盖范围相对较小，需要密集部署宏基站、微基站和室分等不同架构的网络满足覆盖需求。5G 沿用了 4G 网络的多进多出技术（Multiple Input Multiple Output，MIMO），能有效提升网络带宽。毫米波小基站可以增强高速环境下用户的网络体验，提升网络的组网灵活性。同时，5G 引入了软件定义网络（Software Defined Network，SDN）和网络功能虚拟化（Network Functions Virtualization，NFV）技术。SDN 技术实现了**控制层面和数据层面分离**，提升网络灵活性、可管理性和扩展性。NFV 技术可以**实现软件和硬件解耦**，比如传统网络需要购买防火墙、入侵检测、防病毒等硬件安全设备，NFV 实现网络功能虚拟化后，只需要购买标准服务器，然后虚拟出多台虚拟机，可以在虚拟机上运行软件的虚拟防火墙（vFW）、虚拟机入侵检测（vIPS）和虚拟防病毒（vAV），从而大幅降低网络的建设和维护成本。

4.4.2　即学即练·精选真题

- 移动通信 4G 标准与 3G 标准主要的区别是___（1）___，当前 4G 标准有___（2）___。（2015 年 11 月第 25～26 题）

  （1）A．4G 的数据速率更高，而 3G 的覆盖范围更大
  　　B．4G 是针对多媒体数据传输的，而 3G 只能传送话音信号
  　　C．4G 是基于 IP 的分组交换网，而 3G 是针对语音通信优化设计的
  　　D．4G 采用正交频分多路复用技术，而 3G 系统采用的是码分多址技术

  （2）A．UMB 和 WiMAX Ⅱ　　　　B．LTE 和 WiMAX Ⅱ
  　　C．LTE 和 UMB　　　　　　　D．TD-LTE 和 FDD-LTE

【答案】(1) C　(2) B

【解析】移动通信 3G 与 4G 最主要的区别是：3G 基于时分复用的语音交换网，4G 是基于 IP 的分组交换网，4G 标准有 LTE 和 WiMAX II。D 选项不算错，但不够完整，如果没有 C 选项，可以选择 D 选项。

- MIMO 技术在 5G 中起着关键作用，以下不属于 MIMO 功能的是＿（3）＿。(2020 年 11 月第 20 题)

  (3) A．收发分离　B．空间复用　C．赋形抗干扰　D．用户定位

【答案】(3) D

【解析】MIMO 即多入多出，通过多个天线实现收发分离，空间复用，能有效提升传输效率，并能通过不同天线收到的信号，对信号做有效还原，提升抗干扰能力。MIMO 是 Wi-Fi 和 4G/5G 的核心技术，用户定位跟 MIMO 没有关系。

- 假设 CDMA 发送方在连续两个时隙发出的编码为+1+1+1-1+1-1-1-1-1-1-1+1-1+1+1+1，发送方码片序列为+1+1+1-1+1-1-1-1，则接收方解码后的数据应为＿（4）＿。(2020 年 11 月第 25 题)

  (4) A．01　B．10　C．00　D．11

【答案】(4) B

【解析】码分多址（CDMA）是通过编码区分不同用户信息，实现不同用户同频、同时传输的一种通信技术。发送比特 1 时，就发送原序列，发送比特 0 时，就发送序列相反的序列，什么都不发送时，就全为 0。连续两个时隙的编码，刚好是 16 位，拆分为 8 位，第一个 8 位和原序列相同，所以表示 1，第二个 8 位和原序列相反表示为 0，所以选择 B 项。

- 假定在一个 CDMA 系统中，两个发送方发送的信号进行叠加，发送方 1 和接收方 1 共享的码片序列为：(1,1,1,−1,1,−1,−1,−1)，发送方 2 和接收方 2 共享的码片序列为：(1,−1,1,1,1,−1,1,1)。假设发送方 1 和发送方 2 发送的两个连续 bit 经过编码后的序列为：(2,0,2,0,2,−2,0,0)、(0,−2,0,2,0,0,2,2)，则接收方 1 接收到的两个连续 bit 应为＿（5）＿。(2022 年 11 月第 34 题)

  (5) A．(1,−1)　B．(1,0)　C．(−1,1)　D．(0,1)

【答案】(5) B

【解析】CDMA 中将共享码片序列和收到的信息进行正交计算，正交结果为 1，表示发送数据为 1，正交结果为-1，表示发送数据为 0，正交结果为 0，表示该终端未发送数据。由于接收方 1 存有共享的码片是(1,1,1,−1,1,−1,−1,−1)，那么将此码片与发送方 1 和发送方 2 发送的码片正交（相乘），求得结果，则可判断接收方 1 收到的数据。

正交计算：(1,1,1,−1,1,−1,−1,−1)×(2,0,2,0,2,−2,0,0)/8=1，那么收到的第 1 个数据是 1。

正交计算：(1,1,1,−1,1,−1,−1,−1)×(0,−2,0,2,0,0,2,2)/8=−1，那么收到的第 2 个数据是 0。

故接收方 1 收到的数据是（1,0）。

第5章 网络管理

5.1 考点分析

本章知识点不多，主要在上午考试中的选择题进行考查，分值为1分左右。需重点掌握网络管理功能、网络管理协议标准和SNMP协议。

5.2 网络管理协议

5.2.1 考点精讲

1. 网络管理功能

网络管理包括**故障管理、配置管理、计费管理、性能管理和安全管理**五大功能。其中，故障管理是为了尽快发现故障，找出故障原因，以便采取补救措施。网管系统中代理与监视器有**轮询和事件报告**两种通信方式。

2. 网络管理协议标准

网络管理协议一共有五大标准，分别是：公共管理信息服务（Common Management Information Service，CMIS）/公共管理信息协议（Common Management Information Protocol，CMIP）、简单网络管理协议（Simple Network Management Protocol，SNMP）、远程监控网络RMON（Remote Monitoring Network）、公共管理信息服务与协议CMOL（CMIP over LLC）和电信网络管理标准（Telecommunications Management Network，TMN）。

（1）CMIS/CMIP由国际标准化组织（International Organization for Standardization，ISO）制定。

（2）SNMP包括SNMPv1、SNMPv2、SNMPv3三个版本，主要应用在TCP/IP网络环境。

（3）RMON包括RMON-1和RMON-2两个版本，主要应用于局域网环境。

（4）CMOL 协议直接位于 IEEE 802 逻辑链路层（Logic Link Control，LLC）上，它可以不依赖于任何特定的网络层协议进行网络传输。

（5）TMN 由国际电信联盟电信标准分局（ITU-T for ITU Telecommunication Standardization Sector）制定，主要应用在运营商网络中。

5.2.2 即学即练·精选真题

- 网络应用需要考虑实时性，以下网络服务中实时性要求最高的是___（1）___。（2016 年 11 月第 26 题）

（1）A．基于 SNMP 协议的网管服务　　B．视频点播服务
　　C．邮件服务　　D．Web 服务

【答案】（1）B

【解析】一般应用时延要求 200ms 以内，音视频时延要求 50ms 以内，故视频点播服务对实时性要求最高。如果按业务重要性排序，基于 SNMP 协议的网管服务优先级最高。

- 对网络进行 QoS 规划时，划分了语音业务、管理业务、IPTV 业务、上网业务，其中，优先级最高的是___（2）___，优先级最低是___（3）___。（2020 年 11 月案例分析一/问题 1）

【答案】（2）管理业务　（3）上网业务

【解析】业务优先级从高到低排序：管理业务、语音业务/IPTV 业务、上网业务。

- 在网络管理中要防范各种安全威胁。在 SNMP 管理中，无法防范的安全威胁是___（4）___。（2016 年 11 月第 35 题）

（4）A．篡改管理信息：通过改变传输中的 SNMP 报文实施未经授权的管理操作
　　B．通信分析：第三者分析管理实体之间的通信规律，从而获取管理信息
　　C．假冒合法用户：未经授权的用户冒充授权用户，企图实施管理操作
　　D．截获：未经授权的用户截获信息，再生信息发送接收方

【答案】（4）B

【解析】SNMPv3 重新定义了网络管理框架和安全机制。

➢ 安全机制：认证和加密传输。
➢ 时间序列模块：提供重放攻击防护。
➢ 认证模块：完整性和数据源认证，使用 SHA 或 MD5。
➢ 加密模块：防止内容泄露，使用 DES 算法。

有两种威胁是 SNMPv3 不能防护的：拒绝服务和通信分析。

- 假设有一个局域网，管理站每 15 分钟轮询被管理设备一次，一次查询访问需要的时间是 200ms，则管理站最多可支持___（5）___个网络设备。（2016 年 11 月第 36 题）

（5）A．400　　B．4000　　C．4500　　D．5000

【答案】（5）C

【解析】题目已知 15 分钟轮询一次，15 分钟=15×60×1000=900000ms，而一次查询访问需要的时间是 200ms，故管理站最多支持的设备数量是：900000/200=4500 个。

- 以下关于 CMIP（公共管理信息协议）的描述中，正确的是___（6）___。（2016 年 11 月第 36 题）

（6）A．由 IETF 制定　　B．针对 TCP/IP 环境

C．结构简单，易于实现　　D．采用报告机制

【答案】（6）D

【解析】CMIP 协议是在 ISO 制定的网络管理框架中提出的网络管理协议。通用管理信息协议（CMIP）是构建于开放系统互连（OSI）通信模型上的网络管理协议。在网络管理过程中，CMIP 是通过事件报告进行工作的。CMIP 在设计上以 SNMP 为基础，对 SNMP 的缺陷进行了改进，是一种更加复杂、更加详细的网络管理协议。

第6章 网络互联设备

6.1 考点分析

本章内容非常重要，选择题、案例分析和论文都会涉及，需要重点掌握交换机、路由器工作原理以及应用场景。

6.2 互联设备与工作原理

6.2.1 考点精讲

常见的网络互联设备有**集线器、交换机、路由器和网关**，它们的层次关系和工作原理见表 6-1。

表 6-1　常见的网络互联设备与工作原理

设备层次	设备名称	工作原理
物理层	中继器、集线器	放大信号，延长传输距离
数据链路层	网桥、交换机、无线 AP	基于目的 MAC 地址转发数据帧
网络层	路由器、三层交换机	基于目的 IP 地址转发数据包
四层以上设备	网关	基于传输层、应用层进行控制

（1）物理层设备主要有中继器（Repeater）和集线器（Hub），集线器也称多端口中继器，传输比特 0 和 1，可以进行放大信号，延长传输距离。

（2）数据链路层设备主要有网桥（Bridge）、交换机（Switch）和无线接入点（Access Point，AP），交换机又称多端口网桥，传输数据帧，基于目的 MAC 地址进行转发。无线接入点主要把有线网络转换为无线信号，满足用户接入需求。如图 6-1 所示，AP 可以分为**墙面 AP、高密 AP 和分布式 AP**。

- 墙面 AP：尺寸为 86mm×86mm 面板大小，一般集成网口和电话口，常用于小型办公室。
- 高密 AP：带机量可达 80 人，甚至更高，常用于阶梯教室或大型会议室。
- 分布式 AP：一般用于学生宿舍，入室部署，增强信号。

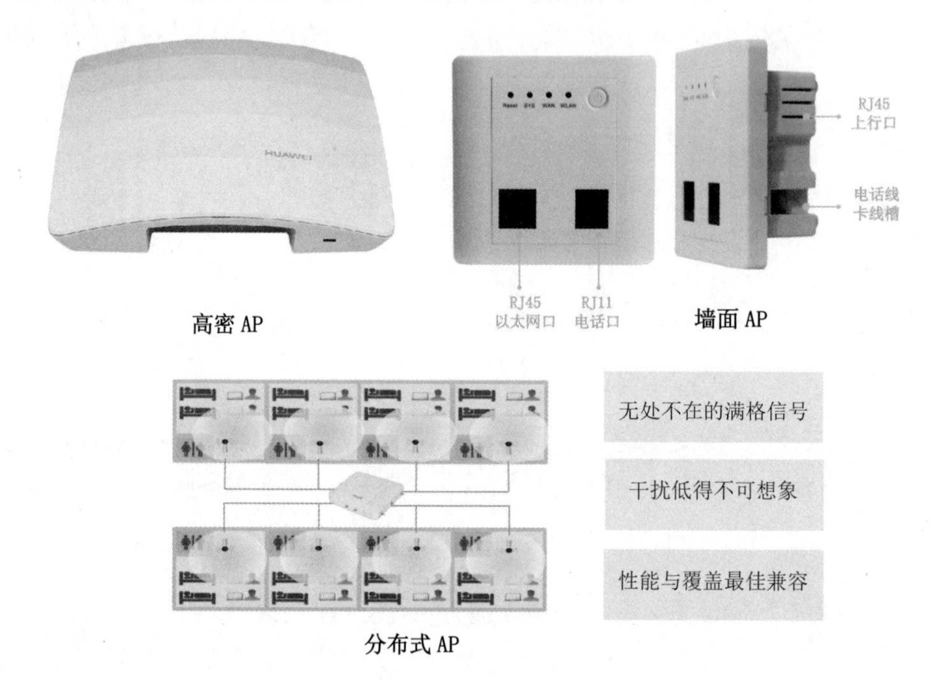

图 6-1　不同 AP 类型

（3）网络层设备主要有路由器（Router）和三层交换机，基于目的 IP 地址进行数据转发，可以连接不同 VLAN，实现跨网段通信，如图 6-2 所示，通过路由器连接 VLAN10 和 VLAN20，实现 PC1 和 PC2 两个终端跨 VLAN 通信。

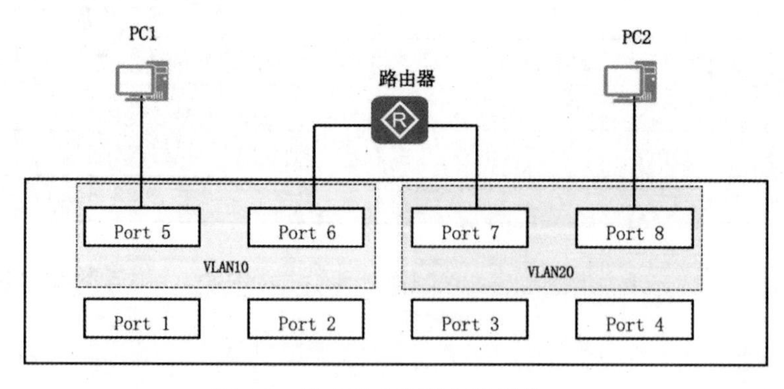

图 6-2　路由器实现跨网段通信

（4）网关有多种类型，典型的安全网关是防火墙（Firewall），用于边界隔离，实现不同区域的网络访问控制。

6.2.2 即学即练·精选真题

- 某网络用户抱怨 Web 及邮件等网络应用速度很慢，经查发现内网中存在大量 P2P、流媒体、网络游戏等应用。为了保障正常的网络需求，可以部署___（1）___来解决上述问题，该设备通常部署的网络位置是___（2）___。（2016 年 11 月第 69～70 题）

  （1）A．防火墙　　B．网闸
  　　C．安全审计设备　　D．流量控制设备

  （2）A．接入交换机与汇聚交换机之间　　B．汇聚交换机与核心交换机之间
  　　C．核心交换机与出口路由器之间　　D．核心交换机与核心交换机之间

  【答案】（1）D　（2）C

  【解析】进行行为或流量控制，可以在网络出口（核心交换机与出口路由之间）部署上网行为管理或流控设备。

- 某公寓在有线网络的基础上进行无线网络建设，实现无线入室，并且在保证网络质量的情况下成本可控，应采用的设备布放方式是___（3）___。使用 IxChariot 软件，打流测试结果支持 80MHz 信道的上网需求，无线 AP 功率 25mW，信号强度大于-65dBm。网络部署和设备选型可以采取的措施有以下选择：①采用 802.11ac 协议；②交换机插控制器板卡，采用 1+1 主机热备；③每台 POE 交换机配置 48 口千兆板卡，作双机负载；④POE 交换机作楼宇汇聚，核心交换机作无线网的网关为达到高可靠性和高稳定性。

  选用的措施为___（4）___。（2017 年 11 月第 55～56 题）

  （3）A．放装方式　　B．馈线方式　　C．面板方式　　D．超瘦 AP 方式

  （4）A．①②③④　　B．④　　C．②③　　D．①③④

  【答案】（3）D　（4）A

  【解析】要求成本可控，布线方式应采用超瘦 AP 方式，即分布式 AP，为了达到高可靠性和稳定性，选用的措施包括①②③④。

- 某企业有电信和联通 2 条互联网接入线路，通过部署___（5）___可以实现内部用户通过电信信道访问电信目的的 IP 地址，通过联通信道访问联通目的的 IP 地址。也可以配置基于___（6）___的策略路由，实现行政部和财务部通过电信信道访问互联网，市场部和研发部通过联通信道访问互联网。（2017 年 11 月第 66～67 题）

  （5）A．负载均衡设备　　B．网闸　　C．安全审计设备　　D．上网行为管理设备

  （6）A．目的地址　　B．源地址　　C．代价　　D．管理距离

  【答案】（5）A　（6）B

  【解析】出口使用链路负载均衡设备实现链路负载，通过基于源地址的策略路由实现内网不同用户分流。

- 企业级路由器的初始配置文件通常保存在___（7）___上。（2020 年 11 月第 60 题）

  （7）A．SDRAM　　B．NVRAM　　C．Flash　　D．BootROM

【答案】（7）B

【解析】华为路由器的初始配置文件可以保存在 NVRAM 或 Flash 上，但通常保存在 NVRAM 上。

NVRAM：非易失存储器，主要用来保存启动配置文件。

Flash：闪存，主要用来保存 VRP 系统软件。

ROM：只读，主要用来存储引导程序。

RAM：随机存储器，即内存，保存当前运行的配置程序，系统关闭或重启信息会丢失。

- 以下关于以太网交换机转发表的叙述中，正确的是＿（8）＿。（2021 年 11 月第 11 题）

（8）A．交换机的初始 MAC 地址表为空

B．交换机接收到数据帧后，如果没有相应的表项则不转发该帧

C．交换机通过读取输入帧中的目的地址添加相应的 MAC 地址表项

D．交换机的 MAC 地址表项是静态增长的，重启时地址表清空

【答案】（8）A

【解析】交换机的初始 MAC 地址表为空，A 选项正确。交换机接收到数据帧后，如果没有表项，会进行泛洪，而不是不转发该帧，B 选项错误。交换机根据源 MAC 地址进行学习，形成 MAC 地址表条目，然后根据目的 MAC 地址进行数据帧转发，C 选项描述错误。MAC 地址表是动态增长的，D 选项错误。

- 下列命令片段用于配置＿（9）＿。（2021 年 11 月第 66 题）

```
<HUAWEI> system-view
[~HUAWEI] interface 10ge1/0/1
[~HUAWEI-10GE1/0/1] loopback-detect enable
[*HUAWEI-10GE1/0/1] commit
```

（9）A．环路检测　　B．流量抑制　　C．报文检查　　D．端口镜像

【答案】（9）A

【解析】关键字 loopback-detect 表示环路检测。

第7章 接入网技术

7.1 考点分析

接入网技术较多，随着时代的发展，不少技术已经被淘汰，考生需要掌握 ADSL、HFC 和 PON 技术，特别是 PON 技术，最近几年考查频率较高，上午选择题和下午案例分析都有涉及。

7.2 接入技术与原理

7.2.1 考点精讲

1. DSL 接入

数字用户线路（Digital Subscriber Line，DSL）是一种通过传统的电话线路提供高速数据传输的技术，用户计算机借助于 DSL Modem（也就是我们常说的猫）连接到电话线，通过 DSL 连接访问互联网。DSL 技术很多，常见的有 ADSL、HDSL、SDSL、VDSL，应用最广泛的是非对称数字用户线路（Asymmetric Digital Subscriber Line，ADSL），这曾经是家庭宽带最流行的接入技术。ADSL 系统包含 3 个可以同时工作的信道：普通电话业务（POTS）、低速上行数据信道和高速下行数据信道，其中语音使用的是 4kHz 以下的基带频谱。

在电话线上分隔上下行频率带宽，产生多路信道，ADSL Modem 一般采用两种方法实现，频分多路复用（Frequency Division Multiplexing，FDM）或回波抵消（Echo Cancellation，EC）技术。这两种方式都将电话线的 0～4kHz 频带用作语音信号的传送，数据通信部分有两种双工方式：**频分多路复用（FDM）和回波抵消（EC）方式**。在 FDM 方式中，通过不同频率严格分离数据上下行信道，不需要回波抵消技术，如图 7-1 所示。在 EC 方式中，数据上下行频带是重叠的，如图 7-2 所示。EC 通过本地回波抵消来区分两个频带，比 FDM 更加有效地利用了带宽，使下行信道可利用的频带增宽，同时也增加了系统的复杂性。在 ADSL 中，FDM 和回波抵消技术可以结合使用。2016/（11）

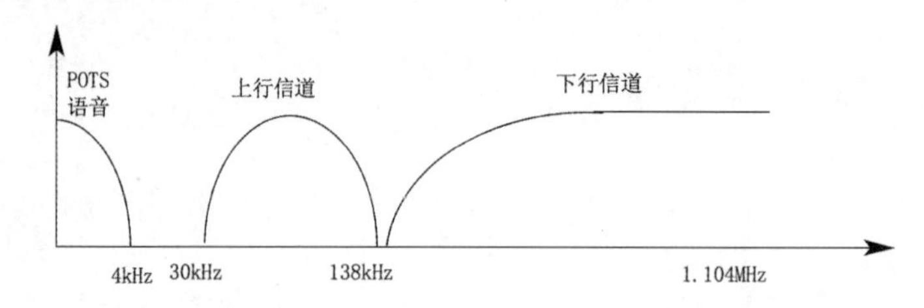

图 7-1　FDM 频分复用下的 ADSL 频谱结构

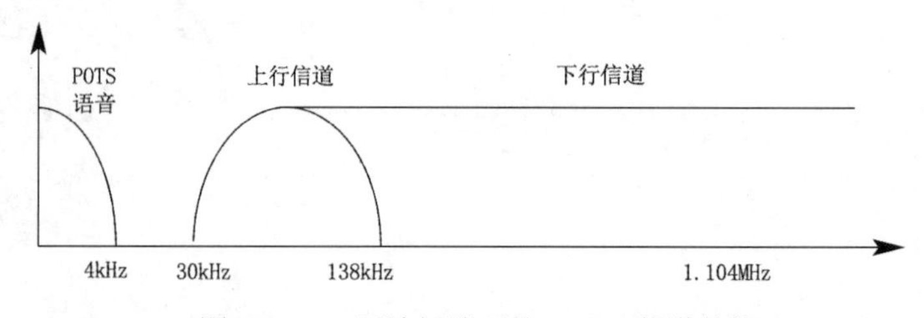

图 7-2　EC 回波抵消下的 ADSL 频谱结构

离散多音频（Discrete Multi-Tone，DMT）调制技术可以进行子信道划分，将电话线分成 256 个子信道，如图 7-3 所示，每个信道带宽为 4kHz。在 DMT 调制技术中，**每个子信道上的比特数取决于该子信道的质量（即信噪比），从而优化传输性能**。2020/（11）

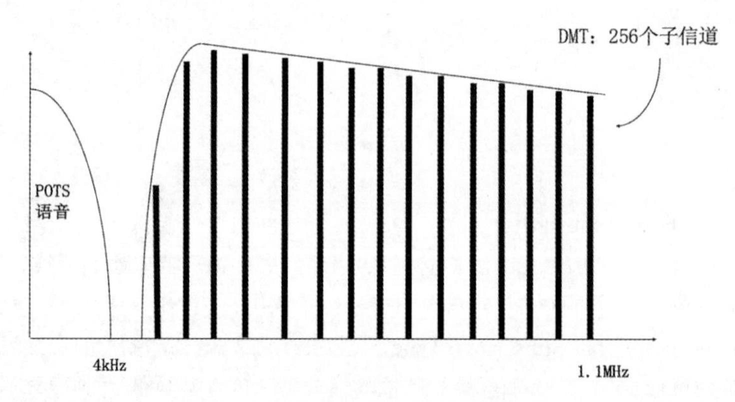

图 7-3　DMT 离散多音频调制技术

2. Cable Modem 接入

混合光纤同轴电缆（Hybrid Fiber Coax，HFC）是一种结合光纤与同轴电缆的宽带接入技术，以频分复用技术为基础，将**光缆敷设到小区**，然后通过光电转换节点，**利用有线电视同轴电缆和 Cable Modem 实现用户接入**。2018/（15）、2019/（11-12）

3. 以太网接入

以太网速率高、组网设备成本低，被广泛应用于局域网。长城宽带、艾普宽带等二级运营商直接为用户提供以太网接入服务，实现光网到小区，双绞线入户，可为用户提供 10M、50M、100M 等多种带宽。

4. 无线接入

无线接入可以解决布线不方便等问题，常见的无线接入方案有低功耗无线接入、宽带无线接入和卫星接入。

（1）低功耗无线接入：比如 Lora、NB-IoT、Zigbee 等技术可以为物联网终端提供几 kbps 的接入速率，由于功耗低，没有数据传输时，可以进入休眠状态，所以终端内置电池使用时间可长达几年。如图 7-4 所示，NB-IOT 技术用于煤气电表、智能水表等数据回传，替代传统的“人工抄表”，可以提升工作效率，降低成本。

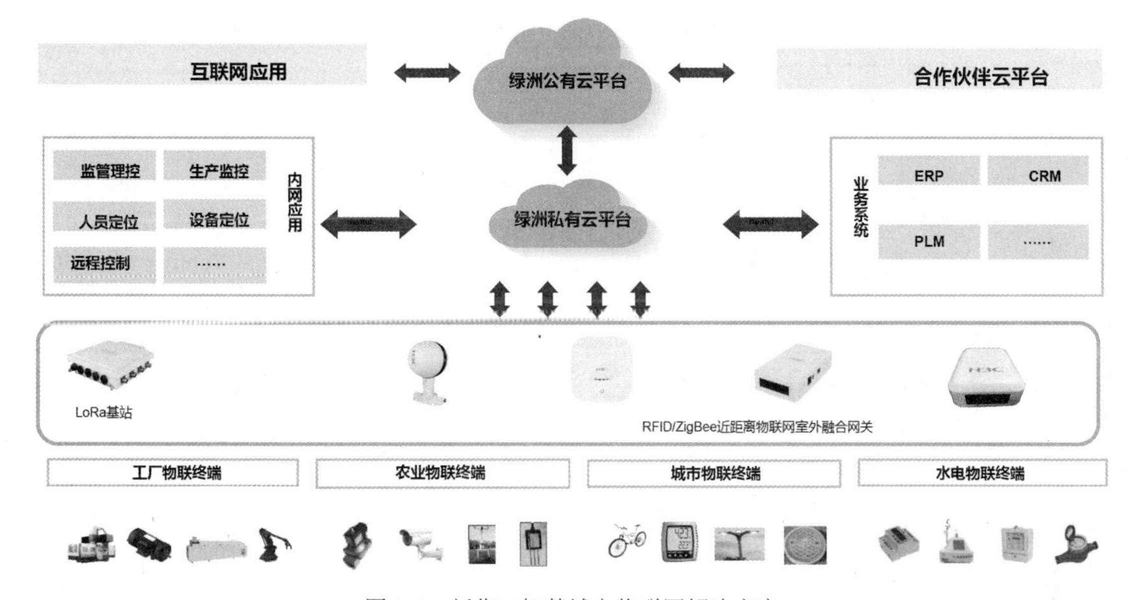

图 7-4　新华三智慧城市物联网解决方案

（2）宽带无线接入：包括 3G/4G/5G、802.11（Wi-Fi）、蓝牙和微波等技术，能为用户提供较高的带宽。

（3）卫星接入：在不能部署有线网络，同时没法进行常规无线覆盖的区域，可以采用卫星接入，比如航海、偏远山区等。现在也有类似“星链”的技术，通过卫星为城市用户提供网络服务。

5. PON 接入

无源光纤网络（Passive Optical Network，PON）是一种**点到多点**的光纤接入技术，它由局侧的 OLT、用户侧的 ONU（光猫）和 ODN 光分配网络组成。“无源”是指 ODN 全部由分光器等无源器件组成，不需要供电。同传统有源以太网（交换机需要供电）相比，PON 具有组网方便、建网速度快、节省光缆资源、抗电磁干扰、防雷和综合建网成本低等优点。PON 是目前家庭宽带接入最主流的技术，也逐渐应用于企业组网。传统 PON 技术**下行数据流采用广播技术、上行数据流采用 TDMA** 技术，以解决多用户每个方向信号的复用问题。PON 上行波长为 1310nm，下行波长为 1490nm。2017/（39）、2021/（56～58）

主流的 PON 技术有 EPON 和 GPON，它们的主要区别见表 7-1。

表 7-1 EPON 和 GPON 技术比较

比较项	EPON	GPON
标准	IEEE 802.3ah	ITU G.984.x
网络结构	点到多点	点到多点
线路速率	上行：1.25Gb/s 下行：1.25Gb/s	上行：1.25Gb/s 下行：2.5Gb/s
分路比/传输距离	1:32 分路比下 20km 1:64 分路比下 10km	1:64 分路比下 20km 1:128 分路比下 10km
业务能力	IP、E1、语音	IP、E1、语音
安全性	未定义	支持高级封装标准（AES）

无论采用哪种接入方式，运营商网络城域网中都会部署宽带接入服务器（Broadband Remote Access Server，BRAS），BRAS 不仅能提供用户接入终结、PPPoE 拨号认证、计费等功能，还可以提供防火墙、NAT 转换、流量控制等业务管理功能，典型设备是华为 ME60 和 Juniper MX960。

7.2.2 即学即练·精选真题

- 以下关于 ADSL 的叙述中，错误的是＿（1）＿。（2016 年 11 月第 11 题）

（1）A. 采用 DMT 技术依据不同的信噪比为子信道分配不同的数据速率

B. 采用回声抵消技术允许上下行信道同时双向传输

C. 通过授权时隙获取信道的使用

D. 通过不同宽带提供上下行不对称的数据速率

【答案】（1）C

【解析】在 DMT 调制技术中,为了获得较好的传输性能，需要根据各个子信道不同的信噪比情况来调整它们的比特数，故 A 选项正确。ADSL 利用回声抵消，可实现上行和下行同时传输，且上线和下行频率有重合。C 选项通过授权获得时隙的使用是 PON 网络（下行广播，上行 TDMA）时分复用技术，OLT 给不同 ONU 授权时隙，ADSL 采用的是频分复用技术，给语音、上行数据、下行数据分配不同的频率。

- 在 ADSL 接入网中通常采用离散多音频（DMT）技术，以下关于 DMT 的叙述中，正确的是＿（2）＿。（2020 年 11 月第 11 题）

（2）A. DMT 采用频分多路技术将电话信道，上行信道和下行信道分离

B. DMT 可以把一条电话线路划分成 256 个子信道，每个信道带宽为 8.0kHz

C. DMT 目的是依据子信道质量分配传输数据，优化传输性能

D. DMT 可以分离拨出与拨入的信号，使得上下行信道共用频率

【答案】（2）C

【解析】ADSL 利用频分复用技术将电话线分成了 3 个独立通道：电话、上行和下行，不是 DMT 实现的，故 A 选项不正确。DMT 技术进行子信道划分，将电话线分成 256 个子信道，每个

信道带宽为4.0kHz，故B选项不正确。在DMT调制技术中，为了获得较好的传输性能，需要根据各个子信道不同的信噪比情况来调整它们的比特数，故C选项正确。EC回波抵消技术可以分离拨出与拨入的信号，使得上下行信道共用频率，而不是DMT，故D选项不正确。

● 以下叙述中，不属于无源光网络优势的是___(3)___。(2017年11月第39题)

(3) A. 适用于点对点通信
B. 组网灵活，支持多种拓扑结构
C. 安装方便，不用另外租用或建造机房
D. 设备简单，安装维护费用低，投资相对较少

【答案】(3) A

【解析】无源光网络(PON)主要包括OLT、ONU和分光器，是点到多点通信。

● 通过HFC接入Internet，用户端通过___(4)___连接因特网。(2018年11月第15题)

(4) A. ADSL Modem　　B. Cable Modem
C. IP Router　　D. HUB

【答案】(4) B

【解析】HFC主干线路是光纤，利用传统有线电视的同轴电缆进行接入，所以用户端接入的是Cable Modem。

● 在HFC网络中，Internet接入采用的复用技术是___(5)___，其中下行信道不包括___(6)___。(2019年11月第11～12题)

(5) A. FDM　　B. TDM
C. CDM　　D. STDM

(6) A. 时隙请求　　B. 时隙授权
C. 电视信号数据　　D. 应用数据

【答案】(5) D　(6) A

【解析】HFC干线是光纤，分配网采用同轴电缆(传统闭路电视线路)。HFC整体是频分复用技术，但Internet接入采用STDM统计时分复用技术，依据用户需求提出时隙申请，调度器给出时隙授权，拿到授权的用户占有时隙发送数据。

上行信道包括：时隙请求、用户上传数据。

下行信道包括：电视数据、时隙授权、用户下载数据。

● 由于采用了___(7)___技术，ADSL的上行与下行信道频率可部分重叠。(2021年11月第17题)

(7) A. 离散多音调　　B. 带通过滤
C. 回声抵消　　D. 定向采集

【答案】(7) C

【解析】ADSL利用频分复用技术将电话线分成了三个独立通道：电话、上行和下行。通过DMT技术，进行子信道划分，将电话线分成256个子信道，每个信道带宽为4.0kHz。ADSL利用回声抵消，可实现上行和下行同时传输，且速率非对称，上行与下行信道频率可部分重叠。

● SDH的帧结构包含___(8)___。(2021年11月第22题)

（8）A．再生段开销、复用段开销、管理单元指针、信息净负荷

B．通道开销、信息净负荷、段开销

C．容器、虚容器、复用、映射

D．再生段开销、复用段开销、通道开销、管理单元指针

【答案】（8）A

【解析】本题有点偏，了解即可。SDH 帧格式如下图：

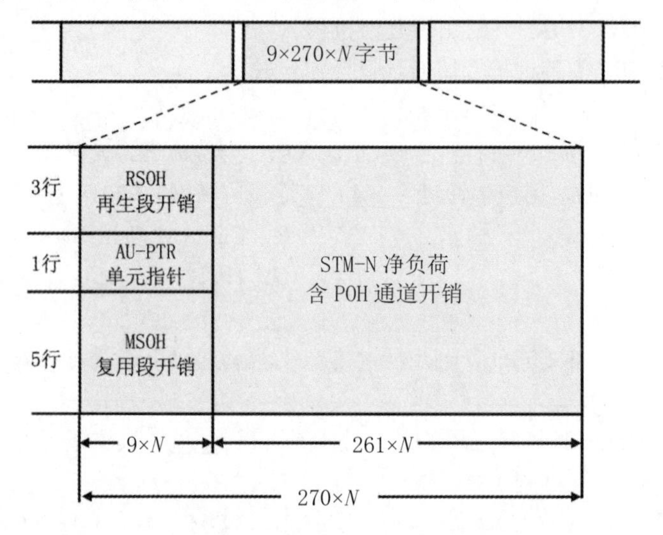

STM-N 由 270×N 列 9 行组成，即帧长度为 270×N×9 字节或 270×N×9×8 比特。帧周期为 125μs（即一帧的时间，1 秒传 8000 帧）。整个帧结构可分为 4 个主要区域：

（1）段开销（SOH）区域。段开销是指 M 帧结构中为了保证信息净负荷正常、灵活传送所必需的附加字节，是供网络运行、管理和维护（OAM）使用的字节，分为 RSOH 和 MSOH。

（2）净负荷（Payload）区域。信息净负荷区域是帧结构中存放各种信息负载的地方（其中信息净负荷第一字节在此区域中的位置不固定）。

（3）单元指针（AU-PTR）区域。管理单元指针用来指示信息净负荷的第一个字节在 STM-N 帧中的准确位置，以便在接收端能正确地分解。

（4）净载荷区域。也就是承载的数据。

- 在 GPON 中，上行链路采用＿（9）＿的方式传输数据。（2021 年 11 月第 56 题）

（9）A．TDMA　　B．FDMA　　C．CDMAD　　D．SDMA

【答案】（9）A

【解析】PON 网络上行是 TDMA，下行是广播。

- 在 PON 中，上行传输波长为＿（10）＿nm。（2021 年 11 月第 57 题）

（10）A．850　　B．1310　　C．1490　　D．1550

【答案】（10）B

【解析】PON 上行波长为 1310nm，下行波长为 1490nm。

- 某居民小区采用FTTB+HGW网络组网，通常情况下，网络中的 (11) 部署在汇聚机房。（2021年11月第58题）

  （11）A．HGW　　B．Splitter　　C．OLT　　D．ONU

  【答案】（11）C

  【解析】FTTB是光纤到建筑，核心设备是OLT和ONU，其中OLT部署在机房。HGW是家庭网关，部署在用户室内。

- 接入网中常采用硬件设备+“虚拟拨号”来实现宽带接入，“虚拟拨号”通常采用的协议是 (12) 。（2022年11月第13题）

  （12）A．ATM　　B．NETBIOS　　C．PPPoE　　D．IPX/SPX

  【答案】（12）C

  【解析】拨号上网采用PPPoE协议。

第8章

网络协议

8.1 考点分析

本章知识点较多，也是历年选择题考查的重点，通常分值为4～6分，需要重点掌握：IPv4报文格式、IP分片、IPv6过渡技术、ICMP、ARP、路由协议、TCP和UDP报文格式、拥塞控制与流量控制等技术。

8.2 IPv4

8.2.1 考点精讲

1. IPv4报文格式

IPv4报文格式考查频率非常高，基本所有字段都已经考查过，考生务必掌握各个字段的含义，如图8-1所示。

- 版本号（4位）：代表IP报文的版本，如果是IPv4，该字段为0100，如果是IPv6，该字段为0110。
- 头部长度（IHL）（4bit）：最小值是5，最大值为15，单位是4字节，用来计算出IPv4报头的长度，所以IPv4最小报头是5×4=20字节，最大报头是15×4=60字节。没有特别说明，IPv4报头默认是20字节。2017/（21）、2018/（21）、2021/（15～16）
- TOS（8位）：区分服务字段，用区分服务类型和优先等级，即QoS字段。
- 总长度字段（16位）：IPv4报头和数据的总长度，取值范围0～65535字节，即IP报文最大长度65535字节。IP总长度要与IP头部长度区分开，不能混淆。2019/（24）
- 标识（16位）：用于记录主机发送的IP报文，每发送1个IP报文，标识计数器加1。2015/（17）
- 标志（3位）：实际用到2位，分别是DF和MF。DF（Don’t Fragment）置1表示“不能分片”，MF（More Fragment）置 1 表示后面还有“未发完的分片”数据。2015/（16）、2019/（29）

- 片偏移（13 位）：单位是 8 字节，表示数据分片偏离的位置。2015/（17）、2019/（28）
- 生存期 TTL（8 位）：用于设置一个数据包可经过的路由器数量的上限，最大为 255，每经过一台路由器（或其他三层设备）TTL 值减 1，当 TTL 为 0 时，丢弃该报文。
- 协议（8 位）：标识 IP 中封装的是什么协议，常用值有 1（ICMP）、6（TCP）和 17（UDP）。
- 头部校验和（16 位）：进行 IPv4 头部校验，意味着 IPv4 协议不检查有效载荷部分的正确性。由于每经过一个三层设备 TTL 值会减 1，头部校验和必须重新计算。

注：提到 IP，在没有特别说明的情况下，一般指 IPv4。

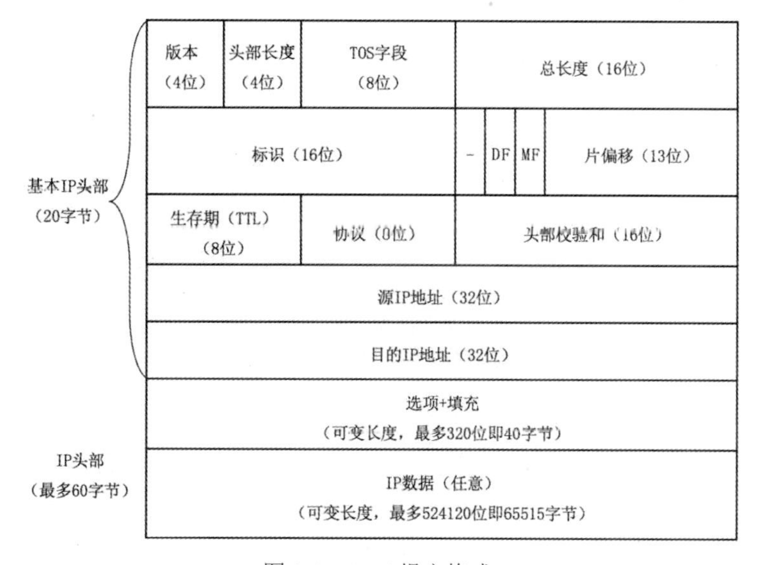

图 8-1 IPv4 报文格式

2. IP 地址分类

IPv4 地址分为 5 个类别，如图 8-2 所示。在点对点通信（Unicast）中主要使用 A、B 和 C 类地址，这些地址表示某个网络中的一台主机。D 类地址是组播地址，常用于 IPTV 等视频分发业务，也可以用于协议通告信息，比如 OSPF 使用 224.0.0.5，RIPv2 使用 224.0.0.9，E 类地址保留作为研究之用。

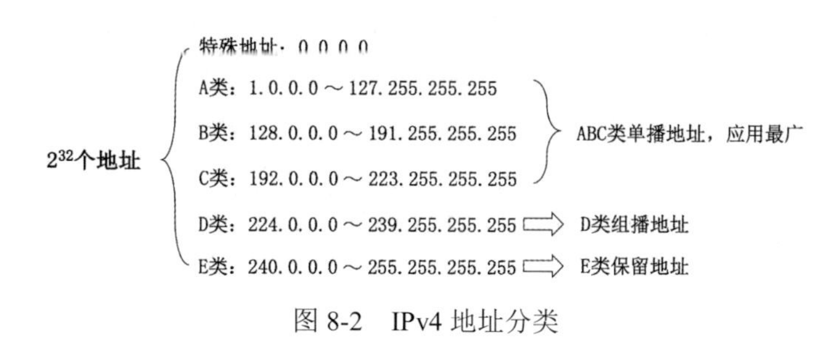

图 8-2 IPv4 地址分类

3. IP分片计算 2017/（22～23）、2020/（33）

局域网中 IP 报文经常封装在以太网中。在 IP 报文最大 65535 字节，而以太网 MTU 为 1500 字节，即以太网最大运载数据是 1500 字节，如图 8-3 所示。相当于货轮大型集装箱是 65535kg，而小货车只能运载小集装箱 1500kg，需要对货物进行分装，把大集装箱的货物分到多个小集装箱中，这在网络中就是 IP 分片。

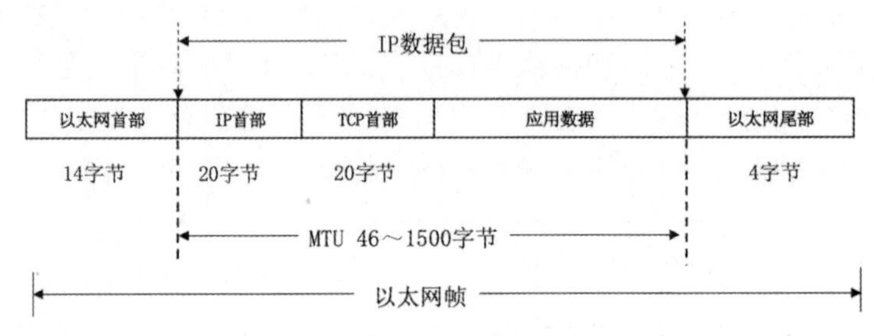

图 8-3 以太网和 IP 报文封装格式

为了让考生更好地理解 IP 分片计算，下面介绍一个案例：一个 IP 数据报文长度为 4000 字节（包括首部长度），经过一个 MTU 为 1500 字节的网络传输。此时需将原始数据报切分为 3 片进行传输，请计算每个数据报分片的总长度、数据长度、MF 标志和片偏移。IP 报文分片见表 8-1。

表 8-1 IP 报文分片计算

对比值	总长度	除去报头长度	偏移量	MF	DF
原始报文	4000	3980	0	0	0
分片 1	1500	1480	0	1	0
分片 2	1500	1480	1480/8=185	1	0
分片 3	1040	1020	(1480+1480)/8=370	0	0

其中，标志位 MF=0 表示后面没有未完的分片，MF=1 表示后续还有未完的分片。片偏移设置主要是为了接收端收到分片报文后能进行组合恢复，如图 8-4 所示，分片 1 没有偏移，分片 2 偏移量正好是分片 1 的数据长度（1480 字节），由于偏移量是以 8 个字节为单位（规定如此），那么分片 2 的偏移量是 1480/8=185，同理可以计算出分片 3 的偏移量是(1480+1480)/8=370。

4. 特殊IP地址总结

（1）0.0.0.0。这个地址在 IP 数据报中**只能用于源地址，不能用于目的地址**。一共有三种用途。

- 主机端：当设备启动时不知道自己 IP 地址的情况下。比如 DHCP 过程中，客户端会发送 DHCP Discover 广播报文 0.0.0.0:68 -> 255.255.255.255:67，其中 0.0.0.0 表示客户端还没有 IP 地址，使用 0.0.0.0 作为源 IP 地址。
- 服务器端：0.0.0.0 指的是本机上的所有 IPv4 地址，如果一个主机有两个 IP 地址，192.168.1.1 和 10.1.2.1，并且该主机一个服务监听的地址是 0.0.0.0，那么通过两个 IP 地址都能够访问该服务。

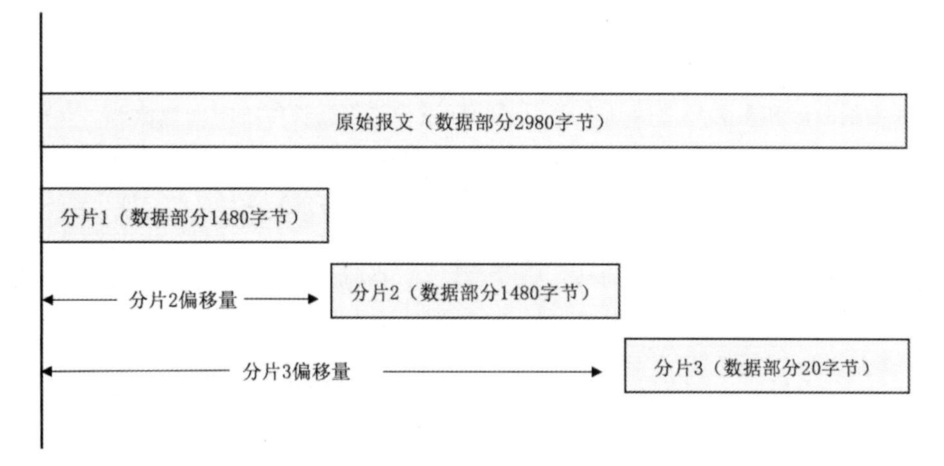

图 8-4　片偏移

- 路由中：0.0.0.0 表示默认路由，即当路由表中没有找到完全匹配路由的时候所对应的路由。

（2）255.255.255.255。受限广播地址，表示 3 层广播的目的地址，在同一个广播域范围内所有主机都会接收这个包。受限广播地址用于主机配置过程中指出 IP 数据包的目的地址，此时，主机可能还不知道它所在网络的网络掩码。路由器不转发目的地址为受限的广播地址的数据包，这样的数据包仅出现在本地网络中。

（3）169.254.0.0/16。使用 DHCP 自动获取 IP 地址时，当 DHCP 服务器发生故障、响应时间超时或其他任何原因导致 DHCP 失败，系统会分配这样一个地址用于临时局域网通信，不能访问互联网。2017/（27）（28）

（4）127.0.0.0/8（127.0.0.1～127.255.255.255）。本地环回地址，主要用于测试、网络管理或路由更新，比物理接口更稳定。

（5）RFC1918 私有 IP 地址。IPv4 地址空间中有一部分特殊地址，称为私有 IP 地址。私有 IP 地址不能直接访问互联网，只能在本地使用。如下三段地址为官方定义的私有 IP。

A 类：10.0.0.0/8（10.0.0.1～10.255.255.255），包括 1 个 A 类网段。

B 类：172.16.0.0/12（172.16.0.1～172.31.255.255），包括 16 个 B 类网段。

C 类：192.168.0.0/16（192.168.0.1～192.168.255.255），包括 256 个 C 类网段。

（6）常见组播地址总结。

224.0.0.1：所有主机。

224.0.0.2：所有路由器。

224.0.0.5：所有运行 OSPF 的路由器。

224.0.0.6：DR 和 BDR 的组播接收地址。

224.0.0.9：RIPv2 组播地址。

224.0.0.18：VRRP 组播地址。

8.2.2 即学即练·精选真题

- IP 数据报的分段和重装配要用到报文头部的标识符、数据长度、段偏置值和__(1)__等四个字段，其中__(2)__字段的作用是为了识别属于同一个报文的各个分段，__(3)__的作用是指示每一分段在原报文中的位置。（2015 年 11 月第 16～18 题）

  （1）A．IHL　　B．M 标志　　C．D 标志　　D．头校验和

  （2）A．IHL　　B．M 标志　　C．D 标志　　D．标识符

  （3）A．段偏置值　　B．M 标志　　C．D 标志　　D．头校验和

  【答案】（1）B　（2）D　（3）A

  【解析】标识符用于识别属于同一个报文的各个分片，M 标志位=1，表示后续还有分片数据。片偏移指明分片在原始报文中的位置。

- IP 数据报的首部有填充字段，原因是__(4)__。（2017 年 11 月第 21 题）

  （4）A．IHL 的计数单位是 4 字节　　B．IP 是面向字节计数的网络层协议

  C．受 MTU 大小的限制　　D．为首部扩展留余地

  【答案】（4）A

  【解析】IHL 必须是 4 字节（32 位）的整数倍，如果不够 4 字节的整数倍，后面要用全 0 填充字段补齐为 4 字节的整数倍。

- IP 数据报经过 MTU 较小的网络时需要分片。假设一个大小为 3000 的报文经过 MTU 为 1500 的网络，需要分片为__(5)__个较小报文，最后一个报文的大小至少为__(6)__字节。（2017 年 11 月第 22～23 题）

  （5）A．2　　B．3　　C．4　　D．5

  （6）A．20　　B．40　　C．100　　D．1500

  【答案】（5）B　（6）B

  【解析】MTU=1500 字节，MTU 包含 IP 报头，实际运输的 IP 数据部分只有 1480 字节。那么长度为 3000 字节的 IP 报文（报头+数据=20+2980），实际会被分成 3 个包进行传输，第一片 1500（20+1480）字节，第二片 1500（20+1480）字节，第三片 40（20+20）字节。

- 自动专用 IP 地址（Automatic Private IP Address，APIPA）的范围是__(7)__，当__(8)__时本地主机使用该地址。（2017 年 11 月第 27～28 题）

  （7）A．A 类地址块 127.0.0.0～127.255.255.255

  B．B 类地址块 169.254.0.0～169.254.255.255

  C．C 类地址块 192.168.0.0～192.168.255.255

  D．D 类地址块 224.0.0.0～224.0.255.255

  （8）A．在本机上测试网络程序　　B．接收不到 DHCP 服务器分配的 IP 地址

  C．公网 IP 不够　　D．自建视频点播服务器

  【答案】（7）B　（8）B

  【解析】考查 DHCP 169.254.0.0/16 特殊地址，可以适当扩展掌握其他特殊地址。

- IP 数据报首部中 IHL（Internet 首部长度）字段的最小值为___（9）___。（2018 年 11 月第 21 题）

  （9）A．5　　B．2　　C．32　　D．128

  【答案】（9）A

  【解析】IP 报头长度（IP Header Length，IHL），最小值为 5，最大值为 15，单位是 4 字节，故 IP 头部最小 5×4=20 字节，最大 15×4=60 字节。

- IPv4 报文的最大长度为___（10）___字节。（2019 年 11 月第 24 题）

  （10）A．1500　　B．1518　　C．10000　　D．65535

  【答案】（10）D

  【解析】IPv4 报文的最大长度为 65535 字节，如果在以太网上传送 MTU=1500 大小的字节，需要分片。

- IP 数据报的分段和重装配要用到报文头部的标识符、数据长度、段偏置值和 M 标志等四个字段，其中___（11）___的作用是指示每一分段在原报文中的位置，___（12）___字段的作用是表明是否还有后续分组。（2019 年 11 月第 28～29 题）

  （11）A．段偏移值　　B．M 标志　　C．D 标志　　D．头校验和

  （12）A．段偏移值　　B．M 标志　　C．D 标志　　D．头校验和

  【答案】（11）A　（12）B

  【解析】片偏移也叫段偏移值，占 13 位。分片后，用于标识后续分片在原始报文中的位置，方便组装，片偏移的单位是 8 字节。标志字段中的最低位为 MF，MF=1 表示后面还有未完的分片，MF=0 表示这是最后一个分片。

- 假设一个 IP 数据段的长度为 4000B，要经过一段 MTU 为 1500B 的链路，该 IP 数据报必须经过分片才能通过该链路，以下关于分片的叙述中，正确的是___（13）___。（2020 年 11 月第 33 题）

  （13）A．该原始 IP 数据报是 IPv6 数据报

  B．分片后的数据报将在通过该链路后的路由器进行重组

  C．数据报需分为三片，这三片的长度均为 4000B

  D．分片中的最后一片，标志位 flag 为 0，Offset 字段为 370

  【答案】（13）D

  【解析】IPv6 具有 MTU Discovery 机制，能提取发现线路最小的 MTU，不会进行分片，故 A 选项错误。分片的数据在目的主机进行重组，不会在路由器进行重组，故 B 选项错误。4000B 数据分片如下表：

报文	特征			
	总长度	数据部分长度	MF（Flag）	偏移值（Offset）
原始报文	4000	3980	0	0
分片 1	1500	1480	1	0
分片 2	1500	1480	1	1480/8=185
分片 3	1040	1020	0	1480×2/8=370

IP 数据报的长度是 4000B，经过 MTU 为 1500B 的链路，需要进行分片，三个分片长度分别是：

第一片的长度：20+1480=1500B。

第二片的长度：20+1480=1500B。

第三片的长度：20+1020=1040B。

其中最后一片 MF=0，片偏移是 370，故 C 选项错误，D 选项正确。

- IPv4 首部的最大值为___（14）___字节，原因是 IHL 字段长度为___（15）___比特。（2021 年 11 月第 16 题）

（14）A．5　　B．20　　C．40　　D．60

（15）A．2　　B．4　　C．6　　D．8

【答案】（14）D　（15）B

【解析】掌握 IPv4 报文格式。

- IPv4 报文分片和重组分别发生在___（16）___。（2021 年 11 月第 32 题）

（16）A．源端和目的端　　B．需要分片的中间路由器和目的端

C．源端和需要分片的中间路由器　　D．需要分片的中间路由器和下一跳路由器

【答案】（16）B

【解析】IPv4 分片发生在中间路由器，重组是在目的端。由于 IPv6 存在路径发现机制，可以发现端到端最小 MTU，所以 IPv6 不会进行数据分片。

8.3 IPv6

8.3.1 考点精讲

1．IPv6 报文格式

IPv4 报头长度 20 字节，地址长度 32 位，IPv6 报头长度 40 字节，地址长度 128 位。2015/（40）

IPv6 通过精简 IPv4 报头字段，加快了处理速度，增加了安全性，同时可以通过下一头部字段，嵌套多个扩展头，扩展性更强。IPv6 报文格式如图 8-5 所示。

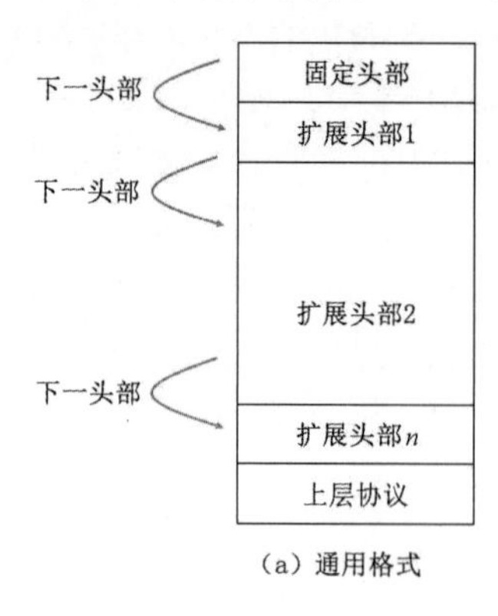

（a）通用格式

<table>
<tr><td>版本（4位）</td><td>通信类型（8位）</td><td colspan="2">流标记（20）</td></tr>
<tr><td colspan="2">负载长度（16）</td><td>下一头部（8位）</td><td>跳数限制（8位）</td></tr>
<tr><td colspan="4">源地址（128位）</td></tr>
<tr><td colspan="4">目的地址（128位）</td></tr>
</table>

（b）固定头部

图 8-5　IPv6 报文格式

- 版本（4 位）：用 0110 表示 IPv6。
- 通信类型（8 位）：用于区分不同的 IP 分组类别或优先级，类似 IPv4 中的服务类型字段。
- 流标记（20 位）：标识某些需要特别处理的分组。
- 负载长度（16 位）：表示除了 IPv6 固定头部 40 个字节之外的负载长度，扩展头算在负载长度之中。
- 下一头部（8 位）：指明下一个头部类型，可能是 IPv6 扩展头部或高层协议。
- 跳数限制（8 位）：每经过一个三层设备，跳数限制值减 1，当跳数限制值为 0 时，就会丢弃该报文，类似 IPv4 报头中的 TTL。
- 源地址（128 位）：发送节点的 IPv6 地址。
- 目的地址（128 位）：接收节点的 IPv6 地址。

2. IPv6 扩展头

IPv6 协议数据单元由一个固定头部和若干个扩展头部以及上层协议提供的负载组成。如果没有扩展头部，IPv6 报文里面封装 TCP 或 UDP。如果有多个扩展头部，第一个扩展头部为逐跳头部。IPv6 常见的 6 种扩展头部见表 8-2。2019/（35）、2021/（55）

表 8-2 IPv6 扩展头部

编号	头部名称	解释
0	逐跳选项（Hop-by-hop option）	这些信息由沿途各个路由器处理
60	目标选项（Destination option）	选项中的信息由目标节点检查处理
43	路由选择（Routing option）	给出一个路由器地址列表，类似于 IPv4 的松散源路由和路由记录
44	分段（Fragmentation）	处理数据报的分段问题
51	认证（Authentication）	由接收者进行身份认证
50	封装安全负荷（Encrypted security payload）	对分组内容进行加密的有关信息

3. IPv6 地址自动配置

IPv6 支持**有状态和无状态两种地址自动配置**。有状态地址自动配置通常采用 DHCPv6（Dynamic Host Protocol for IPv6）协议为主机分配地址，DHCPv6 采用 UDP 封装，服务器使用 547 端口，客户端使用 546 端口。无状态地址自动配置会根据主机的 MAC 地址自动生成链路本地地址。2016/（17）

4. NDP 和 ICMPv6

IPv6 邻居发现协议（Neighbor Discovery Protocol，NDP/ND）定义了 5 种类型的信息，包括：路由器宣告、路由器请求、路由重定向、邻居请求和邻居宣告，具体包括如下功能。

- 路由器发现：发现链路上的路由器，获得路由器通告的信息。
- 无状态自动配置：通过路由器通告的地址前缀，终端自动生成 IPv6 地址。
- 重复地址检测：获得地址后，进行地址重复检测，确保地址不存在冲突。

- 地址解析：请求目的网络地址对应的数据链路层地址，类似 IPv4 的 ARP。
- 邻居状态跟踪：通过 NDP 发现链路上的邻居并跟踪邻居状态。
- 前缀重编址：路由器对所通告的地址前缀进行灵活设置，实现网络重编址。
- 重定向：告知其他设备，到达目的网络的更优下一跳。

ICMPv6 报文分为差错报文和信息报文。**ICMPv6 差错报文典型应用是 Path MTU 发现**。发送数据之前，提前探测线路的最小 MTU，发送数据不超过这个值，可以避免数据包在源传输到目的地过程之中被中途的路由器分片而导致性能下降。

5. IPv6 地址

IPv6 地址 128 位，可以按 16 位分为 8 个组，然后采用冒号分隔的十六进制数进行表示，例如：8000:0000:0000:0000:0130:4567:89AB:CDEF。IPv6 地址缩写规则如下：

（1）每个字段前面的 0 可以省去，例如 0130 可以简写为 130，但不能简写为 13。

（2）一个或多个全 0 字段，可以用一对冒号“::”代替，但“::”只能出现一次。**2021/（54）**上面的 IPv6 地址可简写为 8000::13:4567:89AB:CDEF。

（3）IPv4 兼容地址是在低位加上 IPv4 地址，例如 0:0:0:0:0:0:192.168.1.1，也可以写成::192.168.1.1。

IPv6 地址可以分为**单播地址、任意播地址和组播地址，没有广播地址**，见表 8-3。其中，单播地址又可以分为可聚合全球单播地址（前缀为 001）、链路本地地址（前缀为 1111 1110 10）和站点本地地址（前缀为 1111 1110 11）。

表 8-3 IPv6 地址类型

地址类型	说明
单播地址	（1）可聚合全球单播地址：这种地址在全球范围内有效，相当于 IPv4 公用地址，前缀为 001，即最后两位由二进制转换为十进制是 0+1=1。 （2）链路本地地址：用于同一链路的相邻节点间的通信，是结合 MAC 地址自动生成的。前缀为 1111 1110 10，即最后两位由二进制转换为十进制是 2+0=2。 （3）站点本地地址：相当于 IPv4 中的私网地址，前缀为 1111 1110 11，即最后两位由二进制转换为十进制是 2+1=3。
任意播地址	（1）表示一组接口的标识符，通常是路由距离最近的接口。 （2）任意播地址不能用作源地址，而只能作为目的地址。 （3）任意播地址不能指定给 IPv6 主机，只能指定给 IPv6 路由器 **2017/（31）**
组播地址	（1）发往组播地址的分组被传送给该地址标识的所有接口。 （2）IPv6 中没有广播地址，它的功能被组播地址所代替。 （3）IPv6 组播地址的格式前缀为 **1111 1111**

IPv4 和 IPv6 地址对比参考表 8-4。

表 8-4 IPv4 和 IPv6 地址对比

IPv4 地址	IPv6 地址
点分十进制表示	带冒号的十六进制表示，0 可以压缩
分为 A、B、C、D、E 5 类	不分类
组播地址 224.0.0.0/4	组播地址 FF00::/8
广播地址（主机部分全为 1）	任意播（限于子网内部）
默认地址 0.0.0.0	不确定地址::
回环地址 127.0.0.1	回环地址::1
公共地址	可聚合全球单播地址 FP=001
私有地址 10.0.0.0/8 172.16.0.0/12；192.168.0.0/16	站点本地地址：FEC0::/48
自动专用 IP 地址 169.254.0.0/16	链路本地地址 FE80::/48
—	6to4 隧道地址 2002::/16

常见的 IPv6 协议有 RIPng、OSPFv3、BGP4+、DHCPv6、ICMPv6 等，其中 ICMPv6 新增加的邻居发现功能代替了 IPv4 中 ARP 协议的功能。2021/（39）

6. 过渡技术

从 IPv4 升级到 IPv6 的过渡技术一共有 3 种：**双栈技术、隧道技术、翻译技术**，其中双栈技术应用最为广泛。这几种技术掌握关键字即可，一般只考选择题。2015/（27～28）

- 双栈技术：同时运行 IPv4 和 IPv6。
- 隧道技术：解决 IPv6 节点之间通过 IPv4 网络进行通信。
- 翻译技术：解决纯 IPv6 节点与纯 IPv4 节点之间进行通信。

8.3.2 即学即练·精选真题

- 在从 IPv4 向 IPv6 过渡期间，为了解决 IPv6 主机之间通过 IPv4 网络进行通信的问题，需要采用___（1）___，为了使得纯 IPv6 主机能够与纯 IPv4 主机通信，必须使用___（2）___。（2015 年 11 月第 27～28 题）

  （1）A．双协议栈技术 B．隧道技术 C．多协议栈技术 D．协议翻译技术

  （2）A．双协议栈技术 B．隧道技术 C．多协议栈技术 D．协议翻译技术

  【答案】（1）B （2）D

  【解析】理解并掌握 IPv4 向 IPv6 过渡的 3 种技术。

- 以下关于 IPv6 的论述中，正确的是___（3）___。（2015 年 11 月第 40 题）

  （3）A．IPv6 数据包的首部比 IPv4 复杂 B．IPv6 的地址分为单播、广播和任意播 3 种

  C．IPv6 地址长度为 128 比特 D．每个主机拥有唯一的 IPv6 地址

  【答案】（3）C

【解析】IPv6 数据包首部比 IPv4 更简单，故 A 选项错误。IPv6 地址分为单播、组播和任意播，没有广播地址，故 B 选项错误。IPv6 地址长度为 128 位，故 C 选项正确。每个主机可以配置多个 IPv6 地址，比如 IPv6 私网地址，不一定全球唯一，故 D 选项错误。

● 在 IPv6 无状态自动配置过程中，主机将其 （4） 附加在地址前缀 1111 1110 10 之后，产生一个链路本地地址。（2016 年 11 月第 17 题）

（4）A．IPv4 地址　　B．MAC 地址
　　C．主机名　　D．随机产生的字符串

【答案】（4）B

【解析】接口在启动 IPv6 时，自动配置链路本地单播地址。链路本地单播地址由前缀 FE80::/64 和 64 位的接口 ID 组成，接口 ID 根据 MAC 地址自动生成。

● 以下关于在 IPv6 中任意播地址的叙述中，错误的是 （5） 。（2017 年 11 月第 31 题）

（5）A．只能指定给 IPv6 路由器　　B．可以用作目的地址
　　C．可以用作源地址　　D．代表一组接口的标识符

【答案】（5）C

【解析】任意播地址是表示一组接口的标识符，不能作为源地址，可以用作目的地址。不能分配给主机使用，只能指定给 IPv6 路由器。

● 在 IPv6 首部中有一个“下一头部”字段，若 IPv6 分组没有扩展首部，则其“下一头部”字段中的值为 （6） 。（2019 年 11 月第 35 题）

（6）A．TCP 或 UDP　　B．IPv6
　　C．逐跳选项首部　　D．空

【答案】（6）A

【解析】IPv6 扩展报文头是跟在 IPv6 基本报文头后面的可选报文头，可以多层嵌套，如果没有扩展，直接封装 TCP/UDP 传输层报文。

● 在 IPv6 定义了多种单播地址，表示环回地址的是 （7） 。（2019 年 11 月第 39 题）

（7）A．::/128　　B．::1/128　　C．FE80::/10　　D．FD00::/8

【答案】（7）B

【解析】掌握 IPv6 的特殊地址，IPv6 中未指定地址是 0:0:0:0:0:0:0:0 或::/128，环回地址是::1/128，链路本地地址是 FE80::/10。

● 下面支持 IPv6 的是 （8） 。（2021 年 11 月第 39 题）

（8）A．OSPFv1　　B．OSPFv2　　C．OSPFv3　　D．OSPFv4

【答案】（8）C

【解析】支持 IPv6 的路由协议有 RIPng、OSPFv3、BGP4+。

● 以下关于 IPv6 地址的说法中，错误的是 （9） 。（2021 年 11 月第 54 题）

（9）A．IPv6 采用冒号十六进制，长度为 128 比特
　　B．IPv6 在进行地址压缩时双冒号可以使用多次

C. IPv6 地址中多个相邻的全零分段可以用双冒号表示

D. IPv6 地址各分段开头的 0 可以省略

【答案】(9) B

【解析】在一个 IPv6 地址中，::只能使用 1 次。

● 在 IPv6 中，___(10)___首部是每个中间路由器都需要处理的。(2021 年 11 月第 55 题)

(10) A. 逐跳选项　　B. 分片选项

C. 鉴别选项　　D. 路由选项

【答案】(10) A

【解析】掌握 IPv6 常见的扩展头部。

8.4 ICMP

8.4.1 考点精讲

Internet 控制报文协议(Internet Control Message Protocol，ICMP)，协议号为 1，封装在 IP 报文中 2019/(36)，用来传递差错、控制、查询等信息，典型应用 ping/tracert 底层依赖 ICMP 报文。ICMP 有多种类型和代码，见表 8-5，其中，类型为 0、8、11 的内容需要重点掌握。

表 8-5 ICMP 报文类型

类型	代码	用途	查询类	差错类
0	0	Echo Reply——回显应答(Ping 应答)	√	
3	0	Network Unreachable——网络不可达		√
3	1	Host Unreachable——主机不可达 2019/(27)		√
3	2	Protocol Unreachable——协议不可达		√
3	3	Port Unreachable——端口不可达		√
3	4	Fragmentation needed but no frag bit set——需要进行分片但设置不分片比特		√
3	13	Communication administratively prohibited by filtering——由于过滤，通信被强制禁止		√
4	0	source quench——源抑制报文		√
5	1	Redirect for host——对主机重定向		
8	0	Echo request——回显请求(用于 ping/tracert) 2021/(27)	√	
11	0	TTL equals 0 during transit——传输期间生存时间为 0 2021/(28)		√
	1	TTL equals 0 during reassembly——在数据包组装期间生存时间为 0 2015/(29)		
12	0	IP header bad (catchall error)——坏的 IP 首部(包括各种差错) 2019/(49)		√

8.4.2 即学即练·精选真题

- 源站收到“在数据包组装期间生存时间为0”的ICMP报文，出现的原因是___（1）___。（2015年11月第29题）

  （1）A．IP数据报目的地址不可达　　B．IP数据报目的网络不可达
  　　C．ICMP报文校验差错　　D．IP数据报分片丢失

  【答案】（1）D

  【解析】掌握ICMP中如下几种不可达信息：

  - 目的地址不可达：比如目的服务器禁止被ping。
  - 目的网络不可达：删除了网关或网关配置错误，或被ACL拦截。
  - 目的端口不可达：比如tftp服务器默认端口是69，客户端如果连接tftp服务器采用8888，那么服务器会返回tftp端口不可达的ICMP报文。
  - 传输期间生存时间为0：tracert过程中，TTL减为0时向客户端回复该报文。
  - 在数据包组装期间生存时间为0：分片丢失，不能完成IP数据包重组。
  - ICMP报文校验差错：坏的IP首部（包括各种差错）。

  注意区分两种TTL=0的差错报文：

类型	代码	说明
11	0	在数据报传输期间生存时间TTL为0（用于tracert）
	1	在数据报组装期间生存时间TTL为0（在目的端进行组装）

- 网络命令traceroute的作用是___（2）___。（2016年11月第38题）

  （2）A．测试链路协议是否正常运行
  　　B．检查目的网络是否出现在路由表中
  　　C．显示分组到达目的网络的过程中经过的所有路由器
  　　D．检验动态路由协议是否正常工作

  【答案】（2）C

  【解析】traceroute/tracert跟踪到目标需要经过的所有路由器，原理是向目的地发送TTL递增的ICMP Echo Request报文。

- 在局域网中仅某台主机上无法访问域名为www.ccc.com的网站（其他主机访问正常），在该主机上执行ping命令时有显示信息如下：

```
C:>ping www.ccc.com
Pinging www.ccc.com [202.117.112.36] with 32 bytes of data:
Reply from 202.117.112.36:Destination net unreachable.
Reply from 202.117.112.36:Destination net unreachable.
Reply from 202.117.112.36:Destination net unreachable.
Reply from 202.117.112.36:Destination net unreachable.
Ping statistics for 202.117.112.36:
```

Packets: Sent = 4, Received = 4,Lost=0(0% loss),
Approximate round trip times in milli-seconds:
Minimum = 0ms, Maximum = 0ms, Average= 0ms

分析以上信息,该机不能正常访问的可能原因是＿（3）＿。

（3）A．该主机的 TCP/IP 协议配置错误
　　B．该主机设置的 DNS 服务器工作不正常
　　C．该主机遭受 ARP 攻击导致网关地址错误
　　D．该主机所在网络或网站所在网络中配置了 ACL 拦截规则

【答案】（3）D

【解析】题目已知信息显示已经将域名解析为 IP 地址 202.117.112.36，故 DNS 正常，也不可能是 TCP/IP 协议问题，则 A 选项和 B 选项错误。目的网络不可达，可能是没配网关或被 ACL 拦截，选择 D 选项。

● 使用 ping 命令连接目的主机，收到连接不通报文。此时 ping 命令使用的是 ICMP 的＿（4）＿报文。（2019 年 11 月第 27 题）

（4）A．IP 参数问题　　B．回声请求与响应
　　C．目的主机不可达　　D．目的网络不可达

【答案】（4）C

【解析】连接主机，但连接不通，回送主机不可达报文，在 ICMP 类型字段中的值是 3。

类型	代码	用途	查询类	差错类
0	0	Echo Reply——回显应答（Ping 应答）	√	
3	0	Network Unreachable——网络不可达		√
3	1	Host Unreachable——主机不可达 2019/（27）		√
3	2	Protocol Unreachable——协议不可达		√
3	3	Port Unreachable——端口不可达		√
3	4	Fragmentation needed but no frag bit set——需要进行分片但设置不分片比特		√
3	13	Communication administratively prohibited by filtering——由于过滤，通信被强制禁止		√
4	0	source quench——源抑制报文		√
5	1	Redirect for host——对主机重定向		
8	0	Echo request——回显请求（用于 ping/tracert）2021/（27）	√	
11	0	TTL equals 0 during transit——传输期间生存时间为 0　2021/（28）		√
	1	TTL equals 0 during reassembly——在数据包组装期间生存时间为 0 2015/（29）		
12	0	IP header bad (catchall error)——坏的 IP 首部（包括各种差错）2019/（49）		√

用 ping 探测网络状态，发送的是 ICMP request 报文。

就像有一口井，若不知道里面有什么东西，可以往里面扔一块石头：

1）如果井里面有水，返回的是水声。

2）如果井里面没水，返回的是石头落地的声音。

3）如果井里面有一条狗，返回的是狗的叫声。

网络正常时，ping 程序返回的是 ICMP replay 报文。如果网络不通，则可能返回端口不可达，网络不可达等参数，参考下图抓包信息，分别返回了主机不可达和端口不可达报文。

No.	Time	Source	Destination	Protocol	Length	Info
1996	462.935484	192.168.0.105	192.168.1.106	ICMP	74	Echo (ping) request id=0x0001, seq=34/8704, ttl=128 (no response found!)
1999	465.930949	192.168.1.4	192.168.0.105	ICMP	102	Destination unreachable (Host unreachable)
2000	465.933401	192.168.0.105	192.168.1.106	ICMP	74	Echo (ping) request id=0x0001, seq=35/8960, ttl=128 (no response found!)
2005	468.930892	192.168.1.4	192.168.0.105	ICMP	102	Destination unreachable (Host unreachable)
2006	468.932779	192.168.0.105	192.168.1.106	ICMP	74	Echo (ping) request id=0x0001, seq=36/9216, ttl=128 (no response found!)
2021	471.930933	192.168.1.4	192.168.0.105	ICMP	102	Destination unreachable (Host unreachable)
2022	471.933078	192.168.0.105	192.168.1.106	ICMP	74	Echo (ping) request id=0x0001, seq=37/9472, ttl=128 (no response found!)
2024	474.930791	192.168.1.4	192.168.0.105	ICMP	102	Destination unreachable (Host unreachable)
3385	551.780260	192.168.0.105	192.168.1.1	ICMP	199	Destination unreachable (Port unreachable)

No.	Time	Source	Destination	Protocol	Length	Info
9048	776.992399	192.168.0.105	192.168.0.106	ICMP	74	Echo (ping) request id=0x0001, seq=50/12800, ttl=128 (no response found!)
9407	781.820556	192.168.0.105	192.168.0.106	ICMP	74	Echo (ping) request id=0x0001, seq=51/13056, ttl=128 (no response found!)
9566	786.820227	192.168.0.105	192.168.0.106	ICMP	74	Echo (ping) request id=0x0001, seq=52/13312, ttl=128 (no response found!)
9679	791.821234	192.168.0.105	192.168.0.106	ICMP	74	Echo (ping) request id=0x0001, seq=53/13568, ttl=128 (no response found!)
12949	885.102182	192.168.0.105	192.168.0.1	ICMP	152	Destination unreachable (Port unreachable)
13146	902.923494	192.168.0.105	192.168.0.1	ICMP	163	Destination unreachable (Port unreachable)
13202	906.165517	192.168.0.105	192.168.0.1	ICMP	148	Destination unreachable (Port unreachable)
13886	953.573292	192.168.0.105	192.168.0.1	ICMP	217	Destination unreachable (Port unreachable)

- ICMP 的协议数据单元封装在___（5）___中传送；RIP 路由协议数据单元封装在___（6）___中传送。（2019 年 11 月第 36～37 题）

  （5）A．以太帧　　B．IP 数据报　　C．TCP 段　　D．UDP 段

  （6）A．以太帧　　B．IP 数据报　　C．TCP 段　　D．UDP 段

  【答案】（5）B　（6）D

  【解析】ICMP 和 OSPF 封装在 IP 中传送，RIP 封装在 UDP 中传送，BGP 封装在 TCP 中传送。

- 路由器收到一个 IP 数据报，在对其首部校验后发现存在错误，该路由器有可能采取的动作是___（7）___。（2019 年 11 月第 49 题）

  （7）A．纠正该数据报错误　　B．转发该数据报

  C．丢弃该数据报　　D．通知目的主机数据报出错

  【答案】（7）C

  【解析】当路由器或目的主机收到的数据报的首部错误时，丢弃该数据报，并向源站发送类型为 12，代码为 0 的 ICMP 报文。

- 在命令提示符中执行 ping ww.xy.com，所得结果如下所示，根据 TTL 值可初步判断服务器 182.24.21.58 操作系统的类型是___（8）___。其距离执行 ping 命令的主机有___（9）___跳。（2020 年 11 月第 27～28 题）

  正在 ping ww.xy.com[182.24.21.58]具有 32 字节的数据

  来自 180.101.49.12 的回复：字节=32 时间=4ms TTL=50

  来自 180.101.49.12 的回复：字节=32 时间=4ms TTL=50

来自 180.101.49.12 的回复：字节=32 时间=4ms TTL=50
来自 180.101.49.12 的回复：字节=32 时间=4ms TTL=50
182.24.21.58 的 ping 统计信息：
数据包：已发送=4，已接收=4，丢失=0（0%丢失），
往返行程的估计时间（以毫秒为单位）：
最短=20ms，最长=20ms，平均=20ms

（8）A．Windows XP　　B．Windows Server 2008
C．EreeBSD　　D．IOS 12.4

（9）A．78　　B．14　　C．15　　D．32

【答案】（8）B　（9）B

【解析】 Windows Server 2008 默认 TTL 是 64，由于收到的 ICMP 回送消息的 TTL 是 50，说明中途经过了 64−50=14 台路由器。

● Traceroute 在进行路由追踪时发出的 ICMP 消息是＿（10）＿，收到的消息是中间节点或目的节点返回的＿（11）＿。（2021 年 11 月第 27～28 题）

（10）A．Echo Request　　B．Timestamp Request
C．Echo Reply　　D．Timestamp Reply

（11）A．Destination Unreachable　　B．TTL Exceeded
C．Parameter Problem　　D．Source Route Failed

【答案】（10）A　（11）B

【解析】 traceroute/tracert 发送 TTL 递增的 Echo Request 报文，接收节点回复 TTL 超时报文。

8.5　ARP 协议

8.5.1　考点精讲

1．传统 ARP 协议

地址解析协议（Address Resolution Protocol，ARP）的作用是**根据 IP 地址查询 MAC 地址**。ARP 表如图 8-6 所示，包含 Internet 地址（IP 地址）、物理地址（MAC 地址）和类型 3 个部分组成，类型中的**动态表示是通过 ARP 协议学习到的，静态表示是手动绑定的**。可以通过命令 arp -a 或 arp -g 查看 ARP 缓存表，删除 ARP 表项命令是 arp -d，静态绑定命令是 arp -s。

```
C:\Users\admin>arp -a
接口: 192.168.2.149 --- 0x4
  Internet 地址         物理地址              类型
  192.168.2.1           cc-81-da-76-b4-b1     动态
  192.168.2.204         a0-2c-36-b3-c1-76     动态
  192.168.2.255         ff-ff-ff-ff-ff-ff     静态
  255.255.255.255       ff-ff-ff-ff-ff-ff     静态
```

图 8-6　ARP 表

2. RARP 协议

反向地址转换协议（Reverse Address Resolution Protocol，RARP）可以根据 MAC 地址查找 IP 地址，常用于**无盘工作站**。由于设备没有硬盘，无法记录 IP，刚启动时会发送一个广播报文，通过 MAC 去获取 IP 地址。

3. Gratuitous ARP

免费 ARP（Gratuitous ARP）用于**检测 IP 地址冲突**，通常发生在接口配置的时候，比如接口 DHCP 刚刚获取了 IP 地址，就会对外发送免费 ARP。核心原理是：主机发送 ARP 查找自己 IP 地址对应的 MAC 地址，如果有终端回复表示发生了 IP 地址冲突。

4. 代理 ARP

如果 ARP 请求是从一个网络的主机发往同一网段却不在同一物理网络上的另一台主机，那么连接它们的具有代理 ARP 功能的设备就可以回答该请求，这个过程称作代理 ARP（Proxy ARP）。如图 8-7 所示，PC1 和 PC2 在同一网段，但网关设备却在不同网段，如果 PC1 ping PC2，在网关设备上开启代理 ARP 功能，网关设备会以自己的 MAC 地址代为应答。代理 ARP 具备如下特点：

（1）部署在网关上，网络中的主机不必做任何改动。

（2）可以隐藏物理网络细节，使两个物理网络可以使用同一个网络号。

（3）只影响主机的 ARP 表，对网关的 ARP 表和路由表没有影响。

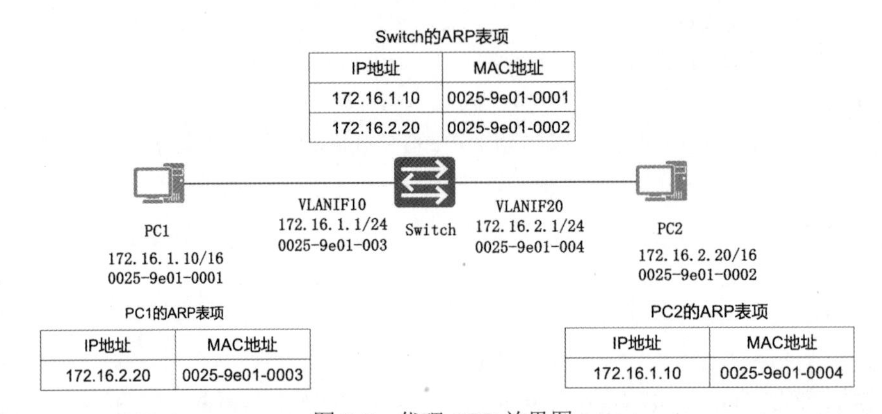

图 8-7　代理 ARP 效果图

8.5.2　即学即练·精选真题

- 某计算机遭到 ARP 病毒的攻击，为临时解决故障，可将网关 IP 地址与其 MAC 绑定，正确的命令是____（1）____。（2016 年 11 月第 41 题）

（1）A．arp -a 192.168.16.254 00-22-aa-00-22-aa

B．arp -d 192.168.16.254 00-22-aa-00-22-aa

C．arp -r 192.168.16.254 00-22-aa-00-22-aa

D．arp -s 192.168.16.254 00-22-aa-00-22-aa

【答案】（1）D

【解析】掌握 ARP 相关命令。查询 ARP 表命令是 arp -a，删除 ARP 表项命令是 arp -d，静态绑定命令是 arp -s。

- 若主机 host A 的 MAC 地址为 aa-aa-aa-aa-aa-aa，主机 host B 的 MAC 地址为 bb-bb-bb-bb-bb-bb。由 host A 发出的查询 host B 的 MAC 地址的帧格式如下图所示，则此帧中的目的 MAC 地址为 ___（2）___，ARP 报文中的目的 MAC 地址为 ___（3）___。（网工 2018 年 5 月第 24～25 题）

目的 MAC 地址	源 MAC 地址	协议类型	ARP 报文	CRC

（2）A．aa-aa-aa-aa-aa-aa　　B．bb-bb-bb-bb-bb-bb
　　C．00-00-00-00-00-00　　D．ff-ff-ff-ff-ff-ff

（3）A．aa-aa-aa-aa-aa-aa　　B．bb-bb-bb-bb-bb-bb
　　C．00-00-00-00-00-00　　D．ff-ff-ff-ff-ff-ff

【答案】（2）D　（3）C

【解析】当主机 A 向局域网内的主机 B 发送 IP 数据包时，会先查找自己的 ARP 表，是否有主机 B 的 IP 与 MAC，如果有，就用主机 B 的 MAC 地址进行以太网封装。如果主机 A 的 ARP 表找不到主机 B 的 IP 与 MAC 对应关系，主机 A 就广播 ARP 请求，寻找主机 B 的 MAC 地址。ARP 请求抓包如下图，以太网的目的 MAC 地址是 ff-ff-ff-ff-ff-ff，ARP 报文中的目的 MAC 地址是 00-00-00-00-00-00。

```
No.   Time        Source          Destination     Protocol Length Info
    6 34.030494   Cisco_ea:b8:c1  Broadcast       ARP      64 Who has 192.168.123.2? Tell 192.168.123.1
    7 34.030894   Cisco_de:57:c1  Cisco_ea:b8:c1  ARP      64 192.168.123.2 is at 00:18:73:de:57:c1
> Frame 6: 64 bytes on wire (512 bits), 64 bytes captured (512 bits)
v Ethernet II, Src: Cisco_ea:b8:c1 (00:19:06:ea:b8:c1), Dst: Broadcast (ff:ff:ff:ff:ff:ff)
  > Destination: Broadcast (ff:ff:ff:ff:ff:ff)
  > Source: Cisco_ea:b8:c1 (00:19:06:ea:b8:c1)
    Type: 802.1Q Virtual LAN (0x8100)
> 802.1Q Virtual LAN, PRI: 0, DEI: 0, ID: 123
v Address Resolution Protocol (request)
    Hardware type: Ethernet (1)
    Protocol type: IPv4 (0x0800)
    Hardware size: 6
    Protocol size: 4
    Opcode: request (1)
    Sender MAC address: Cisco_ea:b8:c1 (00:19:06:ea:b8:c1)
    Sender IP address: 192.168.123.1
    Target MAC address: 00:00:00_00:00:00 (00:00:00:00:00:00)
    Target IP address: 192.168.123.2
```

8.6 路由协议 RIP/OSPF/BGP/IS-IS

8.6.1 考点精讲

1．路由表

路由协议的主要功能是生成路由表，用于数据转发。网络设备上的路由表如图 8-8 所示，需要掌握这些重要字段的功能。2022/（16）

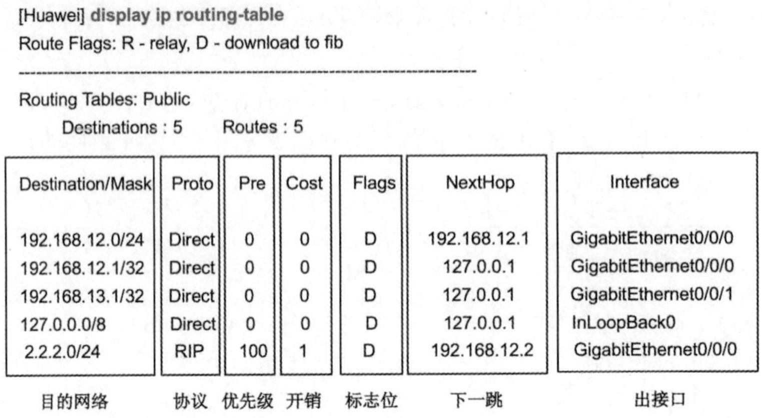

```
[Huawei] display ip routing-table
Route Flags: R - relay, D - download to fib
------------------------------------------------------------------------------
Routing Tables: Public
      Destinations : 5        Routes : 5
```

Destination/Mask	Proto	Pre	Cost	Flags	NextHop	Interface
192.168.12.0/24	Direct	0	0	D	192.168.12.1	GigabitEthernet0/0/0
192.168.12.1/32	Direct	0	0	D	127.0.0.1	GigabitEthernet0/0/0
192.168.13.1/32	Direct	0	0	D	127.0.0.1	GigabitEthernet0/0/1
127.0.0.0/8	Direct	0	0	D	127.0.0.1	InLoopBack0
2.2.2.0/24	RIP	100	1	D	192.168.12.2	GigabitEthernet0/0/0
目的网络	协议	优先级	开销	标志位	下一跳	出接口

图 8-8 路由表示意图

- 目的网络：表示要去往的目的地。
- 协议：表示该条路由是通过什么方式学到的。
- 优先级：协议的优先级值越小越优先，华为设备中不同协议的优先级见表 8-6，这是高频考点，务必掌握。2016/（22）、2018/（31～32）、2020/（66）

表 8-6 华为设备路由协议优先级

路由协议或路由种类	优先级
DIRECT	0
OSPF	10
IS-IS	15
STATIC	60
RIP	100
OSPF AS E	150
OSPF NSSA	150
IBGP	255
EBGP	255

- 开销：表示去往目的网络的距离。
- 标志位：了解即可，如果是 D。表示路由表已经下放到 FIB 转发表。
- 下一跳：表示去往目的网络要先经过这个下一跳。
- 出接口：表示去往目的网络要从本地哪儿出去。

2. 路由协议分类

路由协议主要有两种分类方式：按距离矢量和链路状态分类、按内部网关和外部网关协议分类，如图 8-9 所示。这是高频考点，也是送分题，考生务必要掌握。距离矢量路由协议一般基于

Bellman-Ford 算法，链路状态路由协议基于 Dijkstra 算法（也叫 SPF 最短路径优先算法）。2021/（31）

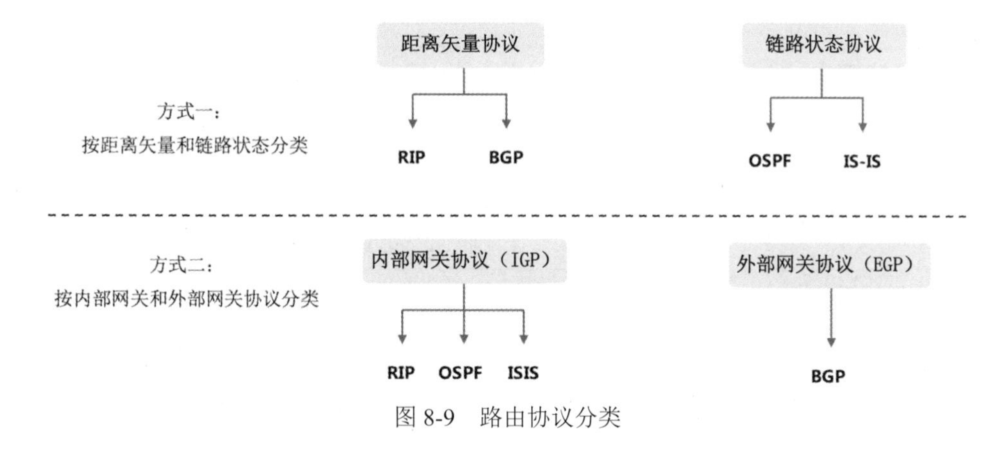

图 8-9　路由协议分类

3. RIP 协议

（1）RIP 协议基础。路由信息协议（Routing Information Protocol，RIP）是一种距离矢量路由协议，支持等价负载均衡和链路冗余，使用 UDP 的 520 端口进行路由更新。通过跳数计算开销，最大为 15 跳，16 跳代表网络不可达，一般用于小型网络。RIP 每 30 秒周期性更新路由表，如果 180 秒没有收到路由的更新，认为该路由已经不可达，把 cost 设置为 16，但不会马上从路由表中删除，需要再等待 120 秒的垃圾收集定时器，如果 120 秒后还没有收到路由刷新，则从路由表中删除路由。也就是说，在华为设备上，一条 RIP 路由条目从不能收到更新到从路由表中清除需要 300 秒，即 5 分钟。RIP 协议的几个定时器如图 8-10 所示。2020/（32）、2021/（26）

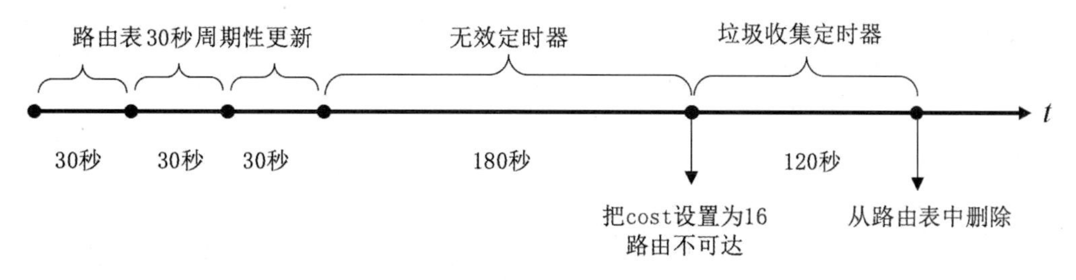

图 8-10　RIP 协议的几个定时器

（2）RIP 防环机制。RIP 防止网络环路的方法很多，了解如下几种：①最大跳数：收到一条路由再转发出去，跳数会加 1，RIP 最大跳数限制是 15 跳，16 跳意味着网络不可达；②水平分割：一条路由不会发送给信息的来源，比如张三发给我的，不会再发回张三，但可以发给李四；2017/（32）③反向毒化的水平分割：把从邻居学习到的路由信息设为 16 跳，再发送给那个邻居，相当于给对方回送了一条不可达路由（16 跳代表不可达）；④抑制定时器和触发更新也可以防止环路，了解概念即可。

（3）RIPv1 和 RIPv2 对比。RIP 包括 RIPv1 和 RIPv2，这两个版本的区别见表 8-7。

表 8-7　RIPv1 和 RIPv2 对比

RIPv1	RIPv2
有类，不携带子网掩码	无类，携带子网掩码
广播更新	组播更新（224.0.0.9）
周期性更新（30s）	触发更新
不支持 VLSM、CIDR	支持 VLSM、CIDR
不提供认证	提供明文和 MD5 认证

4. OSPF 协议

开放式最短路径优先协议（Open Shortest Path First，OSPF）是目前应用最广泛的路由协议。OSPF 是一种内部网关协议，也是链路状态路由协议，支持 VLSM，通过连通性、距离、时延、带宽等状态计算最佳路径，采用 Dijkstra 算法（也叫 SPF 最短路径算法）。具备如下特点：2020/（30～31）、2020/（52）

（1）采用触发式更新、分层路由，支持大型网络。

（2）骨干区域采用 Area 0.0.0.0 或者 Area 0 来表示，**区域 1 不是骨干区域**。

（3）OSPF 通过 hello 报文发现邻居，维护邻居关系。在点对点网络中每 10 秒发送 1 次 hello，在 NBMA 网络中每 30 秒发送 1 次 hello，Deadtime 为 hello 时间的 4 倍，即 4 倍 hello 时间还没有收到 hello，就认为邻居失效了。

（4）OSPF 路由器间通过链路状态公告（Link State Advertisement，LSA）交换网络拓扑信息，每台运行 OSPF 协议的路由器通过收到的拓扑信息构建拓扑数据库，再以此为基础计算路由。

（5）OSPF 系统内几个特殊组播地址：

224.0.0.1：在本地子网的所有主机。

224.0.0.2：在本地子网的所有路由器。

224.0.0.5：运行 OSPF 协议的路由器。

224.0.0.6：OSPF 指定/备用指定路由器 DR/BDR。

（6）每个网段选取一个 DR 和 BDR，作为代表与其他路由器 Dother 建立邻居关系。

（7）router-id 在 OSPF 区域内唯一标识一台路由器的 IP 地址，不能设置为相同。2020/（47）

（8）OSPF 的 router-id 选举规则如下：2022/（26）

1）优选手工配置的 router-id。①OSPF 进程手工配置的 router-id 具有最高优先级。②在全局模式下配置的公用 router-id 的优先级仅次于直接给 OSPF 进程手工配置 router-id，即它具有第二优先级。

2）在没有手工配置的前提下，优选 loopback 接口地址中最大的地址作为 router-id。

3）在没有配置 loopback 接口地址的前提下，优选普通接口的 IP 地址中选择最大的地址作为 router-id（不考虑接口的 Up/Down 状态）。

5. BGP 协议

边界网关协议（Border Gateway Protocol，BGP）用于**不同自治系统 AS 之间**寻找最佳路由。BGP 有如下特点：

（1）BGP 通过 TCP 179 端口建立连接，支持 VLSM 和 CIDR。

（2）支持增量更新，支持认证，支持无类、支持聚合。

（3）是一种路径矢量协议，可以检测路由环路，支持大型网络。

（4）目前最新版本是 BGP4，而 BGP4+支持 IPv6。

BGP 的 4 种报文见表 8-8，这是高频考点，需重点掌握。Open 用于建立邻居关系，Update 用于更新路由信息，Keepalive 周期性探测邻居存活，Notification 用于通告错误信息。

表 8-8　BGP 的 4 种报文

报文类型	功能描述	类比
打开（Open）	建立邻居关系 2022/（53）	建立外交
更新（Update）	发送新的路由信息	更新外交信息
保持活动状态（Keepalive）	对 Open 的应答/周期性确认邻居关系 2017/（34）	保持外交活动
通告（Notification）	报告检测到的错误 2018/（29）	发布外交通告

BGP 选路规则比较复杂，了解几种属性即可。华为设备中 BGP 选路会依次比较下列属性。2018/（48）、2020/（29）

（1）**Preferred-Value 值越高越优先，华为私有属性，仅本地有意义**。

（2）**Local-Preference 值最高的路由优先**。

（3）**AS 路径的长度最短的路径优先**。

（4）**Origin 属性，IGP 优于 EGP，EGP 优于 Incomplete**。

（5）选择 MED 较小的路由。

（6）EBGP 路由优于 IBGP 路由。

（7）BGP 优先选择到 BGP 下一跳的 IGP 度量值最低的路径。

（8）Cluster_list 长度，短者优先。

（9）Originator_ID（没有 Originator_ID，则用 Router_ID 比较），选择数值较小的路径。

6. IS-IS

标准 IS-IS 协议是由国际标准化组织 ISO 制定的，但是标准的 IS-IS 协议是为无连接网络服务（CLNP）设计的，并不适用于 IP 网络，因此互联网工程任务组 IETF 制定了可以适用于 IP 网络的集成化 IS-IS 协议，简称集成 IS-IS。由于 IP 网络应用普遍，一般所称的 IS-IS 协议，通常都是指集成 IS-IS 协议。

中间系统到中间系统（Intermediate System to Intermediate System，IS-IS）是一种内部网关协议，是**电信运营商**普遍采用的内部网关协议之一，也是一个**分级的链路状态路由协议**。与 OSPF 相似，它也使用 Hello 协议寻找毗邻节点。与大多数路由协议不同，IS-IS 直接运行于**链路层**之上。IS-IS

具有层次性，分为两层：Level-1 和 Level-2。Level-1（L1）是普通区域（Area），Level-2（L2）是骨干区（Backbone）。骨干区 Backbone 是连续的 Level-2 路由器的集合，由所有的 L2（含 L1/L2）路由器组成，如图 8-11 所示。L1 和 L2 运行相同的 **SPF 算法**，一个路由器可能同时参与 L1 和 L2。2016/（39）

不要将 OSPF 骨干和 IS-IS 骨干区域混淆，OSPF 骨干区域是 area 0，而 IS-IS 骨干区域是包含 L2 和 L1/L2 的区域。**一个 OSPF 路由器可以属于多个区域，而一个 IS-IS 路由器只能属于一个区域**。IS-IS 和 OSPF 骨干区域对比如图 8-11 和图 8-12 所示。2022/（30）

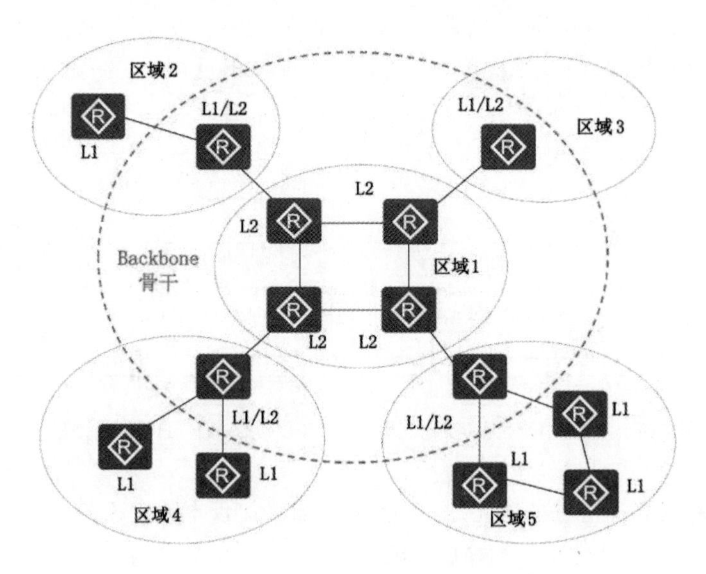

图 8-11　IS-IS 区域结构图

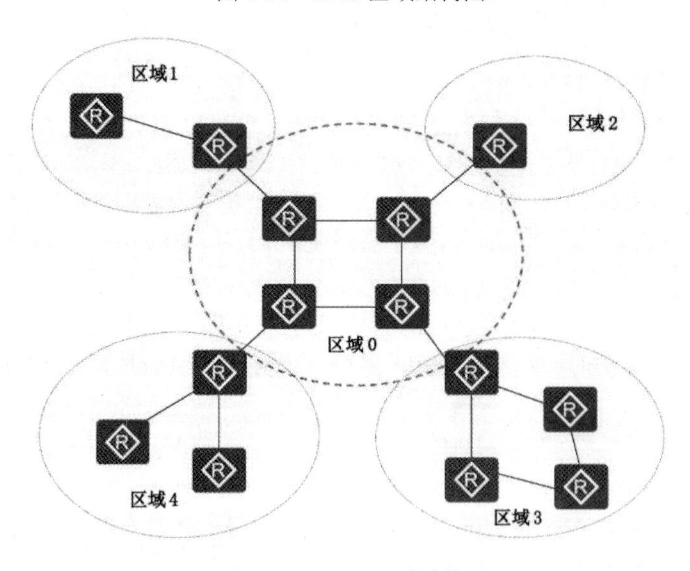

图 8-12　OSPF 区域结构图

8.6.2 即学即练·精选真题

● RIPv1 与 RIPv2 的区别是___(1)___。(2016 年 11 月第 15 题)

(1) A. RIPv1 的最大跳数是 16，而 RIPv2 的最大跳数为 32

B. RIPv1 是有类别的，而 RIPv2 是无类别的

C. RIPv1 用跳数作为度量值，而 RIPv2 用跳数和带宽作为度量值

D. RIPv1 不定期发送路由更新，而 RIPv2 周期性发送路由更新

【答案】(1) B

【解析】掌握 RIPv1 和 RIPv2 的区别，对比参考下表:

RIPv1	RIPv2
有类，不携带子网掩码	无类，携带子网掩码
广播更新	组播更新（224.0.0.9） 2017/（59）
周期性更新（30s）	触发更新
不支持 VLSM、CIDR	支持 VLSM、CIDR
不提供认证	提供明文和 MD5 认证

● 当一条路由被发布到它所起源的 AS 时，会发生的情况是___(2)___。(2016 年 11 月第 21 题)

(2) A. 该 AS 在路径属性列表中看到自己的号码，从而拒绝接收这条路由

B. 边界路由器把该路由传送到这个 AS 中的其他路由器

C. 该路由将作为一条外部路由传送给同一 AS 中的其他路由器

D. 边界路由器从 AS 路径列表中删除自己的 AS 号码并重新发布路由

【答案】(2) A

【解析】BGP 路由会记录经过的 AS 号码，简称 AS_Path。如果 BGP 收到路由的 AS_Path 中包含自己的 AS 号码，就认为出现了路由环路，丢弃收到的路由。

● 如果路由优先级为 15，则___(3)___。(2016 年 11 月第 22 题)

(3) A. 这是一条静态路由　　B. 这是一台直连设备

C. 该条路由信息比较可靠　　D. 该路由代价较小

【答案】(3) C

【解析】路由优先级用于区分不同路由协议的优先级，取值 0～255，越小越优先。下表为华为设备路由优先级，如果路由优先级为 15，代表 IS-IS 协议，该路由信息比较可靠。

路由协议或路由种类	优先级
DIRECT	0
OSPF	10
IS-IS	15

续表

路由协议或路由种类	优先级
STATIC	60
RIP	100
OSPF AS E	150
OSPF NSSA	150
IBGP	255
EBGP	255

- 下图所示的 OSPF 网络由 3 个区域组成。在这些路由器中，属于主干路由器的是___(4)___，属于区域边界路由器（ABR）的是___(5)___，属于自治系统边界路由器（ASBR）的是___(6)___。（2016 年 11 月第 23～25 题）

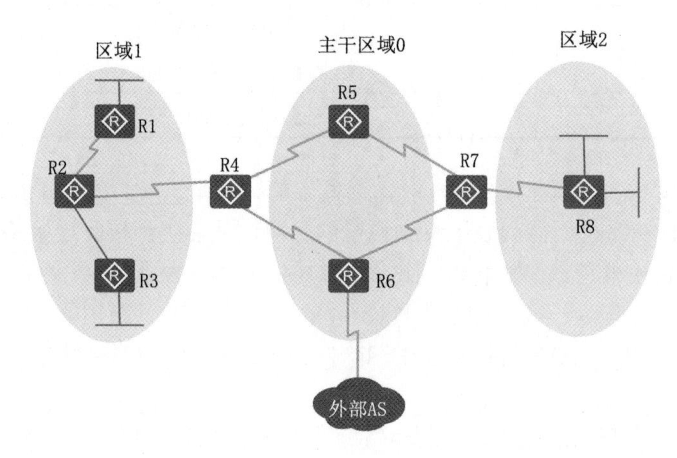

（4）A. R1　　B. R2　　C. R5　　D. R8

（5）A. R3　　B. R5　　C. R7　　D. R8

（6）A. R2　　B. R3　　C. R6　　D. R8

【答案】（4）C　（5）C　（6）C

【解析】OSPF 路由器有如下分类：

1）内部路由器：位于 OSPF 区域内部，路由器上的所有接口都处于同一个区域。

2）区域边界路由器（Area Border Router，ABR）：路由器至少有一个接口与其他 OSPF 区域相连。

3）AS 边界路由器（Autonomous System Boundary Router，ASBR）：路由器至少有一个接口与其他路由协议相连，比如 RIP、ISIS 等。

4）主干路由器（Backbone Router，BR）：至少有一个接口定义为属于主干区域的路由器。任何一个与主干区域互联的 ABR 或者 ASBR 也是主干路由器。

● 在大型网络中，为了有效减少收敛时间，可以采用的路由协议配置方法是___（7）___。（2016年11月第29题）

（7）A．为存根网络配置静态路由 B．增加路由器的内存和处理能力

C．所有路由器都配置成静态路由 D．减少路由器之间的跳步数

【答案】（7）A

【解析】存根网络是通过单一路由访问的网络，与外界只有一个输出连接的网络，在存根网络里面，可以使用默认路由（本质是静态路由）加快网络收敛。

● ___（8）___网络最有可能使用IS-IS协议。（2016年11月第39题）

（8）A．分支办公室 B．SOHO

C．互联网接入服务提供商 D．PSTN

【答案】（8）C

【解析】IS-IS和BGP一般在运营商网络中使用。

● 使用___（9）___方式可以阻止从路由器接口发送路由更新信息。（2016年11月第39题）

（9）A．重发布 B．路由归纳 C．被动接口 D．默认网关

【答案】（9）C

【解析】配置被动接口后，路由更新就不会从这个接口发送出去，使用这种方法可以控制路由更新的流向，避免不必要的链路资源浪费。

● RIPv2对RIPv1协议的改进之一是采用水平分割法。以下关于水平分割法的说法中错误的是___（10）___。（2017年11月第32题）

（10）A．路由器必须有选择地将路由表中的信息发给邻居

B．一条路由信息不会被发送给该信息的来源

C．水平分割法为了解决路由环路

D．发送路由信息到整个网络

【答案】（10）D

【解析】水平分割是RIP的防环机制，不会把路由发送给收到该路由的方向。

● OSPF协议把网络划分成4种区域（Area），存根区域（stub）的特点是___（11）___。（2017年11月第33题）

（11）A．可以接受任何链路更新信息和路由汇总信息

B．作为连接各个区域的主干来交换路由信息

C．不接受本地自治系统以外的路由信息，对自治系统以外的目标采用默认路由0.0.0.0

D．不接受本地AS之外的路由信息，也不接受其他区域的路由汇总信息

【答案】（11）C

【解析】划分了区域后，OSPF网络中的非主干区域中的路由器对于到外部网络的路由，一定要通过ABR（区域边界路由器）来转发，对于区域内的路由器来说，就没有必要知道通往外部网络的详细路由了，只要由ABR向该区域发布一条默认路由，告诉区域内的其他路由器，如果想要访问外部网络，可以通过ABR。这样在区域内的路由器中就只需要为数不多的区域内路由、AS中

其他区域的路由和一条指向 ABR 的默认路由，而不用记录外部路由，能使区域内的路由表简化，降低对路由器的性能要求。这就是 OSPF 路由协议中 Stub Area（末梢区域）的设计理念。

- 在 BGP4 协议中，当接收到对方打开（open）报文后，路由器采用___（12）___报文响应从而建立两个路由器之间的邻居关系。（2017 年 11 月第 34 题）

  （12）A．建立（hello）　　B．更新（update）

  C．保持活动（keepalive）　　D．通告（notification）

  【答案】（12）C

  【解析】掌握 BGP 的 4 个重点报文，keepalive 用于维持和邻居的关系。

- RIPv2 路由协议在发送路由更新时，使用的目的 IP 地址是___（13）___。（2017 年 11 月第 59 题）

  （13）A．255.255.255.255　　B．224.0.0.9

  C．224.0.0.10　　D．224.0.0.1

  【答案】（13）B

  【解析】RIPv2 发送路由更新使用特殊组播地址 224.0.0.9。

- 在 BGP4 协议中，当出现故障时采用___（14）___报文发送给邻居。（2018 年 11 月第 29 题）

  （14）A．trap　　B．update　　C．keepalive　　D．notification

  【答案】（14）D

  【解析】掌握 BGP 的 4 个重点报文，notification 用于故障通报。

- 下列路由记录中最可靠的是___（15）___，最不可靠的是___（16）___。（2018 年 11 月第 31～32 题）

  （15）A．直连路由　　B．静态路由　　C．外部 BGP　　D．OSPF

  （16）A．直连路由　　B．静态路由　　C．外部 BGP　　D．OSPF

  【答案】（15）A　（16）C

  【解析】掌握华为设备路由协议优先级，路由优先级越小，路由越可靠。

- 下图所示的 OSPF 网络由 3 个区域组成。以下说法中正确的是___（17）___。（2018 年 11 月第 33 题）

  （17）A．R1 为主干路由器　　B．R6 为区域边界路由器（ABR）

  C．R7 为自治系统边界路由器（ASBR）　D．R3 为内部路由器

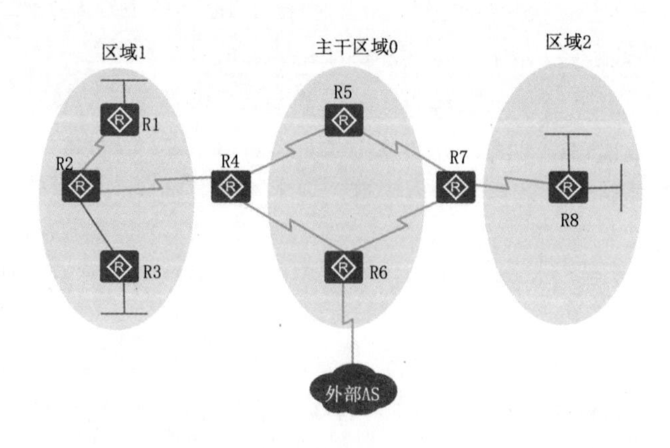

【答案】（17）D

【解析】OSPF 路由器根据在 AS 中的不同位置，可以分为四类。

- 区域内路由器（Internal Routers，IR）：该类路由器的所有接口都属于同一个 OSPF 区域。
- 区域边界路由器（Area Border Routers，ABR）：该类路由器可以同时属于两个以上的区域，ABR 用来连接骨干区域和非骨干区域。
- 骨干路由器（Backbone Routers，BR）：该类路由器至少有一个接口属于骨干区域。因此，所有的 ABR 和位于 Area0 的内部路由器都是骨干路由器。
- 自治系统边界路由器（AS Boundary Routers，ASBR）：与其他 AS 交换路由信息的路由器称为 ASBR。

● 路由器收到包含如下属性的两条 BGP 路由，根据 BGP 选路规则，＿（18）＿。（2018 年 11 月第 48 题）

Network	NextHop	MED	LocPrf	PreVal	Path/ogn
M 192.168.1.0	10.1.1.1	30	0		100i
N 192.168.1.0	10.1.1.2	20	0		100 200i

（18）A．最优路由 M，其 AS-Path 比 N 短　　B．最优路由 N，其 MED 比 M 小

C．最优路由随机确定　　D．local-preference 值为空，无法比较

【答案】（18）A

【解析】华为 BGP 选路依次比较：

1）Preferred-Value 值越高越优先，华为私有属性，仅本地有意义。

2）Local-Preference 值最高的路由优先。

3）AS 路径的长度最短的路径优先。

4）Origin 属性，IGP 优于 EGP，EGP 优于 Incomplete。

5）选择 MED 较小的路由。

6）EBGP 路由优于 IBGP 路由。

7）BGP 优先选择到 BGP 下一跳的 IGP 度量值最低的路径。

8）Cluster_list 长度，短者优先。

9）Originator_ID（没有 Originator_ID，则用 Router_ID 比较），选择数值较小的路径。

● 查看 OSPF 进程下路由计算的统计信息是＿（19）＿，查看 OSPF 邻居状态信息是＿（20）＿。（2018 年 11 月第 54～55 题/2021 年 11 月第 52～53 题）

（19）A．display ospf cumulative　　B．display ospf spf-statistics

C．display ospf global-statics　　D．display ospf request-queue

（20）A．display ospf peer　　B．display ip ospf peer

C．display ospf neighbor　　D．display ip ospf neighbor

【答案】（19）B　（20）A

【解析】OSPF 常见命令如下：

display ospf cumulative　查看 OSPF 统计信息

display ospf spf-statistics **查看 OSPF 进程下路由计算的统计信息**

display ospf interface 查看 OSPF 的接口信息

display ospf peer **查看 OSPF 的邻居信息**

display ospf lsdb 查看 OSPF 的 lsdb

display ospf routing 查看 OSPF 的路由信息

display ospf error 查看 OSPF 的错误信息

reset ospf process 重启 OSPF 进程

- 在下图所示的采用"存储-转发"方式分组的交换网络中，所有链路的数据传输速度为 100Mb/s，传输的分组大小为 1500 字节，分组首部大小为 20 字节，路由器之间的链路代价为路由器接口输出队列中排队的分组个数。主机 H1 向主机 H2 发送一个大小为 296000 字节的文件，在不考虑网络层以上层的封装、链路层封装、分组拆装时间和传播延迟的情况下，若路由器均运行 RIP 协议，从 H1 发送到 H2 接收完为止，需要的时间至少是___（21）___ms；若路由器均运行 OSPF 协议，需要的时间至少是___（22）___ms。（2019 年 11 月第 13～14 题）

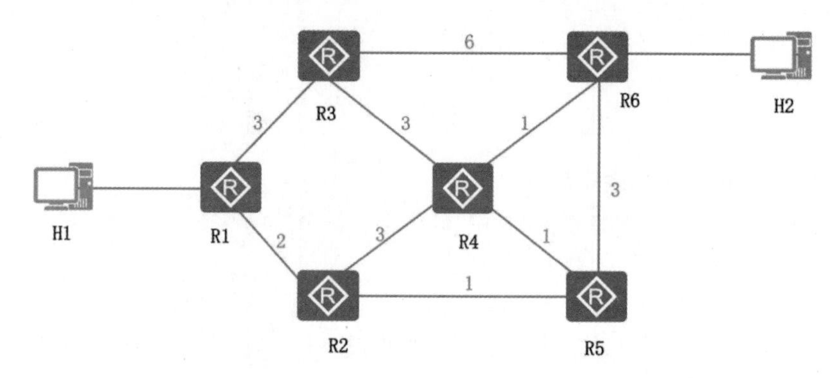

（21）A．24　　B．24.6　　C．24.72　　D．25.08

（22）A．24　　B．24.6　　C．24.72　　D．25.08

【答案】（21）D　（22）B

【解析】第一步：分组长度是 1500B，首部 20B，数据 1480B，而主机 H1 向 H2 发送 296000B 的文件，一共有 296000/1480=200 个分组。

第二步：传送单个数据包的延迟：$1500\times8/(100\times10^6)$=0.00012s=0.12ms。

第三步：200 个数据包的传送延时是：200×0.12ms=24ms。

- 采用 RIP 协议，最佳路由是 H1-R1-R3-R6-H2，链路开销为 9，根据题目路由器之间的链路代价为路由器接口输出队列中排队的分组个数，那么排队的数据包是 9 个。则排队延时=9×0.12ms=1.08ms。总延迟=传送延迟+排队延迟=24ms+1.08ms=25.08ms。
- 采用 OSPF 协议，最佳路由是 H1-R1-R2-R5-R4-R6-H2，所以排队的分组参考链路代价为 5，排队延迟为 0.00012×5=0.0006s=0.6ms，所以总延迟为 24ms+0.6ms=24.6ms。

- 下列___（23）___不会随着 BGP 的 Update 报文通告给邻居。（2020 年 11 月第 29 题）

（23）A．PrefVal　　B．Next-hop　　C．AS-Path　　D．Origin

【答案】（23）A

【解析】协议首选值（PrefVal）是华为设备的特有属性，该属性仅在本地有效。

- 一个由多个路由器相互连接构成的拓扑图如下所示，图中数字表示路由之间链路的费用，OSPF 路由协议将利用___（24）___算法计算出路由器 u 到 z 的最短路径费用值为___（25）___。（2020 年 11 月第 30～31 题）

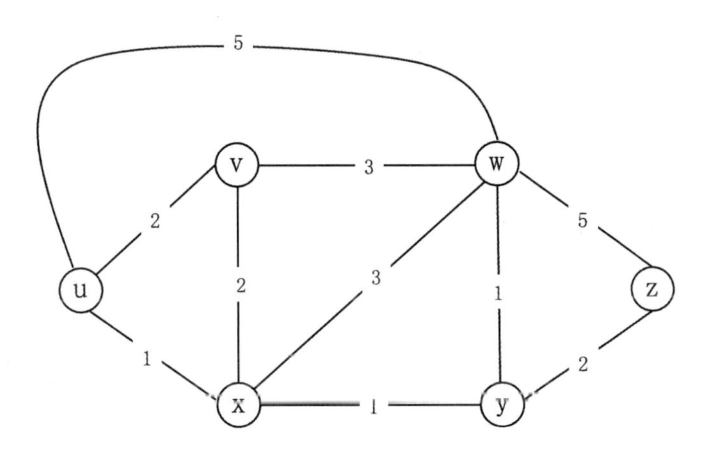

（24）A．Prise　　B．FLoxd-warshall　　C．Dijkstra　　D．Bellan-Port

（25）A．10　　B．4　　C．3　　D．5

【答案】（24）C　（25）B

【解析】OSPF 是数据链路状态路由协议，采用的 SPF 算法，即最小生成树算法（Dijkstra），会把网络拓扑转变为最短路径优先树，然后从该树型结构中找出到达每一个网段的最短路由，并保证计算出的路由不会存在环路。SPF 算法计算路由的依据是带宽，每条链路根据其带宽都有相应的开销（COST）。开销越小，带宽就越大，链路就越优。

- RIP 路由协议规定在邻居之间每 30 秒进行一次路由更新，如果___（26）___仍未收到邻居的通告消息，则可以判断与其邻居路由器间的链路已经断开。（2020 年 11 月第 32 题）

（26）A．60 秒　　B．120 秒　　C．150 秒　　D．180 秒

【答案】（26）D

【解析】RIP 的 3 个定时器：

- 更新定时器：每隔 30 秒发整张路由表的副表给邻居路由器。
- 无效定时器：超过 180 秒没有收到邻居路由器发来的更新信息，认为路由失效，但不删表。
- 垃圾收集定时器：当路由器的路由无效后，该路由成为一个无效路由项，COST 值会标记为 16，缺省时间为 120 秒，如果在这段时间内没收到该路由的更新消息，计时器结束后清除这条路由。

- 两台运行在 PPP 链路上的路由器配置了 OSPF 单区域，当这两台路由器的 RouterID 设置相同时，___（27）___。（2020 年 11 月第 49 题）

（27）A．两台路由器将建立正常的完全邻居关系

B．VRP 系统会提示两台路由器的 RouterID 冲突

C．两台路由器将会建立正常的完全邻接关系

D．两台路由器不会互相发送 hello 信息

【答案】（27）B

【解析】 RouterID 在 OSPF 区域内唯一标识一台路由器的 IP 地址，设置相同会提示冲突。

● 以下关于 RIP 路由协议与 OSPF 路由协议的描述中，错误的是＿（28）＿。（2020 年 11 月第 52 题）

（28）A．RIP 基于距离矢量算法，OSPF 基于链路状态算法

B．RIP 不支持 VLSM，OSPF 支持 VLSM

C．RIP 有最大跳数限制，OSPF 没有最大跳数限制

D．RIP 收敛速度慢，OSPF 收敛速度快

【答案】（28）B

【解析】 RIP 是最典型的距离矢量路由协议，OSPF 是最典型的链路状态路由协议，A 选项正确。RIPv1 不支持 VLSM，但 RIPv2 支持 VLSM，故 B 选项错误。RIP 规定最大跳数为 15，16 跳即为不可达，而 OSPF 没有最大跳数限制，故 C 选项正确。RIP 收敛速度慢，适合用于小型网络，OSPF 收敛速度快，适合用于中大型网络，故 D 选项正确。

● 以下关于 OSPF 协议路由聚合的描述中，正确的是＿（29）＿。（2020 年 11 月第 53 题）

（29）A．ABR 会自动聚合路由，无需手动配置

B．在 ABR 和 ASBR 上都可以配置路由聚合

C．一台路由器同时做 ABR 和 ASBR 时不能聚合路由

D．ASBR 上能聚合任意的外部路由

【答案】（29）B

【解析】 OSPF 不会自动汇总，需要手工配置，故 A 选项错误。在 ABR 和 ASBR 上都能配置路由聚合，故 B 选项正确。一台路由器同时做 ABR 和 ASBR，并不影响各自汇聚路由。作为 ABR 仍然能聚合区域间路由，作为 ASBR 仍然能聚合外部路由，这两个功能是分开的，故 C 选项错误。ASBR 上只能聚合"由自己引入的"外部路由，如果 ASBR 从别的 ASBR 学习到一条外部路由，它是聚合不了的。只能聚合活跃的外部路由，什么是活跃的呢，比如同时从 ip 和 eigrp 到两条相同的路由，根据管理距离不同，eigrp 会优选，就是活跃的，rip 的那条路由就不活跃了，如果这时候引入 rip 到 ospf 的话，是不能聚合的，故 D 选项错误。

● 在华为 VRP 平台上，直连路由、OSPF、RIP、静态路由按照优先级从高到低的排序是＿（30）＿。（2020 年 11 月第 66 题）

（30）A．OSPF、直连路由、静态路由、RIP　　B．直连路由、静态路由、OSPF、RIP

C．OSPF、RIP、直连路由、静态路由　　D．直连路由、OSPF、静态路由、RIP

【答案】（30）D

【解析】 掌握不同路由协议优先级，优先级值越小，表示这条路由可信度级别越高。华为设备路由优先级数值从低到高依次为直连路由（0）、OSPF（10）、静态路由（60）、RIP（100）。

- 在下图所示的网络拓扑中，假设自治系统 AS3 和 AS2 内部运行 OSPF，AS1 和 AS4 内部运行 RIP。各自治系统间用 BGP 作为路由协议，并假设 AS2 和 AS4 之间没有物理链路。则路由器 3c 基于 (31) 协议学习到网络 x 的可达性信息。1d 通过 (32) 学习到 x 的可达性信息。（2021 年 11 月第 25～26 题）

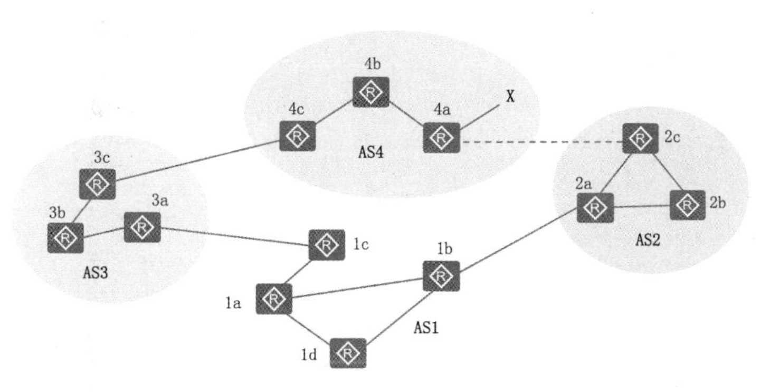

（31）A．OSPF　B．RIP　C．eBGP　D．iBGP

（32）A．3a　B．1a　C．1b　D．1c

【答案】（31）C　（32）B

【解析】掌握路由协议基本属性。由于 AS3 和 AS2 内部运行 OSPF, AS1 和 AS4 内部运行 RIP，那么 3c 会通过 eBGP 学习到 x 网络信息。AS2 和 AS4 之间没有物理链路，1d 去往 X 网络有 1a-1c-3a…和 1b-1a-1c-3a…这两条路径，AS1 内部运行 RIP，跳数越小越优先，则 1a 更优先。

- 距离向量路由协议所采用的核心算法是 (33) 。（2021 年 11 月第 31 题）

（33）A．Dijkstra 算法　B．Prim 算法
　C．Floyd 算法　D．Bellman-Ford 算法

【答案】（33）D

【解析】距离向量路由协议也叫距离矢量路由协议，基于 Bellman-Ford 算法。

- 以下关于 OSPF 特性的叙述中，错误的是 (34) 。（2021 年 11 月第 40 题）

（34）A．OSPF 采用链路状态算法
　B．每个路由器通过泛洪 LSA 向外发布本地链路状态信息
　C．每台 OSPF 设备收集 LSA 形成链路状态数据库
　D．OSPF 区域 0 中所有路由器上的 LSDB 都相同

【答案】（34）D

【解析】OSPF 区域 0 中的路由器分为两类，一类是内部路由器，只有区域 0 的 LSDB，还有一类是 ABR，可能包含多个区域的 LSDB，OSPF 区域 0 中的路由器 LSDB 不一定相同，故 D 选项错误。

- 策略路由通常不支持根据 (35) 来指定数据包转发策略。（2021 年 11 月第 41 题）

（35）A．源主机 IP　B．时间　C．源主机 MAC　D．报文长度

【答案】（35）C

【解析】从技术角度，A、B、C、D 4 个选项都正确，但数据转发过程中，源 MAC 地址会发生变化，一般不根据源 MAC 地址设置策略。

● 下列路由表的概要信息中，迭代路由是___（36）___，不同的静态路由有___（37）___条。（2021 年 11 月第 64～65 题）

```
<HUAWEI> display ip routing table
Route Flags: R-relay, D-download to fib
------------------------------------------------------------
Routing Tables: Public
Destinations : 6        Routes: 7
Destination/Mask    Proto    Pre    Cost    Flags    NextHop      Interface
10.1.1.1/32         Static   60     0       D        0.0.0.0      NULL0
                    Static   60     0       D        10.10.0.2    Vlanif100
10.2.2.2/32         Static   60     0       RD       10.1.1.1     NULL0
                    Static   60     0       RD       10.1.1.1     Vlanif100
10.10.0.0/24        Direct   0      0       D        10.10.0.1    Vlanif100
10.10.0.1/32        Direct   0      0       D        127.0.0.1    Vlanif100
127.0.0.0/8         Direct   0      0       D        127.0.0.1    InLoopBack0
127.0.0.1/32        Direct   0      0       D        127.0.0.1    InLoopBack0
```

（36）A．10.10.0.0/24　B．10.2.2.2/32　C．127.0.0.0/8　D．10.1.1.1/32

（37）A．1　B．2　C．3　D．4

【答案】（36）B　（37）C

【解析】路由表中 Proto 显示为 Static 的表示静态路由，Flags 中带 R 的表示迭代路由，迭代路由不论有多少出接口和下一跳，仅统计为 1 条路由。题目中一共有 2 条常规静态路由和 1 条迭代静态路由，故不同的静态路由有 3 条。

● 以下关于 IS-IS 协议的描述中，错误的是___（38）___。（2022 年 11 月第 14 题）

（38）A．IS-IS 使用 SPF 算法来计算路由

B．IS-IS 是一种链路状态路由协议

C．IS-IS 使用域（area）来建立分级的网络拓扑结构，骨干为 area 0

D．IS-IS 通过传递 LSP 来传递链路信息，完成链路数据库的同步

【答案】（38）C

【解析】IS-IS 和 OSPF 都采用 SPF 算法，都是链路状态路由协议，area 0 是 OSPF 中的概念，IS-IS 并无此说法。

● 路由信息中不包括___（39）___。（2022 年 11 月第 16 题）

（39）A．跳数　B．目的网络　C．源网络　D．路由权值

【答案】（39）C

【解析】掌握路由表的内容。

● 路由器 RA 上执行如下命令：

```
[RA-GigabitEthernet0/0] ip address 192.168.1.1 24
[RA-GigabitEthernet0/0] quit
```

```
[RA] router id 2.2.2.2
[RA] ospf 1 router-id 1.1.1.1
[RA-ospf-1] quit
[RA] interface LoopBack 0
[RA-LoopBack0] ip address 3.3.3.3 32
```

从以上配置可以判断 RA 的 OSPF 进程 1 的 Router ID 是＿（40）＿。（2022 年 11 月第 26 题）

（40）A．1.1.1.1　　B．2.2.2.2　　C．3.3.3.3　　D．192.168.1.1

【答案】（40）A

【解析】掌握 OSPF 的 router-id 选举规则。

- 如下图所示运行 Dijkstra 算法的路由协议在执行完毕后，路由器 Z 计算所得的最短路径表如下，则可推测出链路 a 和链路 b 的费用值分别为＿（41）＿。下表中，①处应为＿（42）＿。（2022 年 11 月第 35～36 题）

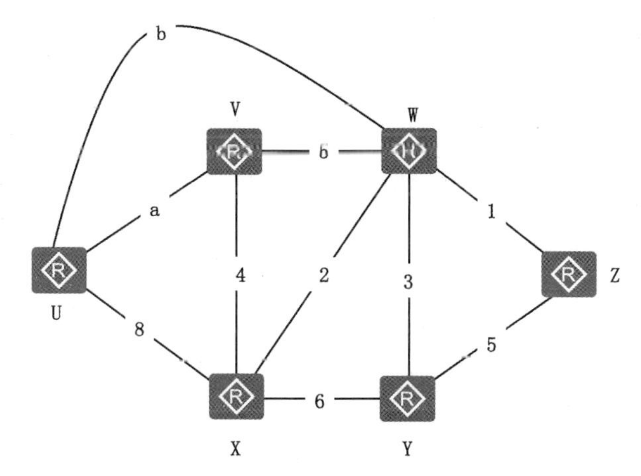

节点	从 Z 出发的最短路径	上一跳节点
Z	0	/
W	1	Z
X	3	①
Y	4	W
V	6	W
U	7	W

（41）A．无法确定和 6　　B．无法确定和无法确定
　　C．1 和无法确定　　D．1 和 6

（42）A．W　　B．Y　　C．U　　D．V

【答案】（41）A　（42）A

【解析】（41）空比较灵活，从表得出从 Z 到 U 的最短距离是 7，且只有 1 条路径，且到 U 的

上一跳节点是 W，则路径只能是 Z-W-U，故 b=6，a 无法确定。如果把表中上一跳节点修改为下一跳节点，则选择 B 选项，分析如下：路由如果是 Z-W-V-U，则 a=1，b>6；如果路由是 Z-W-U，那么 b=6，a>1。所以，a 和 b 取值很多，无法确定。也可以极端举例，a=1，b=100 或者 a=100，b=6。

- 以下措施中能够提高网络系统可扩展性的是__(43)__。(2022 年 11 月第 38 题)

  (43) A．采用静态路由进行路由配置　　B．使用 OSPF 协议，并规划网络分层架构
  C．使用 RIPv1 进行路由配置　　D．使用 IP 地址聚合

  【答案】(43) B

  【解析】合理规划 OSPF 能有效提供网络可扩展性，OSPF 支持中大型网络，而 RIP 只支持中小型网络。

- 路由器 A 与路由器 B 之间建立了 BGP 连接并互相学习到了路由，路由器 B 都使用缺省定时器。如果路由器间链路拥塞，导致路由器 A 收不到路由器 B 的 Keepalive 消息，则__(44)__秒后，路由器 A 认为邻居失效，并删除从路由器 B 学到的路由。(2022 年 11 月第 41 题)

  (44) A．30　　B．90　　C．120　　D．180

  【答案】(44) D

  【解析】BGP 经过 3 倍 Keepalive 时间(Keepalive 时间默认 60s)，还没有收到对方的 Keepalive 报文时，就认为对方出现了问题，于是可以拆除该 TCP 连接，并且把从对方收到的路由全部删除。

- 在 BGP 路由协议中，用于建立邻居关系的是__(45)__报文。(2022 年 11 月第 53 题)

  (45) A．Open　　B．Keepalive　　C．Hello　　D．Update

  【答案】(45) A

  【解析】掌握 BGP 的 4 个报文：

  - Open 报文：用于建立 BGP 对等体连接。
  - Update 报文：用于在对等体之间交换路由信息。
  - Notification 报文：用于反馈问题，报错。
  - Keepalive 报文：用于保持 BGP 连接。

8.7 NAT 技术

1．NAT 技术背景与原理

随着互联网用户的增多，IPv4 公有地址资源短缺，同时 IPv4 公有地址资源存在地址分配不均的问题，这导致部分地区的 IPv4 可用公有地址严重不足，于是使用网络地址转换技术（Network Address Translation，NAT）解决 IPv4 公有地址短缺问题。内网使用 RFC 1918 定义的私有地址，访问互联网时通过 NAT 网络地址转换技术将私网 IP 转换成公网 IP。下面是 RFC 1918 定义的私网地址段：

A 类：10.0.0.0～10.255.255.255

B 类：172.16.0.0～172.31.255.255

C 类：192.168.0.0～192.168.255.255

2. 5 种 NAT 类型

（1）静态 NAT。将内网主机的私网 IP 地址一对一映射到公网 IP 地址，如图 8-13 所示。

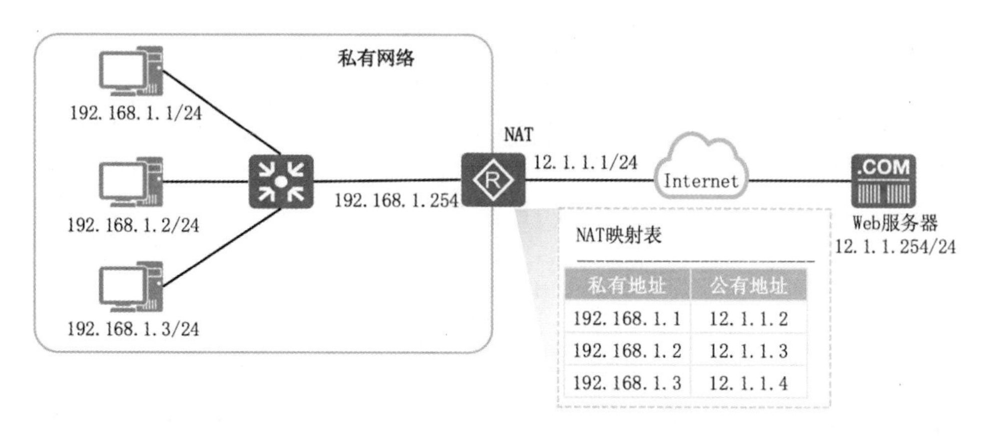

图 8-13 静态 NAT 原理

在 R1 上配置静态 NAT 将内网主机的私有地址一对一映射到公有地址，配置如下：

```
[R1] interface GigabitEthernet0/0/1
[R1-GigabitEthernet0/0/1] ip address 12.1.1.1 24
[R1-GigabitEthernet0/0/1] nat static global 12.1.1.2 inside 192.168.1.1
[R1-GigabitEthernet0/0/1] nat static global 12.1.1.3 inside 192.168.1.2
[R1-GigabitEthernet0/0/1] nat static global 12.1.1.4 inside 192.168.1.3
```

（2）动态 NAT。将内网主机的私有地址转换为公网地址池里面的地址，如图 8-14 所示。由于静态 NAT 严格地进行一对一地址映射，这就导致即使内网主机长时间离线或者不发送数据时，与之对应的公有地址也处于使用状态。为了避免地址浪费，动态 NAT 提出了地址池概念，即所有可用的公有地址组成地址池。当内部主机访问外部网络时临时分配一个地址池中未使用的地址，并将该地址标记为“In Use”。当该主机不再访问外部网络时回收分配的地址，重新标记为“Not Use”。

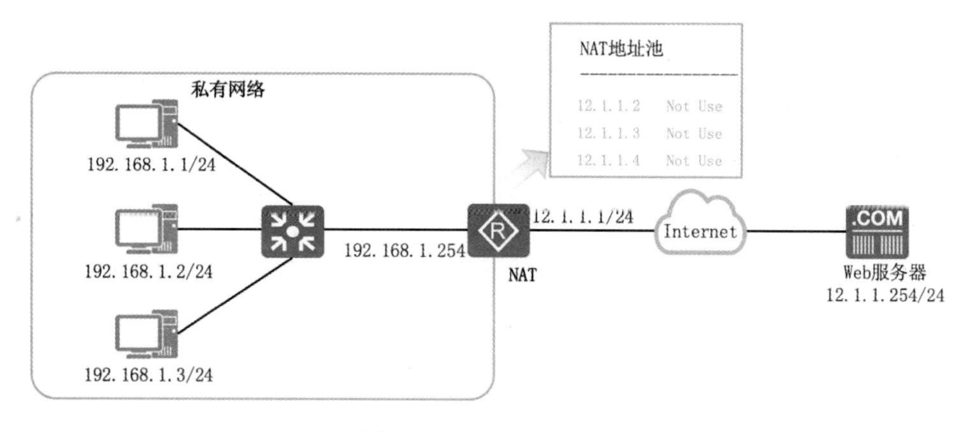

图 8-14 动态 NAT 转换

在 R1 上配置动态 NAT 将内网主机的私有地址动态映射到公有地址。

```
[R1] nat address-group 1 12.1.1.2 12.1.1.4   //配置 NAT 地址池，包含 3 个公网地址
[R1] acl 2000
[R1-acl-basic-2000] rule 5 permit source 192.168.1.0 0.0.0.255   //配置转换源地址
[R1-acl-basic-2000] quit
[R1] interface GigabitEthernet0/0/1
[R1-GigabitEthernet0/0/1] nat outbound 2000 address-group 1 no-pat   //把 ACL2000 匹配的源地址转换为 address-group 1 定义的公网地址，no-pat 表示不做端口转换。只能实现 1:1 转换，有多少个公网 IP 才能满足多少个私网终端上网
```

（3）NAPT。NAPT 也称端口 NAT 或 PAT，从地址池中选择地址进行地址转换时不仅转换 IP 地址，同时也会对端口号进行转换，如图 8-15 所示。从而实现公有地址与私有地址的 1:N 映射，可以有效提高公有地址利用率，即 1 个公网 IP 地址可以用于多个私网终端的地址转换。

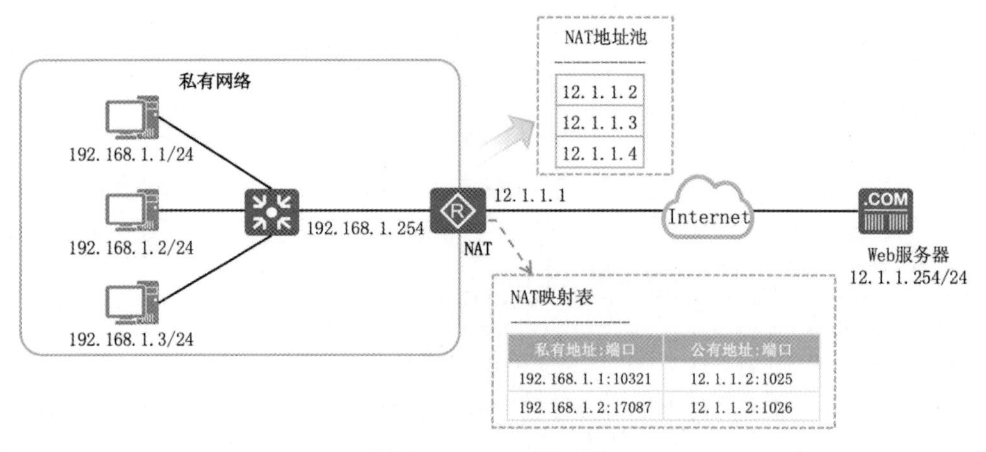

图 8-15　NAPT 原理图

```
[R1] nat address-group 1 12.1.1.2 12.1.1.4   //配置 NAT 地址池，包含 3 个地址
[R1] acl 2000
[R1-acl-basic-2000] rule 5 permit source 192.168.1.0 0.0.0.255   //配置转换源地址
[R1-acl-basic-2000] quit
[R1] interface GigabitEthernet0/0/1
[R1-GigabitEthernet0/0/1] nat outbound 2000 address-group 1   //把 ACL200 匹配的源地址转换为 address-group 1 定义的公网地址，没有关键字 no-pat，表示要做端口转换
```

（4）Easy IP。这是特殊的 NAPT，Easy IP 没有地址池的概念，使用接口地址作为 NAT 转换的公有地址，如图 8-16 所示。Easy IP 适用于不具备固定公网 IP 地址的场景，比如通过 DHCP、PPPoE 拨号获取地址的私有网络出口，可以直接使用获取到的动态地址进行转换。

在 R1 上配置 Easy IP 让内网所有私有地址转换为路由器接口地址 12.1.1.1 访问公网。

```
[R1] acl 2000
[R1-acl-basic-2000] rule 5 permit source 192.168.1.0.0.0.0.255
[R1-acl-basic-2000] quit
[R1] interface GigabitEthernet0/0/1
[R1-GigabitEthernet0/0/1] nat outbound 2000
```

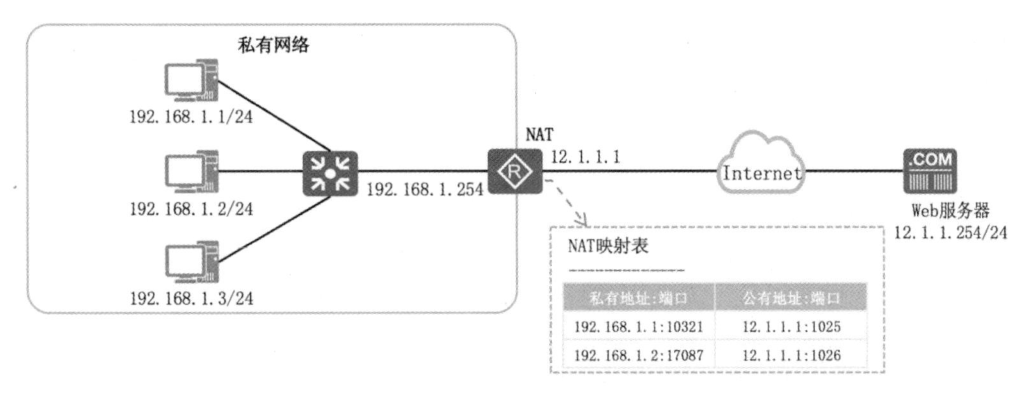

图 8-16　Easy IP 原理图

（5）NAT Server。NAT Server 可以将内部服务器映射到公网。如图 8-17 所示，在出口路由器 R1 上配置 NAT Server 将内网服务器 192.168.1.10 的 80 端口映射到公有地址 12.1.1.2 的 80 端口，外部互联网用户访问 12.1.1.2 的 80 端口，可以自动跳转访问内部 Web 服务器 192.168.1.10 的 80 端口。NAT Server 主要用于隐藏内部服务器，保障网络安全。

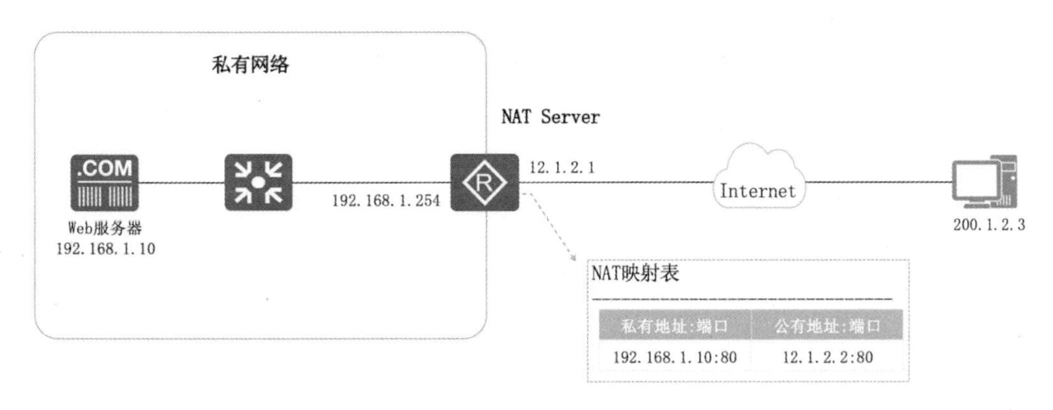

图 8-17　NAT Server 原理图

出口路由上 NAT Server 配置如下：

```
[R1] interface GigabitEthernet0/0/1
[R1-GigabitEthernet0/0/1] ip address 12.1.1.1 24
[R1-GigabitEthernet0/0/1] nat server protocol tcp global 12.1.1.2 80 inside 192.168.1.10 80   //把内网 192.168.1.10 的 80 端口映射到 12.1.1.2 的 80 端口
```

3. NAT 总结

- 静态 NAT：将内网主机的私有地址一对一映射到公有地址。
- 动态 NAT：将内网主机的私有地址转换为公网地址池里面的地址。
- NAPT：也称端口 NAT 或 PAT，从地址池中选择地址进行地址转换时不仅转换 IP 地址，同时也会对端口号进行转换，从而实现公有地址与私有地址的 1:*N* 映射，可以有效提高公有地址利用率。

- Easy IP：特殊的 NAPT。Easy IP 没有地址池的概念，使用设备接口地址作为 NAT 转换的公有地址。
- NAT Server：将内部服务器映射到公网，保障服务器安全。

8.8 TCP 和 UDP

8.8.1 考点精讲

1. TCP 和 UDP 报文格式

TCP 报头 20 字节，其格式如图 8-18 所示，重点掌握标志位和窗口的功能。

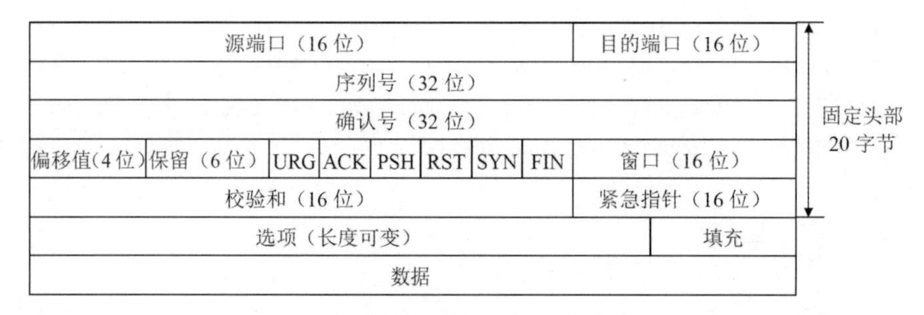

图 8-18 TCP 报文格式

（1）源端口和目的端口（16 位）：各占 2 个字节，分别表示源端口号和目的端口号，通过不同端口号，可以标识不同的上层应用。端口号范围是[0,65535]，其中小于 1024 的是知名端口。

（2）序列号（32 位）：占 4 个字节。范围是[0,2^{32}−1]，序列号从 0 增加到 2^{32}−1 后，下一个序列号重新回到 0。

（3）确认号（32 位）：占 4 个字节，表示期望收到对方下一个报文段的序号。

（4）偏移值（4 位）：占 4 位，指出 TCP 报文段的数据起始处距离 TCP 报文段的起始位置有多远。这个字段实际是指出 TCP 报文段的首部长度。由于 TCP 首部可以扩展，因此偏移字段是必要的。“偏移值”的单位是 32 位（即以 4 字节为单位）。由于 4 位二进制数能够表达的最大十进制数为 15，因此数据偏移的最大值是 60 字节，TCP 首部最小 20 字节，最大 60 字节，即选项最大是 40 字节。

（5）校验和（16 位）：占 2 个字节。校验和字段检验范围包括首部和数据两个部分。和 UDP 用户数据报一样，在计算校验和时，要在 TCP 报文段前面加上 12 字节的伪首部。TCP 伪首部与 UDP 用户数据报的伪首部格式一样。

（6）紧急指针（16 位）：占 2 个字节。紧急指针仅在 URG=1 时才有意义，它指出本报文段中的紧急数据的字节数（紧急数据结束后就是普通数据）。因此紧急指针指出来紧急指针的末尾在报文段中的位置。当所有紧急数据都处理完时，TCP 就告诉应用程序恢复到正常操作。

（7）窗口（16 位）：占 2 个字节。窗口值告诉发送方，接收方目前能接收的最大数据量。之所以有这个限制，是因为接收方的缓存空间是有限的，过量发送会造成丢包。

（8）选项：长度可变，最长可达 40 字节。当没有选项时，TCP 的首部长度是 20 字节。

（9）标志位。

- URG（紧急）：当 URG=1 时，表明紧急指针字段有效，告诉系统此报文段中有紧急数据，应尽快传送（相当于高优先级的数据），不需要按排队顺序来传送。2018/（22）
- ACK（确认）：三次握手过程中，确认帧 ACK=1。TCP 中只有第一个数据包 ACK=0，在连接建立后所有传送的报文段都必须把 ACK 置为 1。
- PSH（推送）：当两个应用进程进行相互交互的通信时，有时在一端的应用进程希望在键入一个命令后立即就能够收到对方的响应。在这种情况下，TCP 就可以使用推送 PUSH 操作。
- RST（复位）：表示 TCP 连接中出现较为严重的差错，必须释放连接，然后再重新建立连接。
- SYN（同步）：TCP 三次握手建立时用来同步序号。
- FIN（终止）：用于 TCP 四次挥手释放连接。当 FIN=1 时，表明此报文段的发送方的数据已发送完毕，并要求释放连接。

用户数据报协议（User Datagram Protocol，UDP），协议号 17，是**面向无连接的、不可靠的、不保证顺序的、无差错流控机制的传输层协议**。TCP 头部默认 20 字节，如图 8-19 所示，相对于 TCP，UDP 报头做了极大的精简，省略了诸多控制字段，UDP 报头只有 8 个字节，开销更小，适合用于传输实时性要求高的语音、视频等流量。

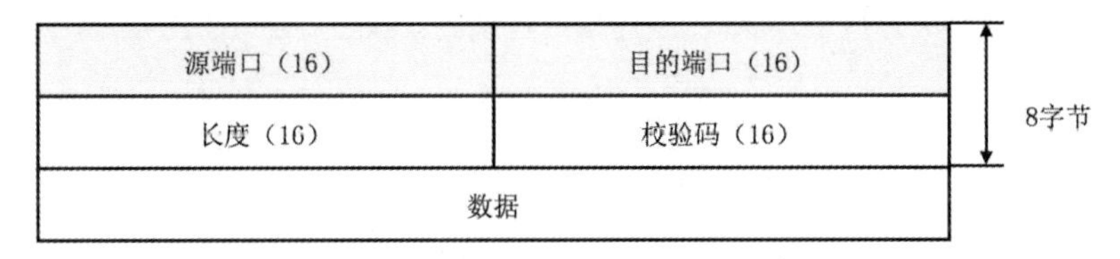

图 8-19　UDP 报文格式

2. TCP 三次握手

传输控制协议（Transmission Control Protocol，TCP），协议号 6，是**面向连接的、可靠的**传输层协议，支持全双工，通过**可变大小的滑动窗口协议进行流量控制**。TCP 通过三次握手建立连接，目的是防止产生错误的连接，三次握手过程如图 8-20 所示。三次握手过程务必掌握，历年考试中多次考查。2019/（23）、2020/（36～37）

针对三次握手需要掌握如下几点：

（1）每次发送的控制位：第一次 SYN=1；第二次 SYN=1，ACK=1；第三次 ACK=1。

（2）主机 A 和 B 端的发送序列号：第一次 seq=x；第二次 seq=y，ack=x+1；第三次 seq=x+1，ack=y+1。其中 seq 表示本端的发送序列号，ack 表示对上一个数据的确认，也表示想接收数据的编号。以第二次握手为例，seq=y 表示 B 发送给 A 的数据序列号为 y，ack=x+1 表示 B 已经收到 A 发送的序列号为 x 的数据，B 希望 A 下一次发送编号为 x+1 的数据。

（3）主机 A 和 B 端进行三次握手期间的状态变化：CLOSED、SYN-SENT、LISTEN、SYN-RCVD、Established。

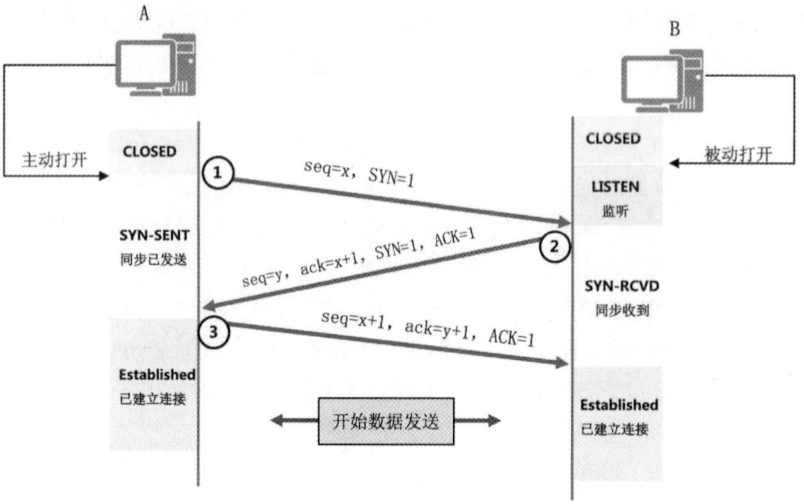

A
B
主动打开
被动打开
CLOSED
CLOSED
① seq=x，SYN=1
LISTEN
监听
SYN-SENT
同步已发送
② seq=y，ack=x+1，SYN=1，ACK=1
SYN-RCVD
同步收到
③ seq=x+1，ack=y+1，ACK=1
Established
已建立连接
开始数据发送
Established
已建立连接

图 8-20 TCP 三次握手过程

3. TCP 流量控制与拥塞控制

TCP 是面向连接可靠的传输层协议，通俗地说，面向连接就是发送数据前先给对方打个招呼，确认对方可以接收再发送，TCP 三次握手过程就是打招呼的过程，而 UDP 协议没有这个过程。可靠传输是指 TCP 具有流量控制和拥塞控制机制，保障数据传输过程的可靠，而 UDP 同样没有这些保障，所以 UDP 是不可靠的。

流量控制主要是为了防止发送方过快发送，导致接收方处理不过来，造成丢包重传，浪费网络资源。TCP 采用**可变大小的滑动窗口协议**进行流量控制。具体操作如图 8-21 所示。2016/（65）

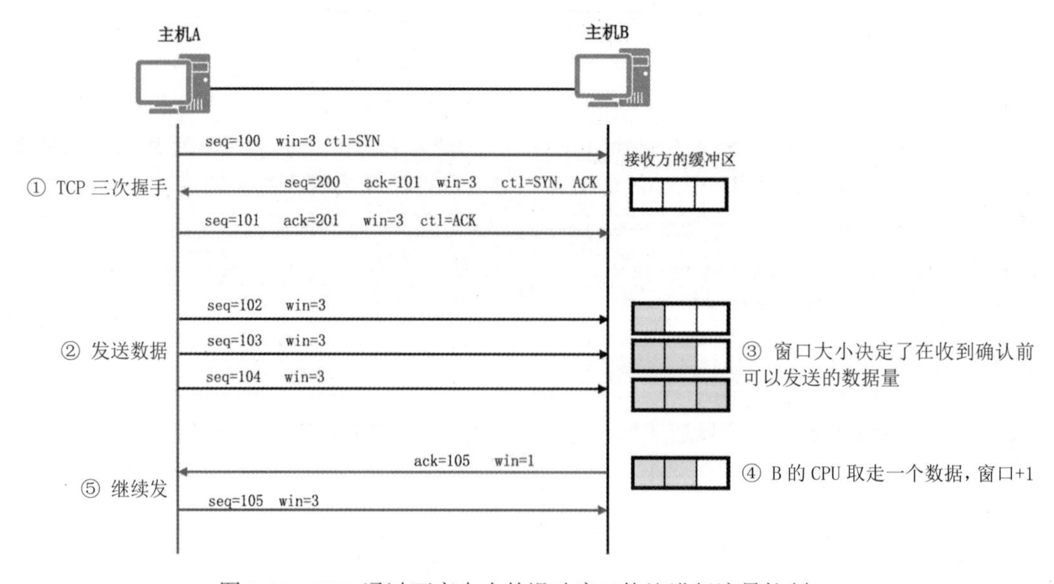

图 8-21 TCP 通过可变大小的滑动窗口协议进行流量控制

第一步：主机A和主机B通过TCP三次握手建立连接，同时告诉对方自己的窗口大小（接收方的缓冲区），如图8-21所示，主机A和主机B都告诉对方win=3，即窗口大小是3，最多可以发送3个数据，超过这个值就接收不了。

第二步：主机A向主机B发送seq=102、103、104的三个数据，此时主机B的窗口已经被占满，即win=0，主机A不能继续发送。由于主机A和主机B都有自己的窗口，**滑动窗口本地有效**，这里只是主机A向主机B单向发送数据，主机A的窗口没有变化，依旧是win=3。

第三步：主机B窗口充满后，等待上层取走数据。

第四步：主机B的CPU取走一个数据，窗口+1，变为win=1，就会通知主机A，可以再发一个数据。实际应用中，主机A会不断发送报文探测主机B的窗口大小。

第五步：主机A探测到主机B窗口已经大于0，继续发送数据。

通过如上五个步骤，可以**保证发送端不至于发得太快，导致接收不过来，从而实现流量控制的效果**。既然有了流量控制，可以调节发送端和接收端的节奏，为什么还需要拥塞控制呢？如图8-22所示，流量控制是在A、B两个端点进行，是局部控制，也就是说，即使发送端A和接收端B两端做好了流量控制，如果中间网络节点出现拥塞，同样影响通信。拥塞控制可以在A、B以及所有中间网络节点中进行控制。TCP拥塞控制方案很多，典型的有如下几种：①重传计时器；②慢启动（慢开始）；③拥塞避免；④快速重传；⑤可变滑动窗口（也可以进行流量控制）；⑥选择重发ARQ。

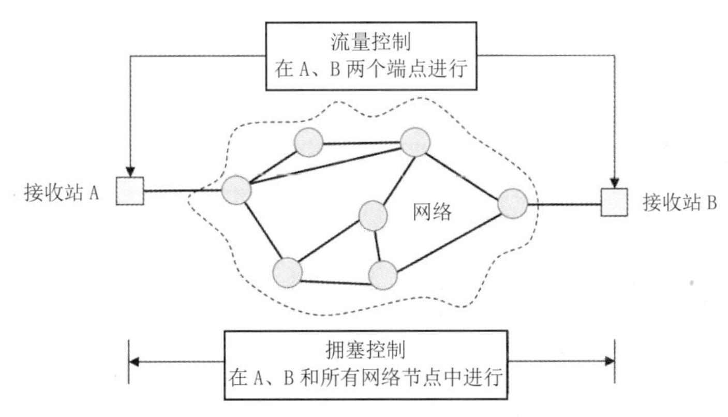

图8-22 流量控制和拥塞控制

拥塞控制中的慢启动和拥塞避免是考试重点。cwnd代表拥塞窗口，ssthresh代表门限（拐点），即从慢启动到线性增长的临界点。如图8-23所示，TCP刚开始发送数据的过程叫慢启动，指数级增长，可以简单理解成：第一次发1个，第二次发2个，第三次发4个，第四次发8个……达到ssthresh门限（拐点）后，转为加法增长，进入拥塞避免阶段，每次增加1个，比如图中拐点是16，那么后续分别发送17个、18个、19个、20个……图8-23中发到24个时，出现了网络拥塞，会进行两步操作：①cwnd拥塞窗口降到1，重新开始指数增长；②更新ssthresh门限值，降为发生拥塞时cwnd的一半，图中cwnd=24发生拥塞，更新后ssthresh=24/2=12。2019/（25）

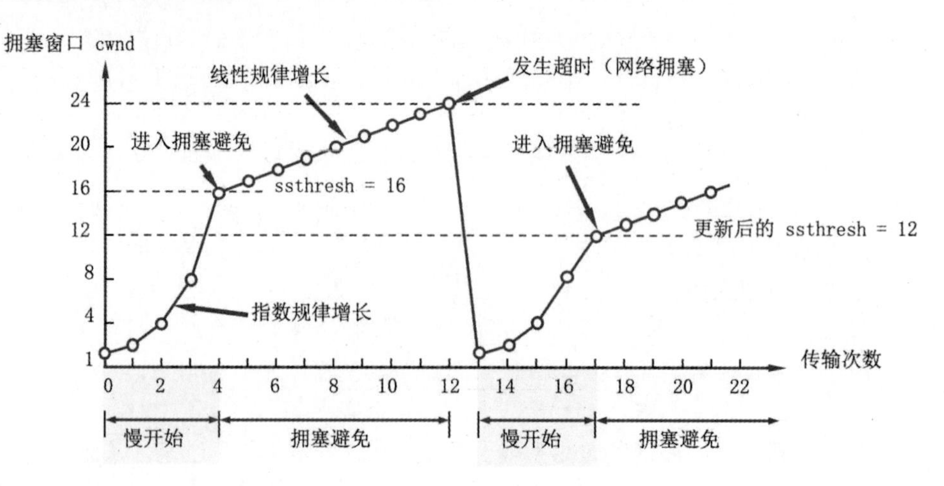

图 8-23　TCP 慢启动和拥塞避免算法的实现

4. TCP 和 UDP 端口

TCP 和 UDP 报头包含端口号字段，都是 16 位，所以端口号取值范围[0,65535]，用于标识主机上层应用。如图 8-24 所示，PC1 通过 Telnet 协议登录 PC2，Telnet 协议使用的目的端口是 23，源端口一般为系统中未使用且大于 1024 的随机端口。

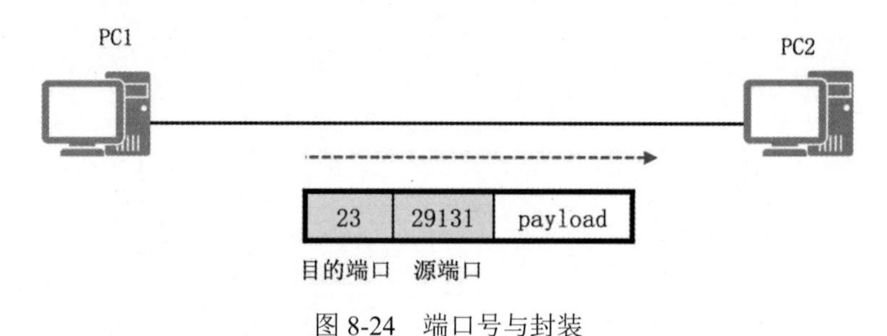

图 8-24　端口号与封装

图 8-25 总结了常见协议的端口号，这是核心考点，需要重点掌握。

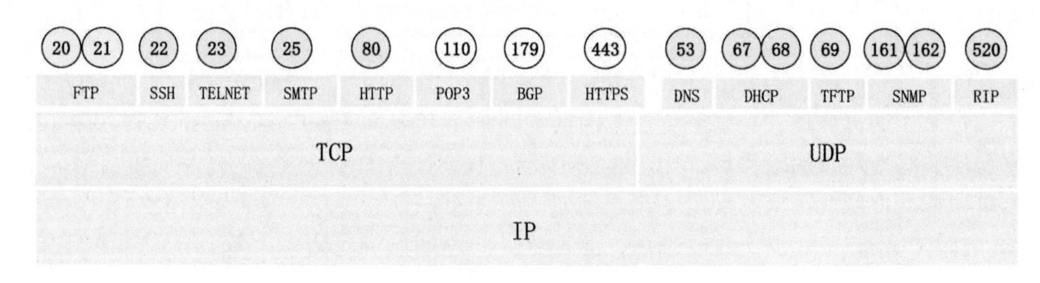

图 8-25　常见协议端口号

表 8-9 和表 8-10 总结了协议层次、封装协议和端口的对应关系。

表 8-9 基于 IP 的协议

层次	协议封装	协议号	协议名称	备注
网络层	基于 IP 协议	1	ICMP	Internet 控制报文协议，用于差错控制
		2	IGMP	Internet 组管理协议，用于组播
		6	TCP	传输控制协议
		17	UDP	用户数据报协议
		41	IPv6	互联网协议第 6 版
		47	GRE	通用路由封装协议
		50	ESP	封装安全载荷（用于 IPSec 数据加密）
		51	AH	身份验证标头（用于 IPSec 完整性和源认证）
		89	OSPF	224.0.0.1：在本地子网的所有主机 224.0.0.2：在本地子网的所有路由器 224.0.0.5：运行 OSPF 协议的路由器 224.0.0.6：OSPF 指定/备用指定路由器 DR/BDR
		112	VRRP	虚拟路由器冗余协议，实现网关冗余 组播地址：224.0.0.18

表 8-10 基于 TCP 和 UDP 的协议

层次	协议封装	协议号	协议名称	端口号	备注
传输层	基于 TCP 协议	6	FTP	20	文件传输协议（数据端口）
				21	文件传输协议（控制端口）
			SSH	22	安全登录（加密传输）
			TELNET	23	远程登录（明文）
			SMTP	25	电子邮件传输协议（邮件发送）
			HTTP	80	WWW 超文本传输协议
			POP3	110	邮局协议（邮件接收）
			IMAP	143	交互邮件访问协议，在客户端上的操作会反馈到服务器上，如：删除邮件，标记已读等，服务器上的邮件也会做相应的动作
			BGP	179	边界网关协议，用于 AS 之间路由选择
			HTTPS	443	基于 TLS/SSL 的网页浏览端口，加密传输
			RDP	3389	远程桌面

续表

层次	协议封装	协议号	协议名称	协议号	备注
传输层	基于 UDP 协议	17	DNS	53	域名服务
			DHCP	67	DHCP 服务器端口，DHCP Discover 报文源目 IP 地址和端口是：UDP 0.0.0.0:68 -> 255.255.255.255:67
				68	DHCP 客户端口
			TFTP	69	简单文件传输协议
			SNMP	161	简单网络管理协议（客户端本地端口）
				162	简单网络管理协议（服务器本地端口）
			IKE	500	Internet 密钥交换协议，用于 IPSec 密钥协商
			RIP	520	RIPv1 使用广播更新 RIPv2 组播地址：224.0.0.9 RIPng 组播地址：FF02::9

8.8.2 即学即练·精选真题

● TCP 使用的流量控制协议是___(1)___，TCP 段头中指示可接收字节数的字段是___(2)___。（2015 年 11 月第 19～20 题）

（1）A．固定大小的滑动窗口协议　　B．可变大小的滑动窗口协议
　　C．后退 N 帧 ARQ 协议　　D．停等协议

（2）A．偏置值　　B．窗口　　C．检查和　　D．接收顺序号

【答案】（1）B　（2）B

【解析】TCP 的流量控制机制是可变大小的滑动窗口协议，固定大小的滑动窗口协议用在 HDLC 协议中。可变大小的滑动窗口协议可以对应长距离通信过程中线路延迟不确定的情况，而固定大小的滑动窗口协议则适合链路两端点之间通信延迟固定的情况。TCP 报头中的窗口字段可以指示可接收字节数。

● 浏览网页时浏览器与 Web 服务器之间需要建立一条 TCP 连接，该连接中客户端使用的端口是___(3)___。（2016 年 11 月第 30 题）

（3）A．21　　B．25　　C．80　　D．大于 1024 的端口

【答案】（3）D

【解析】浏览网页一般采用 HTTP 或 HTTPS 协议，目的端口是 80 或者 443，客户机使用的是大于 1024 的随机端口（即端口范围为 1025～65535）。

● TCP 使用的流量控制协议是___(4)___。（2016 年 11 月第 65 题）

（4）A．停等 ARQ 协议　　B．选择重传 ARQ 协议
　　C．后退 N 帧 ARQ 协议　　D．可变大小的滑动窗口协议

【答案】（4）D

【解析】TCP 使用的流量控制协议的滑动窗口大小可以随时调整，即可变大小的滑动窗口协议。

- TCP 协议在建立连接的过程中会处于不同的状态，采用 (5) 命令显示出 TCP 连接的状态。下图所示的结果中显示的状态是 (6) 。（2017 年 11 月第 25～26 题）

```
C: \Users\ThinkPad>
活动连接
协议      本地地址               外部地址              状态
TCP      10.170.42.75:63568    183.131.12.179: http   CLOSE_WAIT
```

（5）A. netstat　　B. ipconfig　　C. tracert　　D. show state

（6）A. 已主动发出连接建立请求　　B. 接收到对方关闭连接请求

C. 等待对方的连接建立请求　　D. 收到对方的连接建立请求

【答案】（5）A　（6）B

【解析】netstat 可以显示 TCP 的连接状态，ipconfig 用于查看 IP、DNS、DHCP 等网络参数，tracert 用于跟踪途径节点，show 是思科的查看命令。（6）问中的几种状态分别是：

- 已主动发出连接建立请求：SYN_SEND
- 接收到对方关闭连接请求：CLOSE_WAIT
- 等待对方的连接建立请求：LISTEN
- 收到对方的连接建立请求：SYN_RCVD

- 若采用后退 N 帧 ARQ 协议进行流量控制，帧编号字段为 7 位，则发送窗口最大长度为 (7) 。（2018 年 11 月第 16 题）

（7）A. 7　　B. 8　　C. 127　　D. 128

【答案】（7）C

【解析】后退 N 帧 ARQ 协议中发送窗口最大为 $W_t \leqslant 2^n-1$，$n=7$，则 $W_t \leqslant 127$。

- 若有带外数据需要传送，TCP 报文中 (8) 标志字段置“1”。（2018 年 11 月第 22 题）

（8）A. PSH　　B. FIN　　C. URG　　D. ACK

【答案】（8）C

【解析】URG 紧急字段：通知系统此报文段中有紧急数据，应尽快传送，主要用来传送带外数据。

PUSH：发送方使用该标志通知接收方将所收到的数据全部提交给接收进程。这里的数据包括接收方已经接收放在接收缓存的数据和刚刚收到的 PUSH 位为 1 的 TCP 报文中封装的应用数据。如下图所示：

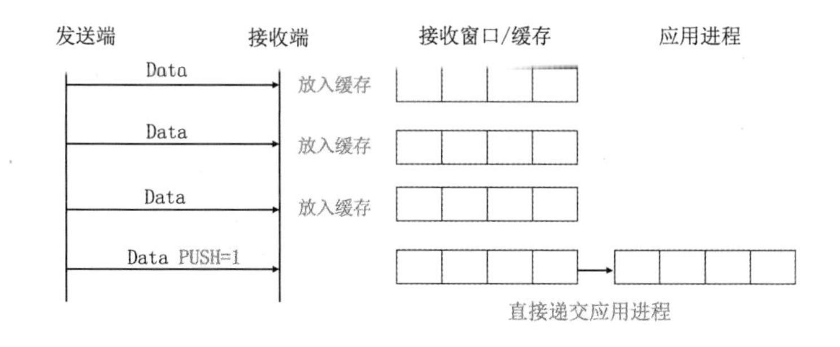

FIN/ACK：用于 TCP 握手。

- 当 TCP 一端发起连接建立请求后，若没有收到对方的应答，状态的跳变为___（9）___。（2019 年 11 月第 23 题）

（9）A．SYNSENT→CLOSED　　B．TIMEWAIT→CLOSED
　　C．SYNSENT→LISTEN　　D．ESTABLISHED→FINWAIT

【答案】（9）A

【解析】当 TCP 一端发起连接建立请求后，如果超时后没有收到对端的应答，会从同步已发送状态变为关闭状态。TCP 状态变化如下图：

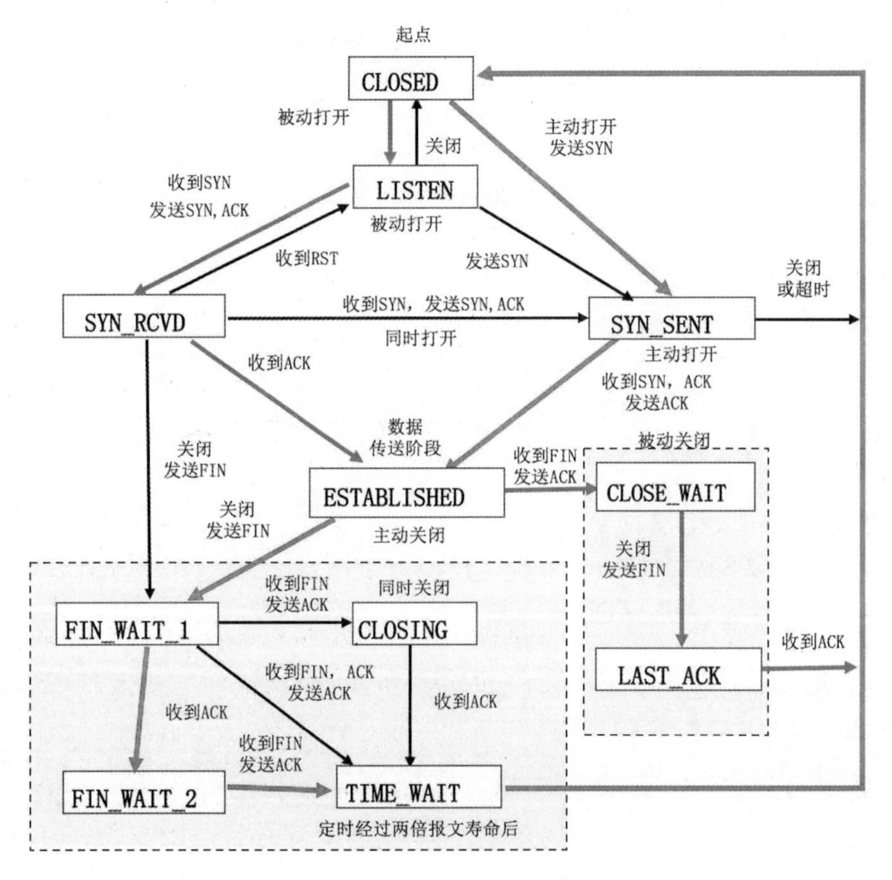

- 若 TCP 最大段长为 1000 字节，在建立连接后慢启动，第 1 轮次发送了 1 个段并收到了应答，应答报文中 window 字段为 5000 字节，此时还能发送___（10）___字节。（2019 年 11 月第 25 题）

（10）A．1000　　B．2000　　C．3000　　D．5000

【答案】（10）B

【解析】假如 TCP 最大段长为 1000 字节，在建立连接后慢启动，第 1 轮发送了一个段并收到了应答，按照慢启动指数增长，那么把拥塞窗口扩大到 2000 字节（表示网络最大允许通信量是 2000

字节），而应答报文中 win 字段为 5000 字节（表示客户端的最大缓存是 5000 字节），此时可以发送的最大数据为 min[2000,5000]=2000 字节。

- 假设主机 A 通过 Telnet 连接了主机 B，连接建立后，在命令行输入“C”。如图所示，主机 B 收到字符“C”后，用于运输回送消息的 TCP 段的序列号 seq 应为___（11）___，而确认号 ack 应为___（12）___。（2020 年 11 月第 36～37 题）

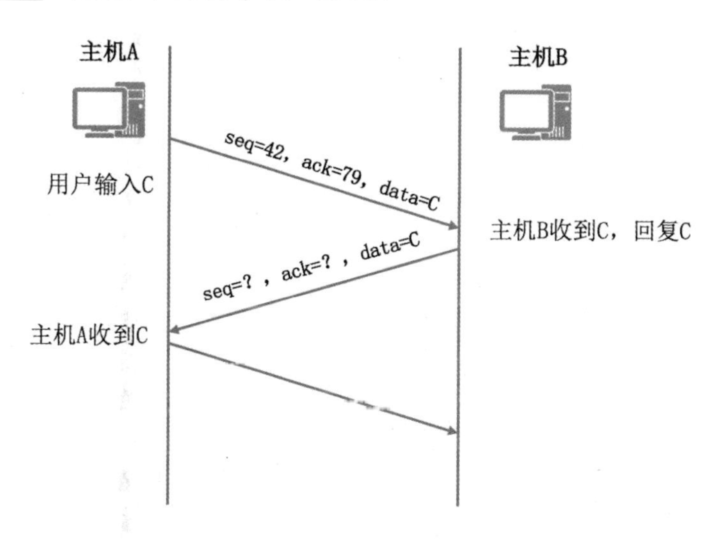

（11）A．随机数　　B．42　　C．79　　D．43

（12）A．随机数　　B．43　　C．79　　D．42

【答案】（11）C　（12）B

【解析】 ack 是期望接收到对方下一个报文段的序号，A 发送 ack=79，故希望 B 回送的序号是 79，那么 B 回送的 seq=79。A 已经发送 seq=42，B 通过回送 ack=43，实现两个目的：①确认 B 已经收到了 seq=42 的报文；②希望 A 继续发送 seq=43 的报文。

- 下列不属于快速 UDP 互联网连接（QUIC）协议优势的是___（13）___。（2021 年 11 月第 29 题）

（13）A．高速且无连接　　B．避免队头阻塞的多路复用

C．连接迁移　　D．前向冗余纠错

【答案】（13）A

【解析】 QUIC 相比现在广泛应用的 HTTP+TCP+TLS 协议有如下优势：

1）减少了 TCP 三次握手及 TLS 握手时间。

2）改进的拥塞控制。

3）避免队头阻塞的多路复用。

4）连接迁移。

5）前向冗余纠错。

8.9 应用层协议

8.9.1 考点精讲

应用层协议非常多，我们重点熟悉以下常见协议功能即可。

- Telnet：远程登录协议，基于 TCP 23 端口，用于设备管理，采用**明文传输**。
- 安全外壳协议（Secure Shell，SSH），基于 TCP 22 端口，用于远程管理设备，采用**加密传输**。
- 文件传输协议（File Transfer Protocol，FTP）用于实现文件传输，控制流量基于 TCP 21 端口，数据流量基于 TCP 20 端口。与 FTP 相似的还有简单文件传输协议（Trivial File Transfer Protocol，TFTP）和安全文件传输协议（SSH File Transfer Protocol，SFTP），前者基于 UDP 69 端口，后者基于 TCP 22 端口。
- 电子邮件（E-mail）主要包含 3 个协议：简单邮件传输协议（Simple Mail Transfer Protocol，SMTP）、邮局协议版本 3（Post Office Protocol Version 3，POP3）、交互邮件访问协议（Interactive Mail Access Protocol，IMAP）。其中 SMTP 基于 TCP 25 端口，可以通过 Windows Server 系统中的 IIS 组件搭建，用于邮件发送；POP3 基于 TCP 110 端口，用于邮件接收；IMAP 基于 TCP 143，用于**进行邮件客户端和服务器的交互操作**。
- 超文本传输协议（Hyper Text Transfer Protocol，HTTP）基于 TCP 80 端口，用来传送 Web 请求和响应信息。HTTP 包含 1.0 和 1.1 版本，HTTP 1.0 只支持短连接，而 HTTP 1.1 支持持久连接。HTTP 1.0 规定浏览器与服务器只保持短暂的连接，**浏览器的每次请求都需要与服务器建立一个 TCP 连接，服务器完成请求处理后立即断开 TCP 连接**，服务器不跟踪每个客户，也不记录过去的请求。而 **HTTP 1.1 持久连接握手完成建立连接后，可以传输多个数据**。
- 基于 SSL 的超文本传输协议（Hyper Text Transfer Protocol over Secure Socket Layer，HTTPS）采用 TCP 443 端口，是在传统 HTTP 基础上叠加 SSL，从而实现了传输加密和身份认证，保证了传输过程的安全性。

8.9.2 即学即练·精选真题

- 假设客户端采用持久型 HTTP 1.1 版本向服务器请求一个包含 10 个图片的网页。设基面传输时间为 Tbas，图片传输的平均时间为 Timg，客户端到服务器之间的往返时间为 RTT，则从客户端请求开始到完整取回该网页所需时间为__（1）__。（2021 年 11 月第 23 题）

（1）A．1×RTT+1×Tbas+10×Timg　　B．1×RTT+10×Tbas+10×Timg

　　C．5×RTT+1×Tbas+10×Timg　　D．11×RTT+1×Tbas+10×Timg

【答案】（1）D

【解析】由于客户端采用持久型 HTTP 1.1 版本，故握手建立连接后，可以传输多个数据。三次握手时间严格是 1.5×RTT，但第三次握手可以和 HTTP 请求合并，故三次握手算 1×RTT，获取基页面时间 Tbas+1×RTT，10 个图片获取时间是 10×Timg+10×RTT，故总时间是 12×RTT+1×Tbas+10×Timg，没有答案。应该是出题老师没有考虑 TCP 握手的时间，只算 HTTP 时间，那么选择 D 选项。

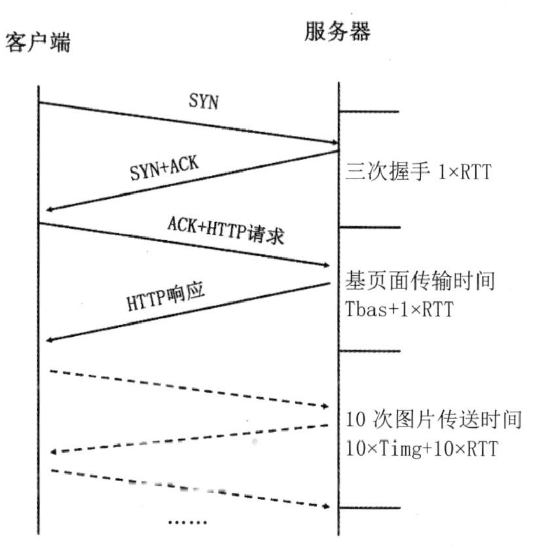

- 如下图所示，假设客户机通过浏览器访问 HTTP 服务器试图获得一个 Web 网站，关联于 URL 的 IP 地址在其本地没有缓存，假设客户机与本地 DNS 服务器之间的延迟为 RTT_0=1ms，客户机与 HTTP 服务器之间的往返延迟为 RTT_HTTP=32ms，不考虑页面的传输延迟。若该 Web 页面只包含文字，则从用户点击 URL 到出现浏览器完整页面所需要的总时间为＿（2）＿；若客户机接着访问该服务器上另一个包含 7 个图片的 Web 页面，采用 HTTP 1.1，则上述时间为＿（3）＿。（2022 年 11 月第 27～28 题）

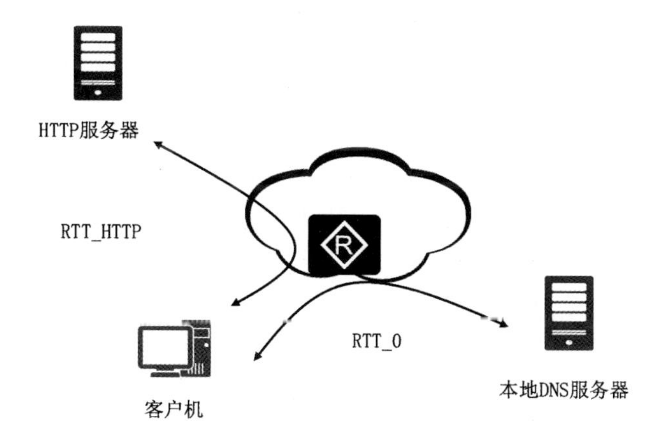

（2）A．32ms　　B．33ms　　C．64ms　　D．65m

（3）A．288ms　　B．289ms　　C．256ms　　D．257ms

【答案】（2）D　（3）C

【解析】第一次访问需要进行 DNS 解析和 TCP 三次握手，三次握手+业务请求返回是 2RTT，加上 1 个 DNS 请求，则访问时间是 2×32+1=65ms。由于采用 HTTP1.1，无须重复三次握手，也无须进行 DNS 解析，浏览器和系统有 DNS 缓存。先请求 1 个网站基础页面，再请求 7 次图片，则需要时间为 8×32=256ms。

8.10 SDN 软件定义网络

8.10.1 考点精讲

1. 传统网络架构及问题

传统网络是一个分布式的、对等控制的网络，如图 8-26 所示。每台网络设备存在独立的控制平面、数据平面和管理平面。控制平面交互路由协议，然后独立地生成数据平面指导报文转发。传统网络的优势在于设备与协议解耦，不同厂家之间兼容性较好且故障场景下协议保证网络收敛。

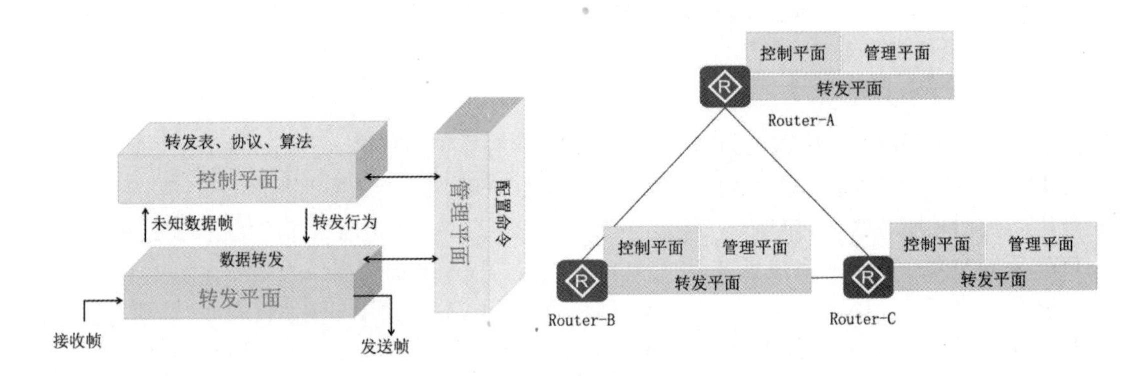

图 8-26 传统网络架构

传统网络问题比较突出，SDN 正好可以解决这些问题。

（1）网络厂商多，设备多，命令繁，部署维护难。需要额外增加网管软件、运维系统来辅助管理，而 SDN 的自动化功能可以解决这个问题。

（2）网络流量没法可视化，虽然通过增加网管软件、运维系统也能实现可视化，但 SDN 流量可视化与分析做得更好。

（3）数据中心中计算、存储资源已经完成整合，但传统网络整合困难，SDN 有助于实现网络虚拟化，完成资源整合。

2. SDN 网络架构

软件定义网络（Software Defined Networking，SDN）是由斯坦福大学 Clean Slate 研究组提出的一种新型网络创新架构，其核心理念通过将网络设备的**控制平面与数据平面分离**，从而实现网络控制平面的集中，为网络应用创新提供了良好的支撑。2022/（17）

SDN 网络架构分为**应用层、控制器层和设备层**，如图 8-27 所示。不同层次之间通过开放接口连

接。以控制器层为主要视角，区分面向设备层的南向接口和面向协同应用层的北向接口。2021/（42）

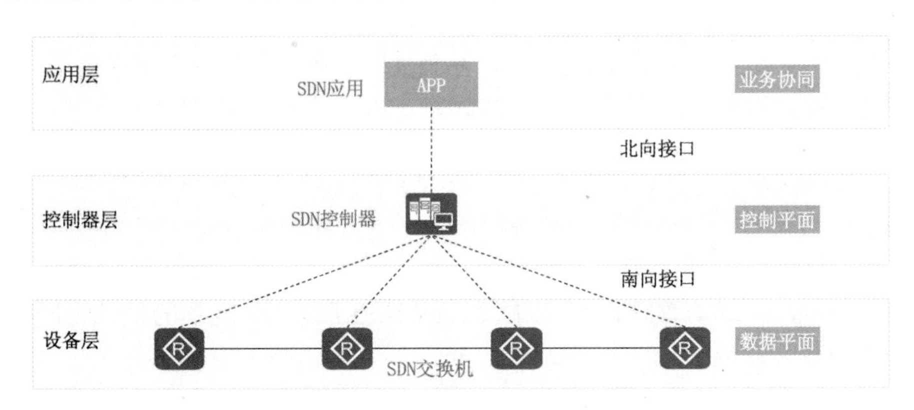

图 8-27 SDN 网络架构

如图 8-28 所示，以华为 SDN 网络架构为例介绍 SDN 方案与应用。华为 iMaster NCE 是华为的一款集管理、控制、分析、AI 智能功能于一体的网络自动化与智能化平台，其中管理和控制主要通过 SDN 控制器来完成，南向实现全局网络的集中管理、控制和分析，北向通过开发接口对接应用平台。华为 SDN 网络架构支持丰富的南北向接口，包括 OpenFlow、OVSDB、NETCONF、PCEP、RESTful、SNMP、BGP、JsonRPC、RESTCONF 等，北向提供开放网络 API 与 IT 快速集成。

华为 iMaster NCE 可以用于企业领域数据中心网络（DCN）、企业园区（Campus）、企业分支互联（SD-WAN）等场景，让企业网络更加简单、智慧、开放和安全，加速企业的业务转型和创新。

图 8-28 华为 SDN 网络架构

8.10.2 即学即练·精选真题

● SDN 的网络架构中不包含___（1）___。（2021 年 11 月第 42 题）

（1）A．逻辑层　　B．控制层　　C．转发层　　D．应用层

【答案】（1）A

【解析】SDN 可以实现控制层面与数据层面（也称转发层）分离，上层是应用层。

- 在 5G 关键技术中，将传统互联网控制平面与数据平面分离，使网络的灵活性、可管理性和可扩展性大幅提升的是___（2）___。（网工 2022 年 5 月第 63 题）

（2）A．软件定义网络（SDN）　　B．大规模多输入多输出（MIMO）
　　C．网络功能虚拟化（NFV）　　D．长期演进（LTE）

【答案】（2）A

【解析】控制层面与数据层面分离的是 SDN。

- ___（3）___技术将网络的数据平面、控制平面和应用平面分离，能更好地实现网络的控制、安全、扩展并降低成本。（2022 年 11 月第 17 题）

（3）A．网络切片　　B．边缘计算
　　C．网络隔离　　D．软件定义网络

【答案】（3）D

【解析】SDN 可以实现数据平面和控制平面分离。

8.11 其他网络技术：组播和 QoS

8.11.1 考点精讲

1．组播技术

组播技术主要应用于网络协议通信和互联网电视（Internet Protocol Television，IPTV）这类视频应用。路由协议 RIPv2 和 OSPF 都会使用组播进行信息交互，网关冗余协议 VRRP 主备设备之间也通过组播交互心跳报文。IPTV 应用组播技术可以提高网络传输效率，减少骨干网络发生拥塞的可能性。IPv4 的 D 类地址被定义为组播地址，范围是 **224.0.0.0～239.255.255.255**。同时，为组播保留了一个以太网地址块 **0x0100.5e00.0000** 用于组播 MAC 地址，根据组播 IP 地址可以自动生成组播 MAC 地址。常见组播协议有：因特网组管理协议（Internet Group Management Protocol，IGMP）、协议无关组播（Protocol Independent Multicast，PIM）、组播源发现协议（Multicast Source Discovery Protocol，MSDP）、多协议边界网关协议（Multiprotocol Extensions for BGP-4，MBGP）等。

2．MPLS

多协议标签交换（Multi-Protocol Label Swtiching，MPLS）通过在数据链路层和网络层之间增加额外的 MPLS 标签，基于 MPLS 标签实现数据快速转发。早期 MPLS 主要想解决 IP 转发效率低的问题，但随着时代的发展，路由器和交换机等网络设备都实现了硬件芯片转发，解决了传统网络转发效率的问题，导致 MPLS 技术“英雄无用武之地”，最后 MPLS 技术在 VPN 市场找到了一席之地。MPLS VPN 可以解决广域网通信互联与业务隔离问题。MPLS TE（Traffic Engineering）流量工程可以用于运营商骨干网，为重点业务提供保障。

MPLS 中通过标签分发协议（Label Distribution Protocol，LDP）进行标签分发，MPLS 标签操

作主要有 PUSH、SWAP 和 POP 三种。2022/（25）

（1）PUSH：指当 IP 报文进入 MPLS 域时，MPLS 边界设备在报文二层首部和 IP 首部之间插入一个新标签；或者 MPLS 中间设备根据需要，在标签栈顶增加一个新的标签（即标签嵌套封装）。

（2）SWAP：当报文在 MPLS 域内转发时，根据标签转发表，用下一跳分配的标签，替换 MPLS 报文的栈顶标签。

（3）POP：当报文离开 MPLS 域时，将 MPLS 报文的标签去掉，或者在 MPLS 倒数第二跳的节点处去掉栈顶标签，减少标签栈中的标签数目。

3. QoS

服务质量（Quality of Service，QoS）是为指定的网络通信提供更好的服务能力，用来解决网络延迟和阻塞等问题的一种技术。QoS 包含集成服务（Integrated Service，IntServ）和区分服务（Differentiated Service，DiffServ）。

集成服务（IntServ）把 Internet 服务分成以下 3 种类型：

（1）尽力而为的服务（Best-Effort Service）。网络尽最大的可能来发送报文，但对延迟、可靠性等性能不提供任何保证。

（2）保障型服务（Guaranteed Service）。对延迟、带宽、抖动和丢包率等指标提供保障来满足应用程序的要求，如 VoIP 可预留 10M 带宽和要求不超过 50ms 的延迟。

（3）负载控制的服务（Controlled-load Service）。保证即使在网络过载（Overload）的情况下，仍能对某些应用报文提供较好的服务质量，保证某些应用程序报文的低时延和低丢包率需求。

集成服务（IntServ）通过 4 种技术来提供 QoS 传输机制：

（1）准入控制。对新的 QoS 通信流要进行**资源预约**，如果网络中的路由器确定没有足够的资源来保证所请求的 QoS，则这个通信流就不会进入网络。

（2）路由选择算法。可以基于不同的 QoS 参数（如时延、抖动等）来进行路由选择。

（3）排队规则。考虑不同通信流的不同需求而采用有效的排队规则。

（4）丢弃策略。在缓冲区耗尽而新的分组来到时要决定丢弃哪些分组以支持 QoS 传输。

集成服务（IntServ）使用资源预留协议（Resource Reservation Protocol，RSVP），**RSVP 运行在从源端到目的端的每个设备上（接收方请求资源预留）（2017/24）**。要求用户事先申请，声明想要什么样的服务，RSVP 要把带宽、时延、抖动和丢包率等参数通知通路上的所有转发设备，以便建立端到端的 QoS 保障。集成服务模型对设备要求高，缺乏灵活性，所以，集成服务模型从提出至今，依旧没有在 IP 网络中商用。

区分服务（DiffServ）是一个多服务模型，它可以满足不同的 QoS 需求。与 IntServ 不同，它**不需要通知网络为每个业务预留资源**。DiffServ 模型的基本思想是根据预先确定的规则对数据流进行分类（使用 IP 报头的服务类型字段），给不同类型流量确定不同优先级和操作。具体操作为：先对流量分类，然后把类别标记在报文头中，网络各节点只需要简单地识别报文中的这些标记，进行相应的处理，即将网络中的流量分成多个类，不同的类采用不同的处理方式。2016/（16）

8.11.2 即学即练·精选真题

- IETF 定义的区分服务（DiffServ）要求每个 IP 分组都要根据 IPv4 协议头中的＿（1）＿字段加上一个 DS 码点，然后内部路由器根据 DS 码点的值对分组进行调度和转发。（2016 年 11 月第 16 题）

（1）A．数据报生存期　　B．服务类型
　　C．段偏置值　　D．源地址

【答案】（1）B

【解析】考查 IP 报文格式，区分服务（DiffServ）主要使用 IP 报头的服务类型（QoS）字段。

- RSVP 协议通过＿（2）＿来预留资源。（2017 年 11 月第 24 题）

（2）A．发送方请求路由器　　B．接收方请求路由器
　　C．发送方请求接收方　　D．接收方请求发送方

【答案】（2）B

【解析】RSVP 是在开始发送报文之前申请网络预留资源，RSVP 的特点是具有单向性、由接收者发起对资源预留的请求，并维护资源预留信息。

- 若一个组播组包含 6 个成员，组播服务器所在网络有 2 个路由器，当组播服务器发送信息时需要发出＿（3）＿个分组。（2018 年 11 月第 28 题）

（3）A．1　　B．2　　C．3　　D．6

【答案】（3）A

【解析】组播本身是一对多，路由器配置组播协议会进行组播报文转发，组播服务器只需要发送一个分组即可。

- VoIP 通信采用的实时传输技术是＿（4）＿。（2019 年 11 月第 40 题）

（4）A．RTP　　B．RSVP
　　C．G.729/G.723　　D．H.323

【答案】（4）A

【解析】VoIP 通信采用的实时传输协议为（Real-time Transport Protocol，RTP），RTP 为数据提供了具有实时特征的端对端传送服务。RSVP 是资源预留协议，用于 QoS。G.729/G.723 是音频编码协议，H.323 用于控制视频会议会话建立。

- 以下关于执行 MPLS 转发中压标签（PUSH）操作设备的描述中，正确的是＿（5）＿。（2022 年 11 月第 25 题）

（5）A．该报文进入 MPLS 网络处的 LER 设备上
　　B．MPLS 网络中的所有 LSR 设备上
　　C．该报文离开 MPLS 网络处的 LER 设备上
　　D．MPLS 网络中的所有设备上

【答案】（5）A

【解析】压标签即打标签，在报文进入 MPLS 网络时压标签。MPLS 标签操作主要有 3 种：

- PUSH：指当 IP 报文进入 MPLS 域时，MPLS 边界设备在报文二层首部和 IP 首部之间插入一个新标签；或者 MPLS 中间设备根据需要，在标签栈顶增加一个新的标签（即标签嵌套封装）。
- SWAP：当报文在 MPLS 域内转发时，根据标签转发表，用下一跳分配的标签，替换 MPLS 报文的栈顶标签。
- POP：当报文离开 MPLS 域时，将 MPLS 报文的标签去掉，或者将在 MPLS 倒数第二跳的节点处去掉栈顶标签，减少标签栈中的标签数目。

第9章 网络规划设计

9.1 考点分析

本章介绍网络规划设计的思路和技术，对应下午案例分析试题一（25 分），论文有时也会出现与本章内容相关的题目，非常重要。需要大家结合补充专题和历年真题进行学习，并不断总结和思考。本章总体难度不大，但知识点较多。

9.2 网络规划设计基础

9.2.1 考点精讲

1. 网络生命周期

网络生命周期模型很多，包括四阶段周期模型、五阶段周期模型和六阶段周期模型，其中最重要的是五阶段周期模型。

（1）四阶段周期模型分为：构思与规划阶段、分析与设计阶段、实施与构建阶段和运行与维护阶段，这四个阶段可以部分重叠，如图 9-1 所示。四阶段周期模型优势在于**工作成本较低、灵活性高，适用于网络规模较小、需求较为明确、网络结构简单**的网络工程。

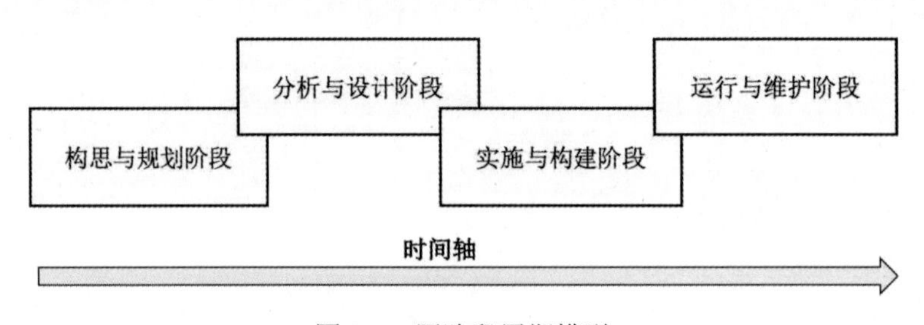

图 9-1 四阶段周期模型

（2）五阶段周期模型也称瀑布模型（从上而下），如图 9-2 所示，分为需求分析、通信规范分析、逻辑网络设计、物理网络设计和实施阶段。

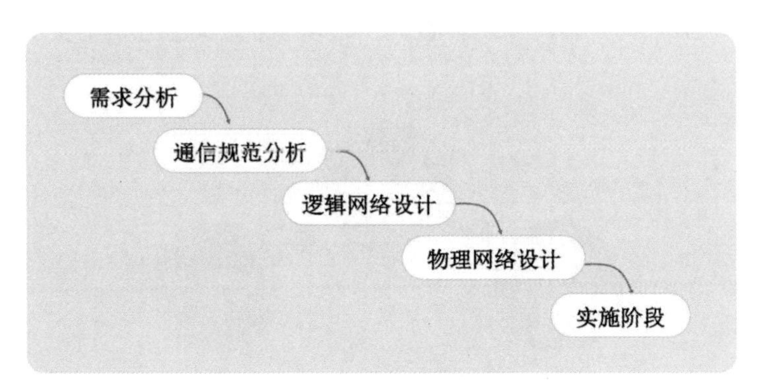

图 9-2 五阶段周期模型

五阶段周期模型的主要优势在于**所有的计划在较早的阶段完成，该系统的所有负责人对系统的具体情况以及工作进度都非常清楚，更容易协调工作**。五阶段周期模型的缺点是**比较死板，不够灵活**。因为往往在项目完成之前，用户的需求经常会发生变化，这使得已开发的部分需要经常修改，从而影响工作的进程，所以基于这种流程完成网络设计时，用户的**需求确认工作非常重要**。五阶段周期由于存在较为严格的需求和通信分析规范，并且在设计过程中充分考虑了网络的逻辑特性和物理特性，因此**较为严谨，适用于网络规模较大，需求较为明确**，在一次迭代过程中**需求变更较小的网络工程**。

（3）六阶段周期模型分为**需求分析、逻辑设计、物理设计、设计优化、实施及测试、监测及性能优化**，如图 9-3 所示。六阶段周期**偏重于网络的测试和优化，侧重于网络需求的不断变更**，由于其严格的逻辑设计和物理设计规范，使得该种模式适合于大型网络的建设工作。

- 需求分析阶段：网络分析人员通过与用户和技术人员进行交流来获取用户对新的或升级系统的商业和技术目标，然后归纳出当前网络的特征，分析出当前和将来的网络通信量、网络性能，包括流量、负载、协议行为和服务质量要求。
- 逻辑设计阶段：主要完成网络的逻辑拓扑结构、网络编址、设备命名、路由协议选择、安全规划、网络管理等设计工作，并且根据这些设计产生对设备厂商、服务提供商的选择策略。
- 物理设计阶段：根据逻辑设计的成果，选择具体的技术和产品，使得逻辑设计成果符合工程设计规范。
- 设计优化阶段：该阶段完成在实施阶段前的方案优化，通过召开专家研讨会、搭建试验平台、网络仿真等多种形式，找出设计方案中的缺陷，并进行方案优化。
- 实施及测试阶段：该阶段根据优化后的方案进行设备的购置、安装、调试与测试。通过测试和试用，发现网络环境与设计方案的偏离，纠正实施过程中的错误，甚至可能导致修改网络设计方案。

- 监测及性能优化阶段：该阶段是网络的运营和维护阶段，通过网络管理、安全管理等技术手段，对网络是否正常运行进行实时监控，一旦发现问题，通过优化网络设备配置参数，达到优化网络性能的目的。一旦发现网络性能已经无法满足用户需求，则进入下一次迭代周期。

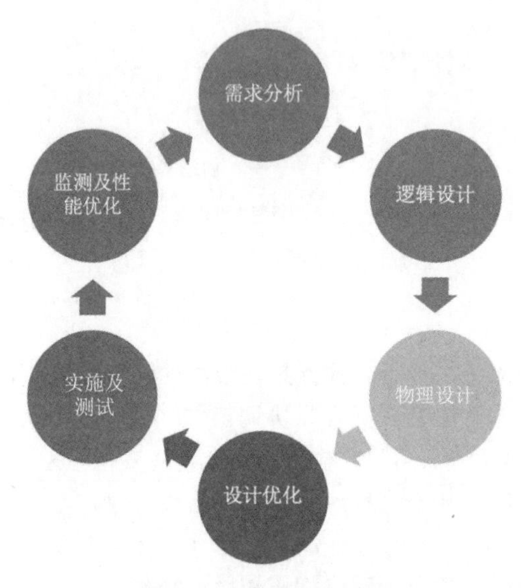

图 9-3　六阶段周期模型

2. 网络开发过程

将大型问题分解为多个小型可解的简单问题，这是解决复杂问题的常用方法，根据五阶段迭代周期的模型，网络开发过程可以被划分为 5 个阶段，如图 9-4 所示。2015/（52）、2016/（51）、2017/（51）、2018/（35）（58）、2019/（51）（59）

- 需求分析阶段：得到用户和系统需求。
- 通信规范分析阶段：分析网络系统通信模型与通信流量。
- 逻辑网络设计阶段：确定网络的逻辑结构，比如网络拓扑设计，IP 地址规划。
- 物理网络设计阶段：确定网络的物理结构，比如综合布线。
- 实施阶段：进行安装和维护。

3. 网络设计的约束因素

- 政策约束：比如监狱、公安行业内网不能使用 Wi-Fi 技术，设计时需要考虑。
- 预算约束：项目的设计和建设都必须考虑到资金预算。
- 时间约束：充分考虑项目的时间要求，比如新建校区，保证开学能入住。
- 应用目标检查：需要跟客户进行阶段性汇报，防止偏差，导致最后返工。
- 经验约束：在进行网络技术选择时，考虑通信带宽、技术成熟性、连接服务类型、可扩展性、高投资产出比等因素。对于大型网络工程来说，**项目本身不能成为新技术的试验田，尽量使用较成熟、拥有较多案例的技术**。2022/（10）

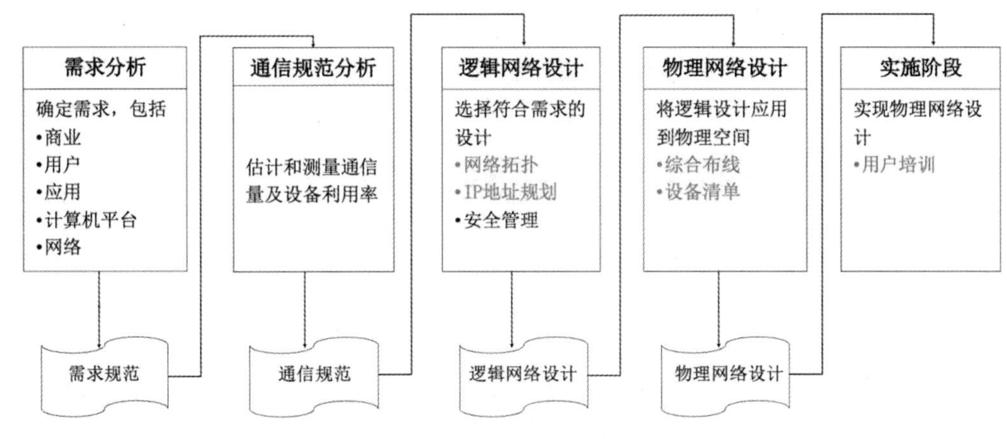

图 9-4　网络开发过程五阶段模型

9.2.2　即学即练·精选真题

- 以下关于网络规划设计过程的叙述中，属于需求分析阶段任务的是＿（1）＿。（2015 年 11 月第 52 题）

  （1）A．依据逻辑网络设计的要求，确定设备的具体物理分布和运行环境

  B．制定对设备厂商、服务提供商的选择策略

  C．根据需求规范和通信规范，实施资源分配和安全规划

  D．确定网络设计或改造的任务，明确新网络的建设目标

  【答案】（1）D

  【解析】依据逻辑网络设计的要求，确定设备的具体物理分布和运行环境是物理设计阶段的任务，故 A 选项错误。制定对设备厂商、服务提供商的选择策略是逻辑设计阶段的任务，故 B 选项错误。根据需求规范和通信规范，实施资源分配和安全规划是逻辑设计阶段的任务，故 C 选项错误。确定网络设计或改造的任务，明确新网络的建设目标是需求阶段的任务，故 D 选项正确。

- 网络生命周期各个阶段均需产生相应的文档。下面的选项中，属于需求规范阶段文档的是＿（2）＿。（2016 年 11 月第 51 题）

  （2）A．网络 IP 地址分配方案　　B．设备列表清单

  C．集中访谈的信息资料　　D．网络内部的通信流量分布

  【答案】（2）C

  【解析】掌握网络规划设计的五个阶段及输出文档。

- 网络逻辑结构设计的内容不包括＿（3）＿。（2017 年 11 月第 51 题）

  （3）A．逻辑网络设计图

  B．IP 地址方案

  C．具体的软硬件、广域网连接和基本服务

  D．用户培训计划

【答案】（3）D

【解析】用户培训计划属于实施阶段的内容。

- 网络开发过程包括需求分析、通信规范分析、逻辑网络设计、物理网络设计、安装和维护等五个阶段。以下关于网络开发过程的叙述中，正确的是＿（4）＿。（2018 年 11 月第 35 题）

（4）A．需求分析阶段应尽量明确定义用户需求，输出需求规范、通信规范

B．逻辑网络设计阶段设计人员一般更加关注于网络层的连接图

C．物理网络设计阶段要输出网络物理结构图、布线方案、IP 地址方案等

D．安装和维护阶段要确定设备和部件清单、安装测试计划，进行安装调试

【答案】（4）B

【解析】A 选项中，通信规范属于第二阶段通信规范分析。C 选项中，IP 地址方案属于第三阶段逻辑网络设计。D 选项中，确定设备和部件清单属于物理网络设计。

- 某单位在进行新园区网络规划设计时，考虑选用的关键设备都是国内外知名公司的产品，在系统结构化布线、设备安装、机房装修等环节严格按照现行国内外相关技术标准或规范来执行。该单位在网络设计时遵循了＿（5）＿原则。（2018 年 11 月第 53 题）

（5）A．先进性　　B．可靠性与稳定性　　C．可扩充　　D．实用性

【答案】（5）B

【解析】国内外知名公司的产品相对比较成熟、可靠。

- 在五阶段网络开发过程中，网络物理结构图和布线方案的确定是在＿（6）＿阶段确定的。（2018 年 11 月第 58 题）

（6）A．需求分析　　B．逻辑网络设计

C．物理网络设计　　D．通信规范设计

【答案】（6）C

【解析】综合布线属于物理网络设计阶段。

- 下列选项中，不属于五阶段网络开发过程的是＿（7）＿。（2019 年 11 月第 51 题）

（7）A．通信规范分析　　B．物理网络规划

C．安装和维护　　D．监测及性能优化

【答案】（7）D

【解析】五阶段周期是较为常见的迭代周期划分方式。五个阶段工作流程为：需求分析→通信规范分析→逻辑网络设计→物理网络设计→实施阶段。D 选项属于六阶段网络开发过程。

- 在五阶段网络开发工程中，网络技术选型和网络可扩充性能的确定是在＿（8）＿阶段。（2019 年 11 月第 59 题）

（8）A．需求分析　　B．逻辑网络设计　　C．物理网络设计　　D．通信规范设计

【答案】（8）B

【解析】逻辑网络设计包括网络结构的设计、物理层技术选择、局域网技术选择与应用、广域网技术选择与应用、地址设计和命名模型、路由选择协议、网络相关设备选型、扩展性与冗余性设计、网络安全规划和逻辑网络设计文档等。

- 软件开发的目标是开发出高质量的软件系统，这里的高质量不包括___(9)___。(2022年11月第10题)

（9）A．软件必须满足用户规定的需求

B．软件应遵循规定标准所定义的一系列开发准则

C．软件开发应采用最新的开发技术

D．软件应满足某些隐含的需求，如可理解性、可维护性等

【答案】(9) C

【解析】不一定要使用最新的开发技术，新技术往往存在不确定风险，要采用审慎的态度。

9.3 三层网络架构与大二层网络架构

9.3.1 考点精讲

1．三层网络架构

经典三层网络架构把网络分为接入层、汇聚层、核心层，如图9-5所示。核心层主要负责流量高速转发，别的基本什么都不做。汇聚层负责流量汇聚、链路/设备冗余和策略控制，各类访问控制列表一般在汇聚层配置。接入层主要提供接口，实现PC、摄像头和无线AP等设备接入，并进行安全准入和控制，比如常见的802.1x认证、端口安全、MAC地址过滤等安全功能均在接入交换机实现。

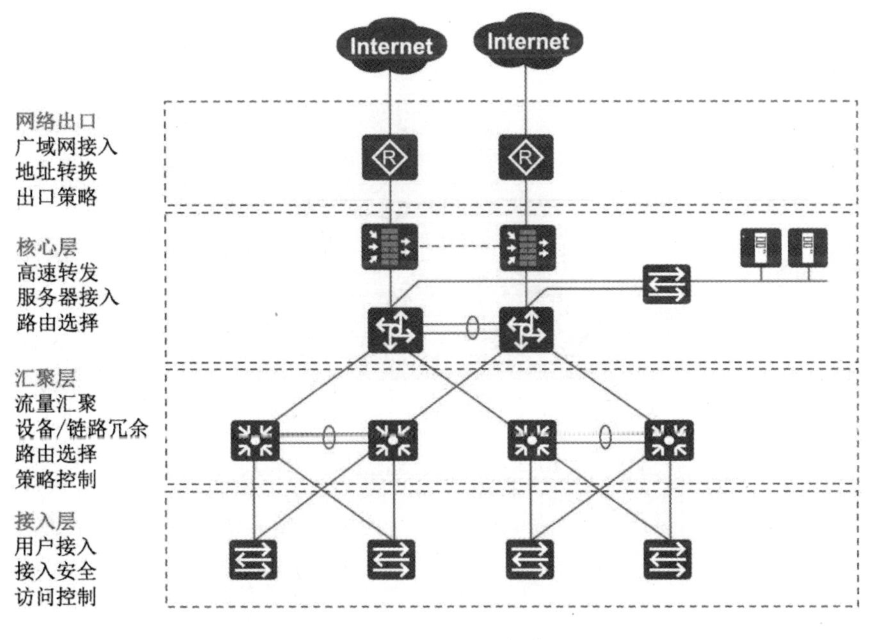

图9-5 三层网络架构

三层网络架构常用于大型园区网络，具备如下优点：

（1）三层架构网关一般在汇聚设备，能有效减轻核心交换机的压力，降低 CPU 和带宽的消耗。

（2）网络局部变更和升级不影响其他模块，扩展性灵活。

（3）简化了网络设计，让架构更加清晰，更容易理解。

（4）层次化架构模型便于网络管理，降低网络运维成本。

（5）可以按照各个层次需求选择网络设备，降低总体建设成本。

当然，三层网络架构并不是完美的，也存在如下问题：

（1）网络连接比较复杂，容易产生环路，引发广播风暴、数据丢包等问题。

（2）专业性相对较强，对运维人员能力要求较高，需要掌握堆叠、VRRP 和 MSTP 等技术。

（3）网络文档编制和排错比较烦琐。

（4）管理节点太多，运维麻烦。比如一个高校校园网用户有 5 万人，接入交换机 3000 多台。如果要配置 802.1x 认证，需要到每个楼层接入交换机进行配置，工作量大。

（5）存在一定的厂商绑定。特别是早期，配置 802.1x 认证，如果全网接入交换机不是统一品牌，可能会有兼容性问题，现在慢慢开放兼容了。

（6）新业务上线或业务变化需要调整大量接入交换机，运维效率低。

2. 大二层网络架构

大二层网络架构也叫扁平化网络模型，主要分为园区网大二层和数据中心大二层。

（1）园区网大二层。传统三层架构的核心层负责数据高速转发，汇聚层负责流量汇聚和策略控制，接入层负责终端接入和安全控制，如图 9-6 所示。各个层次设备各司其职，几十年来园区网都是这种架构。

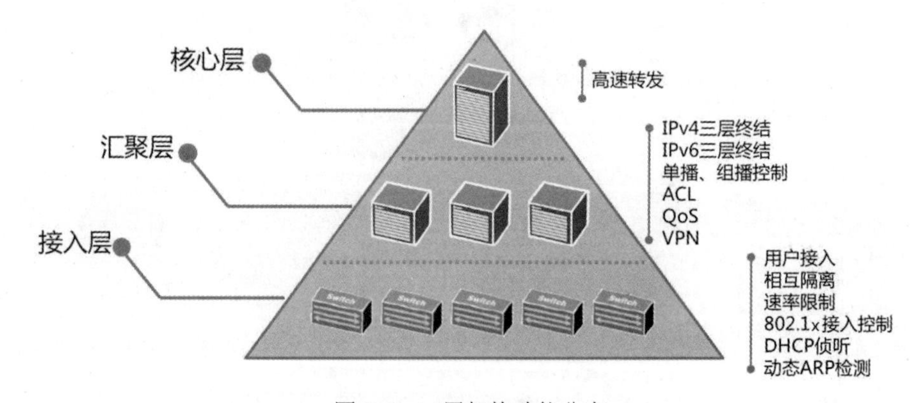

图 9-6　三层架构功能分布

为了解决传统三层网络架构的问题，提出了园区网大二层（也叫扁平化），并不一定是要取消汇聚层，而是采用“重核心轻接入”的思想，把以前汇聚层/接入层交换机完成的工作，全部上收到核心交换机，汇聚层和接入层交换机可以采用比较低端的设备，因为主要工作都由核心交换机完成。这也是技术发展的结果，最早核心交换机的性能不足以支撑扁平化，所以需要将网络的功能分摊到汇聚层和接入层交换机，现在核心交换机性能强劲，很多功能都可以由核心交换机完成。

中小型网络可以采用物理层面的大二层网络，直接接入到核心交换机，如图 9-7 所示。

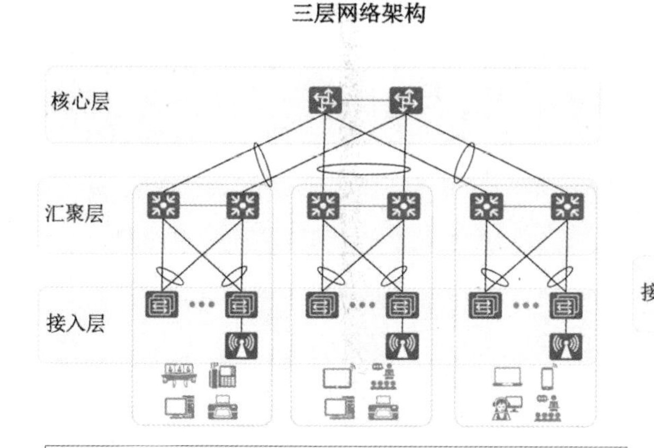

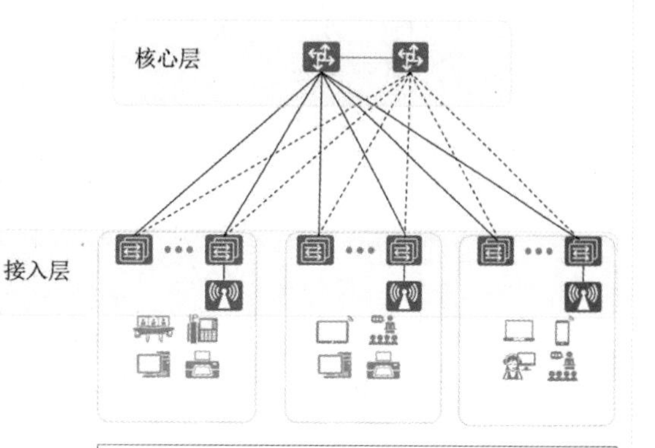

图 9-7 物理大二层网络架构

园区网大二层（扁平化）方案主要分为两类，第一类是以锐捷为代表，把接入层和汇聚层功能上收到核心交换机，配合 SuperVLAN、QinQ 等技术隔离广播，常用实现产品是锐捷 N18000 交换机。第二类是以华为和 Juniper 为代表，借用运营商网络思想，采用 BRAS 设备，配合 QinQ 技术隔离广播，实现产品是华为 ME60 或 Juniper MX960。

（2）数据中心大二层。介绍数据中心大二层之前，考生首先要明白：数据中心为什么要做大二层网络？其实原因很简单，随着云计算技术的发展，数据中心大量采用虚拟化技术，将物理服务器虚拟为多台虚拟机，**虚拟机要完成在线迁移需要二层网络**，即迁移前后虚拟机的 IP+MAC+VLAN 不能发生变化。传统数据中心通过 STP 技术解决二层环路问题，但存在收敛慢、带宽低、规模限制等问题，不能满足数据中心高带宽、大容量的需求，所以提出了数据中心大二层的概念，通过各种技术，在数据中心构建大二层网络，目前使用最广泛的技术是 VxLAN。

9.3.2 即学即练·精选真题

- 以下关于网络分层模型的叙述中，正确的是＿＿（1）＿＿。（2015 年 11 月第 51 题）

  （1）A．核心层为了保障安全性，应该对分组进行尽可能多的处理

  B．汇聚层实现数据分组从一个区域到另一个区域的高速转发

  C．过多的层次会增加网络延迟，并且不便于故障排查

  D．接入层应提供多条路径来缓解通信瓶颈

【答案】（1）C

【解析】本题考查三层网络架构的功能。核心层主要实现数据高速转发，不保障安全性，故 A

选项错误。汇聚层实现数据汇聚和策略控制，不负责高速转发，故 B 选项错误。过多的层次会增加网络延迟，并且不便于故障排查，故 C 选项正确。接入层负责用户接入，冗余路径不是必须，故 D 选项描述不准确。

- 下图设计的网络结构为大二层结构，简述该网络结构各层的主要功能和作用，并简要说明该网络结构的优缺点___（2）___。（2019 年 11 月案例分析二/问题 1）

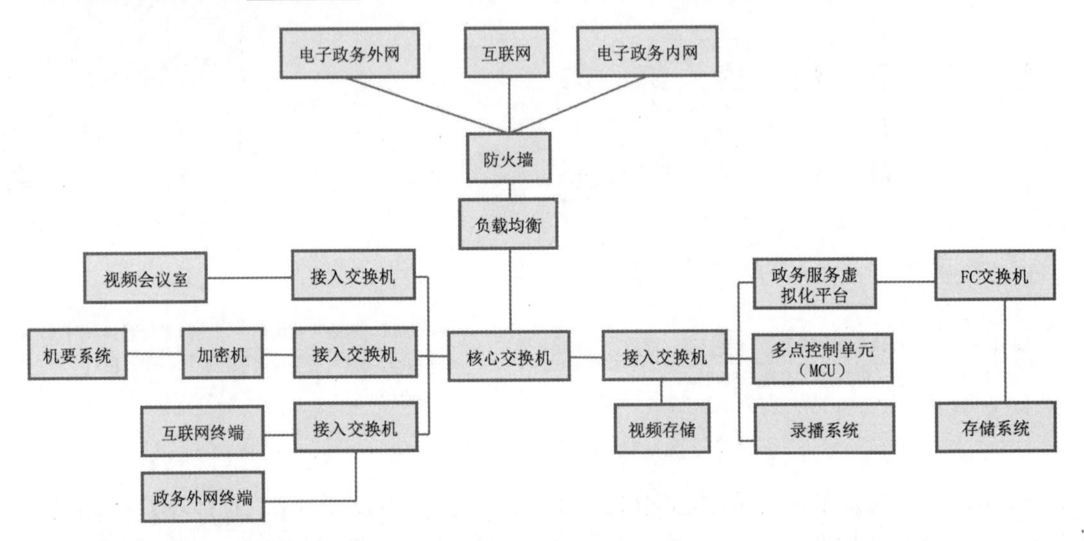

【答案】（2）该网络结构包括：核心层和接入层。

- 核心层功能：提供高速数据转发，实现快速、可靠的骨干网络架构。
- 接入层功能：提供终端接入，并实现各类安全功能。
- 优点：网络结构简单、部署方便、维护方便、扁平化管理、采用虚拟化技术，有利于资源利用。
- 缺点：稳定性不够，接入变动可能影响核心；内部流量交换经过核心交换机，对核心交换机压力较大；存在单点故障；网络扩展性不够好。

9.4 需求分析

9.4.1 考点精讲

1．需求分析概述

需求分析是用来获取网络系统需求和业务需求的方法，该过程是网络规划的基础，也是网络规划过程中的关键阶段。在需求分析阶段对用户需求的定义越明确和详细，则实施阶段需求变动的可能性就越小，用户满意度越高。在需求分析过程中，需要考虑以下几个方面的需求：应用需求、网络性能需求、安全需要、容灾需求等。需重点掌握网络性能需求分析、网络容灾需求分析、网络管理需求分析以及需求分析的方法论。

2. 网络性能指标

网络性能需求指标很多，常见的参数有**带宽、时延、抖动和丢包率**。

- 带宽（Bandwidth）是链路上单位时间所能通过的最大数据流量，如某视频应用，至少需要保证 4Mb/s 带宽。
- 时延（Delay）是从发送端发送数据包，到接收端接收到该数据包所用的时间。一般要求音视频的时延控制在 50ms 以内，普通数据时延控制在 200ms 以内，用户才感觉不到延迟。
- 抖动（Jitter）是指数据包穿越网络时延迟的变化，是衡量网络延迟稳定性的指标。如：网络特别不稳定，时延一会是 50ms，一会是 200ms，用户视频会议或者游戏体验会大打折扣。
- 丢包率（Packet Loss Rate）是指数据包在传输过程中丢失的比例，是衡量网络可靠性的重要指标。丢包率=被丢弃报文数量/全部报文数量×100%。

3. 网络容灾分析

通常网络容灾备份可以分为如下 4 个等级：

第 0 级：没有备份中心，数据只在**本地进行备份**，不发往异地，不具备灾难恢复的能力。

第 1 级：采用本地磁带备份，同时将**关键数据进行异地备份**。这种方案成本低，易于部署。缺点是没有进行完整的异地备份，数据恢复速度较慢。

第 2 级：主备数据中心。建设本地数据中心和异地灾备中心，采用同步或异步方式进行两个数据中心数据的同步，其中主数据中心对外提供服务，异地灾备中心不承担业务。当**主数据中心故障时，灾备数据中心进入工作状态，接管业务**，从而保障业务连续性。

第 3 级：双活数据中心。建设本地数据中心和同城双活数据中心，且两个数据中心的数据**互为镜像，高度一致**，同时对外提供服务。由于双活数据中心要保持两个数据中心的数据高度一致，对网络时延要求极高，两个数据中心的距离建议控制在 50km 内。双活数据中心不能实现容灾，如果出现地震、洪水等自然灾害，两个数据中心可能都会出问题，所以一般会在异地再增加一个灾备中心，即“两地三中心”。比如在北京部署主数据中心和备份数据中心，同时对外提供服务，同时在上海部署灾备中心，如图 9-8 所示。

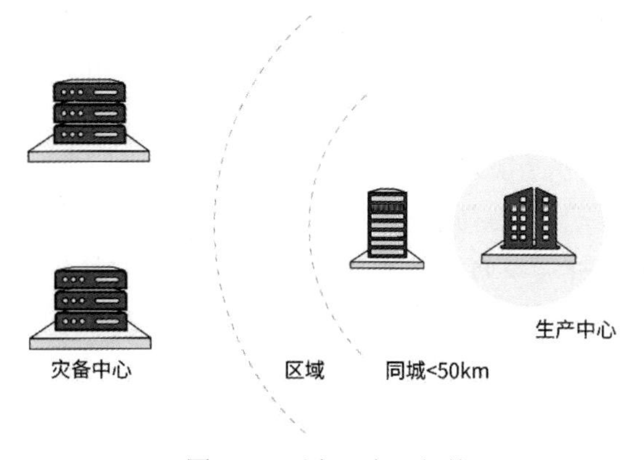

图 9-8 两点三中心架构

4. 网络管理需求分析

需求分析的最后工作是考虑网络管理需求，这些需求包括以下内容：

- 局域网功能：VLAN 划分、流量分析。
- 网络拓扑结构：星型、环型、总线型还是其他。
- 性能容量：采用千兆、万兆还是 40G 链路，响应时间（延迟），核心设备性能（使用 100T 交换容量还是 200T）等。
- 网络管理：哪些设备需要管理，使用什么协议进行管理，管理到哪种程度。
- 网络安全：后续章节详细介绍。
- 城域网/广域网的选择：如何接入城域网和广域网。

网络需求分析输出包括**局域网功能、网络拓扑结构、网络管理、网络安全、城域网/广域网选择等分项需求表**。由于网络需求涉及面广、内容较为复杂，而且不同的网络工程其网络需求差异较大，因此网络需求表并不需要严格的格式，设计人员可以根据以上内容，自行设计网络需求表格。收集用户需求的方法很多，包括**观察、问卷调查、集中访谈和采访关键人物等**。2019/（52）

5. 编制需求说明书

需求说明书是网络规划设计过程中第一个正式的可以传阅的重要文件，其目的在于对收集到的需求信息作清晰的概括整理，这也是用户管理层将正式批阅的第一个文件。对网络需求说明书存在两点要求：首先，无论需求说明书的组织形式如何，网络需求说明书应包含业务、用户、应用、计算机平台、网络 5 个方面的需求内容。其次，为了规范需求说明书的编制，一般情况下，需求说明书应该包括以下 5 个部分：综述、需求分析阶段概述、需求数据总结、按优先级排队的需求清单、申请批准部分。

9.4.2 即学即练·精选真题

- 网络系统设计过程中，需求分析阶段的任务是___（1）___。（2016 年 11 月第 52 题）

  （1）A．依据逻辑网络设计的要求，确定设备的具体物理分布和运行环境

  B．分析现有网络和新网络的各类资源分布，掌握网络所处的状态

  C．根据需求规范和通信规范，实施资源分配和安全规划

  D．理解网络应该具有的功能和性能，最终设计出符合用户需求的网络

【答案】（1）D

【解析】五阶段周期是较为常见的迭代周期划分方式，分为 5 个阶段：

（1）需求分析：是网络开发过程的起始部分，这一阶段应明确客户所需的网络服务和网络性能。

（2）通信规范分析：其中必要的工作是分析网络中信息流量的分布问题。

（3）逻辑网络设计：逻辑网络设计的任务是根据需求规范和通信规范，实施资源分配和安全规划。

（4）物理网络设计：物理网络设计是将逻辑网络设计的内容应用到物理空间。

（5）实施阶段：进行项目实施和运维。

● 网络需求分析是网络开发过程的起始阶段，收集用户需求最常用的方式不包括___（2）___。（2019年11月第52题）

（2）A．观察和问卷调查　　B．开发人员头脑风暴
C．集中访谈　　D．采访关键人物

【答案】（2）B

【解析】获取用户需求常用的方法包括访谈、观察、问卷调查、建立原型得到潜在用户的反馈。不应该闭门造车，开发人员自己讨论（头脑风暴）。

9.5　通信规范分析

9.5.1　考点精讲

在五阶段周期模型中，通信规范分析属于第二个阶段，通过分析网络通信流量和通信模式，发现可能导致网络运行瓶颈的关键技术点，从而在设计中规避这些情况。通信规范分析包括：通信模式分析、通信边界分析、通信流分布分析、通信流量分析、网络基准分析和编写通信规范等内容。

1．通信模式分析

通信模式与应用软件的网络处理模型相同，分为 4 种：

（1）对等（Peer to Peer，P2P）通信模式。典型应用是迅雷下载，每个用户既是客户端，也是服务端，如图 9-9 所示。2017/（52）、2022/（31）

（2）客户机/服务器（Client/Server，C/S）通信模式。用户通过客户端软件访问服务器资源，如图 9-10 所示。

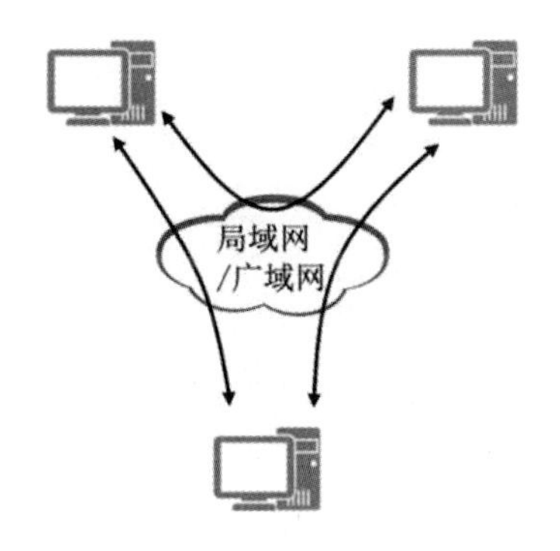

图 9-9　对等通信模式（P2P）

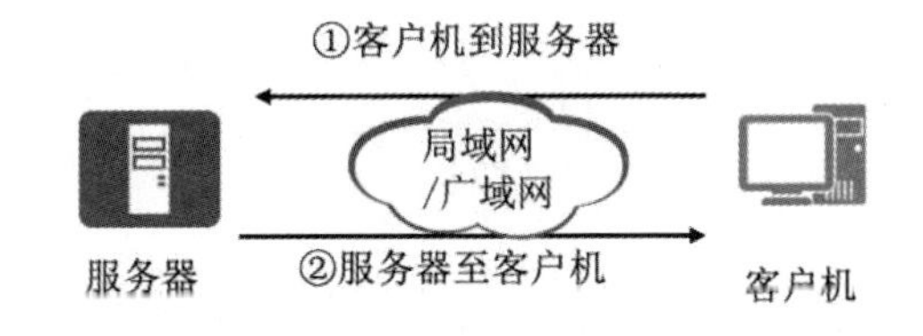

图 9-10　客户机/服务器（C/S）通信模式

（3）浏览器/服务器（Browser/Server，B/S）通信模式。用户通过浏览器访问服务器资源，通信过程如图 9-11 所示。

（4）分布式计算通信模式指多个计算节点协同工作来完成一项共同任务的应用，在解决分布式应用，提高性能价格比，提供共享资源的实用性、容错性以及可伸缩性方面有着巨大的发展潜力。

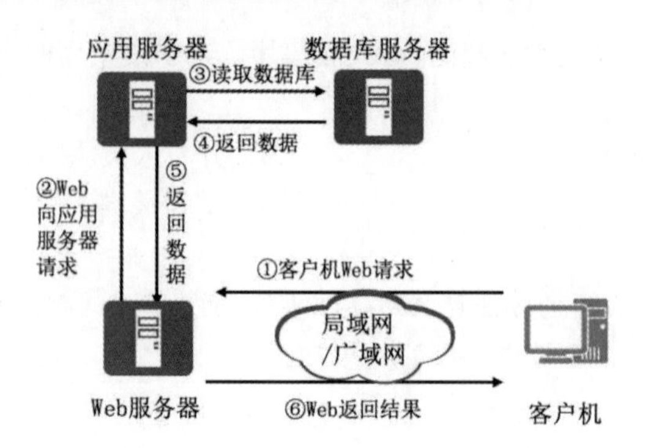

图 9-11　浏览器/服务器（B/S）通信模式

2. 通信边界分析

通信边界可以分为局域网通信边界和广域网通信边界，需重点掌握局域网通信边界，其中有 2 个重要术语：冲突域和广播域。

- 冲突域：同一个冲突域中任何两台设备发送数据都可能产生冲突。
- 广播域：同一个广播域内，所有主机都可以收到某用户的广播报文。

在传统总线互联或集线器互联的以太网中，同一介质上的多个节点共享链路带宽，争用链路的使用权，这样就会发生冲突，节点越多，冲突发生的概率越大。交换机不同的接口发送和接收数据独立，各接口属于不同的冲突域，因此有效地隔离了网络中物理层冲突域，使得通过它互连的主机之间不必再担心发生冲突。集线器是 1 个冲突域，交换机的每 1 个接口是 1 个冲突域。如图 9-12 所示，集线器组网的网络拓扑属于 1 个冲突域，采用 CSMA/CD 进行访问控制。如图 9-13 所示，采用交换机组网的拓扑中，有 5 个冲突域。

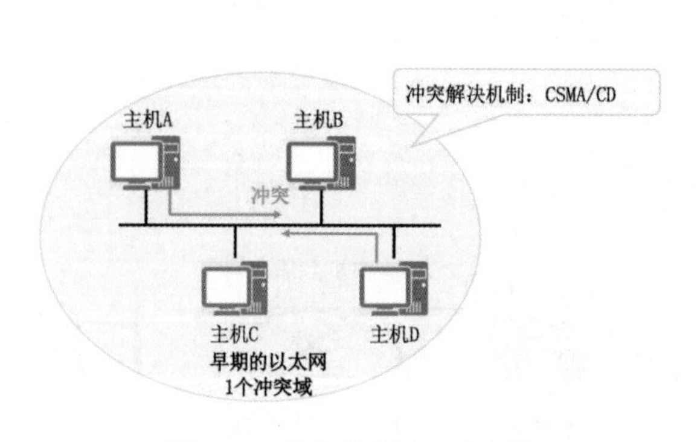

图 9-12　集线器组网 1 冲突域

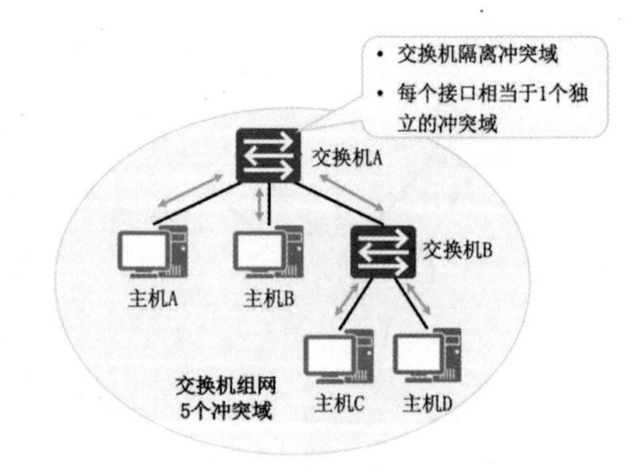

图 9-13　交换机组网 5 冲突域

传统以太网中，同一介质上的多个节点共享链路，1 台设备发出的广播报文，所有设备均会收到，属于 1 个广播域。交换机收到广播报文会向所有的接口都转发，所以交换机的所有接口（默认都属于 VLAN 1）属于 1 个广播域。如图 9-14 和图 9-15 所示，无论是集线器组网还是交换机组网，都属于同 1 个广播域。若将图 9-15 中交换机 A 和交换机 B 替换成路由器，则有 5 个广播域，因为路由器每个接口都是 1 个广播域。

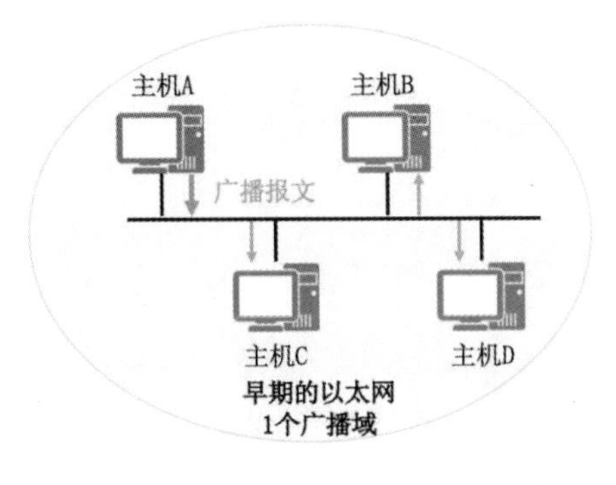

图 9-14 集线器组网 1 个广播域

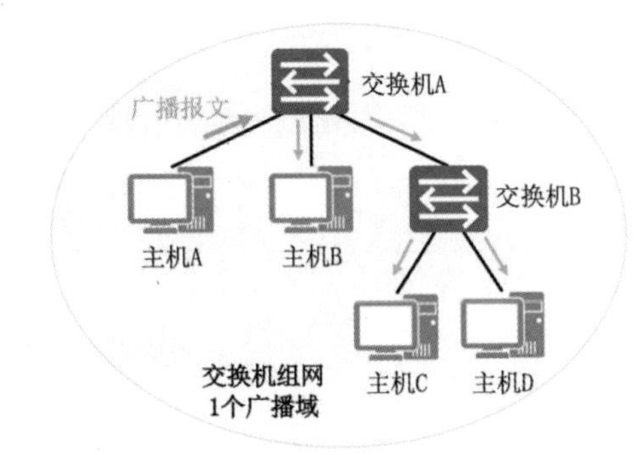

图 9-15 交换机组网 1 个广播域

集线器是 1 个冲突域，交换机的 1 个接口是 1 个冲突域。如果交换机没有划分 VLAN，那么交换机属于 1 个广播域，如果交换机进行了 VLAN 划分，那么 1 个 VLAN 属于 1 个广播域。路由器的 1 个接口是 1 个广播域。

3. 通信流量分析

（1）80/20 规则。如图 9-16 所示，80/20 规则是指通信流量的 80%是内部通信，只有 20%的通信流量需要访问互联网。早期网络 80%都是内部流量，但随着互联网的发展，现在 80%都是外部流量，只有 20%是内部流量，所以现在也有 20/80 规则的说法。

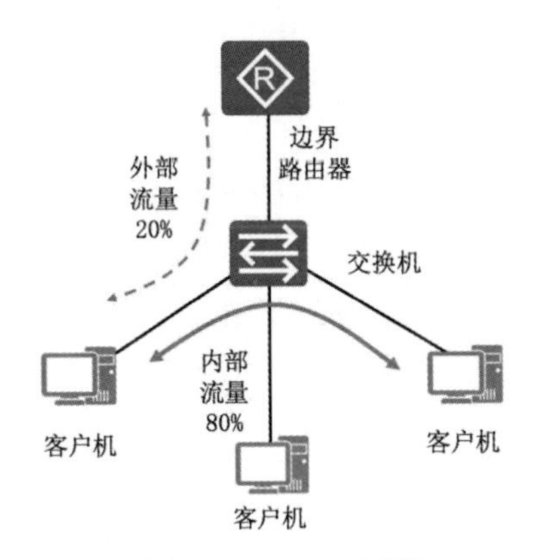

图 9-16 80/20 规则

（2）流量分析步骤。对于复杂的网络，通信流量分析也比较复杂。如图 9-17 所示，可采用如下步骤：

1）把网络分成容易管理的网段（VLAN）。比如企业内部有 2 个部门，分别属于 2 个 VLAN：VLAN 10（研发部）、VLAN 20（市场部）。

2）确定每个网段应用的通信流量。该企业主要应用的是文件服务器，其中研发部文件访问流量约 10Mb/s，市场部文件访问流量约为 20Mb/s。

3）确定本地和远程网段上的通信流量。企业内部 2 个 VLAN 通信的流量约为 30Mb/s（也可以更细化分析上行和下行），研发部访问互联网流量约 50Mb/s，市场部访问互联网流量约为 80Mb/s。

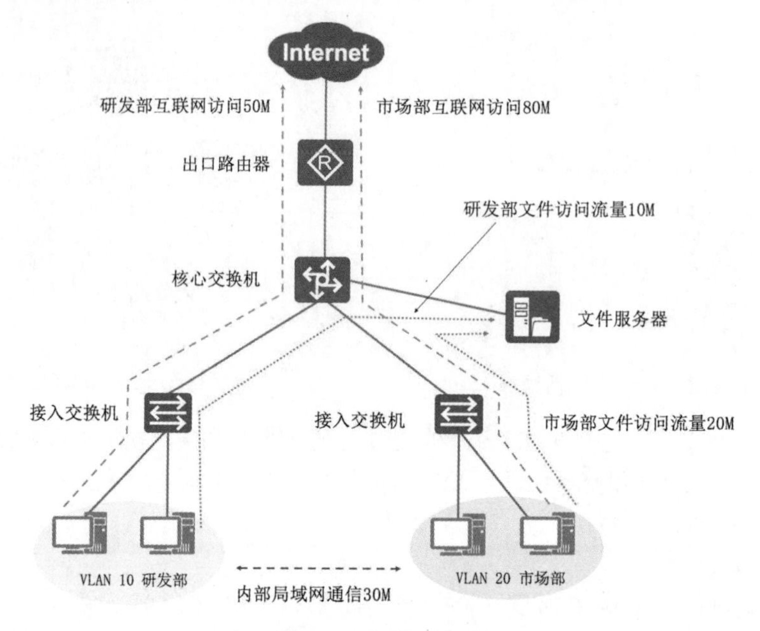

图 9-17　通信分析图

4）对每个网段重复步骤 1）～3）。

5）分析各网段信息的广域网和网络骨干的通信流量。

经过上面的分析，我们可以画出通信网络图，并计算通信流量，如图 9-17 和表 9-1 所示。

表 9-1　通信分析流量分布表

流量分布	源网络	目的网络	预估流量	总流量
网段内部	VLAN 10	VLAN 20	30M	30M
访问服务器	VLAN 10	文件服务器	10M	30M
	VLAN 20	文件服务器	20M	
互联网	VLAN 10	Internet	50M	130M
	VLAN 20	Internet	80M	

9.5.2　即学即练·精选真题

● 采用 P2P 协议的 BT 软件属于___（1）___。（2017 年 11 月第 52 题）

（1）A．对等通信模式　　B．客户机/服务器通信模式

C．浏览器/服务器通信模式　　D．分布式计算通信模式

【答案】（1）A

【解析】对等通信模式（P2P）指参与的网络节点是平等角色，既是服务的提供者，也是服务的享受者。

- 网络应用情况如下表所示。已知带宽利用率为70%，试计算该网络中每个用户的平均带宽需求（填写计算过程，结果取整数）。（通信工程师2018年10月案例一/问题1）

网络应用情况统计

参数	所需带宽/（kb/s）	并发量
互联网浏览	150	19%
文档编辑	150	40%
图片浏览/PPT	400	20%
视频浏览	5000	1%
空闲	15	20%

【答案】每个用户的平均带宽需求=[15kb/s×20%(空闲)+150kb/s×19%(互联网浏览)+150kb/s×40%(文档编辑)+400kb/s×20%(图片浏览/PPT)+5000kb/s×1%(视频浏览)]/70%(带宽利用率)=316kb/s。

【解析】考查局域网的拓扑结构及带宽计算，掌握计算思路即可。

- 如下图所示，假设服务器要分发一个5G比特的文件给5个对等体（Peer），服务器上传带宽Us为54Mb/s，5个对等体的上传带宽分别为：ul=19Mb/s、u2=10Mb/s、u3=19Mb/s、u4=15Mb/s、u5=10Mb/s；下载带宽分别为：d1=24Mb/s、d2=24Mb/s、d3=24Mb/s、d4=27Mb/s、d5=29Mb/s。则采用C/S模式和P2P模式传输的最小时间分别是＿（2）＿秒。（2022年11月第31题）

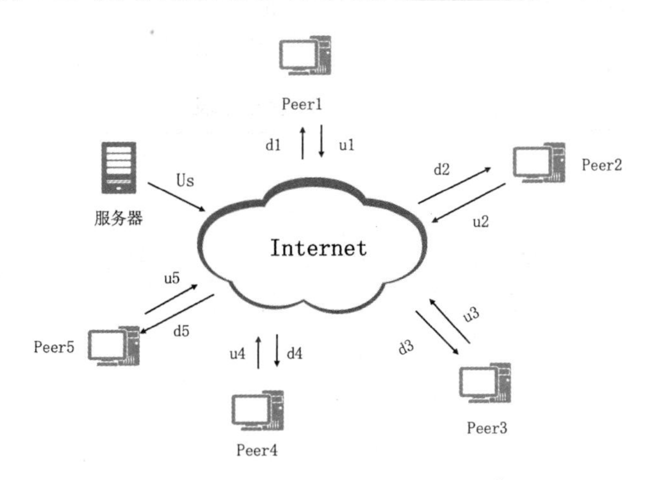

（2）A．462.96和263.16　　B．462.96和208.33

C．92.59和208.33　　D．92.59和196.85

【答案】（2）B

【解析】P2P模式文件分发肯定比C/S模式快，直接排除C选项和D选项。

C/S模式中，分发时间公式是：

$$D_{CS} = \max\{NF/u_S, F/d_{\min}\}$$

NF/u_s=5×5Gbit/54Mbps=5×5×1024×1024×1024bit/(54×10^6bps)=497.1s

这样算出来没有答案，如果按 1G=1000M 换算，时间是 462.96s。

F/d_{min}=5×1000×1000×1000bit/(24×10^6bps)=208.33s

D_{cs}=max[462.96,208.33]=462.96s

P2P 分发时间公式如下：

$$D_{P2P} \geqslant \max\left\{\frac{F}{u_s}, \frac{F}{d_{min}}, \frac{NF}{u_s + \sum_{i=1}^{N} u_i}\right\}$$

F/u_s=92.295s，F/d_{min}=208.33s，最后一个为 196.85s。

D_{P2P}=max[92.295,208.33,196.85]=208.33s，故选择 B 项。

9.6 逻辑网络设计

9.6.1 考点精讲

1. 网络架构设计

常见的局域网架构有单核心架构、双核心架构、环网架构和层次化架构。

（1）单核心架构和双核心架构。如图 9-18 所示，为单核心架构，网络中只有 1 台核心交换机，这种架构的优点是：网络结构简单、节约成本，访问效率高。缺点是：存在单点故障，核心交换机故障会影响全网通信。网络扩展能力不足、对核心交换机端口密度要求高。针对单核心架构的问题，提出了双核心架构，如图 9-19 所示。网络中有 2 台核心交换机，通过配置网关冗余协议、堆叠、生成树和端口聚合等技术，能有效提升网络可靠性。

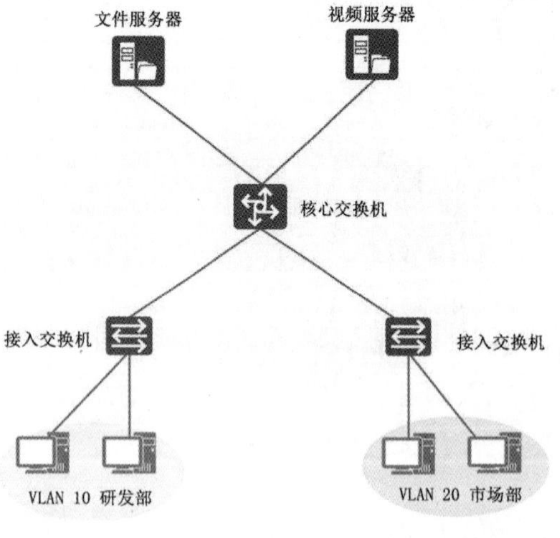

图 9-18 单核心架构

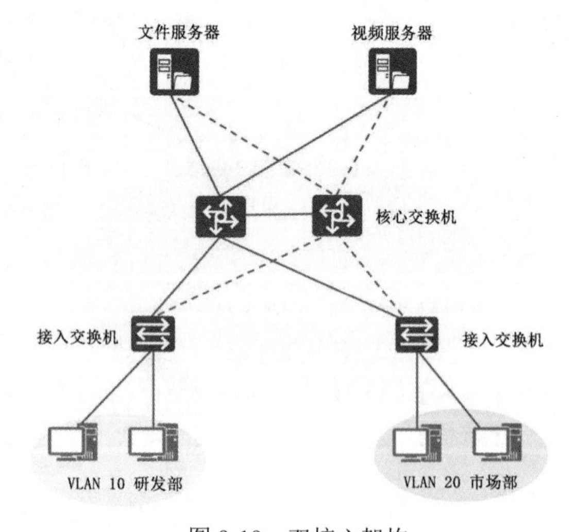

图 9-19 双核心架构

（2）环网架构。环网架构主要通过 RPR、RRPP 和 ERPS 等环网协议将网络设备互联，形成环网，如图 9-20 所示。环网能节省光纤资源，实现 50ms 快速切换，但投资和实施难度相对较高，一般用于运营商城域网、校园网核心互联等场景。

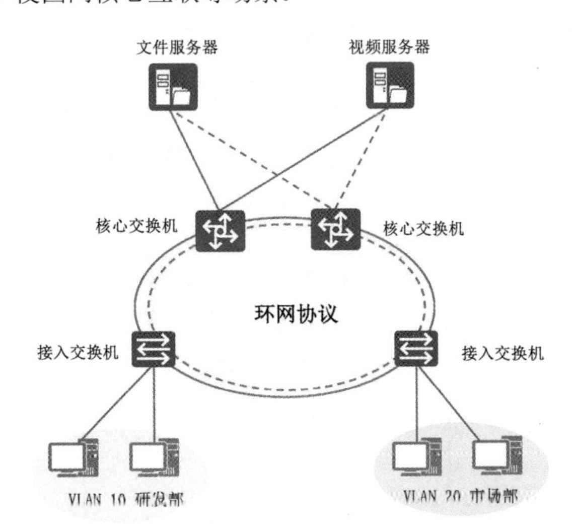

图 9-20 环网架构

（3）层次化架构。层次化架构是应用最广泛的网络架构，分为核心层、汇聚层和接入层，如图 9-21 所示。各层次功能和架构优缺点在本书 9.3 节中有详细介绍。

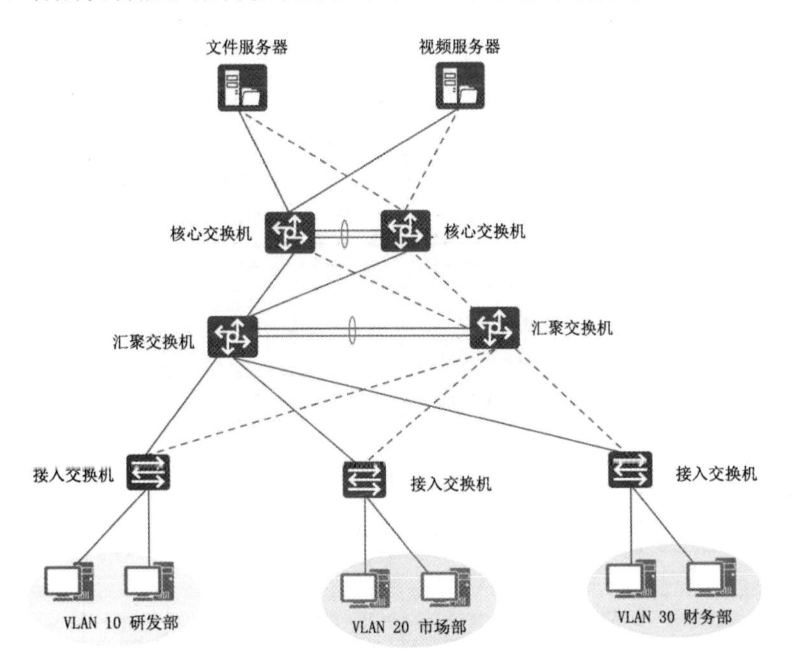

图 9-21 层次化架构

2. 网络技术选择

网络技术选择包括虚拟局域网设计、无线局域网 WLAN 设计、广域网技术选择和 PoE 技术选择等。

（1）虚拟局域网设计。虚拟局域网（VLAN）是现网应用非常广泛的技术，在网络规划设计时需要考虑：VLAN 划分方法、VLAN 规划方案、VLAN 跨设备互联和 VLAN 间路由。实现 VLAN 间通信的最常见的方式是借助**路由器或三层交换机**。

（2）无线局域网 WLAN 设计。无线局域网 WLAN 的应用越来越广泛，特别是基于 IEEE 802.11 的 Wi-Fi 技术。无线局域网设计主要包括：无线工勘与 AP 类型确定、无线信道规划与 AP 功率优化、无线桥接和无线认证等。2018/（56）

1）无线工勘与 AP 类型确定。无线局域网设计重点需要考虑 AP 选型，AP 可以分为：高密 AP、墙面 AP、分布式 AP 和室外 AP，针对不同场景和需求选用合适的 AP。然后，需要进行现场工勘，**确定 AP 数量和部署位置**，最后输出 AP 部署位置图和 AP 统计表，如图 9-22 和表 9-2 所示。

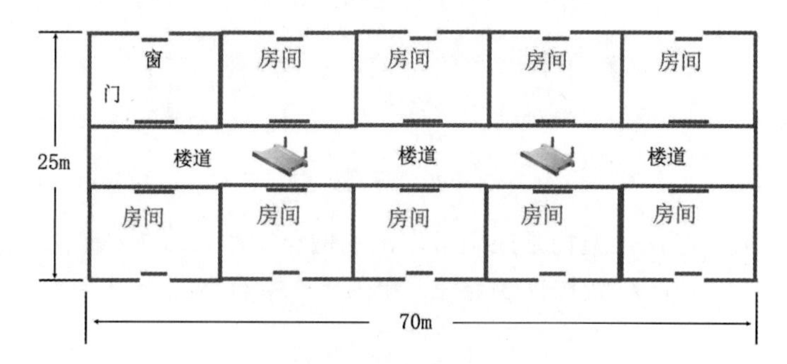

图 9-22　AP 部署位置

表 9-2　AP 统计

勘测区域	楼层信息	区域	AP 型号 1（放装 AP）	数量	AP 型号 2（墙面 AP）	数量	AP 型号 3（分布式 AP）	数量
学生活动中心	1 层	整层	RG-AP840-I	11				11
数字化大楼 A 区	1 层	整层	RG-AP840-I	2				2
	2 层	整层	RG-AP840-I	2				2
	3 层	整层	RG-AP840-I	2				2
数字化大楼 B 区	1 层	整层	RG-AP840-I	4				4
	2 层	整层	RG-AP840-I	5				5
	3 层	整层	RG-AP840-I	4				4
数字化大楼 C 区	1 层	整层	RG-A840-I	4	RG-AP180L	4		8
	2 层	整层	RG-AP840-I	6	RG-AP180L	4		10
	3 层	整层	RG-AP840-I	1	RG-AP180L	4		5

续表

勘测区域	楼层信息	区域	AP 型号 1（放装 AP）	数量	AP 型号 2（墙面 AP）	数量	AP 型号 3（分布式 AP）	数量
宿舍楼	1 层	整层	RG-AP840-I	16	RG-AP180L	8		24
	2 层	整层	RG-AP840-I	16	RG-AP180L	8		24
	3 层	整层	RG-AP840-I	16	RG-AP180L	8		24
合计			RG-AP840-I	89	RG-AP180L	36		125

2）无线信道规划与 AP 功率优化。同一区域部署多个 AP 可以增加无线覆盖范围和网络容量，如果 AP 信道设计不合理，会导致干扰严重，最终影响网络性能。所以需要进行科学的信道规划，避免设备间同频干扰。2.4G 频段不重叠信道有 1、6 和 11 信道。实际部署中，为了有效降低同频干扰，应当保持相邻的信道均为不重叠信道，如图 9-23 所示。

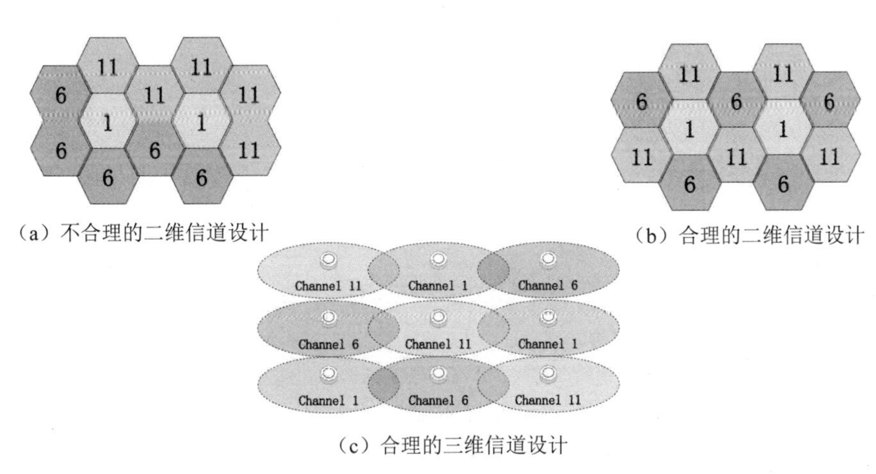

（a）不合理的二维信道设计

（b）合理的二维信道设计

（c）合理的三维信道设计

图 9-23　AP 信道部署

另外，AP 需要配置合理的射频功率，避免因覆盖不足或相互干扰影响用户上网体验。如图 9-24，左图 AP 功率过大会造成同频干扰，右图为调整后的合理功率。

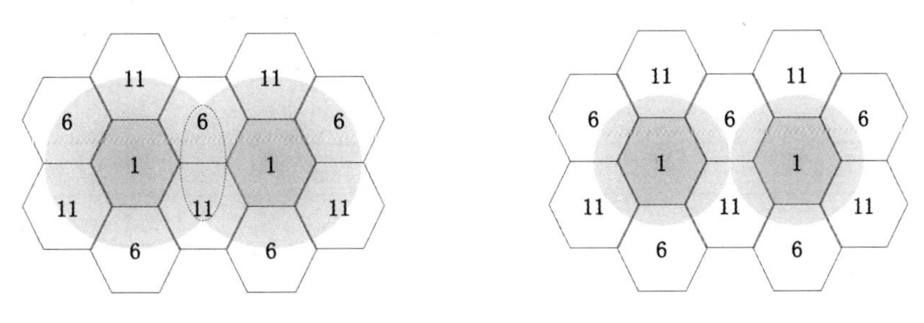

（a）合理的信道设计，不合理的功率设计

（b）合理的信道和功率设计

图 9-24　调整 AP 功率，降低干扰

3）无线桥接。无线网络不仅可以用于用户接入，还可以实现远距离分割网络的互联。如图 9-25 所示，两个网络相隔 3km，由于条件限制无法部署有线网络，可以通过两个室外 AP（或无线网桥）实现两个网络互联。该方案在油田、森林等场景中应用广泛，优点是：**部署简单，成本低**。缺点是：**稳定性差，受天气影响大**，而且两个室外 AP（或无线网桥）必须在**可视距离**，即中间没有障碍物。

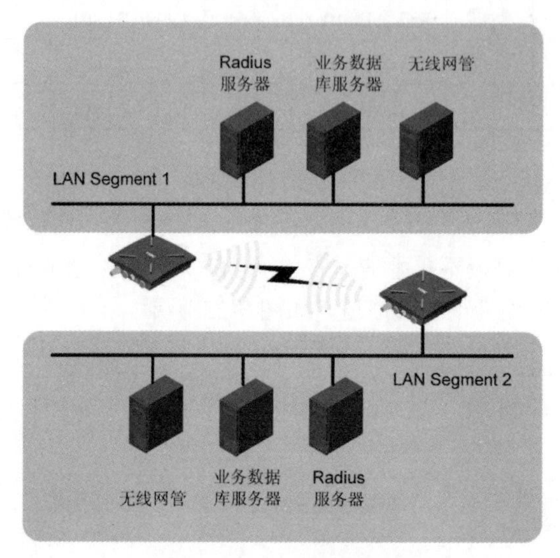

图 9-25　无线桥接组网

4）无线认证。为了提升无线网的安全性，防止非授权访问，需要考虑用户接入认证。公共场所一般采用 Portal（网页）结合短信验证码的方式进行认证；企业内网一般采用 802.1x 认证，即用户名+密码方式，安全性较高；家庭无线用户一般采用预共享密钥方式认证（Pre-Shared Key，PSK），即通过密码认证。PPPoE 认证一般用于路由器或电脑拨号上网，不适合无线网络。

（3）广域网技术选择。广域网出口线路有同步数字体系（Synchronous Digital Hierarchy，SDH）、多业务传送平台（Multi-Service Transport Platform，MSTP）、PON 和以太网，其中 SDH 和 MSTP 基于传统语音骨干网的时分复用技术，SDH 线路主流带宽有 155M、622M、2.5G 和 10G，而 MSTP 可以提供 10M、100M、1000M、10G 的以太网接入。随着运营商骨干网数字化升级，逐渐淘汰传统以时分复用技术为核心的语音骨干网，升级为以 IP 为核心的分组交换网络，可以通过 PON 和以太网进行接入。几种广域网接入方式对比见表 9-3。

表 9-3　广域网接入方式对比

广域网接入方式	骨干网技术	接入网技术	接入速率
SDH	TDM 时分复用（语音骨干网）	时分复用	155M、622M、2.5G、10G
MSTP		以太网	10M、100M、1000M、10G
PON	IP 分组交换（数据骨干网）	EPON/GPON/XGPON	1.25G、2.5G、10G
以太网		以太网	10M、100M、1000M、10G

广域网中常用的VPN技术有IPSec VPN、SSL VPN和MPLS VPN，其中IPSec VPN主要用于总分机构互联，SSL VPN用于远程办公，MPLS VPN用于业务和部门隔离。比如在电子政务外网中，会采用MPLS VPN技术，隔离不同委办局的业务，把财政、海关、公安、法院等部门划入不同VPN，实现业务隔离。为了提升广域网传输质量，也经常采用数据压缩、协议优化、链路聚合、带宽预留、对话公平等优化技术。

（4）PoE技术选择。以太网供电技术（Powder over Ethernet，PoE）是通过以太网线路为IP电话、AP、网络摄像机等小型网络设备直接提供电源的技术。该技术可以避免大量的独立铺设电力线，以简化系统布线，降低网络基础设施的建设成本。2019/（56）

一般PoE可以实现15W供电，用于常规AP和摄像头供电。PoE+可以实现30W供电，用于802.11ax和室外AP供电。PoE++供电功率可达60～90W，用于大功率球机和门禁等设备供电。

3. IP地址规划

IP地址规划一般分为如下几步：①确定需要的IP地址数量；②考虑采用的网络地址转换NAT技术；③进行子网划分和层次化IP地址规划设计，即规划的地址空间可以汇总。IP地址规划原则及解释见表9-4。

表9-4 IP地址规划原则及解释

IP地址规划原则	解释
层次化IP编址 2017/（54）	基本思路是首先为企业网络分配一个IP网络段，然后将网络号分成多个子网。优势是方便网络故障排查，路由可汇总
通过中心授权机构管理地址	统一进行网络公网和私网地址规划，防止后期地址冲突或浪费
统一规划授权	特别是大型网络，存在分支机构，严格进行地址授权
终端动态编址，服务器静态分配	DHCP动态分配普通终端地址，服务器分配静态IP地址
使用私有地址+NAT	RFC 1918中，为内部使用的私有地址预留了如下地址段： 10.0.0.1～10.255.255.255 172.16.0.0～172.31.255.255 192.168.0.0～192.168.255.255 一般内网采用私网地址，网络出口通过路由器进行NAT

4. 网络冗余技术

网络冗余技术包括设备冗余、链路冗余、网关冗余、服务器冗余和负载均衡。2019/（48）

（1）设备冗余。设备级的冗余技术分为电源冗余、引擎冗余、交换网版冗余，由于设备成本上的限制，这些技术一般应用于中高端产品，接入交换机一般采用单电源和单引擎，部分接入交换机支持双电源。汇聚交换机一般支持配置多个电源冗余，核心交换机则支持引擎、电源、交换网板（搭载交换处理芯片的板卡）等众多部件冗余。如图9-26所示，锐捷8610E交换机支持配置2个引擎、8个电源和4块交换网板。在网络关键位置也可以配置2台或多台设备，实现设备级冗余。

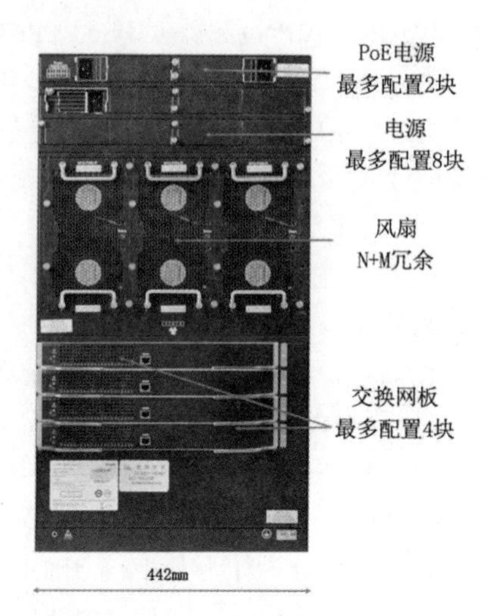

图 9-26　核心交换机设备冗余

（2）链路冗余。主流链路冗余技术有：主备路径（接口备份）、负载分担、端口聚合和生成树等。2021/（33）

- 主备路径也叫接口备份。如图 9-27 所示，路由器 RA 和 RB 的 GE1/0/1 接口为主接口，GE1/0/2 和 GE1/0/3 接口为备份接口，其优先级分别为 30 和 20，即主链路 GE1/0/1 故障，流量优先切换到优先级更高的 GE1/0/2 接口。2018/（18）

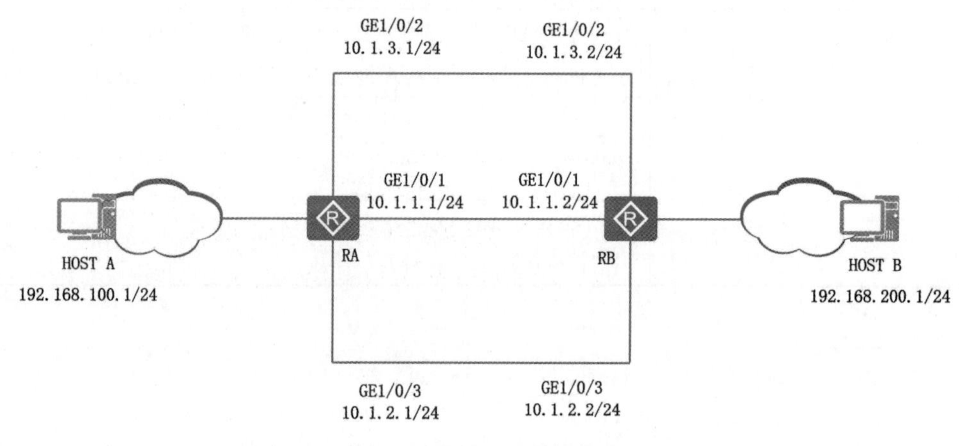

图 9-27　接口备份网络架构

在 RA 上配置主备接口：

```
[RA] interface GigabitEthernet 1/0/1
[RA-GigabitEthernet1/0/1] standby interface GigabitEthernet 1/0/2 30
[RA-GigabitEthernet1/0/1] standby interface GigabitEthernet 1/0/3 20
[RA-GigabitEthernet1/0/1] quit
```

- 负载分担：也叫负载均衡，可以用于网络出口，也可以用于局域网内部。图 9-28 为出口链路负载均衡效果图，某网络有 3 条出口线路，没有负载均衡时，电信出口跑满，而联通出口几乎没有流量，开启负载均衡后，3 条出口线路均有流量。

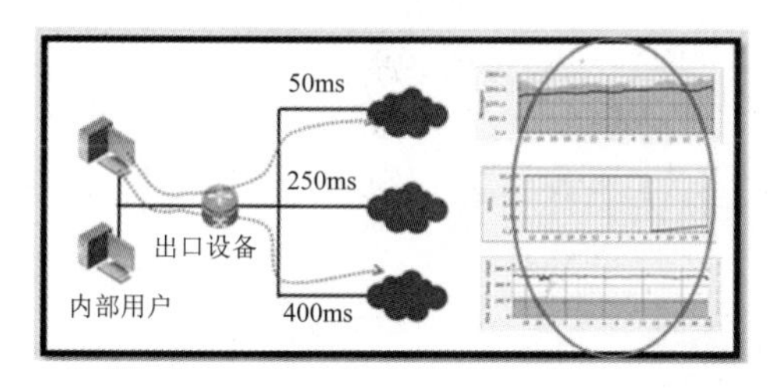

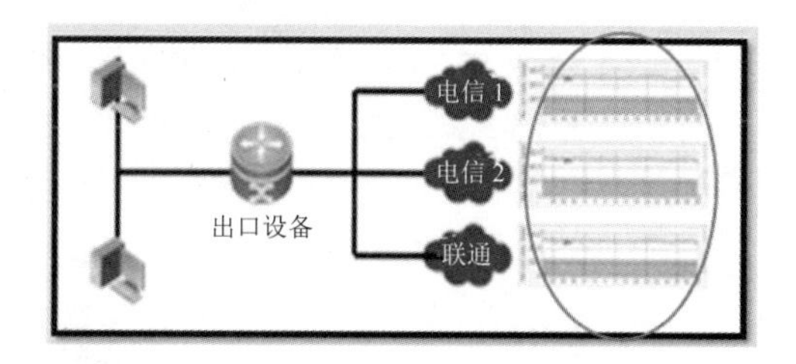

图 9-28 出口链路负载均衡效果图

局域网内部负载均衡如图 9-29 所示，接入交换机通过 2 条链路上行到核心交换机，可以配置 MSTP 不同实例实现 VLAN 流量的负载均衡。

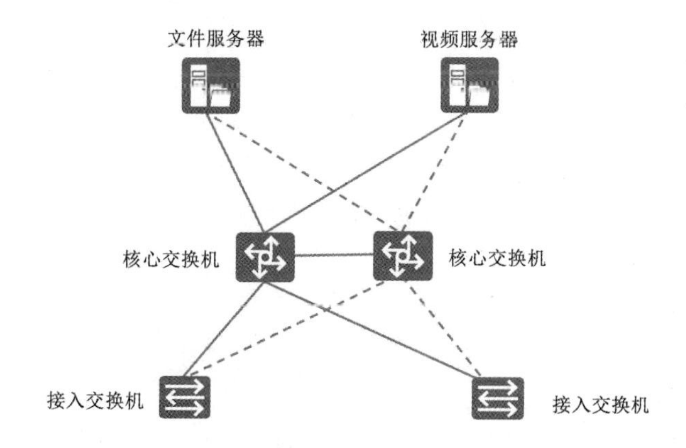

图 9-29 局域网内部负载均衡

- 端口聚合：也叫链路聚合（Eth-Trunk），通过将多个物理接口捆绑成为一个逻辑接口，可以在**不进行硬件升级的条件下，增加链路带宽和提高链路冗余**，如图 9-30 所示。不仅交换机与交换机直接可以配置端口聚合，在服务器与交换机之间同样可以进行端口聚合。

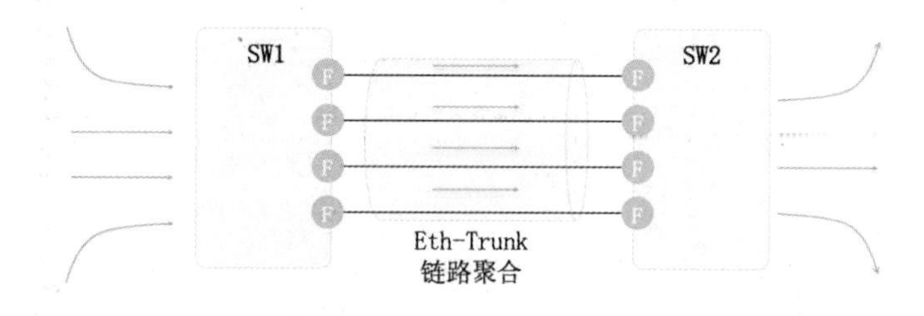

图 9-30 链路（端口）聚合

- 生成树（Spanning-tree）技术：能在网络中出现二层环路时，通过逻辑阻塞（Block）某些端口，从而打破环路，当网络出现拓扑变化时，重新计算，恢复逻辑阻塞的端口，从而保障网络冗余性。如图 9-31 所示，SW1、SW2、SW3 三台交换机构成二层环路，STP 通过计算，阻塞 SW3 的右侧上行口，从而打破环路，PC 通过 SW3-SW1 的路径访问互联网。当 SW1 与 SW3 的链路发生故障，STP 重新计算，恢复 SW3 的阻塞端口，PC 依旧可以通过 SW3-SW2 的路径访问互联网。2022/（18）

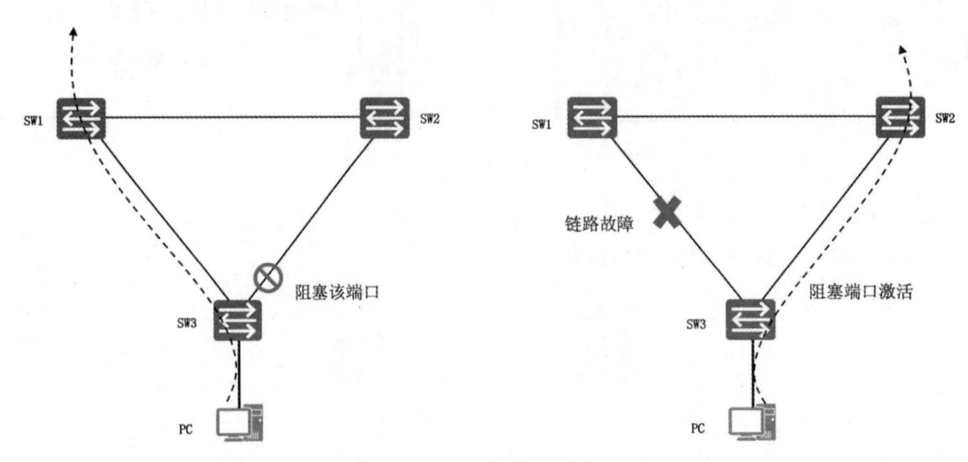

图 9-31　STP 生成树效果

（3）网关冗余。传统的网关冗余技术是 VRRP，本书 3.6 节中有详细介绍。虚拟路由器冗余协议可以把一个虚拟路由器的责任动态分配到局域网上的 VRRP 路由器组中的一台。控制虚拟路由器 IP 地址的 VRRP 路由器称为主路由器，它负责转发数据包到这些虚拟 IP 地址。一旦主路由器不可用，备份路由器会切换成主路由器，直接接替主路由器工作，这种选择过程就**提供了动态的故障转移机制**，虚拟路由器的 IP 地址可以作为主机的默认第一跳路由器，即默认网关。

最新的堆叠技术把多台设备逻辑上虚拟成 1 台，也可以实现网关冗余，同时简化运维，方便管理。1 台网关设备故障，不影响网络连通性，实现效果如图 9-32 所示。华为箱式交换机堆叠采用 CSS 技术，盒式交换机堆叠采用 iStack 技术。

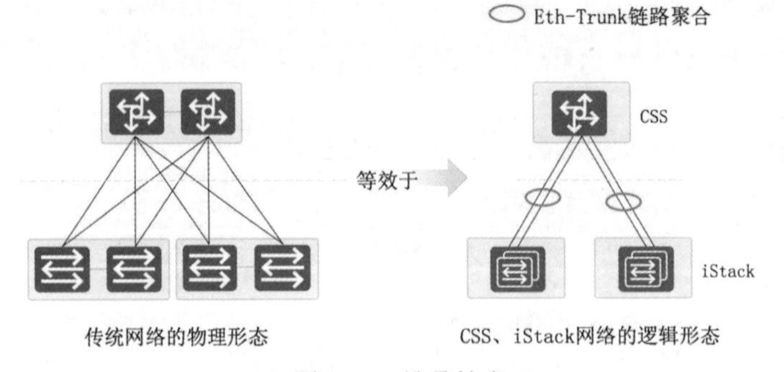

图 9-32　堆叠技术

（4）服务器冗余和负载均衡。为了提高服务器的服务能力并实现服务器冗余，大型应用会部署多台服务器同时对外提供服务，多台服务器间的负载均衡方案有：**采用专业负载均衡设备、NAT地址转换、DNS服务器和高可用技术**。

1）专业负载均衡设备：可以实现链路负载均衡、服务器负载均衡以及多数据中心负载均衡，主流厂商有F5、A10、深信服等。负载均衡算法有：散列算法、轮询算法、最少连接、加权轮询算法、加权最少连接、最大加权值和动态负载均衡算法等。

2）NAT地址转换：可以把对外提供服务的公网IP映射为多个内部服务器私网IP，每次TCP连接请求使用一个内网服务器IP回应，从而实现负载均衡效果。

3）DNS服务器：通过DNS服务器把用户请求解析为不同的内部服务器IP地址，从而实现访问内部服务器的负载均衡。

4）高可用技术：双机热备份高可用（High Availability，HA）系统，又称为高可用性集群，一般由两台服务器构成，通过对关键部件的冗余设计，可以保证系统的高可用性。在正常工作时，两台服务器同时工作或一台工作另一台热备，通过以太网和RS232口互相进行监测，并不断完成同步操作。高可用性集群的工作模式主要是**单活（active/passive）**、**双活（active/active）**，如图9-33所示。2018/（36-37）

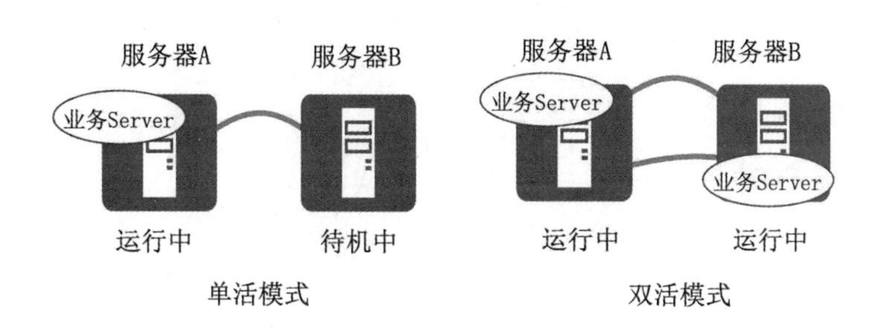

图9-33　服务器高可用集群技术

高可用性服务集群主要应用于数据库服务器和各种应用服务器，这些服务器之间通过串行线路或者网络线路的**心跳线**来实现服务器监控和数据同步，并且所有服务器都通过光纤通道连接至磁盘阵列，实现高速的磁盘访问。

- 服务器操作系统的高可用性集群主要借助于操作系统提供的**集群软件来实现**，可以采用单活或者双活方式。
- 数据库应用的高可用性集群主要借助于数据库管理系统软件提供的应用集群软件实现，常用的数据管理系统产品中，SQL Server主要采用单活模式，**Oracle主要采用双活模式**。
- 各类应用服务软件的高可用集群，主要借助于**应用软件提供的集群软件实现**。

5．网络安全设计

（1）网络安全设计原则。

1）安全域划分。根据业务功能、网络架构或安全级别不同，可以将网络划分成多个区域，减小安全攻击蔓延的风险。比如按业务功能可以划分为：教学区、宿舍区、办公区；按网络架构可以分为：服务器区、核心交换区、网络出口区等，具体区域划分根据项目规划设计确定。

2）边界隔离。进行区域划分后，需要进行不同区域的隔离与访问控制，同时内部网络与 Internet 边界也需要进行隔离。常见的隔离方案有逻辑隔离和物理隔离，**逻辑隔离部署防火墙、入侵检测等安全设备即可，物理隔离常用的设备是网闸**。

（2）网络安全规划设计。网络安全规划设计建议参考国家标准《信息安全技术 网络安全等级保护基本要求》（GB/T 22239—2019），该标准定义了网络安全等级保护 2.0（简称“等保 2.0”），“等保 2.0”分为管理和技术要求，如图 9-34 所示。

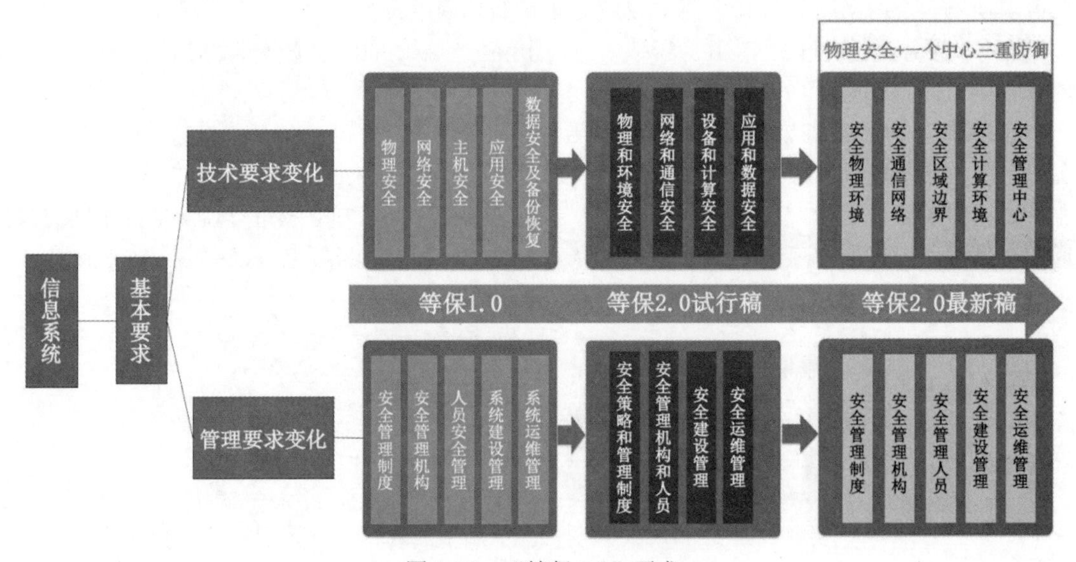

图 9-34 “等保 2.0”要求

“等保 2.0”最新稿中对技术的要求可以总结为“物理安全和一个中心三重防护”，包含如下内容：

- 物理环境安全：考虑机房选址、楼层选址、门禁、漏水检测等。
- 安全通信网络：敏感数据需要进行加密传输，安全审计，同时对接入网络的用户进行认证。
- 安全区域边界：区域边界进行访问控制、审计。
- 安全计算环境：终端和服务器进行身份鉴别、访问控制和审计。
- 安全管理中心：包括安全管理（认证/授权等）和审计管理。

“等保 2.0”最新稿中对安全管理的要求，包含如下 5 个部分，能区分即可，在案例分析中经常考查。

- 安全管理制度：比如进入机房需要登记记录。
- 安全管理机构：比如网络安全管理小组，是由单位主任或者一把手牵头成立的虚拟团队。
- 安全管理人员：专门负责网络安全相关的人员名单。
- 安全建设管理：按照“等保 2.0”的标准进行定级、整改、测评等标准化安全建设。
- 安全运维管理：建设完成后，进行标准化安全运维，应急演练等。

9.6.2 即学即练·精选真题

- 某大学拟建设无线校园网，委托甲公司承建，甲公司的张工带队去进行需求调研，获得的主要信息有：校园面积约 $4km^2$，要求在室外绝大部分区域及主要建筑物内实现覆盖，允许同时上网用户数量为5000以上，非本校师生不允许自由接入，主要业务类型为上网浏览、电子邮件、FTP、QQ等，后端与现有校园网相连。张工据此撰写了需求分析报告，提交了逻辑网络设计方案，其核心内容包括：①网络拓扑设计；②无线网络设计；③安全接入方案设计；④地址分配方案设计；⑤应用功能配置方案设计。以下三个方案中符合学校要求，合理可行的是：无线网络选型的方案采用__（1）__；室外供电的方案是__（2）__；无线网络安全接入的方案是__（3）__。（2015年11月第55～57题）

（1）A．基于WLAN的技术建设无线校园网

B．基于固定WiMAX的技术建设无线校园网

C．直接利用电信运营商的3G系统

D．暂缓执行，等待移动WiMAX成熟并商用

（2）A．采用太阳能供电　　B．地下埋设专用供电电缆

C．高空架设专用供电电缆　　D．以PoE方式供电

（3）A．通过MAC地址认证　　B．通过IP地址认证

C．通过用户名与密码认证　　D．通过用户的物理位置认证

【答案】（1）A　（2）D　（3）C

【解析】校园无线网络一般采用基于802.11技术的WLAN（即Wi-Fi）建设。无线AP无论室外还是室内一般都采用PoE供电，特别是室外，为了防止触电和防雷，强烈建议PoE供电。校园网用户一般采用用户名和密码方式进行认证。

- 如图所示，交换机S1和S2均为默认配置，使用两条双绞线连接，__（4）__接口的状态是阻塞状态。（2015年11月第62题）

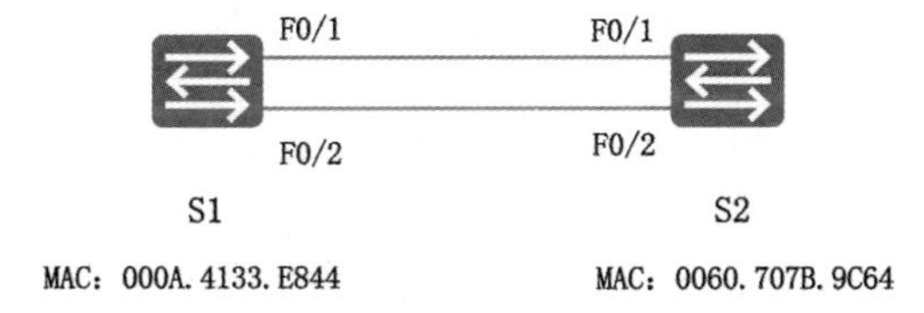

（4）A．S1的F0/1　　B．S2的F0/1　　C．S1的F0/2　　D．S2的F0/2

【答案】（4）D

【解析】本题考查生成树选举规则。S1和S2均为默认配置，即优先级默认是32768，S1的MAC地址更小，故S1是根交换机，则根交换机S1上的2个接口都是指定端口，处于转发状态。非根桥交换机S2的2个接口达到根交换机S1的距离一样，接着比较S1的Port-ID（默认优先级128+接口号），越小越优先，故从S1 F0/1接口发送过来的BPDU更优先，那么S2的F0/1处于转发状态，F0/2阻塞。

- 在两台交换机间启用 STP 协议，其中 SWA 配置了 STP root primary，SWB 配置了 STP root secondary，则图中___（5）___端口将被堵塞。（网工 2019 年 11 月第 61 题）

SWA GE0/0/1 GE0/0/2 SWB
GE0/0/2 GE0/0/1

（5）A．SWA 的 G0/0/1　　B．SWB 的 G0/0/2
　　C．SWB 的 G0/0/1　　D．SWA 的 G0/0/2

【答案】（5）C

【解析】生成树选举规则如下:

（1）选择根桥：由于 SWA 配置了 STP root primary，则 SWA 成为根桥。

（2）选择根端口：根端口是非根交换机 SWB 到根交换机 SWA 最近的端口，两个端口根路径和接口开销都一样，但 SWB GE0/0/2 收到的 BPDU 对端接口编号更小、更优先，则 SWB GE0/0/2 是根端口。

（3）选择指定端口：SWA 为根桥，上面的接口都为指定端口，而 SWB GE0/0/2 为根端口，那么 SWB GE0/0/1 肯定是阻塞状态。

- 如下图，生成树根网桥选举的结果是___（6）___。（2015 年 11 月第 70 题）

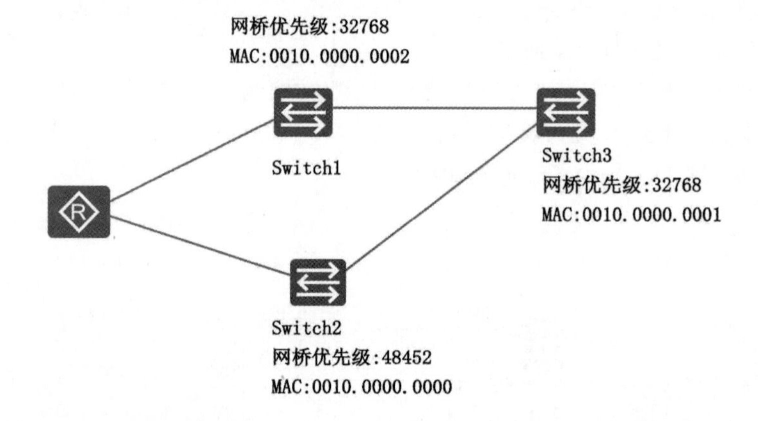

（6）A．Switch1 将成为根网桥　　B．Switch2 将成为根网桥
　　C．Switch3 将成为根网桥　　D．Switch1 和 Switch2 将成为根网桥

【答案】（6）C

【解析】本题考查生成树根网桥的选举过程。比较两个网桥 ID 的原则是:

（1）首先比较网桥优先级，网桥优先级小的网桥 ID 优先。Switch1 和 Switch3 网桥优先级都是默认的 32768，而 Switch2 网桥优先级是 48452，由于 32768 < 48452，则根网桥在 Switch1 和 Switch3 中选择。

（2）如果两个网桥优先级相同，再比较 MAC 地址，MAC 地址越小越优先。根据上述原则，

Switch3 网桥优先级和 Swtich1 相同，但 Switch3 的 MAC 地址更小，故 Swtich3 优先成为根网桥。

- 某企业通过 1 台路由器上联总部，下联 4 个分支机构，设计人员分配给下级机构 1 个连续的地址空间，采用 1 个子网或者超网段表示。这样做的主要作用是___（7）___。（2017 年 11 月第 54 题）

（7）A．层次化路由选择　　　　B．易于管理和性能优化

C．基于故障排查　　　　D．使用较少的资源

【答案】（7）A

【解析】地址规划时应当遵守可汇总原则，便于层次化路由选择，可以减少路由表数量。

- 以下关于网络冗余设计的叙述中，错误的是___（8）___。（2018 年 11 月第 18 题）

（8）A．网络冗余设计避免网络组件单点失效造成应用失效

B．备用路径提高了网络的可用性，分担了主路径部分流量

C．负载分担是通过并行链路提供流量分担

D．网络中存在备用路径、备用链路时，通常加入负载分担设计

【答案】（8）B

【解析】备用路径是做备份使用，在主路径故障后进行替换，不存在负载分担。

- 某高校欲重新构建高校选课系统，配备多台服务器部署选课系统，以应对选课高峰期的大规模并发访问。根据需求，公司给出如下两套方案：

方案一：配置负载均衡设备，根据访问量实现多台服务器间的负载均衡；数据库服务器采用高可用性集群系统，使用 SQL Server 数据库，采用单活工作模式。

方案二：①通过软件方式实现支持负载均衡的网络地址转换，根据对各个内部服务器的 CPU、磁盘 I/O 或网络 I/O 等多种资源的实时监控，将外部 IP 地址映射为多个内部 IP 地址；②数据库服务器采用高可用性集群系统，使用 Oracle 数据库，采用双活工作模式。

对比方案一和方案二中的服务器负载均衡策略，下列描述中错误的是___（9）___。两个方案都采用了高可用性集群系统，对比单活和双活两种工作模式，下列描述中错误的是___（10）___。（2018 年 11 月第 36～37 题）

（9）A．方案一中对外公开的 IP 地址是负载均衡设备的 IP 地址

B．方案二中对每次 TCP 连接请求动态使用一个内部 IP 地址进行响应

C．方案一可以保证各个内部服务器间的 CPU、IO 的负载均衡

D．方案二的负载均衡策略使得服务器的资源分配更加合理

（10）A．单活工作模式中一台服务器处于活跃状态，另外一台处于热备状态

B．单活工作模式下热备服务器不需要监控活跃服务器并实现数据同步

C．双活工作模式中两台服务器都处于活跃状态

D．数据库应用一级的高可用性集群可以实现单活或双活工作模式

【答案】（9）C　（10）B

【解析】方案一数据库采用单活工作模式，不能有效负载均衡。备份和活跃服务器需要通过心跳线，监测彼此状态并同步信息。

- 一个完整的无线网络规划通常包括___（11）___。（2018 年 11 月第 56 题）

  ①规划目标定义及需求分析

  ②传播模型校正及无线网络的预规划

  ③站址初选与勘察

  ④无线网络的详细规划

  （11）A．①②③④　　B．④　　C．②③　　D．①③④

  【答案】（11）A

  【解析】掌握无线网络规划设计思路与步骤。

- 提高网络的可用性可以采取的措施是___（12）___。（2019 年 11 月第 48 题）

  （12）A．数据冗余　　B．链路冗余

  C．软件冗余　　D．电路冗余

  【答案】（12）B

  【解析】提高网络的可用性措施主要包括设备冗余、链路冗余和网关冗余等。

- 为了保证网络拓扑结构的可靠性，某单位构建了一个双核心局域网络，网络结构如下图所示。对于单核心和双核心局域网络结构，下列描述中错误的是___（13）___。双核心局域网网络结构通过设置双重核心交换机来满足网络的可靠性需求，冗余设计避免了单点失效导致的应用失效，以下关于双核心局域网网络结构的描述中错误的是___（14）___。（2019 年 11 月第 54～55 题）

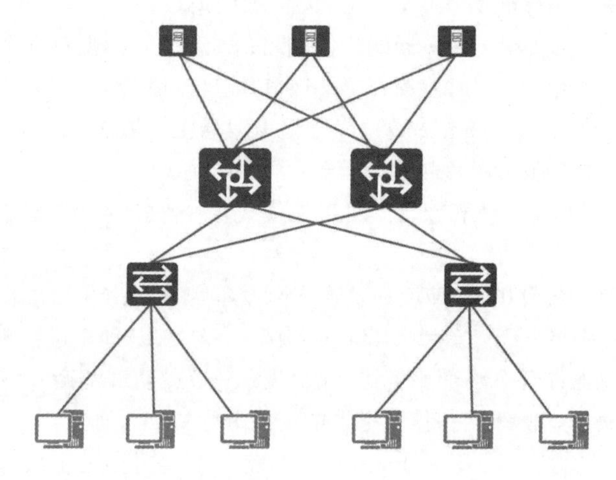

（13）A．单核心局域网络核心交换机单点故障容易导致整网失效

B．双核心局域网络在路由层面可以实现无缝热切换

C．单核心局域网网络结构中桌面用户访问服务器效率更高

D．双核心局域网网络结构中桌面用户访问服务器可靠性更高

（14）A．双链路能力相同时，在核心交换机上可以运行负载均衡协议均衡流量

B．双链路能力不同时，在核心交换机上可以运行策略路由机制分担流量

C．负载分担通过并行链路提供流量分担提高了网络的性能

D．负载分担通过并行链路提供流量分担提高了服务器的性能

【答案】（13）C （14）D

【解析】单核心并不能提升效率，能节省资金。负载分担可以增加网络带宽，提高网络性能，不能提升服务器性能，除非增加服务器 CPU 和内存等资源。

● 某高校全面进行无线校园建设，要求实现室内外无线网络全覆盖，可以通过无线网访问所有校内资源，非本校师生不允许自由接入。在室外无线网络建设过程中，宜采用的供电方式是＿（15）＿，本校师生接入无线网络的设备 IP 分配方式宜采用＿（16）＿对无线接入用户进行身份认证，只允许在学校备案过的设备接入无线网络，宜采用的认证方式是＿（17）＿。（2019 年 11 月第 56～58 题）

（15）A．太阳能供电　　B．地下埋设专用供电电缆

C．高空架设专用供电电缆　　D．以 PoE 方式供电

（16）A．DHCP 自动分配　　B．DHCP 动态分配

C．DHCP 手动分配　　D．设置静态 IP

（17）A．通过 MAC 地址认证　　B．通过 IP 地址认证

C．通过用户名与密码认证　　D．通过用户物理位置认证

【答案】（15）D （16）B （17）A

【解析】室外部署，建议采用 PoE 供电，无须单独部署电力线路，直接通过网线供电。DHCP 有三种机制分配 IP 地址：

（1）自动分配方式（Automatic Allocation），DHCP 服务器为主机指定一个永久性的 IP 地址，一旦 DHCP 客户端第一次成功地从 DHCP 服务器端租用到 IP 地址后，就可以永久性地使用该地址。

（2）动态分配方式（Dynamic Allocation），DHCP 服务器给主机指定一个具有时间限制的 IP 地址，时间到期或主机明确表示放弃该地址时，该地址可以被其他主机使用。

（3）手工分配方式（Manual Allocation），客户端的 IP 地址是由网络管理员指定的，DHCP 服务器只是将指定的 IP 地址告诉客户端主机。

三种地址分配方式中，只有动态分配可以重复使用客户端不再需要的地址。只允许备案过的设备接入无线网络，采用的认证方式是通过 MAC 地址认证。

● 以太网交换机中采用生成树算法是为了解决＿（18）＿问题。（2021 年 11 月第 18 题）

（18）A．帧的转发　　B．短路

C．环路　　D．生成转发表

【答案】（18）C

【解析】掌握生成树协议的功能。

● 下图为某网络拓扑的片段，将 1 和 2 两条链路聚合成链路 G1，并与链路 3 形成 VRRP 主备关系，管理员发现在链路 2 出现 CRC 错误告警，此时该网络区域可能会发生的现象是＿（19）＿。（2021 年 11 月第 33 题）

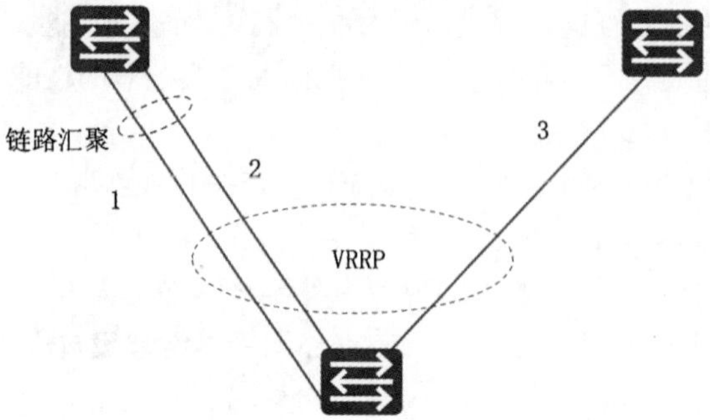

（19）A．从网管系统看链路 2 的状态是 Down
B．部分用户上网将会出现延迟卡顿
C．VRRP 主备链路将发生切换
D．G1 链路上的流量将会达到负载上限

【答案】（19）B

【解析】CRC 冗余告警可能是链路层有问题，但网络没有完全断开，从而导致数据丢包。通过链路 2 的用户会受到影响，经过链路 1 的用户则无影响，故会出现部分用户上网将会出现延迟卡顿。

- 以下关于生成树协议（STP）的描述中，错误的是___（20）___。（2022 年 11 月第 18 题）

（20）A．由 IEEE 制定的最早的 STP 标准是 IEEE 802.1D
B．STP 运行在交换机和路由器设备上
C．一般交换机优先级的默认值为 32768
D．BPDU 每 2s 定时发送一次

【答案】（20）B

【解析】STP 是二层协议，只运行在交换机之上，不能运行在路由器上。

9.7　物理网络设计

9.7.1　考点精讲

1．综合布线系统设计

综合布线系统是基于现代计算机技术的通信物理平台，集成了**语音、数据、图像和视频**的传输功能，消除了原有通信线路在传输介质上的差别。综合布线系统包含 6 个子系统：工作区子系统、水平布线子系统、干线子系统、设备间子系统、管理子系统和建筑群子系统，如图 9-35 所示。2017/（38）（63）、2018/（61）、2021/（36）

通常情况下，信息插座的安装位置距离地面的高度为 30～50cm，配线间到工作区信息插座距离小于等于 90m，信息插座到网卡距离小于等于 10m。2015/（63）、2017/（62）

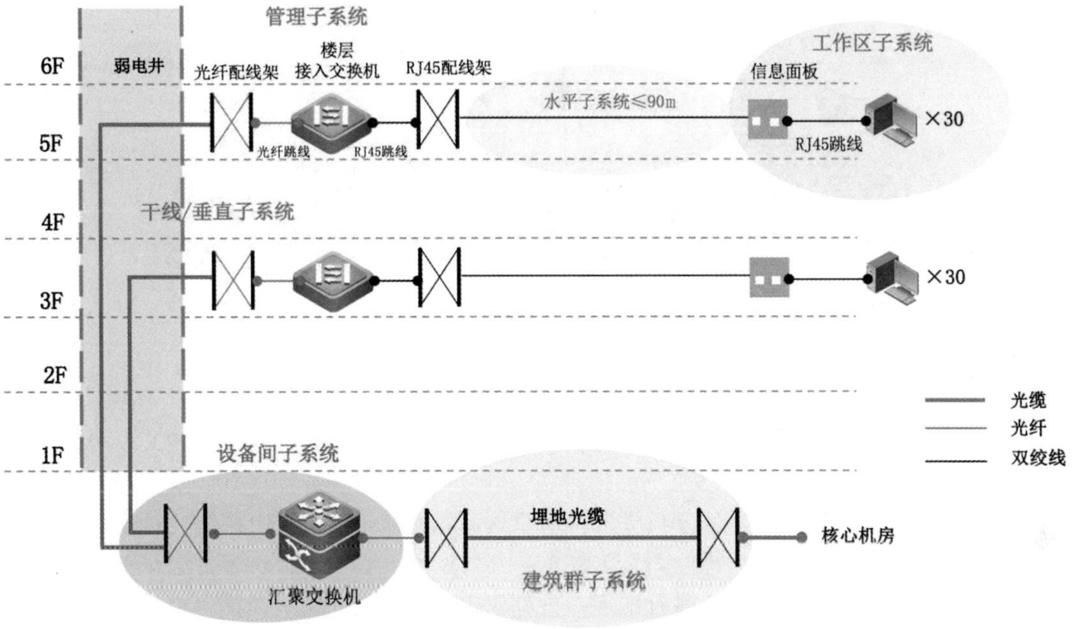

图 9-35 综合布线系统示意图

2. 机房设计

（1）机房位置选择。机房的物理位置在多层建筑或高层建筑物内宜设于**第 1～8 层**，更高楼层不适合作为机房建设楼层。机房位置选择应符合以下要求，这是**案例分析的高频考点**。

1）水源充足、电力比较稳定可靠、交通通信方便、自然环境清洁。

2）选择温度适宜地区，尽量使用自然散热，提升能源效率。

3）远离产生粉尘、油烟、有害气体以及生产或储存具有腐蚀性、易燃、易爆物品的工厂、仓库、堆场等。

4）远离强振源和强噪声源。

5）避开强电磁场干扰，当无法避开强电磁场干扰或为保障计算机系统信息安全，可采取有效的电磁屏蔽措施。

（2）机房组成。机房组成应按计算机运行特点及设备具体要求确定，一般由主要工作房间、第一类辅助房间、第二类辅助房间和第三类辅助房间等组成，允许一室多用或酌情增减，如图 9-36 所示。

1）主要工作房间：主机房、终端室等。

2）第一类辅助房间：低压配电间、不间断电源室、蓄电池室、空调机室、发电机室、气体钢瓶室、监控室等。

3）第二类辅助房间：资料室、维修室、技术人员办公室。

4）第三类辅助空间：储藏室、缓冲间、技术人员休息室、盥洗室。

图 9-36　机房分区示意图

机房供配电系统通常由**计算机网络设备供电、机房辅助设备供电和其他供电**三部分组成。计算机网络设备供电部分负责向网络主干通信设备、网络服务器设备、计算机终端设备和计算机外部设备供电；机房辅助设备供电部分负责向机房空调新风系统、**机房照明系统**和机房维修电源系统（活动地板下或墙面专用电源插座系统）供电；办公室属于其他部分供电。这些部分都统一通过安装在机房配电间的动力配电柜进行配电。外部供电电缆先进入机房总配电柜，然后分送各个部分。2022/（49）

（3）机房安全级别。计算机机房的安全等级分为 A 级、B 级、C 级三个基本级别，安全要求见表 9-5。

表 9-5　机房安全级别与要求

项目	级别		
	A 级	B 级	C 级
场地选址	○	□	—
防火	○	□	□
火灾自动报警系统	○	□	—
自动灭火系统	○	□	—
灭火器	○	□	□
内部装修	□	□	—
供配电系统	○	□	—
空气调节系统	○	□	—
防水	○	□	□

注：○ 表示要求并可有附加要求；□ 表示要求；— 表示无须要求。

1）A 级：计算机系统运行中断后，会对国家安全、社会秩序、公共利益造成**严重损害**的；对计算机机房的安全有严格的要求，有完善的计算机机房安全措施。

2）B 级：计算机系统运行中断后，会对国家安全、社会秩序、公共利益造成**较大损害**的；对计算机机房的安全有较严格的要求，有较完善的计算机机房安全措施。

3）C 级：不属于 A、B 级的情况。对机房的安全有基本要求，有**基本安全措施**。根据计算机系统的规模、用途，计算机机房安全可按某一级执行，也可按某些级综合执行。如电磁干扰为 A 级，火灾报警及灭火为 C 级。

（4）机房设备布置与环境要求。网络与计算机设备宜采用分区布置，一般可分为**服务器区、存储器区、网络设备区、安全设备区、通信区和监控区**等。需要经常监视或操作的设备应布置于方便行走、便于操作的位置。产生尘埃及废物的设备应远离对尘埃敏感的设备，并宜集中布置在靠近机房的回风口处。

机房温度为 20±2℃，相对湿度为 45%～65%。机房铺设活动地板，铺设高度应按实际需要确定，宜为 200～350mm。机房应采用下列 4 种接地方式。

1）交流工作接地，接地电阻不应大于 4Ω。

2）安全工作接地，接地电阻不应大于 4Ω。

3）直流工作接地，接地电阻应按计算机系统具体要求确定。

4）防雷接地，应按现行国家标准《建筑防雷设计规范》（GB 50057—2019）执行。

9.7.2 即学即练·精选真题

- 以下关于网络布线子系统的说法中，错误的是 （1） 。（2015 年 11 月第 63 题）

（1）A．工作区子系统指终端到信息插座的区域

B．水平子系统是楼层接线间配线架到信息插座，线缆最长可达 100m

C．干线子系统用于连接楼层之间的设备间，一般使用大对数铜缆或光纤布线

D．建筑群子系统连接建筑物，布线可采取地下管道铺设，直埋或架空明线

【答案】（1）B

【解析】楼层接线间配线架到信息插座距离不超过 90m，故 B 选项错误。

- 结构化布线系统分为六个子系统，是由终端设备到信息插座的整个区域组成的 （2） 。（2017 年 11 月第 38 题）

（2）A．工作区子系统　　B．干线子系统

C．水平子系统　　D．设备间子系统

【答案】（2）A

【解析】工作区子系统实现工作区终端设备与水平子系统之间的连接，由终端设备连接到信息插座的线缆所组成。

- 在工作区子系统中，信息插座与电源插座的间距不小于 （3） cm。（2017 年 11 月第 62 题）

（3）A．10　　B．20　　C．30　　D．40

【答案】（3）B

【解析】信息插座和电源插座（强弱电）的间距不小于 20cm，信息插座离地 30～50cm。

- 下列不属于水平子系统的设计内容的是___（4）___。（2017 年 11 月第 63 题）

  （4）A．布线路由设计　　B．管槽设计

  C．设备安装、调试　　D．线缆选型

  【答案】（4）C

  【解析】设备安装、调试属于设备间子系统。

- 下列叙述中，___（5）___不属于综合布线系统的设计原则。（2017 年 11 月第 65 题）

  （5）A．综合布线系统与建筑物整体规划、设计和建设各自进行

  B．综合考虑用户需求、建筑物功能、经济发展水平等因素

  C．长远规划思想、保持一定的先进性

  D．采用扩展性、标准化、灵活的管理方式

  【答案】（5）A

  【解析】综合布线应该与建筑物整体规划相协调。

- 下列描述中，属于工作区子系统区域范围的是___（6）___。（2018 年 11 月第 61 题）

  （6）A．实现楼层设备之间的连接　　B．接线间配线架到工作区信息插座

  C．终端设备到信息插座的整个区域　　D．接线间内各种交连设备之间的连接

  【答案】（6）C

  【解析】掌握综合布线各个子系统的定义。

- ___（7）___子系统是楼宇布线的组成部分。（2021 年 11 月第 36 题）

  （7）A．接入　　B．交换　　C．垂直　　D．骨干

  【答案】（7）C

  【解析】掌握综合布线的几大子系统。

9.8 网络测试和运维

9.8.1 考点精讲

1．网络测试方法

根据测试中是否向被测网络注入测试流量，将网络测试方法分为**主动测试和被动测试**。

主动测试是指利用测试工具有目的地**主动向被测网络注入测试流量**，并根据这些测试流量的传送情况来分析网络状态的测试方法。主动测试具备**良好的灵活性**，它能够根据测试环境明确控制测量中所产生的测量流量的特征，如特性、采样技术、时标频率、调度、包大小和类型（模拟各种应用）等。主动测试的问题在于安全性。主动测试主动向被测网络注入测试流量，是“入侵式”的测量，存在一定的**安全隐患**。2016/（59）

被动测试是指利用特定测试工具收集网络中路由器、交换机和服务器等设备的特定信息，以这些信息作为参考，通过**量化分析实现对网络性能、功能进行测量的方法**。常用 SNMP 协议读取相关 MIB 信息，或通过 Sniffer、Ethereal 等专用数据包捕获分析工具进行测试。被动测试的**优点是安**

全性高。被动测试不会主动向被测网络注入测试流量，因此就不会存在注入 DDoS、网络欺骗等安全隐患。被动测试的缺点是不够灵活，局限性较大，因为是被动地收集信息，并不能按照测量者的意愿进行测试，会受到网络机构、测试工具等多方面的限制。2021/（43～44）

2. 网络测试工具

网络测试工具主要有线缆测试仪、网络协议分析仪和网络测试仪。

- 线缆测试仪用于检测线缆质量，可以直接判断线路的通断状况，常用设备有 TDR、OTDR 和光功率计。
- 网络协议分析仪多用于网络的被动测试，**分析仪捕获网络上的数据包和数据帧**，网络维护人员通过分析捕获的数据可以迅速检查网络问题，如 wireshark。
- 网络测试仪是专用的**软硬件结合的测试设备**，具有特殊的测试板卡和测试软件，这类设备多用于网络的主动测试，能对网络设备、网络系统以及网络应用进行综合测试，具备典型的三大功能：数据报捕获、负载产生和智能分析。网络测试仪多用于大型网络的测试。

3. 线路测试

线路测试从工程角度可以分为验证测试和认证测试。验证测试是布线工人现场进行的测试，主要**判断线路是否连通**。认证测试也叫性能测试，主要**关注线路质量要求**，比如衰减、近端串扰等指标是否合格。考生还需要掌握 2 个概念：基本链路和通道测试。基本链路是指建筑物中固定的电缆部分，比如从信息插座到楼层配线架这段 90m 的水平布线就叫基本链路。通道测试是指从 PC 终端到交换机或者服务器的整段端到端链路。2016/（61）

双绞线和光纤是目前应用最广泛的通信介质。双绞线测试指标有：连接图、线路长度、近端串扰、环路电阻、特性阻抗、回波损耗、时延、衰减。光纤测试指标有：波长、回波损耗、时延、衰减。其中**回波损耗和衰减既是双绞线测试指标，也是光纤测试指标**。2016/（63）、2018/（63～64）、2019/（63～64）

考生需要简单了解光纤链路的基本损耗要求，参考国际综合布线标准，见表 9-6。

表 9-6 TIA/EIA-568-B.3 国际综合布线标准

		最大衰减
光纤	850 nm	3.75 dB/km
	1300 nm	1.5 dB/km
	1310 nm	1.0 dB/km
	1550 nm	1.0 dB/km
连接器（SC 或 ST）		0.75 dB（每个连接点）
熔接		0.3 dB（每个熔接点）

4. 网络设备测试

对网络设备如交换机、路由器和防火墙等进行性能测试，目的是了解设备完成各项功能时的性能情况。性能测试的参数包括吞吐量、时延、帧丢失率、背靠背数据帧处理能力、地址缓冲容量、地址学习速率和协议的一致性等。测试主要是验证设备是否符合各项规范的要求，确保网络设备互联时不会出现问题。经常测试的网络设备有：路由器、交换机、防火墙、无线 AP。对于常规的以太网进行系统测试，主要包括系统连通性、链路传输速率、吞吐率、传输时延、丢包率及链路层健康状况测试。

（1）连通性测试。要求所有联网的终端都必须按使用要求**全部连通**。2015/（59）

- 测试方法：用测试工具对网络的关键服务器、核心层和汇聚层的关键网络设备（如交换机和路由器）进行 10 次 ping 测试，每次间隔 1s，以测试网络连通性。测试路径要**覆盖所有的子网和 VLAN**。
- 抽样规则：以不低于接入层设备总数 10%的比例进行抽样测试，抽样少于 10 台设备的，全部测试。每台抽样设备中至少选择一个端口，即测试点，测试点应能够覆盖不同的子网和 VLAN。

合格标准如下：

- 单项合格判据：测试点到关键节点的 ping 测试**连通性达到 100%**时，则判定单点连通性符合要求。
- 综合合格判据：所有测试点的**连通性都达到 100%**时，则判定系统的连通性符合要求；否则判定系统的连通性不符合要求。

（2）链路传输速率。链路传输速率是指设备间通过网络传输数字信息的速率。对于 10M 以太网，单向最大传输速率应达到 10Mbps；对于 100M 以太网，单向最大传输速率应能达到 100Mbps；对于 1000M 以太网，单向最大传输速率应能达到 1000Mbps。

- 全双工（如交换机）发送端口速率 **100%线速流量**，半双工（如集线器）发送端口速率 **50%线速流量**（建议帧长 1518 字节）。2018/（60）
- **抽样规则：**对核心层的骨干链路，应进行全部测试；对汇聚层到核心层的上联链路，应进行全部测试；对接入层到汇聚层的上联链路，以**不低于 10%**的比例进行抽样测试，抽样链路数不足 10 条时，按 **10 条进行计算或者全部测试**。2015/（59）
- 合格标准：发送端口和接收端口的利用率若符合表 9-7 的要求，则判定系统的传输速率符合要求，否则判定系统的传输速率不符合要求。

表 9-7　不同网络接口测试要求

网络类型	全双工交换式以太网		共享式以太网/半双工交换式以太网	
	发送端口利用率	接收端口利用率	发送端口利用率	接收端口利用率
10M 以太网	100%	≥99%	50%	≥45%
100M 以太网	100%	≥99%	50%	≥45%
1000M 以太网	100%	≥99%	50%	≥45%

（3）吞吐率和传输时延。吞吐率是指**空载网络在没有丢包的情况下**，被测网络链路所能达到的最大数据包转发速率。2016/（40）

传输时延是指数据包从发送端口（地址）到目的端口（地址）所需经历的时间。通常传输时延与传输距离、经过的设备和信道的利用率有关。在网络正常的情况下，传输时延应不影响各种业务（如视频点播、基于IP的语音/VoIP和高速上网等）的使用。

（4）丢包率。丢包率是指网络在**70%流量负荷**的情况下，由于网络性能问题造成部分数据包无法被转发的比例。在进行丢包率测试时，需按照不同的帧长度（包括64、128、256、512、1024、1280、1518字节）分别进行测量，测得的丢包率应符合表9-8的规定。2015/（59）

表9-8　网络丢包率要求指标

测试帧长/字节	10M以太网		100M以太网		1000M以太网	
	流量负荷	丢包率	流量负荷	丢包率	流量负荷	丢包率
64	70%	≤0.1%	70%	≤0.1%	70%	≤0.1%
128	70%	≤0.1%	70%	≤0.1%	70%	≤0.1%
256	70%	≤0.1%	70%	≤0.1%	70%	≤0.1%
512	70%	≤0.1%	70%	≤0.1%	70%	≤0.1%
1024	70%	≤0.1%	70%	≤0.1%	70%	≤0.1%
1280	70%	≤0.1%	70%	≤0.1%	70%	≤0.1%
1518	70%	≤0.1%	70%	≤0.1%	70%	≤0.1%

（5）以太网链路层健康状况指标要求见表9-9。

表9-9　以太网链路健康状况指标要求

测试指标	技术要求	
	共享式以太网/半双工交换式以太网	全双工交换式以太网
链路平均利用率/（带宽%）	≤40	≤70
广播率/（帧/秒）	≤50	≤50
组播率/（帧/秒）	≤40	≤40
错误率/（占总帧数%）	≤1	≤1
冲突（碰撞）率/（占总帧数%）	≤5	0

5. 测试报告

测试完成后最终应提供一份完整的测试报告，测试报告应对这次测试中的**测试对象、测试工具、测试环境、测试内容和测试结果等进行详细论述**。测试报告的形式并不固定，可以是一个简短的总结，也可以是很长的书面文档，通常测试报告包含以下信息。

- 测试目的：用一两句话解释本次测试的目的。
- 结论：从测试中得到的信息和推荐下一步的行动。
- 测试结果总结：对测试进行总结并由此得出结论。

- 测试内容和方法：简单地描述测试是怎样进行的，应该包括负载模式、测试脚本和数据收集方法，并且要解释采取的测试方法怎样保证测试结果和测试目的相关，测试结果是否可重现。
- 测试配置：用图形将网络测试配置表示出来。

9.8.2 即学即练·精选真题

- 下列关于网络测试的说法中，正确的是__（1）__。（2015 年 11 月第 59 题）

（1）A．接入-汇聚链路测试的抽样比例应不低于 10%

B．当汇聚-核心链路数量少于 10 条时，无须测试网络传输速率

C．丢包率是指网络空载情况下，无法转发数据包的比例

D．连通性测试要求达到 5 个 9 标准，即 99.999%

【答案】（1）A

【解析】对接入层到汇聚层的上联链路，以不低于 10%的比例进行抽样测试，抽样链路数不足 10 条时，按 10 条进行计算或者全部测试，故 A 选项正确。对汇聚层到核心层的上联链路，应进行全部测试，故 B 选项错误。丢包率是指网络在 70%流量负荷的情况下，由于网络性能问题造成部分数据包无法被转发的比例，故 C 选项错误。连通性测试要求所有联网的终端都必须按使用要求全部连通，故 D 选项错误。

- 网络测试技术有主动测试和被动测试两种方式，__（2）__是主动测试。（2015 年 11 月第 60 题）

（2）A．使用 Sniffer 软件抓包并分析　　B．向网络中发送大容量 ping 报文

C．读取 SNMP 的 MIB 信息并分析　　D．查看当前网络流量状况并分析

【答案】（2）B

【解析】根据是否向被测网络注入测试流量，可以将网络测试方法分为主动测试和被动测试。

- ➢ 主动测试：指利用测试工具有目的地主动向被测网络注入测试流量，并根据这些测试流量的传送情况来分析网络技术参数的测试方法。
- ➢ 被动测试：指利用特定测试工具收集网络中活动的元素（包括路由器、交换机、服务器等设备）的特定信息，以这些信息作为参考，通过量化分析，实现对网络性能、功能进行测量的方法。常用的被动测试方式包括：通过 SNMP 读取 MIB 信息，或通过 Sniffer、Wireshark 等专用数据包捕获分析工具进行测试。

- 网络测试人员利用数据包产生工具向某网络中发送数据包以测试网络性能，这种测试方法属于__（3）__，性能指标中__（4）__能反映网络用户之间的数据传输量。（2016 年 11 月第 59～60 题）

（3）A．抓包分析　　B．被动测试　　C．主动测试　　D．流量分析

（4）A．吞吐量　　B．响应时间　　C．利用率　　D．精确度

【答案】（3）C　（4）A

【解析】向网络中注入测试数据包，是典型的主动测试。吞吐量能反映网络用户之间的数据传输量。

- 下列测试内容中，不是线路测试对象的是＿（5）＿。（2016 年 11 月第 61 题）

（5）A．跳线　　B．交换机性能

C．光模块　　D．配线架

【答案】（5）B

【解析】线路测试包括传输介质，如光纤、双绞线、跳线等，也包括布线材料，如配线架。

- 下列指标中，不属于双绞线测试指标的是＿（6）＿。（2016 年 11 月第 63 题）

（6）A．线对间传播时延差　　B．衰减串扰比

C．近端串扰　　D．波长窗口参数

【答案】（6）D

【解析】掌握双绞线和光纤测试指标。

➢ 双绞线测试指标有：连接图、线路长度、近端串扰、环路电阻、特性阻抗、回波损耗、时延、衰减。

➢ 光纤测试指标有：波长、回波损耗、时延、衰减。

其中**回波损耗、时延和衰减**既是双绞线测试指标，也是光纤测试指标。

- 进行链路传输速率测试时，测试工具应在交换机发送端口产生＿（7）＿线速流量。（2018 年 11 月第 60 题）

（7）A．100%　　B．80%　　C．60%　　D．50%

【答案】（7）A

【解析】进行链路传输速率测试时，测试工具应在交换机发送端口产生 100%线速流量。

- 检查设备单板温度显示如下图所示，对单板温度正常的判断是＿（8）＿，如果单板温度异常，首先应该检查＿（9）＿。（2020 年 11 月第 64～65 题）

```
<Huawei>disp temperature slot 9
SlotID 9:
Base Board，Unit:C，Slot9

----------------------------------------------------------------------
PCB      12C   Addr Ch1   Status     Minor   Major  Fatal  TMin  TMax  Temp(C)
----------------------------------------------------------------------
NSP120   520   72    0    NORMAL     90      95     100    60    80    53
NSP120   520   73    0    NORMAL     70      75     80     0     65    59
```

（8）A．Temp(C)小于 Minor　　B．Temp(C)大于 Major

C．Temp(C)大于 Fatal　　D．Temp(C)小于 Major

（9）A．CPU 温度　　B．风扇　　C．机房温度　　D．电源

【答案】（8）A　（9）B

【解析】执行命令 display device temperature{all| slot slot-id}，查看设备的温度信息，Temp(C)代表当前温度。三个温度告警门限值：Minor（次要的）、Major（重要的）、Fatal（致命的）。显示当前单板的“Status”不是“NORMAL”时，应及时进行温度调节以保障设备正常运行，例如检查风扇。

9.9 网络故障排查与处理

9.9.1 考点精讲

1. 网络故障排查思路

图 9-37 给出了一般性故障排除模型的处理流程，这一流程并不是解决网络故障时必须严格遵守的步骤，只是为建立特定网络环境中故障排除的流程提供了基础。

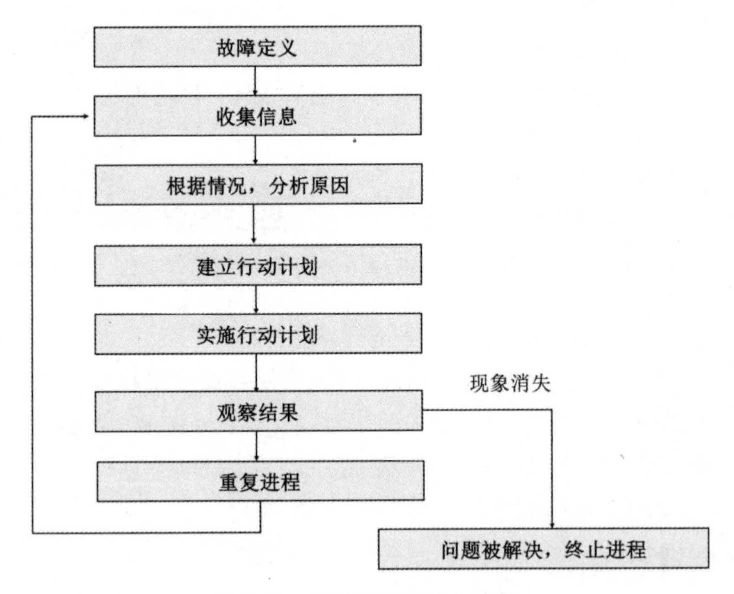

图 9-37 故障排查思路与流程

2. 网络故障排查工具

排查网络故障的工具有多种，主要可以分为三类：设备或系统诊断命令、网络管理工具以及专用故障排除工具。

（1）设备或系统诊断命令。许多网络设备及系统本身就提供大量的集成命令来帮助监视并对网络进行故障排除。下面介绍一些常用命令的基本用法。

- **display 命令：**用于监测系统的安装情况与网络的正常运行状况，也可以用于对故障区域的定位。
- debug 命令：帮助分离协议和配置问题，生产网慎用，可能导致业务中断。2015/（61）
- **ping 命令：**用于检测网络上不同设备之间的连通性。
- **tracert 命令：**用于确定数据包在从一个设备到目的地的过程中经过的路径。

（2）网络管理工具。一些厂商推出的网络管理工具如 Cisco Works、HP OpenView、华为 eSight、华三 IMC、锐捷 SNC/RIIL 等都含有监测以及故障排除功能，有助于网络管理和故障排除。

（3）专用故障排除工具。专用故障排除工具可能比设备或系统中集成的命令更有效。如果在“可疑”的网络上接入一台网络分析仪，就可以尽可能少地干扰网络的正常工作，并且很有可能在不打断网络正常工作的情况下获取到有用的信息。下面为一些典型的用于排除网络故障的专用工具。

- 欧姆表、数字万用表及电缆测试器可以用于检测**电缆设备**的物理连通性。
- 时域反射计（Time Domain Reflectors，TDR）与光时域反射计（Optical Time Domain Reflectors，OTDR）用于**测定电缆断裂、阻抗不匹配以及电缆设备其他物理故障的具体位置**。（2016.64）
- 断接盒（breakout boxes）、智能测试盘和位/数据块错误测试器（BERT/BLERT）可以用于**外围接口的故障排除**。
- 网络监测器通过持续跟踪穿越网络的数据包，能每隔一段时间提供网络活动的准确图像。
- 网络分析仪（例如 Sniffer）可以对 OSI 所有 7 层上出现的问题进行解码，自动实时地发现问题，对网络活动进行清晰地描述，并根据问题的严重性对故障进行分类。

3. 网络故障诊断

（1）物理层故障。物理层的故障主要表现为设备的物理连接方式是否恰当，连接电缆是否正确，确定路由器端口物理连接是否完好的最佳方法是使用 **display interface** 命令，检查每个端口的状态，解释屏幕输出信息，查看端口状态、协议建立状态和 up 状态。千兆传输需要使用 8 芯网线，如果出现物理层故障，比如**只能用 7 芯，可能降为百兆传输**。

（2）数据链路层故障。查找和排除数据链路层的故障，需要查看路由器的配置，检查连接端口的共享**同一数据链路层的封装情况**。每对接口要和与其通信的其他设备有相同的封装。通过查看路由器的配置检查其封装，或者使用 display 命令查看相应接口的封装情况。

（3）网络层故障。排查网络层故障的基本方法是：**沿着从源到目的的路径，查看路由器路由表，同时检查路由器接口的 IP 地址**。如果路由没有在路由表中出现，应该通过检查来确定是否已经输入适当的静态路由、默认路由或者动态路由。然后手工配置丢失的路由，或者排除动态路由选择过程的故障，包括 RIP 或者 OSPF 路由协议出现的故障。

（4）应用层故障。应用层提供最终用户服务，如文件传输、电子信息、电子邮件和虚拟终端接入等。排除应用层故障的基本方法是：**首先可以在服务器上检查配置，测试服务器是否正常运行，如果服务器没有问题，再检查应用客户端是否正确配置**。

9.9.2 即学即练·精选真题

- 以下关于网络故障排除的说法中，错误的是___（1）___。（2015 年 11 月第 61 题）

（1）A. ping 命令支持 IP、AppleTalk、Novell 等多种协议中测试网络的连通性

B. 可随时使用 debug 命令在网络设备中进行故障定位

C. tracert 命令用于追踪数据包传输路径，并定位故障

D. show 命令用于显示当前设备或协议的工作状况

【答案】（1）B

【解析】debug 命令运行时，会耗费网络设备相当大的 CPU 资源，且持续较长的时间，可能

造成网络瘫痪，故debug命令一般不在生产网络中使用。

- 某学生宿舍采用ADSL接入Internet，为扩展网络接口，用双绞线将2台家用路由器连接在一起，出现无法访问Internet的情况，导致该问题最可能的原因是<u>（2）</u>。（2015年11月第64题）

（2）A．双绞线质量太差　　B．两台路由器上的IP地址冲突

C．有强烈的无线信号干扰　　D．双绞线类型错误

【答案】（2）B

【解析】家用路由器带有DHCP功能，同时接入2台家用路由器进行IP地址分配，可能出现IP地址冲突，导致用户无法访问Internet。

- 某网络中PC1无法访问域名为www.aaa.cn的网站，而其他主机访问正常，在PC1上执行ping命令时有如下所示的信息：

```
C:>ping www.aaa.cn
Ping www.aaa.cn[202.117.112.36] with 32 bytes of data:
Reply from 202.117.112.36: Destination net unreachable.
Reply from 202.117.112.36: Destination net unreachable.
Reply from 202.117.112.36: Destination net unreachable.
Reply from 202.117.112.36: Destination net unreachable.

Ping statistics for 202.117.112.36:
Packets: Sent=4,Received=4,Lost=O(0% loss),
Approximate round trip tunes in milli-seconds:
Minimum=0ms, Maximum=0ms, Average=0ms
```

造成该现象可能的原因是<u>（3）</u>。（2016年11月第53题）

（3）A．DNS服务器故障　　B．PC1上TCP/IP协议故障

C．遭受了ACL拦截　　D．PC1上Internet属性参数设置错误

【答案】（3）C

【解析】www.aaa.cn[202.117.112.36]表示DNS解析正常，说明DNS服务器和PC1上的TCP/IP协议没有发生故障，PC1上Internet属性参数也没有设置错误，最大可能就是数据包遭受了ACL拦截。

- 通过光纤收发器连接的网络丢包严重，可以排除的故障原因是<u>（4）</u>。（2016年11月第62题）

（4）A．光纤收发器与设备接口工作模式不匹配

B．光纤跳线未对准设备接口

C．光纤熔接故障

D．光纤与光纤收发器的RX（receive）和TX（transport）端口接反

【答案】（4）D

【解析】收发器网络丢包严重可能的故障如下：

（1）收发器的电端口与网络设备接口，或两端设备接口的双工模式不匹配。

（2）双绞线与 RJ-45 头有问题，进行检测。

（3）光纤连接问题，跳线是否对准设备接口，尾纤与跳线及耦合器类型是否匹配等。

如果光纤收发器的 RX（receive）和 TX（transport）端口接反，会导致不能通信，而不是丢包严重。

- 某办公室工位调整时一名员工随手将一根未接的网线接头插入工位下面的交换机接口，随后该办公室其他工位的电脑均不能上网，可以排除___（5）___故障。（2016 年 11 月第 66 题）

（5）A．产生交换机环路 B．新接入网线线序压制错误

C．网络中接入了中病毒的电脑 D．交换机损坏

【答案】（5）B

【解析】新接入网线线序压制错误只会影响 1 个用户，而题目中提到办公室其他工位的电脑均不能上网。

- 某宾馆三层网速异常，ping 网络丢包严重。通过对核心交换机查看 VLAN 接口 IP 与 MAC，与客户电脑获取的进行对比发现不一致。在交换机上启用 DHCP Snooping 后问题解决。该故障是由于___（6）___造成。可以通过___（7）___方法杜绝此类故障。（2016 年 11 月第 67～68 题）

（6）A．客人使用自带路由器 B．交换机环路

C．客人电脑中病毒 D．网络攻击

（7）A．安装防毒软件 B．对每个房间分配固定的地址

C．交换机进行 MAC 和 IP 绑定 D．通过 PPPoE 认证

【答案】（6）A （7）D

【解析】网速异常，ping 网络丢包严重，可能是出现了 IP 地址冲突。在核心交换机上查看 VLAN 接口下 IP 与 MAC，本质上在查看用户网关地址，比如查看核心交换机配置的 vlanif 地址是 192.168.1.254（用户网关），而用户获得的地址是 10.1.1.1/24，则说明网络中有非授权的 DHCP 服务器，最可能的是私接路由器。解决私接问题，最常用的技术是 DHCP Snooping 技术，也可以通过 PPPoE 认证方法杜绝此类故障。C 选项的描述偏向于分配静态 IP 和 MAC 绑定，该方案可以解决私接问题，但不适合宾馆场景。

- 某单位网络拓扑结构、设备接口及 IP 地址的配置如下图所示，R1 和 R2 上运行 RIPv2 路由协议。

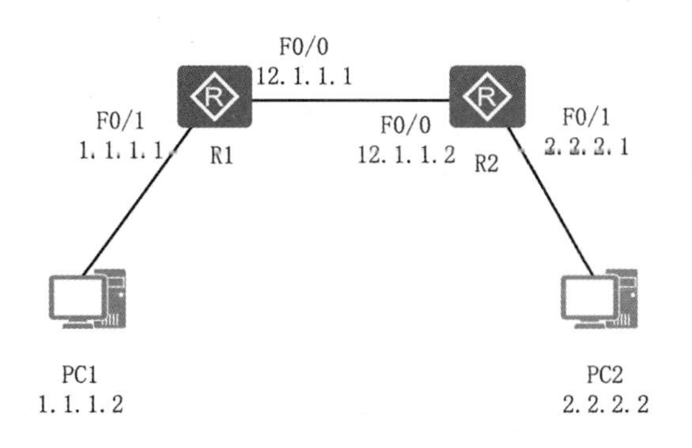

在配置完成后，路由器 R1、R2 的路由表如上图所示。

R1 的路由表：

C 1.1.1.0 is directly connected,FastEthernet0/1

C 12.1.1.0 is directly connected,FastEthernet0/0

R2 的路由表：

R 1.0.0.0/8[120/1]via 12.1.1.1,00:00:06, FastEthernet0/0

C 2.2.2.0 is directly connected,FastEthernet0/1

C 12.1.1.0 is directly connected,FastEthernet0/0

R1 路由表未达到收敛状态的原因可能是＿（8）＿，如果此时在 PC1 上 ping 主机 PC2，返回的消息是＿（9）＿。（2017 年 11 月第 60～61 题）

（8）A．R1 的接口 F0/0 未打开　　B．R2 的接口 F0/0 未打开
C．R1 未运行 RIPv2 路由协议　　D．R2 未宣告局域网路由

（9）A．Request timed out
B．Reply from 1.1.1.1:Destination host unreachable
C．Reply from 1.1.1.1:bytes=32 time=0ms TTL=255
D．Reply from 2.2.2.2:bytes=32 time=0ms TTL=126

【答案】（8）D　（9）B

【解析】R1 没有 R2 直连接口的路由，R2 路由表有接口 F0/1 的直连路由，可能是 R2 没有在 RIPv2 中宣告局域网接口。由于 R1 没有对方路由，那么 PC1 的 ping 报文只能到达网关，之后返回不可达信息。

- 某企业网络管理员发现数据备份速率突然变慢，初步检查发现备份服务器和接入交换机的接口速率均显示为百兆，而该连接两端的接口均为千兆以太网接口，且接口速率采用自协商模式。排除该故障的方法中不包括＿（10）＿。（2017 年 11 月第 68 题）

（10）A．检查设备线缆　　B．检查设备配置
C．重启设备端口　　D．重启交换机

【答案】（10）D

【解析】A 选项线路故障可能造成速率降低，千兆需要 8 芯网线，百兆只需要 4 芯；可以检查设备配置和重启端口，尽量不要重启交换机，特别是在存在备份过程中。严格意义 4 个选项都可能，勉强选 D 选项。

- 网络管理员在日常巡检中，发现某交换机有个接口（电口）丢包频繁，下列处理方法中正确的是＿（11）＿。（2018 年 11 月第 65 题）

①检查连接线缆是否存在接触不良或外部损坏的情况

②检查网线接口是否存在内部金属弹片凹陷或偏位

③检查设备两端接口双工模式、速率、协商模式是否一致

④检查交换机是否中病毒

（11）A．①②　　B．③④　　C．①②③　　D．①②③④

【答案】(11) C

【解析】交换机中毒概率很小，即使交换机中毒，也不会只有一个接口出现丢包。

- 如下图所示，某公司甲、乙两地通过建立 IPSec VPN 隧道，实现主机 A 和主机 B 的互相访问，VPN 隧道协商成功后，甲、乙两地访问互联网均正常，但从主机 A 到主机 B ping 不通，原因可能是___(12)___、___(13)___。(2018 年 11 月第 68～69 题)

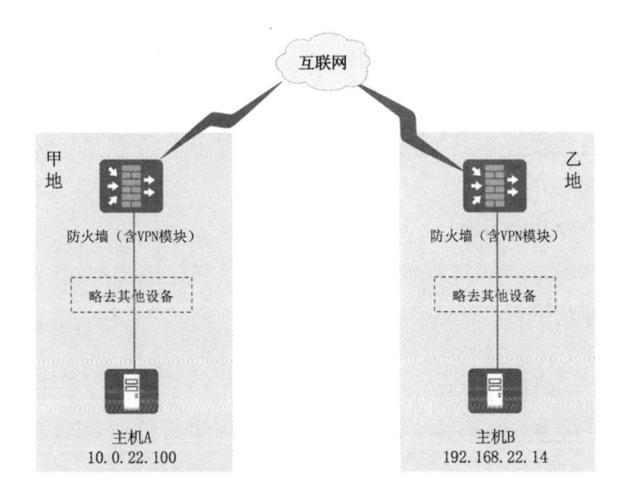

(12) A. 甲乙两地存在网络链路故障
B. 甲乙两地防火墙未配置虚拟路由或者虚拟路由配置错误
C. 甲乙两地防火墙策略路由配置错误
D. 甲乙两地防火墙互联网接口配置错误

(13) A. 甲乙两地防火墙未配置 NAT 转换
B. 甲乙两地防火墙未配置合理的访问控制策略
C. 甲乙两地防火墙的 VPN 配置中未使用野蛮模式
D. 甲乙两地防火墙 NAT 转换中未排除主机 A/B 的 IP 地址

【答案】(12) B (13) D

【解析】主机 A 和主机 B 均可以访问互联网，且 VPN 隧道协商成功，说明不存在链路故障、端口或者 NAT 配置错误。最大的可能是 VPN 隧道没有相关的路由，或者 NAT 没有排除通往对方的流量。

- 网络管理员进行检查时发现某台交换机 CPU 占用率超过 90%，通过分析判断，该交换机是由某些操作业务导致 CPU 占用率高，造成该现象的可能原因有___(14)___。(2019 年 11 月第 67 题)

①生成树 ②更新路由表 ③频繁的网管操作 ④ARP 广播风暴 ⑤端口频繁 UP/DOWN ⑥数据报文转发量过大

(14) A. ①②③ B. ①②③④ C. ①②③④⑤ D. ①②③④⑤⑥

【答案】(14) C

【解析】 交换机 CPU 使用率过高的原因主要有：硬件故障、网络攻击、网络震荡（包括 STP 震荡和路由协议震荡）、网络环路，数据通过硬件转发，不走 CPU，故数据量大不会造成 CPU 利用率过高。

● 某学校为学生宿舍部署无线网络后，频繁出现网速慢、用户无法登录等现象，网络管理员可以通过哪些措施优化无线网络___（15）___。（2019 年 11 月第 68 题）

①调整 AP 功率②人员密集区域更换高密度 AP ③调整宽带 ④干扰调整 ⑤馈线入户

（15）A．①②　　B．①②③　　C．①②③④　　D．①②③④⑤

【答案】（15）D

【解析】 造成无线网络慢、用户无法登录的优化措施有：调整 AP 功率、更换高密度 AP、调整带宽、干扰调整和馈线入户等。

● 下图为某 Windows 主要执行 treacert ww.xx.com 命令的结果。其中第 13 跳返回信息为“*”，且地址信息为 request timed out，出现这种问题的原因可排除___（16）___。（2020 年 11 月第 34 题）

C:\Users\Administrator>tracert www.xx.com

通过最多 30 个跃点跟踪

到 www.xx.com[103.224.182.246]的路由：

```
1    <1 毫秒   <1 毫秒   <1 毫秒  162.118.1.1
2     1 ms      1 ms      1 ms   170.18.128.1
3     2 ms      2 ms      2 ms   183.214.254.9
4     2 ms      1 ms      1 ms   111.23.187.89
5     2 ms      1 ms      2 ms   111.24.9.169
6    22 ms     22 ms     22 ms   111.24.4.209
7    37 ms     80 ms     19 ms   221.183.68.141
8    25 ms     30 ms     25 ms   221.183.25.117
9    19 ms     21 ms     19 ms   221.183.55.81
10  185 ms    185 ms    185ms      223.120.12.105
11  198 ms    198 ms    198 ms   223.120.6.126
12  283 ms    282 ms    286 ms   223.120.6.218
13   *        *         *       request timed out
14  273 ms    272 ms    276 ms   213.1.2.3
```

（16）A．第 13 跳路由器拒绝对 ICMP Echo request 作出应答

B．第 13 跳路由器不响应但转发端口号大于 32767 的数据报

C．第 13 跳路由器处于离线状态

D．第 13 跳路由器的 CPU 忙，延迟对该 ICMP Echo request 做出响应

【答案】（16）C

【解析】 tracert 出现*号可能的原因是设备没有回应，或者回应超时。比如出于安全考虑，有些路由器或防火墙会过滤用户的 ping/tracert 等探测流量。由于*后续网络畅通，故不可能第 13 跳路由器处于离线状态，选 C 选项。

● 管理员无法通过 telnet 来管理路由器，下列故障原因中不可能的是___（17）___。（2020 年 11 月第 50 题）

（17）A．该管理员用户账号被禁用或删除　　B．路由器设置了 ACL

C．路由器内 telnet 服务被禁用　　D．该管理员用户账号的权限级别被修改为 0

【答案】（17）D

【解析】VRP系统把命令和用户进行了分级，每条命令都有相应的级别，每个用户也有自己的权限级别，并且用户权限级别和命令级别有一定的关系，见下表。用户登录后，只能执行等于或低于自己级别的命令。权限级别是0级别的用户可以执行网络诊断类命令ping、tracert和telnet。

用户权限级别与命令级别的对应关系

用户级别	命令级别	说明
0	0	网络诊断类命令（ping，tracert）、从本设备访问其他设备的命令（telnet）等
1	0、1	系统维护命令，包括display等。但并不是所有的display命令都是监控级的，例如display current-configuration 和 display saved-configuration都是管理级命令
2	0、1、2	业务配置命令，包括路由、各个网络层次的命令等
3~15	0、1、2、3	涉及系统基本运行的命令，如文件系统、FTP下载、配置文件切换命令、用户管理命令、命令级别设置命令、系统内部参数设置命令等，还包括故障诊断的debugging命令

- 网络管理员检测到局域网内计算机的传输速度变得很慢，可能出现该故障的原因有__（18）__。（2020年11月第67题）

  ①网络线路介质故障　②计算机网卡故障

  ③蠕虫病毒　④WannaCry勒索病毒

  ⑤运营商互联网接入故障　⑥网络广播风暴

  （18）A．①②⑤⑥　B．①②③④　C．①②③⑤　D．①②③⑥

  【答案】（18）D

  【解析】网线故障，千兆可能变百兆，因为千兆必须8芯传输，百兆只需4芯；网卡故障或者驱动兼容性同样也会导致传输缓慢；蠕虫病毒和广播风暴一般并存，会让攻击流量充斥网络，导致正常业务流量受到影响。勒索病毒会导致计算机不可用，不会让网速变慢，互联网接入故障是出口问题，会导致不能接入互联网，而不会使局域网内计算机的传输速度变得很慢。

- 某大楼干线子系统采用多模光纤布线，施工完成后，发现设备间子系统到楼层配线间网络丢包严重，造成该故障可能的原因是__（19）__。（2020年11月第68题）

  （19）A．这段光缆至少有1芯光纤断了　B．光纤熔接不合格，造成光衰大

  C．这段光缆传输距离超过100米　D．水晶头接触不良

  【答案】（19）B

  【解析】1芯光纤断了会导致网络不通，故A选项错误。熔接不达标，造成衰减过大，引起的掉包严重，故B选项正确。光缆距离远超100米，故C选项错误。题目描述干线系统采用光纤布线，不涉及水晶头，故D选项错误。

- 如图1所示，某网络中新接入交换机SwitchB，交换机SwitchB的各接口接入网线后，SwitchA的GE1/0/3接口很快就会处于down状态，拔掉SwitchB各接口的网线后（GE1/0/1除外），SwitchA的GE1/0/3接口很快就会恢复到up状态，SwitchA的GE1/0/3接口配置如图2所示，请判断造成该故障的原因可能是__（20）__。（2020年11月第69题）

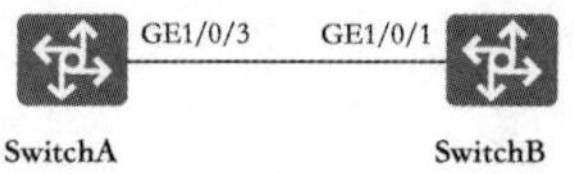

SwitchA GE1/0/3 GE1/0/1 SwitchB

图 1

```
interface GigabitEthernet1/0/3
loopback-detect recovery-time 30
loopback-detect enable
loopback-detect action shutdown
```

图 2

（20）A．SwitchB 存在非法 DHCP 服务器　　B．SwitchB 存在环路
C．SwitchA 性能太低　　D．SwitchB 存在病毒

【答案】（20）B

【解析】交换机 A 接口 GE1/0/3 开启了环路检测，可以减轻环路对本设备和整个网络的影响，如果存在环路就会 down。recovery-time 设置恢复时间，经过该时间 down 端口恢复正常状态。

执行命令 loopback-detect action { block| nolearn | shutdown | trap| quitvlan}

当系统发现接口存在环回时，可对该接口进行以下 5 种处理动作：

参数	参数说明	取值
block	接口检测到环路时将接口堵塞	—
nolearn	接口检测到环路时禁止接口进行 MAC 地址学习	—
shutdown	接口检测到环路时将接口关闭	—
trap	接口检测到环路时只上报告警	—
quitvlan	接口检测到环路时退 VLAN	—

- 某数据中心中配 2 台核心交换机 CoreA 和 CoreB，并配置 VRRP 协议实现冗余，网络管理员例行检查时，在核心交换机 CoreA 上发现内容为“The state of VRRP changed from master to other state”的告警日志。经过分析，下列选项中不可能的原因是＿（21）＿。（2020 年 11 月第 70 题）

（21）A．CoreA 和 CoreB 的 VRRP 优先级发生变化
B．CoreA 发生故障
C．CoreB 发生故障
D．CoreB 从故障中恢复

【答案】（21）C

【解析】交换机 CoreA 的状态从主交换状态切换成其他状态。可能是两台设备优先级发生变化，不可能是 CoreB 发送故障，如果是 CoreB 故障，那么 CoreA 肯定就是 master，不会发生状态变化。

- 某主机可以 ping 通本机地址，而无法 ping 通网关地址，网络配置如下图所示，造成该故障的原因可能是＿（22）＿。（2021 年 11 月第 67 题）

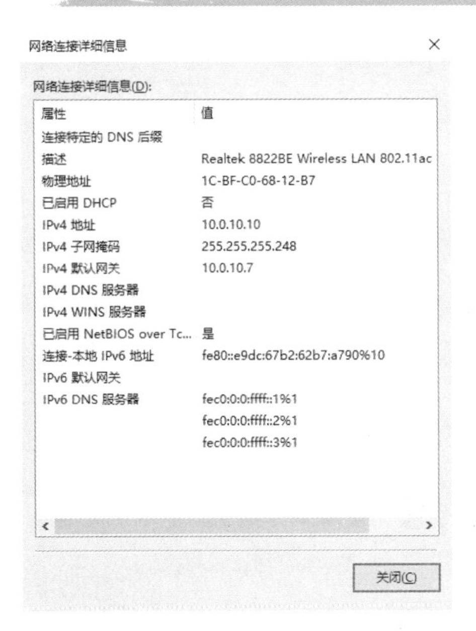

（22）A．该主机的地址是广播地址　　　　B．默认网关地址不属于该主机所在的子网

　　　C．该主机的地址是组播地址　　　　D．默认网关地址是组播地址

【答案】（22）B

【解析】子网掩码是 255.255.255.248，即/29，那么地址块是 2^{32-29}=8，划分出的子网有：

10.0.10.0/29

10.0.10.8/29

10.0.10.16/29

……

可以得出 10.0.10.8/29 是子网地址，10.0.10.7 是广播地址，且 10.0.10.7 和 10.0.10.10 属于不同子网。

- 某分公司财务 PC 通过专网与总部财务系统连接，拓扑如下图所示。某天，财务 PC 访问总部财务系统速度缓慢、时断时好，网络管理员在财务 PC 端 ping 总部财务系统，发现有网络丢包，在光电转换器 1 处 ping 总部财务系统网络丢包症状同上，在专网接入终端处 ping 总部财务系统，网络延时正常无丢包，光纤 1 两端测得光衰为-28dBm，光电转换器 1 和 2 指示灯绿色闪烁。初步判断该故障原因可能是＿（23）＿，可采用＿（24）＿措施较为合理。（2021 年 11 月第 68～69 题）

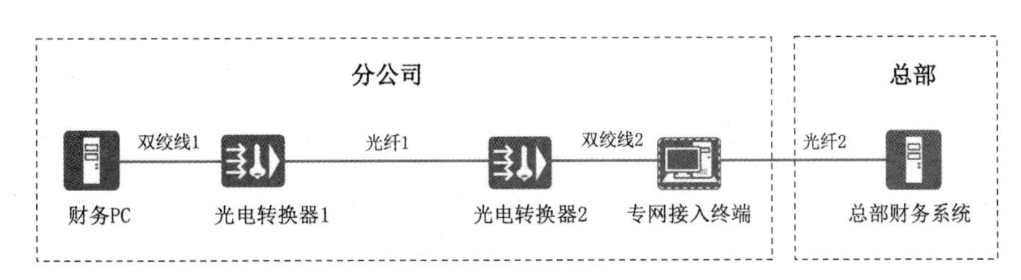

（23）A．财务 PC 终端网卡故障　　B．双绞线 1 链路故障
C．光纤 1 链路故障　　D．光电转换器 1、2 故障

（24）A．更换财务 PC 终端网卡
B．更换双绞线 1
C．检查光纤 1 链路，排除故障，降低光衰
D．更换光电转换器 1、2

【答案】（23）C　（24）C

【解析】光纤光衰通常是指光纤单位长度上的衰减值，单位为 dB/km。理想的光衰范围是-20～-25dBm，题目已知光纤 1 的光衰为-28dBm，故光纤 1 光衰过大，可能的原因有很多，比如光纤质量差、熔接损耗过大和光纤过度弯曲等。光电转换器绿灯闪烁，表示光电转换器没有问题，应该重点检查光纤 1 链路。

- 网络管理员小王在例行巡查时，发现某存储系统的 5 号磁盘指示灯为红色，造成红色指示灯亮的主要原因可能是__（25）__，应该采取__（26）__措施处置。（2022 年 11 月第 67～68 题）

（25）A．数据读写频繁　　B．磁盘故障
C．磁盘温度高　　D．该磁盘为热备盘

（26）A．降低 IO　　B．更换磁盘
C．检查风扇　　D．不用采取措施

【答案】（25）B　（26）B

【解析】本题是案例分析考过的原题，磁盘指示灯为红色表示磁盘故障，需要更换相同型号、容量的磁盘。

- 某培训教室安装有 120 台终端电脑和 3 台 48 口千兆以太网交换机，3 台交换机依次级联，终端电脑通过 5 类非屏蔽双绞线连接交换机，双绞线和电源线共用防静电地板下的线槽从机柜敷设到各终端电脑处。安装完成后培训教室内的电脑相互 ping 测试，发现时有丢包现象，丢包率约 1%～2%，造成该现象的原因可能是__（27）__。（2022 年 11 月第 69 题）

（27）A．交换机级联影响网络传输稳定性　　B．交换机性能太低
C．终端电脑网卡故障　　D．网络线缆受到电磁干扰

【答案】（27）D

【解析】强电和弱电部署在同一线槽，且采用非屏蔽双绞线，会产生电磁干扰，导致丢包。

9.10　网络性能管理

9.10.1　考点精讲

网络性能管理是网络管理的一部分，通过监测网络运行状况和通信效率，判断网络的性能。考生需要了解的常见网络性能管理工具有 SmartBits、MRTG、Netperf。网络性能测试类型可以分为：负载测试、压力测试、强度测试、容量测试、稳定性测试和基准测试。

（1）负载测试：测试在各种工作负载下系统的性能，确定负载逐渐增加时系统各项性能指标的变化。

（2）压力测试：测试系统的极限性能，比如最大并发，压力测试也可以看作特殊的负载测试。

（3）强度测试：为了确定系统在最差工作环境（比如高温/低温、低带宽、低内存）的工作能力，确定系统在极限状态下运行时性能下降的幅度是否在允许的范围内。

（4）容量测试：在其主要功能正常运行的情况下测试反映软件系统应用特征的某项指标的极限值（如最大并发用户数）。

（5）稳定性测试：长时间运行，观察系统的出错概率和性能变化趋势，从而减小系统上线后崩溃的问题。

（6）基准测试：一种衡量和评估软件性能的活动，通过基准测试建立已知的性能基线，比如按目前的配置，最大带机量 1000 人。与基准测试相关的配置有：服务器数量和硬件配置、数据库大小、是否加密等。

9.10.2 即学即练·精选真题

● 软件性能测试有多种不同类型的测试方法，其中 （1） 用于测试在系统资源特别少的情况下考查软件系统运行情况； （2） 用于测试系统可处理的同时在线的最大用户数量。（2019 年 11 月第 8～9 题）

（1）A．强度测试　B．负载测试　C．压力测试　D．容量测试

（2）A．强度测试　B．负载测试　C．压力测试　D．容量测试

【答案】（1）A　（2）D

【解析】性能测试通常有负载、强度、压力及容量测试等多种类型。

- 负载测试：测试在各种工作负载下系统的性能，确定负载逐渐增加时系统各项性能指标的变化。
- 强度测试：在系统资源特别低的情况下软件系统运行情况，用于检查程序对异常情况的抵抗能力，确定系统在极限状态下运行的时候性能下降的幅度是否在允许的范围内（比如高温）。
- 压力测试：测试系统的极限性能，比如最大并发。
- 容量测试：在其主要功能正常运行的情况下测试反映软件系统应用特征的某项指标的极限值（如最大并发用户数）。

第10章 云数据中心

10.1 考点分析

本章主要对应下午案例分析试题二，分值约25分，在论文中也会出现本章的内容。其中机房动环、服务器、存储、容灾备份、虚拟化和云计算是案例分析的核心考点，希望考生能理解，并能通过自己的语言进行描述。

10.2 网络服务器

10.2.1 考点精讲

1. 服务器分类

服务器是网络数据的节点和枢纽，是一种高性能计算机，存储、处理网络上80%的数据信息，负责为网络中的多个客户端/用户同时提供信息服务，因此也被称为网络的灵魂。服务器类似公交车，承载大家的业务，PC类似小汽车，承载个人业务。服务器分类方式很多，可以按指令集分、按物理形态分、按处理器个数分、按应用场景分。

（1）按照指令集分类，可以分为精简指令集计算机（Reduced Instruction Set Computer，RISC）和复杂指令集计算机（Complex Instruction Set Computer，CISC）。为了提高操作系统的效率，人们最初选择向指令系统中添加更多、更复杂的指令，导致指令集越来越多，这种类型的计算机称为复杂指令集计算机。当下应用最广泛的Intel和AMD的x86系列CPU都是CISC架构。对指令数目和寻址方式做精简，让指令的周期相同，更适合采用流水线技术，并行执行程度更好，这就是精简指令集计算机。RISC指令集被广泛应用于小型机以及移动终端。两种指令集的对比见表10-1。

表 10-1 CISC 与 RISC 指令集对比

对比项	复杂指令集（CISC）	精简指令集（RISC）
指令系统	复杂，庞大	简单，精简
指令数目	一般大于 200 条	一般小于 100 条
指令字长	不固定	定长（适合流水线）
寻址方式	支持多种方式	支持方式少
指令执行时间	相差较大	绝大多数在一个周期内完成
指令使用频率	相差很大	都比较常用
通用寄存器数量	较少	多
目标代码	难以用优化编译生成高效的目标代码程序	采用优化的编译程序，生成代码较为高效
控制方式	绝大多数为微程序控制	绝大多数为组合逻辑控制 （硬布线逻辑+微程序）
指令流水线	可以通过一定方式实现	必须实现

（2）按物理形态分类，可以把服务器分为塔式（Tower）服务器、机架式（Rack）服务器和刀片式（Blade）服务器，如图 10-1 所示。

塔式服务器

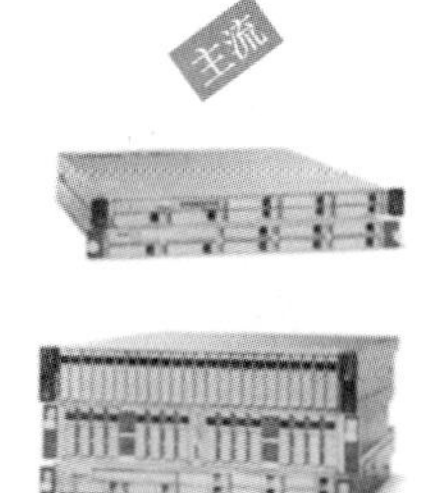

机架式服务器

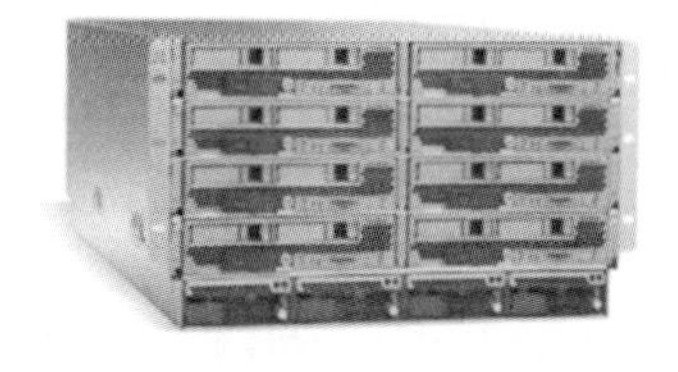

刀片式服务器

图 10-1 服务器物理形态

塔式服务器分为立式和卧式机箱服务器，可放置在办公环境，机箱结构较大（比普通台式电脑机箱更大）。塔式服务器密度低，大多为单处理器系统，少部分为双处理器系统。一般用于图形工作站，优点是成本低，缺点是噪声大。

机架式服务器是标准电信机房设备，宽度为 19in（英寸），高度用 U 计量，每 U 为 1.75in，即 4.445cm。通常有 1U、2U、4U 和 8U 服务器，项目采购以 1U 和 2U 为主，其次是 4U 和 8U。

刀片式服务器是一种更高密度的服务器平台，一个机箱里可插入 8～20 块“刀片”，根据实际需要配置计算刀片、存储刀片和网络刀片。每一块“刀片”实际上就是一块系统主板。思科、华为、新华三等厂商都有刀片服务器。刀片服务器在实际项目中应用较少。

（3）按照处理器个数不同分类，可以分为单路服务器、两路服务器和多路服务器。单路服务器表示服务器只有 1 颗物理 CPU，两路则有 2 颗物理 CPU，多路服务器常见的是 4 路和 8 路服务器。大部分项目均采购 2 路服务器，单路服务器应用很少，而 4 路和 8 路服务器成本较高，一样用于部署核心应用或数据库。12 核 24 线程表示 1 颗物理 CPU 有 12 个逻辑核心，每个逻辑核心可以模拟出 2 个线程。一般情况下，核心和线程越多，CPU 性能越强。

（4）按照应用场景不同分类，可以分为文件服务器、ERP 服务器、Web 服务器、FTP 服务器、数据库服务器、邮件服务器、视频监控服务器、流媒体服务器、游戏服务器等。

2. 服务器核心部件与配置

服务器整体架构跟 PC 类似，核心部件为 CPU、内存、硬盘，其次还有网卡、RAID 卡等。由于服务器会给很多用户提供服务，故服务器 CPU 核心和线程数量均比普通 PC 高，内存容量也可能到 256G 甚至更高。硬盘容量、网卡带宽以及 RAID 需求视具体项目和应用配置不同，应用场景服务器资源需求不一样。典型应用服务器配置要点参考如下：

- 数据库服务器需要响应用户 SQL 请求，每个 SQL 事务都会占用内存，所以数据库服务器对于硬件需求的优先级依次为**内存、硬盘、处理器**。
- 文件服务器对于硬件需求的优先级依次为**网络系统、硬盘、内存**。
- 静态 Web 服务器对于硬件需求的优先级依次为**网络系统、内存、硬盘、CPU**。密集计算 Web（例如动态产生 Web 页面），则对服务器硬件需求依次为**内存、CPU、硬盘和网络系统**。2020/（41）
- 邮件服务器对于硬件要求的优先程度依次为**内存、磁盘、网络系统、处理器**。
- 虚拟化服务器主要把本地 CPU、内存、硬盘资源虚拟成资源池，然后分配给虚拟机使用。对于硬件要求的优先程度是：**内存、CPU、磁盘**。一般要求内存容量要足够大，并配置多核 CPU，为了加快启动速度，配置 SSD 固体硬盘作为系统盘。

10.2.2 即学即练·精选真题

- 采用 B/S 架构设计的某图书馆在线查询阅览系统，终端数量为 400 台，下列配置设计合理的是___（1）___。（2020 年 11 月第 41 题）

（1）A．用户端需要具备计算能力　　　　B．用户端需要配置大容量存储

C．服务端需配置大容量内存　　　　D．服务端需配置大容量存储

【答案】（1）C

【解析】题目已知图书馆在线查询阅览系统采用 B/S 架构，用户端只需要安装浏览器，对用户端要求较低，A 选项和 B 选项错误。图书查询系统偏数据库应用，对存储容量要求不高，对服务器内存和 CPU 要求相对较高，故 C 选项正确。

- 以下关于延迟的说法中，正确的是___（2）___。（2020 年 11 月第 42 题）

（2）A．在对等网络中，网络的延迟大小与网络中的终端数量无关

B．使用路由器进行数据转发所带来的延迟小于交换机

C．使用 Internet 服务器可最大程度地减小网络延迟

D．服务器延迟的主要影响因素是队列延迟和磁盘 IO 延迟

【答案】（2）D

【解析】在对等网络中，一般终端越多，相互提供服务的概率较大，会加大网络延迟，故 A 选项错误。路由器数据转发延迟一般大于交换机，故 B 选项错误。使用 Internet 服务器不能减小网络延迟，故 C 选项错误。网络延迟=处理延迟+排队延迟+发送延迟+传播延迟，如果不考虑网络环境，服务器延迟的主要因素是队列延迟和磁盘 IO 延迟，故 D 选项正确。

10.3　硬盘与磁带

10.3.1　考点精讲

按照存储介质、硬盘指令系统的不同，硬盘可以分为以下几种。

（1）按存储介质可以分为机械硬盘和固态硬盘，如图 10-2 所示，机械硬盘通过磁头读写盘面上的数据，而固态硬盘通过电路控制读取 Flash 芯片上的数据。固体硬盘优点是**速度快、体积小**，缺点是**容量小、成本高、有擦写次数限制**。机械硬盘正好相反，所以实际项目中常把机械硬盘和固态硬盘结合使用，比如云桌面场景，经常**采用固态硬盘作为系统盘和缓存盘，采用机械硬盘作为数据盘**。

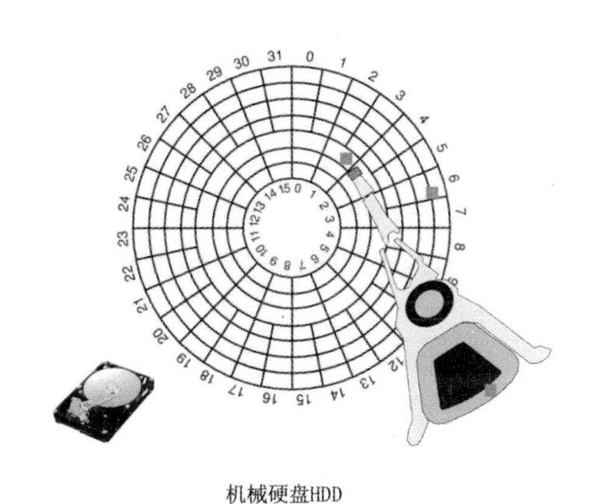

机械硬盘HDD　　固态硬盘SSD

图 10-2　机械硬盘和固态硬盘

机械硬盘的连续读写性能很好，但随机读写性能很差。因为磁头移动至正确的磁道上需要时间，随机读写时，磁头不停地移动，时间都花在了磁头寻道上，所以性能不高。固态硬盘直接通过电路控制读写，不存在这个问题。所以一般随机读写频繁的应用适合采用固态硬盘，连续读写频繁且数据量大的应用，适合机械硬盘。

1）随机读写频繁的应用：小文件存储（图片）、数据库、邮件服务器（关注 IOPS），适合固态硬盘。

2）顺序读写频繁的应用：视频监控、视频编辑等应用关注吞吐量、且对存储空间要求高，适合机械硬盘。

（2）按照硬盘指令系统可以分为 ATA 和 SCSI 指令硬盘。硬盘接口可以分为 IDE 盘、SATA

盘、SCSI 盘、SAS 盘和 FC 盘，对比见表 10-2。其中 IDE 和 SATA 硬盘采用的是 ATA 指令系统，SCSI、SAS 和 FC 采用的是 SCSI 指令系统。目前，IDE 硬盘已经被淘汰，实际项目应用最多的是 SATA 和 SAS 盘，前者容量大，后者性能强。FC 硬盘一般用于高性能服务器，成本较高。

表 10-2　硬盘接口对比

接口	IDE	SATA	SCSI	SAS	FC
指令系统	ATA		SCSI		
接口类型	并行	串行	并行	串行	串行
接口速率	100MB/s 133MB/s	300MB/s 600MB/s	320MB/s	3Gb/s、6Gb/s、 12Gb/s	2Gb/s、4Gb/s、 8Gb/s、16Gb/s
主流容量	320G/500G	1T/2T/4T/6T/10T	300G	1T/2T/4T	300G/600G
双工	半双工	半双工	半双工	全双工	全双工
最大连接设备数	2	1 或 15	16	16256	环网：127 交换网络：1600 万
线缆长度	0.4m	1m	12m	6m	30m（同轴电缆） 10km（光纤）
应用	普通 PC 机	服务器	服务器	中高端服务器	高端服务器

10.3.2　即学即练·精选真题

- 以下有关 SSD 的描述错误的是＿（1）＿。（2018 年 11 月第 51 题）

（1）A．SSD 是用固态电子存储芯片阵列制成的硬盘，由控制单元和存储单元（FLASH 芯片、DRAM 芯片）组成

B．SSD 固态硬盘最大的缺点就是不可以移动，而且数据保护受电源控制，不能适应于各种环境

C．SSD 的接口规范和定义、功能及使用方法与普通硬盘完全相同

D．SSD 具有擦写次数的限制，闪存完成擦写 1 次叫做 1 次 P/E，其寿命以 P/E 作单位

【答案】（1）B

【解析】B 选项正好说反，固态硬盘优点是可以移动，而且数据保护不受电源控制，适应性较好。

- 下列＿（2）＿接口不适用于 SSD 磁盘。（网工 2019 年 11 月第 66 题）

（2）A．SATA　　B．IDE　　C．PCIE　　D．M.2

【答案】（2）B

【解析】固态硬盘没有 IDE 接口，固态硬盘常见接口有：SATA、PCIE 和 M.2。

- 计算机上采用的 SSD（固态硬盘）实质上是＿（3）＿存储器。（网工 2020 年 11 月第 8 题）

（3）A．Flash　　B．磁盘　　C．磁带　　D．光盘

【答案】（3）A

【解析】固态硬盘和 U 盘都使用 Flash 作为存储介质。

10.4 RAID技术

10.4.1 考点精讲

1. RAID概念

普通PC采用单块硬盘进行数据存储和读写，由于寻址和读写的时间消耗，导致I/O性能较低，且存储容量还会受到限制。另外，单块硬盘容易出现物理故障，导致数据丢失。毕竟PC只是供单个用户使用，性能和可靠性问题都不突出，至少影响面不广。服务器存储着大量数据，需要供多人访问，因此将多块独立的磁盘结合在一起来提高数据的可靠性和I/O性能的RAID技术就应运而生了。

RAID（Redundant Array of Independent Disks）即独立磁盘冗余阵列，简称为磁盘阵列，其实就是将多个单独的物理硬盘以不同的方式组合成一个逻辑硬盘，从而提高了硬盘的读写性能和数据安全性。为了进一步提升RAID组的可靠性，一般需要配置热备盘（HotSpare），相当于RAID的备份磁盘，当RAID组中某个硬盘失效时，在不影响当前RAID系统正常使用的情况下，用RAID系统中的备用硬盘自动顶替失效硬盘，保证RAID系统的冗余性。热备盘一般分全局式和专用式两种。

（1）全局式：备用硬盘为系统中所有的RAID组共享。

（2）专用式：备用硬盘为系统中某一组RAID组专用。

当RAID组中出现故障盘时，可以通过RAID卡的数据重建功能，将故障盘中的数据在新盘上重建。

2. RAID相关概念

（1）条带化。条带化就是将数据划分成多个连续编号的数据块，然后存储到多个物理硬盘上的过程。由于数据被存到不同的硬盘，能有效提升I/O并行能力。每个硬盘上被划分出来的块称为数据块，每个条带在单个硬盘里面的多个数据块称为条带深度，每个条带里面的所有数据块称为条带长度。如图10-3所示，如果每个数据块大小是4KB，那么条带深度是4KB×4=16KB，条带长度是4KB×16=64KB。

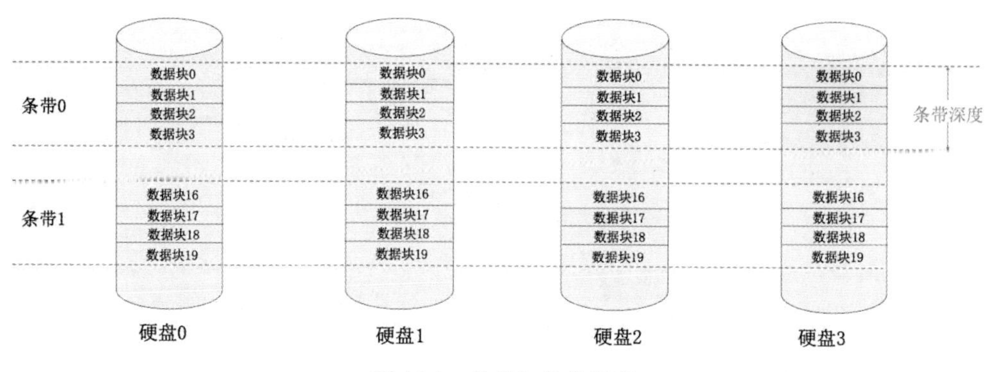

图10-3 条带与条带深度

（2）I/O。I/O有两个重点概念：IOPS和I/O并发。每秒输入输出操作次数（Input/Output Operations Per Second，IOPS）用来衡量硬盘输入输出性能。机械硬盘转数越高，IOPS 越高。由于固态硬盘底层原理不同，读取数据不需要旋转磁盘，故固态硬盘的IOPS比机械硬盘高很多，这也是系统盘选择固态硬盘的原因。考生了解常见RAID的I/O并发即可，2块硬盘组成的RAID 0，最大并发I/O是2，3块硬盘组成的RAID 5，最大并发I/O是1，由4块盘组成的RAID 5，最大并发I/O是2。

3. 主流RAID技术

主流RAID技术有：RAID 0、RAID 1、RAID 5、RAID 6、RAID 10，下面分别展开介绍。

（1）RAID 0。RAID 0将多块磁盘组合在一起形成一个大容量的存储。当要写数据的时候，会将数据分为N份，以独立的方式实现N块（最少2块）磁盘的读写，那么这N份数据会同时并发地写到磁盘中，因此执行性能非常高。RAID 0的读写性能理论上是单块磁盘的N倍。如图10-4所示，3块硬盘的并行操作在理论上使同一时间内硬盘读写速度提升了3倍。虽然由于总线带宽等多种因素的影响，实际的提升速率会低于理论值，但是大量数据并行传输与串行传输比较，提速效果显著。

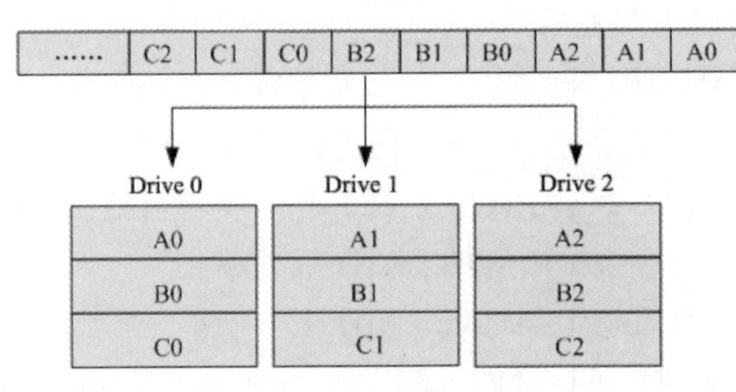

图10-4　3块磁盘组成的RAID 0

RAID 0的缺点是不提供数据校验或冗余备份，因此一旦某块磁盘损坏，数据就会直接丢失，无法恢复。因此RAID 0只能运用在对可靠性要求不高，对读写性能要求高的场景中，实际项目中使用较少。

（2）RAID 1。RAID 1的原理如图10-5所示，实现数据1:1冗余备份，这是磁盘阵列中单位成本最高的一种方式。因为RAID 1往磁盘写数据的时候，将同一份数据无差别地写到两份磁盘，分别写到工作磁盘和镜像磁盘，那么它的实际空间使用率只有50%，2块磁盘当作1块用，这是一种比较昂贵的方案。

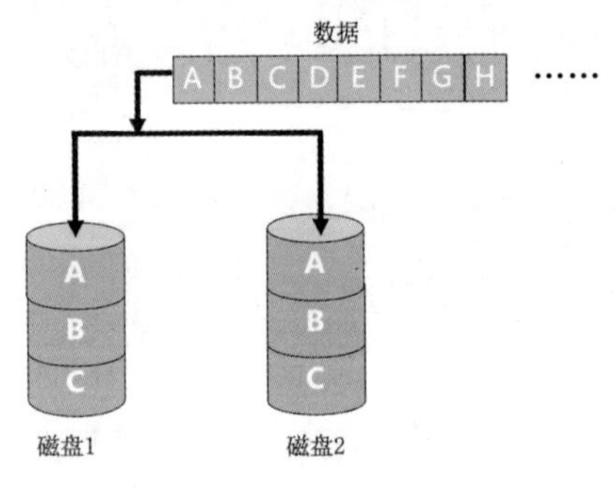

图10-5　2块磁盘组成RAID 1

RAID 1 其实与 RAID 0 效果刚好相反。RAID 1 这种写双份的做法，就给数据做了一个冗余备份。任何一块磁盘损坏，都可以再基于另外一块磁盘去恢复数据，数据的可靠性非常强，但性能不够好。

（3）RAID 5。RAID 5 是目前用得最多的一种方式，因为 RAID 5 是一种将存储性能、数据安全、存储成本兼顾的方案，它的底层采用**奇偶校验**。在介绍 RAID 5 之前，先简单了解一下 RAID 3，虽然 RAID 3 用得很少，但弄清楚 RAID 3 就很容易明白 RAID 5 的原理。RAID 3 是将数据按照 RAID 0 的形式，分成多份同时写入多块磁盘，但是还会再留出一块磁盘用于写“奇偶校验码”。例如总共有 N 块磁盘，那么就会让其中 *N*-1 块用来写数据，第 *N* 块磁盘用来记录校验码数据。一旦某一块数据盘损坏，就可以利用数据盘和校验盘来恢复数据。由于第 *N* 块磁盘是校验盘，因此有任何数据的写入都会要去更新这块磁盘，导致这块磁盘的读写是最频繁的，也是非常容易损坏的。

RAID 5 可以理解成 RAID 3 的改进版，RAID 5 模式中，不再需要用单独的磁盘写校验码了，而是把校验码信息分布到各个磁盘上，从而防止唯一的校验盘由于频繁读写而损坏。例如，总共有 *N* 块磁盘，那么会将要写入的数据分成 *N* 份，并发地写入到 *N* 块磁盘中，同时还将数据的校验码信息也写入到这 *N* 块磁盘中（数据与对应的校验码信息必须得分开存储在不同的磁盘上）。一旦某一块磁盘损坏了，就可以用剩下的数据和对应的奇偶校验码信息去恢复损坏的数据。RAID 5 的原理如图 10-6 所示。

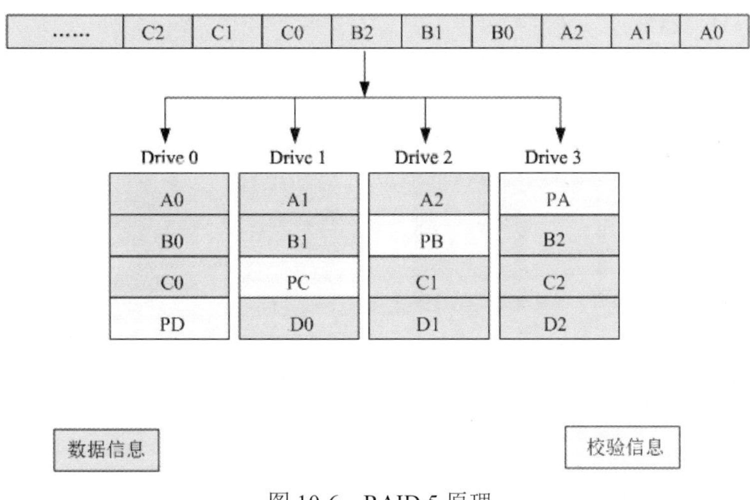

图 10-6　RAID 5 原理

RAID 5 方式，最少需要 3 块磁盘来组建磁盘阵列，最多允许坏 1 块磁盘。如果有两块磁盘同时损坏，那数据就无法恢复了。

（4）RAID 6。为了进一步提高存储的高可用，人们又提出 RAID 6 方案，可以在两块磁盘同时损坏的情况下，也能保障数据可恢复。RAID 6 在 RAID 5 的基础上再次改进，引入了双重校验。RAID 6 除了每块磁盘上都有同级数据 XOR 校验区以外，还有针对每个数据块的 XOR 校验区，相当于每个数据块有两个校验保护措施，因此数据的冗余性更高了。RAID 6 的原理如图 10-7 所示。

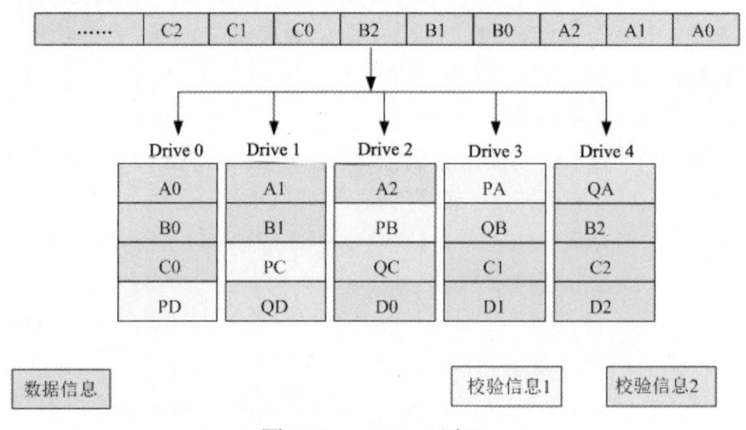

图 10-7　RAID 6 原理

RAID 6 的这种设计也带来了很高的复杂度，数据冗余性好，读取的效率也比较高，但是写数据的性能就很差，因此 RAID 6 在实际环境中应用比较少。

（5）RAID 10。RAID 10 是 RAID 1 和 RAID 0 的结合，原理如图 10-8 所示。

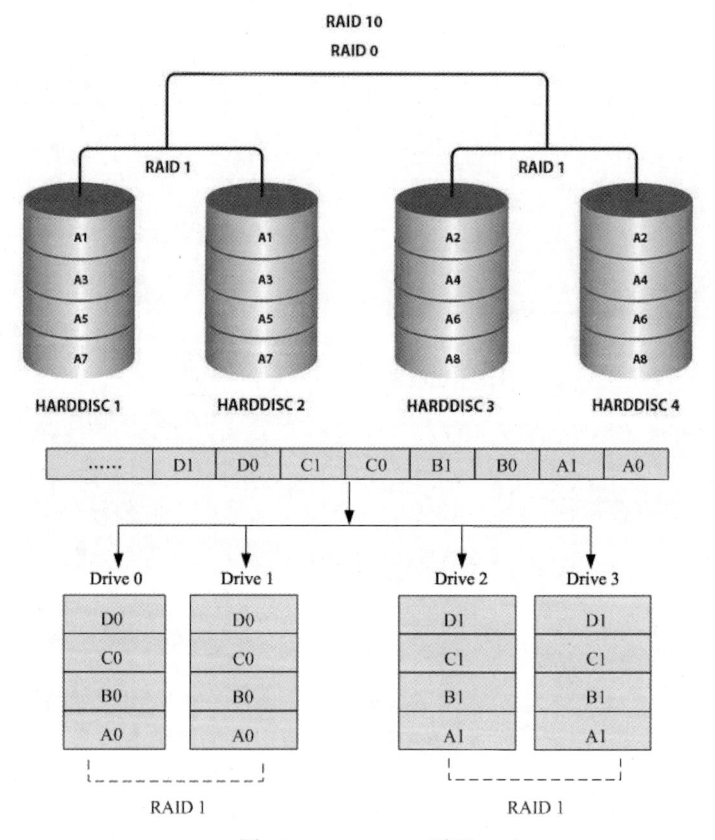

图 10-8　RAID 10 原理

RAID 10 兼备了 RAID 1 和 RAID 0 的优点。首先基于 RAID 1 模式将磁盘分为 2 份，当要写入数据的时候，将所有的数据在 2 份磁盘上同时写入，相当于写了双份数据，起到了数据保障的作用。且在每一份磁盘上又会基于 RAID 0 技术将数据分为 *N* 份并发的读写，这样也保障了数据的效率。但 RAID 10 模式只有一半的磁盘空间用于存储冗余数据，浪费很严重，因此用得也不多。主要用于对性能和安全性都要求高的场景，比如服务器系统盘或缓存盘。

（6）RAID 级别比较。常见 RAID 技术磁盘利用率和允许坏盘数量见表 10-3。2017/（48～49）、2018/（57）、2019/（30）、2020/（61）、2021/（60～61）、2022/（61）

表 10-3　常见 RAID 对比

对比项	RAID 0	RAID 1	RAID 5	RAID 6	RAID 10
可靠性	最低	高	较高	高	高
冗余类型	无	镜像冗余	校验冗余	校验冗余	镜像冗余
空间利用率	100%	50%	$(N-1)/N$	$(N-2)/N$	50%
性能	最高	最低	较高	较高	高
允许坏盘数量	0	N/2	1	2	$N/2$

4. RAID 2.0 与传统 RAID 对比

（1）快速重构。在传统 RAID 的重构中，故障盘的数据只能向一个热备盘写入数据。在 RAID 2.0 的重构中，由于热备空间分散在多个盘，避免了对单热备盘的写瓶颈，因此重构速度很快。

（2）硬盘负载均衡。LUN 的数据被均匀地分散到阵列内所有的硬盘上，可以防止局部硬盘过热，提升可靠性。在参与业务读写过程中，阵列内硬盘参与度高，可以提升系统响应速度。

（3）最大化硬盘资源利用率。性能上，LUN 基于资源池创建，不再受限于 RAID 组硬盘数量，LUN 的随机读写性能可得到大大提升；容量上，资源池中的硬盘数量不受限于 RAID 级别，免除传统 RAID 环境下有些 RAID 组空间利用率高而有些 RAID 组空间利用率低的状况，并借助智能精简配置，提升硬盘的容量利用率。

（4）提升存储管理效率。基于 RAID 2.0 技术，无须花费过多的时间做存储预规划，只需简单地将多个硬盘组合成存储池，设置存储池的分层策略，从存储池划分 LUN 即可。当需要扩容存储池时，只需插入新的硬盘，系统会自动地调整数据分布，让数据均衡地分布到各个硬盘上。当需要扩容 LUN 时，只需输入想要扩容的 LUN 大小，系统会自动从存储池中划分所需的空间，并自动调整 LUN 的数据分布，使得 LUN 数据更加均衡地分布到所有的硬盘上。

10.4.2　即学即练·精选真题

- 假如有 3 块容量是 80G 的硬盘做 RAID 5 阵列，则这个 RAID 5 的容量是__（1）__。而如果有 2 块 80G 的盘和 1 块 40G 的盘，此时 RAID 5 的容量是__（2）__。（2015 年 11 月第 49～50 题）

（1）A．240G　　B．160G　　C．80G　　D．40G

（2）A．40G　　B．80G　　C．160G　　D．200G

【答案】（1）B　（2）B

【解析】本题考查 RAID 的基础概念。RAID 5 可用磁盘数量为 N-1，如果有 3 块 80G 的硬盘做 RAID 5，则总容量为(3-1) × 80=160G。如果有 2 块 80G 和 1 块 40G 磁盘组成 RAID，根据木桶原理，以较小盘的容量计算，总容量为(3-1) × 40=80G。

- 结合速率与容错，硬盘做 RAID 效果最好的是＿（3）＿，若做 RAID 5，最少需要＿（4）＿块硬盘。（2017 年 11 月第 48～49 题）

（3）A．RAID 0　　B．RAID 1　　C．RAID 5　　D．RAID 10

（4）A．1　　B．2　　C．3　　D．5

【答案】（3）D　（4）C

【解析】在读操作上，RAID 5 和 RAID 10 相当。由于 RAID 10 不存在数据校验的问题，所以在写性能上 RAID 10 好于 RAID 5。RAID 5 磁盘利用率是(N-1)/N，最少需要 3 块磁盘。

- 下面 RAID 级别中，数据冗余能力最弱的是＿（5）＿。（2018 年 11 月第 57 题）

（5）A．RAID 5　　B．RAID 1　　C．RAID 6　　D．RAID 0

【答案】（5）D

【解析】掌握常见 RAID 数据冗余能力，即最多能坏盘的数量。

对比项	RAID 0	RAID 1	RAID 5	RAID 6	RAID 10
可靠性	最低	高	较高	高	高
冗余类型	无	镜像冗余	校验冗余	校验冗余	镜像冗余
空间利用率	100%	50%	(N-1)/N	(N-2)/N	50%
性能	最高	最低	较高	较高	高
允许坏盘数量	0	N/2	1	2	N/2

- 使用 RAID 5，3 块 300G 的磁盘获得的存储容量为＿（6）＿。（2019 年 11 月第 30 题）

（6）A．300G　　B．450G　　C．600G　　D．900G

【答案】（6）C

【解析】RAID 5 可用空间为(N-1)×单盘容量，所以使用 RAID 5，3 块 300G 磁盘获得的存储容量为 600G。

- RAID 1 中的数据冗余通过＿（7）＿技术实现。（2020 年 11 月第 61 题）

（7）A．XOR 运算　　B．海明码校验　　C．P+Q 双校验　　D．镜像

【答案】（7）D

【解析】RAID 1 通过磁盘数据镜像实现数据冗余，在成对的独立磁盘上产生互为备份的数据。当原始数据繁忙时，可直接从镜像拷贝中读取数据。RAID 1 是磁盘阵列中单位成本最高的，但提供了很高的数据安全性和可用性。当一个磁盘失效时，系统可以自动切换到镜像磁盘上读写，而不需要重组失效的数据。RAID 5 采用 XOR 运算（奇偶校验），RAID 6 采用 P+Q 双校验。

- 8 块 300G 的硬盘做 RAID 5 后的容量是___（8）___，RAID 5 最多可以损坏___（9）___块硬盘而不丢失数据。（2021 年 11 月第 60～61 题）

  （8）A．1.8T　　B．2.1T　　C．2.4T　　D．1.2T

  （9）A．0　　B．1　　C．2　　D．3

  【答案】（8）B　（9）B

  【解析】RAID 5 可用空间是$(N-1)\times$单盘容量，最多可以损坏 1 块硬盘，数据不丢失。

- 硬盘做 RAID，读写性能最高的是___（10）___。（2022 年 11 月第 61 题）

  （10）A．RAID 0　　B．RAID 1　　C．RAID 10　　D．RAID 5

  【答案】（10）A

  【解析】性能从高到低：RAID 0 > RAID 10 > RAID 5 > RAID 1

  冗余性从高到低：RAID 1 > RAID 10 > RAID 5 > RAID 0

10.5 网络存储系统

10.5.1 考点精讲

1．DAS/SAN/NAS

存储系统发展历程如图 10-9 所示，最早的存储系统使用服务器内置的硬盘，随着时代的发展，存储的数据量越来越大，对存储空间需求日益增加。于是诞生了丰富的网络存储系统，可以分为直接连接存储（Direct Attached Storage，DAS）、存储域网络（Storage Area Network，SAN）和网络附加存储（Network Attached Storage，NAS）。

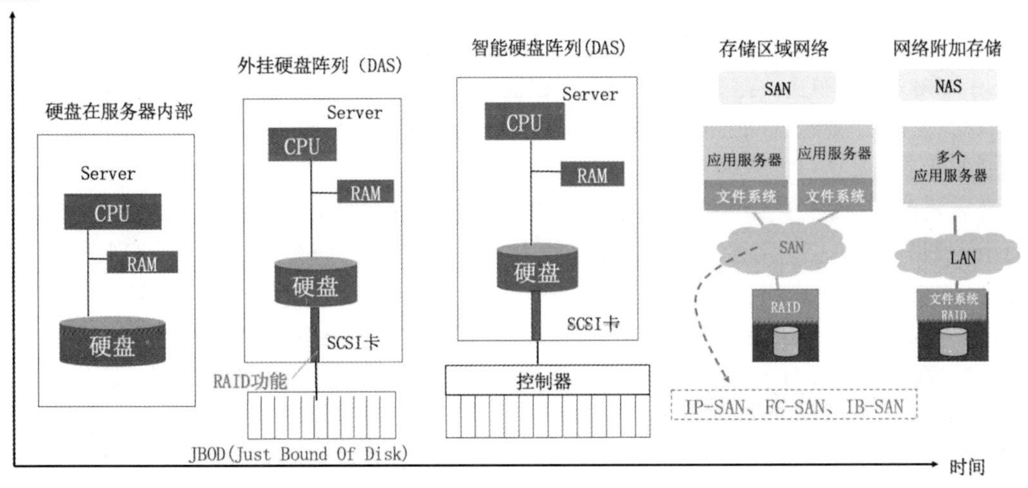

图 10-9　存储系统发展历程

DAS 可以简单理解成移动硬盘，智能 DAS 可以理解成集成了 RAID 卡的高级移动硬盘。NAS 可以理解成网盘，用户可以使用网盘进行文件共享，但不能把操作系统安装到网盘。SAN 是专业企业级存储，可以为用户提供块级存储服务，简而言之，SAN 能提供虚拟磁盘（LUN），用户直接可以将操作系统安装到该虚拟磁盘。根据连接网络不同，SAN 可以分为 IP-SAN、FC-SAN 和 IB-SAN。FC-SAN 成本高，效率更高，适合用于小吞吐大 IOPS 的数据库应用。IP-SAN 带宽大，成本低，更适合音视频等对带宽需求高的应用。IB-SAN 时延低，带宽高，适合用于高性能计算场景。不同存储对比见表 10-4。

表 10-4　不同存储对比

对比项	DAS	NAS	SAN		
			FC-SAN	IP-SAN	IB-SAN
传输类型	SCSI、FC、SAS	IP	FC	IP	InfiniBand
数据类型	块级	文件级	块级	块级	块级
典型应用	任何	文件服务器	数据库应用	音视频	高性能计算
优点	易于理解 兼容性好	易于安装 成本低	高扩展性、高性能、高可用性	高扩展性、成本低	带宽高、时延低
缺点	难管理，扩展性有限，存储空间利用率不高	性能较低，对某些应用不适合	较昂贵，配置复杂，存在互操作性问题	性能较低	成本高

2. 分布式存储系统

DAS、NAS 和 SAN 都是传统集中式存储，由专业存储设备提供存储服务。分布式存储系统一般是由多台服务器部署分布式存储软件，将服务器硬盘虚拟成存储资源池，对外提供服务。分布式存储分为：分布式文件系统（Distributed File System，DFS）、分布式对象存储（Object-based Storage Device，OSD）、分布式块存储（Distributed Block Storage，DBS），其中分布式文件存储和分布式对象存储适合用于对带宽和吞吐较高的业务，比如视频；分布式块存储适合用于对 I/O 和时延要求敏感的业务，比如数据库、云桌面等。2017/（50）

分布式存储系统一般由 3 个部分组成：客户端、元数据节点和数据存储节点。元数据节点相当于目录，数据存储节点采用**多副本或纠删码技术**实现数据冗余。分布式存储有如下特点：2019/（69）

（1）高性能。相比传统集中式存储，可以提供更高的 IOPS 和吞吐量，并且随着存储节点的增加而线性增长，可以满足高并发业务需求，比如火车票购票业务。

（2）高可靠。分布式存储系统中单台服务器可以部署 RAID 技术来提升可靠性，同时多台服务器组成的分布式存储系统可以采用多副本等技术保证数据冗余，单个节点出现故障能快速重建。

（3）容量大。可以根据需要扩展服务器硬盘数量或服务器数量，提供海量存储资源池。

（4）成本低。分布式存储系统的核心硬件是插有大量硬盘的传统服务器，相对于传统集中式存储，成本更低。

10.5.2 即学即练·精选真题

- IP-SAN区别于FC-SAN以及IB-SAN的主要技术是采用__(1)__实现异地间的数据交换。(2015年11月第65题)

  (1) A. I/O　　B. iSCSI　　C. InfiniBand　　D. Fibre Channel

  【答案】(1) B

  【解析】IP-SAN采用IP/iSCSI技术，IB-SAN采用InfiniBand技术，FC-SAN采用FC技术。

- 下列存储方式中，基于对象存储的是__(2)__。(2017年11月第50题)

  (2) A. OSD　　B. NAS　　C. SAN　　D. DAS

  【答案】(2) A

  【解析】对象存储(OSD)结合了NAS和SAN的优点，同时具有SAN的高速直接访问和NAS的分布式数据共享等优势，提供高性能、高可靠性、跨平台以及安全的数据共享存储结构。简单地说，就是多台服务器安装大量硬盘，然后在服务器上运行存储虚拟化软件，比如ceph，将硬盘虚拟成存储资源池。

- 服务器虚拟化使用分布式存储，与集中共享储存相比，分布式存储__(3)__。(2019年11月第69题)

  (3) A. 虚拟机磁盘I/O性能较低　　B. 建设成本较高
  C. 可以实现多副本数据冗余　　D. 网络带宽要求低

  【答案】(3) C

  【解析】分布式存储数据分布在多台服务器上，可以并行读取，也能获得比较好的I/O，故A选项错误。分布式存储一般利用服务器的硬盘资源，通过存储虚拟化软件，虚拟成存储资源池，比专业FC存储更便宜，建设成本较低，故B选项错误。分布式存储可以采用多副本或纠删码技术实现数据冗余，故C选项正确。分布式存储互联，需要较大的带宽，至少10G，故D选项错误。

- 每一个光纤通道节点至少包含一个硬件端口，按照端口支持的协议标准有不同类型的端口，其中NL-PORT是__(4)__。(2020年11月第58题)

  (4) A. 支持仲裁环路的节点端口　　B. 支持仲裁环路的交换端口
  C. 光纤扩展端口　　D. 通用端口

  【答案】(4) A

  【解析】FC协议一般分为如下几种接口：

  (1) NL：支持仲裁环路的节点端口。

  (2) FL：支持仲裁环路的交换端口。

  (3) E：光纤扩展端口，用于在多路交换光纤环境下。

  (4) N：终端节点端口，比如FC存储或者服务器。

  (5) F：用于光纤交换环境下N_PORT之间的互连，从而所有节点都可以相互通信。

- 光纤通信提供了三种不同的拓扑结构，在光纤交换拓扑中，N_PORT端口通过相关链路连接至__(5)__。(2020年11月第59题)

（5）A．NL_PORT　　B．FL_PORT　　C．F_PORT　　D．E_JPORT

【答案】（5）C

【解析】F_PORT：用于光纤交换环境下 N_PORT 之间的互连，从而所有节点都可以相互通信。Fibre Channel 有三种拓扑结构：

（1）点对点（Point-to-Point）：两个设备之间互连。

（2）仲裁环（Arbitrated Loop）：最多支持 126 个设备互连，形成一个仲裁环。

（3）交换式 Fabric（Switch Fabric）：最多 1600 万个设备互连。

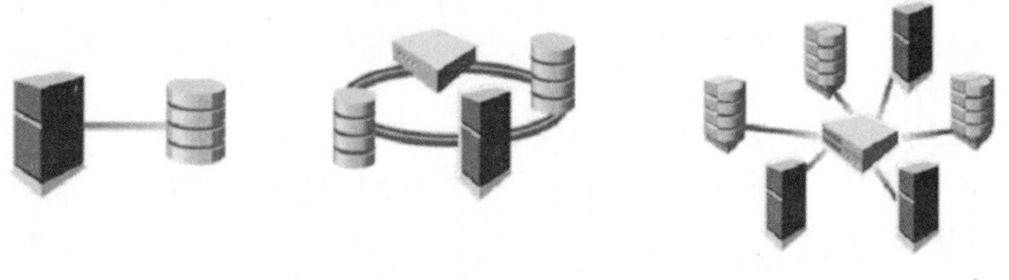

点对点　　仲裁环　　交换式

- 以下关于存储形态和架构的描述中，错误的是＿（6）＿。（2020 年 11 月第 60 题）

（6）A．块存储采用 DAS 架构　　B．文件存储采用 NAS 架构

C．对象存储采用去中心化架构　　D．块存储采用 NAS 架构

【答案】（6）D

【解析】块存储采用 DAS 或 SAN 架构，不能采用 NAS 架构，NAS 架构基于文件共享，不能提供块服务。

10.6　云计算和虚拟化

10.6.1　考点精讲

1．云计算概念与分类

云计算本质是把传统 IT 资源（服务器、存储、网络、安全等）整合为资源池，用户按需购买服务即可。云计算按服务类型可以分为 3 类，分别是：基础设施即服务（Infrastructure as a Service，IaaS）、平台即服务（Platform as a Service，PaaS）和软件即服务（Software as a Service，SaaS）。几种模式对比如图 10-10 所示。

按照部署方式和服务对象的范围，可以将云计算分为公有云、私有云、行业云和混合云。

（1）公有云。由公共云服务商提供云服务，比如阿里云、腾讯云。公有云的价格相对较低，但由于多人共享同一套基础设施，在隐私性、安全性方面会面临一些风险。

（2）私有云。由企业自建自用的云计算中心，完全拥有整个云计算中心的设施（如中间件、服务器、网络及存储设备等），隐私性、安全性最好，但建设成本较高。

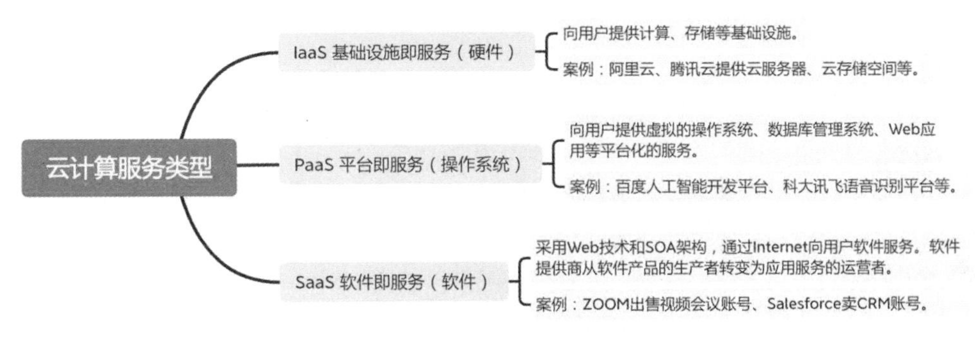

图 10-10　云计算服务类型

（3）行业云。由行业内或某个区域内起主导作用或者掌握关键资源的组织建立和维护，以公开或者半公开的方式，向行业内部或相关组织和公众提供有偿或无偿服务的云平台。这种选择往往比公共云贵，但隐私度、安全性和政策遵从都比公有云高。比如政务云、医疗云。

（4）混合云。基础设施是由上述两种或两种以上的云组成，每种云仍然保持独立，但用标准的或专有的技术将它们组合起来，具有数据和应用程序的互通性及可移植性。比如，企业常常选择将核心应用部署在私有云上，将安全要求较低的对外服务应用部署在公有云上，从而寻求一种安全性与投资之间的平衡。

2. 云计算核心技术

云计算核心技术有虚拟化、数据存储技术（海量数据存储和结构化数据存储）、任务和资源管理技术，其中最核心的是虚拟化技术。虚拟化技术又分为服务器虚拟化、桌面虚拟化、存储虚拟化、网络虚拟化等，重点掌握**服务器虚拟化和桌面虚拟化**。

（1）服务器虚拟化。主要是将服务器 CPU、内存、硬盘等资源池化，然后分配给不同虚拟机使用。如图 10-11 所示，传统的 1 台物理服务器运行 1 个操作系统，服务器虚拟化后，可以在物理服务器中虚拟出多个虚拟机（Virtual Machine，VM），每个虚拟机都可以运行独立的操作系统，从而有效提升服务器资源利用率。服务器虚拟化中虚拟机可以使用服务器自带的存储，这种方案建设成本低，但虚拟机跨节点迁移速度慢。也可以单独部署集中式存储，成本较高，但虚拟机迁移很快。

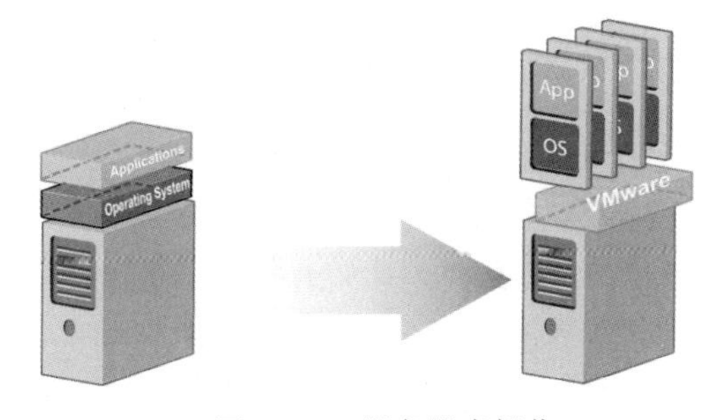

图 10-11　服务器虚拟化

服务器虚拟化是在物理服务器上运行虚拟化软件，将**一台物理服务器虚拟成多台虚拟机**。目前服务器虚拟化应用非常广泛，常见的企业级服务器虚拟化平台有 VMware ESXi，华为 Fusion

Sphere。服务器虚拟化优势有：

1）提高服务器资源利用率。

2）减少物理服务器采购数量，从而节省成本。

3）节省服务器机房空间。

4）降低能源消耗，提高数据中心能耗效率。

5）虚拟机灵活迁移，降低了服务器宕机的风险。

6）提高了服务器的灵活性，内存、硬盘等资源可以按需扩展。

7）加快业务部署速度，缩短业务上线的时间。

（2）桌面虚拟化。也叫云桌面，主要用于替代传统 PC 办公。桌面虚拟化主要由服务器、服务器虚拟化、存储系统、桌面虚拟化软件、瘦终端构成，核心原理是：在服务器上部署服务器虚拟化软件，虚拟成多台虚拟机，然后利用桌面虚拟化软件将虚拟机推送给对应用户，前端采用瘦客户接收服务器推送过来的虚拟机，如图 10-12 所示。云桌面架构中“重后端轻前端”，后端负责数据处理和存储以及策略管理，前端只负责简单的输入和显示功能。

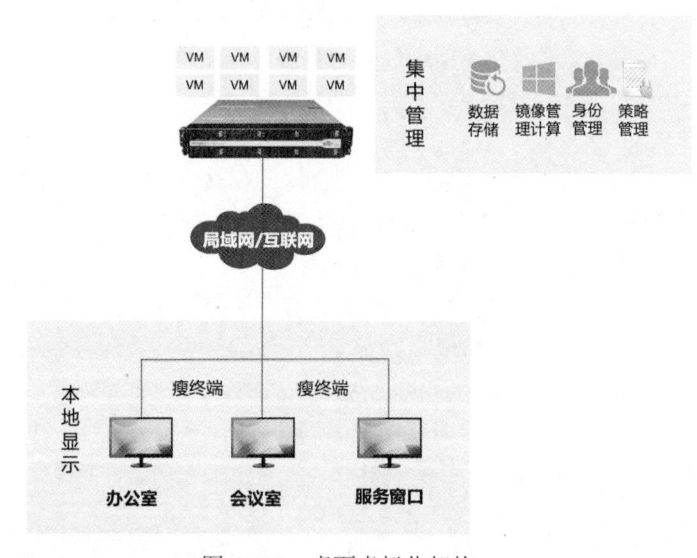

图 10-12　桌面虚拟化架构

桌面虚拟化（云桌面）方案有如下优势：

（1）数据安全高。传统 PC 硬盘故障，数据会全部丢失。部署桌面虚拟化后，用户数据均存储于后端服务器，服务器有很多数据冗余技术，比如 RAID、多副本等，数据安全更有保障。还可以对外设（U 盘、移动硬盘等）进行灵活管控，防止非法数据拷贝。

（2）简化管理：所有操作系统和软件都可以由后端统一安装和分发，出现故障，也可以一键重置。

（3）降低 TCO：瘦客户机功耗低，绿色节能，整体运维和运行成本更低。

（4）支持移动办公：可以使用手机和 PAD 等终端远程接入云桌面。

当然，桌面虚拟化（云桌面）也存在如下问题：

（1）高度依赖网络，如果断网或者网络拥塞，云桌面将无法工作。

（2）整体性能偏弱，对视频、游戏等应用的支持欠佳。

（3）部分外设不兼容。

（4）建设成本相对较高。

10.6.2 即学即练·精选真题

● 某高校欲构建财务系统，使得用户可通过校园网访问该系统。根据需求，公司给出如下两套方案。

方案一：①出口设备采用 1 台配置防火墙板卡的核心交换机，并且使用防火墙策略将需要对校园网做应用的服务器进行地址映射；②采用 4 台高性能服务器实现整体架构，其中 3 台作为财务应用服务器、1 台作为数据备份管理服务器；③通过备份管理软件的备份策略，将 3 台财务应用服务器的数据进行定期备份。

方案二：①出口设备采用 1 台配置防火墙板卡的核心交换机，并且使用防火墙策略将需要对校园网做应用的服务器进行地址映射；②采用 2 台高性能服务器实现整体架构，服务器采用虚拟化技术，建多个虚拟机满足财务系统业务需求。当一台服务器出现物理故障时将业务迁移到另外一台物理服务器上。

与方案一相比，方案二的优点是__（1）__。方案二还有一些缺点，下列不属于其缺点的是__（2）__。（2015 年 11 月第 53～54 题）

（1）A．网络的安全性得到保障　　B．数据的安全性得到保障

C．业务的连续性得到保障　　D．业务的可用性得到保障

（2）A．缺少企业级磁盘阵列，不能将数据进行统一的存储与管理

B．缺少网闸，不能实现财务系统与 Internet 的物理隔离

C．缺少安全审计，不便于相关行为的记录、存储与分析

D．缺少内部财务用户接口，不便于快速管理与维护

【答案】（1）C　（2）B

【解析】（1）方案二采用服务器虚拟化技术，当一台物理服务器出现故障时，业务会迁移到另外一台物理服务器，保障了业务的连续性。业务连续性和可用性对比如下：

➢ 业务连续性：在灾难或破坏性事件发生后，业务以可接受的预定义级别继续服务的能力。连续性取决于服务恢复的时间和数据恢复的时间两个关键因素，即 RTO 和 RPO。

➢ 可用性：服务在需要时执行其约定功能的能力。可用性=(约定的服务时间−停机时间)/约定的服务时间。可用性取决于服务发生故障的频率和故障恢复的速度，即平均故障间隔时间（MTBF）和平均恢复服务时间（MTRS）。

网络的安全性、数据的安全性、业务的可用性都没有发生实质性变化。

（2）方案二存在一些缺陷，首先缺少进行数据统一管理和存储的磁盘阵列；其次缺少安全审计设备，不能对用户行为进行记录、存储与分析；同时缺少内部财务用户接口，不便于快速管理与

维护。如果增加网闸，进行物理隔离，不能实现用户通过校园网对财务系统的访问，可以部署防火墙设备实现逻辑隔离，既保证了安全，也能实现业务访问，故B选项不属于方案二的缺点。

- 以下关于云计算的叙述中，不正确的是__（3）__。（网工 2022 年 5 月第 8 题）

（3）A．云计算将所有客户的计算都集中在一台大型计算机上进行

B．云计算是基于互联网的相关服务的增加、使用和交付模式

C．云计算支持用户在任意位置使用各种终端获取相应服务

D．云计算的基础是面向服务的架构和虚拟化的系统部署

【答案】（3）A

【解析】云计算把所有用户计算集中到云数据中心里面的海量服务器上，而不是一台大型计算机上。大型机和小型机在金融、公安等领域的应用目前已经很少了。

10.7 备份与容灾

10.7.1 考点精讲

1．数据备份基础

数据备份（Backup）指利用备份软件（如 Veritas 的 NetBackup、EMC 的 Networker、CA 的 BrightStor 等）把数据从磁盘备份到磁带进行离线保存的技术。最新的备份技术也支持磁盘到磁盘的备份，也就是把磁盘作为备份数据的存放介质，以加快数据的备份和恢复速度。无论目标备份介质是磁盘还是磁带，备份数据的格式都是磁带格式，不能被数据处理系统直接访问。在源数据被破坏或丢失时，**备份数据必须由备份软件恢复成可用数据**，数据处理系统才能访问。备份系统一般由如下 3 部分组成：

1）备份软件：完成备份策略的制订、备份介质管理以及其他扩展功能。

2）备份介质：磁带库、磁盘阵列、虚拟磁带库、光盘库/光盘塔等。

3）备份服务器：用于安装备份软件的服务器，通过备份服务器预先制订的备份策略将数据备份到备份介质。

2．备份网络架构

常见的数据备份系统网络架构主要有 Host-Based、LAN-Based、LAN-Free 和 Server-Free 等。

（1）**Host-Based**。该结构中的磁带库直接连接在服务器上，备份存储设备只为某一台服务器提供数据备份服务。Host-Based 备份结构的优点是**数据传输速度快**，备份管理简单；缺点是**不利于备份系统的共享**，不能满足大型的数据备份要求。Host-Based 备份网络架构如图 10-13 所示。

（2）**LAN-Based**。该系统中数据传输是以网络为基础的，配置一台服务器作为备份服务器，由它负责整个系统的备份操作。磁带库则接在某台服务器上，在数据备份时备份对象把数据通过网络传输到磁带库中实现备份。Lan-Based 备份结构的优点是**节省投资、磁带库共享、集中备份管理；**它的缺点是**网络传输压力大**。Lan-Based 备份网络架构如图 10-14 所示。

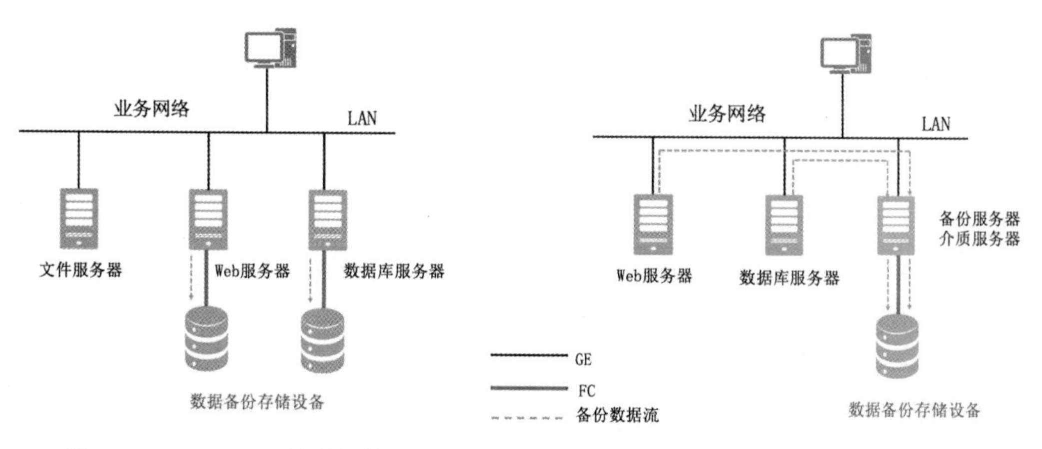

图 10-13　Host-Based 备份架构

图 10-14　LAN-Based 网络架构

（3）**LAN-Free**。Lan-Free 和 Server-Free 备份系统建立在 SAN 基础上，基于 SAN 的备份是一种彻底解决传统备份方式需要占用 LAN 带宽问题的方案。它采用一种全新的体系结构，将磁带库和磁盘阵列各自作为独立的光纤节点，多台主机共享磁带库备份时，数据流不再经过业务网络而直接从磁盘阵列传到磁带库内，是一种无须占用网络带宽（LAN-Free）的解决方案。LAN-Free 的优点是数据备份统一管理、备份速度快、网络传输压力小、磁带库资源共享；缺点是**投资高**。LAN-Free 备份网络架构如图 10-15 所示。

（4）**Server-Free**。Server-Free 的核心是在 SAN 的交换层实现数据的复制工作，这样备份数据不经过业务网络，也不必经过应用服务器，保证了网络和应用服务器的高效运行。Server-Free 备份网络架构如图 10-16 所示。

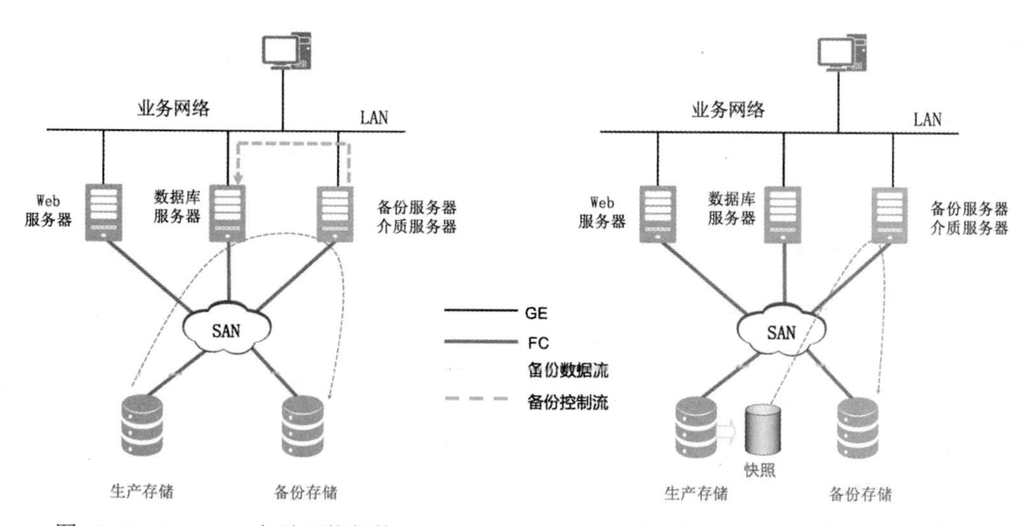

图 10-15　Lan-Free 备份网络架构

图 10-16　Server-Free 备份网络架构

3. 主流备份介质总结

主流备份介质有物理磁带库、虚拟磁带库（Virtual Tape Library，VTL）和磁盘阵列，对比见表 10-5。

表 10-5　主流备份介质对比

特性	物理磁带库	VTL（虚拟磁带库）	磁盘阵列
存储介质	磁带（LTO、SDLT、AIT 等）	硬盘（SSD、SAS、SATA）	硬盘（SSD、SAS、SATA）
IO 速度	标称 140MB/s（与主机和磁带种类相关）	实测数百 MB/s	实测数百 MB/s
介质移动	可移动	通过虚拟磁带导出功能，导出到物理磁盘	物理磁盘不建议移动
可维护性	低，需要专业人员维护	高，一般 IT 人员可维护	高，一般 IT 人员可维护
环境影响	受湿度、粉尘影响大	受湿度、粉尘影响小	受湿度、粉尘影响小
部件故障率	磁带机、机械手均为非封闭电控转动、移动机械部件，故障率高	磁盘为封闭精密部件，故障率低；支持 RAID	磁盘为封闭精密部件，故障率低；支持 RAID
备份类型	离线存储	近线存储	近线/在线存储

4. 备份策略

在进行数据备份前，需要梳理备份策略，包括需要备份的数据类型、采用的备份介质、备份类型、备份保留时间、备份周期和备份窗口等，重点掌握三种备份类型：完全备份、增量备份和差量/差分备份，如图 10-17 所示。2021/（49）

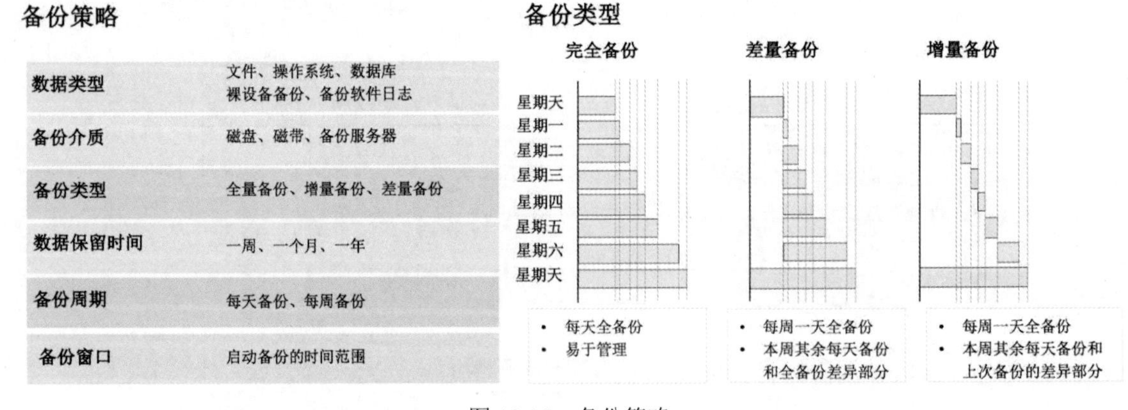

图 10-17　备份策略

完全备份：备份系统中的所有数据。

- 优点：恢复速度最快，最可靠，操作最方便。
- 缺点：备份的数量大，备份所需时间长，带宽要求高。

增量备份：备份上一次备份以后更新的所有数据。

- 优点：每次备份的数据少，占用空间少，备份时间短，带宽要求最低。
- 缺点：恢复时需要全备份及多份增量备份，恢复速度最慢。

差量备份：备份上一次全备份以后更新的所有数据。

- 优点：数据恢复速度较快。
- 缺点：备份时间长，恢复时需要用到完全备份及差量备份的数据。

10.7.2 即学即练·精选真题

- 以下关于数据备份策略的说法中，错误的是___（1）___。（2015 年 11 月第 48 题）

（1）A．完全备份是备份系统中所有的数据

B．增量备份是备份上一次完全备份后有变化的数据

C．差分备份指备份上一次完全备份后有变化的数据

D．完全、增量和差分三种备份方式通常结合使用，以发挥出最佳的效果

【答案】（1）B

【解析】本题考查数据备份策略的基础知识。差分备份是备份上一次完全备份后有变化的数据，故 B 选项错误。

- 自然灾害严重威胁数据的安全，存储灾备是网络规划与设计中非常重要的环节。传统的数据中心存储灾备一般采用主备模式，存在资源利用效率低、可用性差、出现故障停机时间长、数据恢复慢等问题。双活数据中心的出现解决了传统数据中心的弊端，成为数据中心建设的趋势。某厂商提供的双活数据中心解决方案中，双活数据中心架构分为主机层、网络层和存储层。对双活数据中心技术的叙述中，错误的是___（2）___；在双活数据中心，存储层需要实现的功能是___（3）___；在进行双活数据中心网络规划时，SAN 网络包含了___（4）___。（2016 年 11 月第 49～51 题）

（2）A．分布于不同数据中心的存储系统均处于工作状态。两套存储系统承载相同的前端业务，且互为热备，同时承担生产和灾备服务

B．存储双活是数据中心双活的重要基础，数据存储的双活通过使用虚拟卷镜像与节点分离两个核心功能来实现

C．双活数据中心不仅要实现存储的双活，而且要考虑在存储、网络、数据库、服务器、应用等各层面上实现双活

D．在双活解决方案中，两项灾备关键指标 RPO（业务系统所能容忍的数据丢失量）和 RTO（所能容忍的业务停止服务的最长时间），均趋于 1

（3）A．负载均衡与故障接管

B．采用多台设备构建冗余网络

C．基于应用/主机卷管理，借助第三方软件实现，如 Veritas Volume Replicator（VVR）、Oracle DataGrtard 等

D．两个存储引擎同时处于工作状态，出现故障瞬间切换

（4）A．数据库服务器到存储阵列网络、存储阵列之间的双活复制网络、光纤交换机的规划
B．存储仲裁网络、存储阵列之间的双活复制网络、光纤交换机的规划
C．存储阵列之间的双活复制网络、光纤交换机、数据库私有网络的规划
D．核心交换机与接入交换机、存储阵列之间的双活复制网络、数据库服务器到存储阵列网络的规划

【答案】（2）D （3）D （4）A

【解析】（2）空考查两个 RTO 和 RPO 概念，解释如下：

- 复原时间目标（Recovery Time Objective，RTO）指灾难发生后，到业务恢复，所需要的时间。
- 复原点目标（Recovery Point Objective，RPO）指灾难发生后，到业务恢复，中间丢失的数据量。

双活数据中心 RTO 和 RPO 都接近 0。

（3）空中的双活数据中心，存储必须保证快速切换，故选择 D。

（4）空中的 SAN 网络包含了服务器到存储、存储之间和 FC 交换机的网络，故 A 选项正确。B 选项中存储仲裁网络不是 SAN 网络，故 B 选项错误。C 选项中数据库私有网络不是 SAN 网络，故 C 选项错误。D 选项中核心交换机与接入交换机不是 SAN 网络，故 D 选项错误。

● 某公司要求数据备份周期为 7 天，考虑到数据恢复的时间效率，需采用___（5）___备份策略。（2021 年 11 月第 49 题）

（5）A．定期完全备份
B．定期完全备份+每日增量备份
C．定期完全备份+每日差异备份
D．定期完全备份+每日交替增量备份和差异备份

【答案】（5）A

【解析】完全备份备份的数据量最大，备份速度最慢，但恢复速度最快。

10.8 视频会议

视频会议方案主要有 2 种，分别是基于单播网络和 H.323 协议的视频会议和基于组播网络和开放软件的视频会议。前者包含的设备较多，比如：多点控制单位（MCU）、网关（GW）以及网守（GK）等，了解即可。另外，考生需要掌握不同分辨率的视频会议，对带宽的要求参考表 10-6，重点掌握 1080P 和 720P 视频对带宽的要求。

表 10-6 分辨率、帧数与带宽要求对应关系

带宽要求	分辨率	帧数
4Mb/s	**1080P(1920×1080)**	30/60
2Mb/s	**720P(1280×720)**	30/60

续表

带宽要求	分辨率	帧数
1.5Mb/s	4CIF(704×576)	25
128kb/s～384kb/s	CIF(352×288)	15～25
	QCIF(176×144)	20～25
64kb/s～128kb/s	QCIF(176×144)	15～20
56kb/s	QCIF(176×144)	4～6

由于视频会议会使用较多动态端口，一般不采用端口映射方式进行访问，建议总分机构之间部署 IPSec VPN，远程办公人员一般采用 SSL VPN 接入视频会议网络。

第11章 网络安全

11.1 考点分析

本章内容在上午选择题中考查分值为5～8分，在案例分析试题三中考查25分，也可能出现网络安全相关论文，所以本章内容非常重要，希望考生务必理解。本章会从考试角度，适当扩展讲解网络安全等级保护2.0。网络安全和网络规划设计都是通用内容，任何论文题目，都可以写。学习过程中，需要有意识地积累一些论文素材。

11.2 网络安全体系

11.2.1 考点精讲

1. OSI安全体系

网络安全体系有多种标准，了解OSI安全体系即可。主要分为3个维度，*X*轴表示8种安全机制，*Y*轴表示OSI 7层模型，*Z*轴表示5种安全服务，共同构成网络安全空间，如图11-1所示。

5大安全服务分别是：认证服务、访问控制服务、数据保密性服务、数据完整性服务、防止否认服务，8大安全机制分别是：加密机制、数字签名机制、访问控制机制、数据完整性机制、认证机制、业务流填充机制、路由控制机制、公证机制。8种安全机制与5种安全服务的对应关系如下：2020/（43）

（1）加密机制：主要提供数据保密性服务，防止窃听、嗅探等被动攻击。常见的加密算法分为对称加密算法（如DES、3DES、AES等）和非对称加密算法（如RSA）。

（2）数字签名机制：主要对应认证（鉴别）服务和防止否认服务。通过“签字画押”能鉴别用户身份，同时防止事后抵赖，常见的数字签名算法有RSA和DSA。

（3）访问控制机制：主要对应访问控制服务和认证服务。常用的技术有用户名和口令验证、访问控制列表（ACL）等。

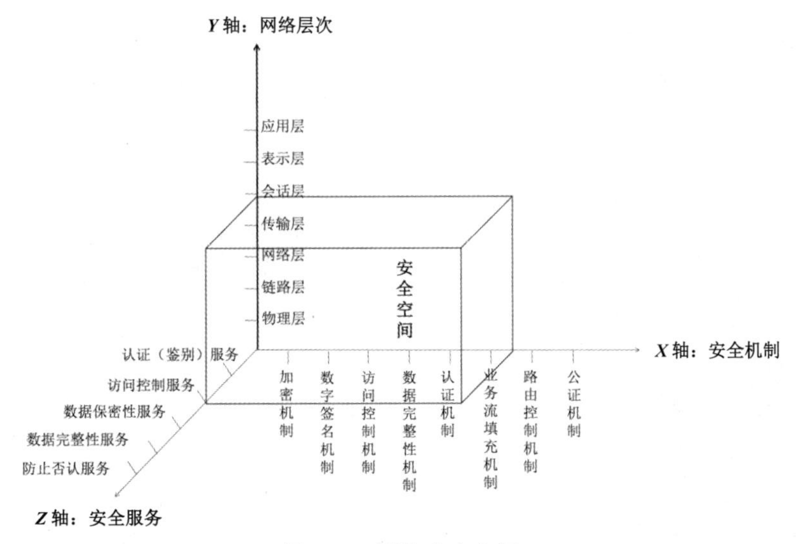

图 11-1　网络安全空间

（4）数据完整性机制：主要对应数据完整性服务，防止数据被非法篡改。常用哈希算法进行完整性校验，比如 MD5 和 SHA。

（5）认证机制：主要对应认证（鉴别）服务，分为源认证和身份认证。源认证是验证收到的消息是否来自期望的发送方，主要实现技术是数字签名。身份认证可以通过用户名/口令或证书等方式，验证对方的身份，只有通过认证的合法用户才能访问相应资源。

（6）业务流填充机制：主要对应数据保密性访问，在数据传输过程中填充随机数等方式，加大数据破解难度，从而提升数据的安全性。

（7）路由控制机制：主要对应访问控制服务，预先设定安全通信路径，避免通过不安全的信道传送数据。

（8）公证机制：主要对应防止否认服务。类似生活中的财产和合同公证，将资料交给权威第三方进行公证，防止事后扯皮。

2. 信息保障模型

常见的信息保障模型有：PDRR 模型、P2DR 模型和 WPDRRC 模型。

（1）PDRR 模型：保护（Protection）、检测（Detection）、恢复（Recovery）、响应（Response）。2020/（48）

（2）P2DR 模型：安全策略（Policy）、防护（Protection）、检测（Detection）、响应（Response）。

（3）WPDRRC 模型：预警（Warning）、保护、检测、反应、恢复、反击（Counterattack）。

11.2.2　即学即练·精选真题

● ＿（1）＿不属于 ISO 7498-2 标准规定的五大安全服务。（2020 年 11 月第 43 题）

（1）A．数字证书　　B．抗抵赖服务　　C．数据鉴别　　D．数据完整性

【答案】（1）A

【解析】五大安全服务包括：

1）认证（鉴别）服务：通信双方都应该能证实通信过程所涉及的另一方，以确保通信的另一方确实具有他们所声称的身份。

2）访问控制服务：确保对信息源的访问可以由目标系统控制。

3）数据机密性服务：确保计算机系统中的信息和被传输的信息仅能被授权读取的用户得到。

4）数据完整性服务：确保仅有授权用户能够修改计算机系统有价值的信息和传输的信息。

5）防止否认/不可抵赖服务：确保发送方和接收方都不能够抵赖所进行的信息传输。

- PDR 模型是最早体现主动防御思想的一种网络安全模型，包括＿（2）＿3 个部分。（2020 年 11 月第 48 题）

（2）A．保护、检测、响应　　B．保护、检测、制度

C．检测、响应、评估　　D．评估、保护、检测

【答案】（2）A

【解析】PDR 模型是体现主动防御思想的一种网络安全模型，包括保护（Protection）、检测（Detection）和响应（Response）3 个部分。

11.3 网络攻击与防御

11.3.1 考点精讲

1. 主动攻击和被动攻击

网络攻击分类很多，重点掌握主动攻击和被动攻击。

（1）主动攻击包括**假冒、重放、欺骗、消息篡改和拒绝服务**，重点是检测而不是预防，手段有防火墙、IDS 等技术。

（2）被动攻击包括**嗅探、窃听和通信分析**，主要是窃取数据包并进行分析，从中窃取重要的敏感信息。被动攻击比较难被检测，重点是预防，主要手段是**加密**。

2. 信息安全基本属性

信息安全的三大基本属性是保密性（Confidentiality）、完整性（Integrity）和可用性（Availability），简称 CIA 属性。

（1）保密性。信息保密性又称信息机密性，是指信息不泄露给非授权的个人和实体，或供其使用的特性。信息机密性针对信息被允许访问对象的多少而不同。一般通过**访问控制**阻止非授权用户获得机密信息，通过**加密技术**阻止非授权用户获知信息内容。2021/（43）

（2）完整性。信息完整性是指信息在存储、传输和提取的过程中保持不被修改、不延迟、不乱序和不丢失的特性。一般通过访问控制阻止篡改行为，通过信息**摘要算法**来检验信息是否被篡改。

（3）可用性。信息可用性指的是信息可被合法用户访问并能按要求使用的特性。典型的

DoS/DDoS 攻击主要破坏信息的可用性。保证系统可用性，最常用的方法是冗余配置和备份。2021/（44）

3. 计算机病毒分类

计算机病毒主要可以分为：蠕虫病毒、特洛伊木马、宏病毒、ARP 病毒、震网病毒、勒索病毒，它们的关键字、特征和典型代表见表 11-1。

表 11-1 计算机病毒分类

类型	关键字	特征	典型代表
蠕虫病毒	前缀为 worm	通过网络或者系统漏洞进行传播，可以向外发送带毒邮件或阻塞网络	冲击波（阻塞网络）、小邮差病毒（发送带毒邮件）、震网病毒
特洛伊木马	木马前缀为 Trojan，黑客病毒前缀为 Hack	通过网络或漏洞进入系统并隐藏起来，木马负责入侵用户计算机，黑客通过木马进行远程控制	游戏木马 Trojan.Lmir.PSW60
宏病毒	前缀为 Macro	特殊脚本病毒，感染 Word 和 Excel	Macro.Word97
ARP 病毒	关键词 ARP	发送虚假 ARP 欺骗网关或主机	ARP 网关欺骗、ARP 路由欺骗
震网病毒	关键词 Stuxnet	主要攻击工控系统，比如伊朗的核设施就遭遇了震网病毒攻击	统称为震网病毒，本质是蠕虫病毒
勒索病毒	关键词 WannaCry	加密用户文档或锁住浏览器，交赎金后方可解密	统称为勒索病毒，本质是蠕虫病毒

4. 信息收集

攻击过程中信息收集非常重要，收集的信息包括财务数据、硬件配置、人员结构、网络架构和整体利益等诸多方面。因特网上的共享资源可以为攻击提供有价值的信息，信息收集的主要方式如下。

（1）网络监测。可以快速检测网络中计算机的漏洞，包括嗅探应用软件，能在计算机内部或通过网络来捕捉传输过程中的密码等数据信息。

（2）社会工程。运用技巧来获取信息，例如，在喝酒交谈过程中询问对方密码或账号等信息，或是伪装成另一个人骗取信息。

（3）公共资源和垃圾。从公开的广告资料甚至是垃圾中收集信息。

（4）后门工具。这是一些工具包，用来掩盖计算机安全已受到威胁的事实。

（5）端口扫描。端口扫描目的是**判断目的主机上开放了哪些服务或判断目的主机的操作系统**。端口扫描原理是尝试与目的主机的某些端口建立连接，如果目的主机该端口有回复，则说明该端口开放，即为“活动端口”。端口扫描主要分为如下几类，见表 11-2。

表 11-2　端口扫描技术

扫描分类	解释
全 TCP 连接	这种扫描方法使用三次握手，与目的计算机建立标准的 TCP 连接。这种古老的扫描方法很容易被目的主机记录
半打开式扫描（SYN 扫描）	在这种扫描技术中，扫描主机自动向目的计算机的指定端口发送 SYN 数据段，表示发送建立连接请求。 由于扫描过程中全连接尚未建立，所以大大降低了被目的计算机记录的可能性，并且加快了扫描的速度
FIN 扫描	TCP 报文中，有一个字段为 FIN，FIN 扫描则依靠发送 FIN 来判断目的计算机的指定端口是否活动。发送一个 FIN=1 的 TCP 报文到一个关闭的端口时，该报文会被丢掉，并返回一个 RST 报文。如果当 FIN 报文到一个活动的端口时，该报文只是简单地丢掉，不会返回任何回应。从 FIN 扫描可以看出，这种扫描没有涉及任何 TCP 连接部分，因此，这种扫描比前两种都安全，可以称之为秘密扫描
第三方扫描	又称“代理扫描”，这种扫描利用第三方主机来代理

5. 拒绝服务攻击与防御

拒绝服务攻击（Denial of Service，DoS）通过**消耗主机 CPU、内存、磁盘、网络等资源**，让主机不能向正常用户提供服务。分布式拒绝服务攻击（Distributed Denial of Service，DDoS）是攻击者**首先侵入一些计算机**，然后控制这些计算机同时向一个特定的目标发起拒绝服务攻击。传统的拒绝服务攻击有**受网络资源的限制和隐蔽性差**两大缺点，而分布式拒绝服务攻击克服了传统拒绝服务攻击的这两个致命弱点。DDoS 一般采用三级结构，如图 11-2 所示。其中，**Client（客户端）**运行在攻击者的主机上，用来发起和控制 DDoS 攻击；**Handler（主控端）**运行在已被攻击者侵入并获得控制的主机上，用来控制代理端；**Agent（代理端，也叫肉鸡）**运行在已被攻击者侵入并获得控制的主机上，从主控端接收命令，负责对目标实施实际的攻击。

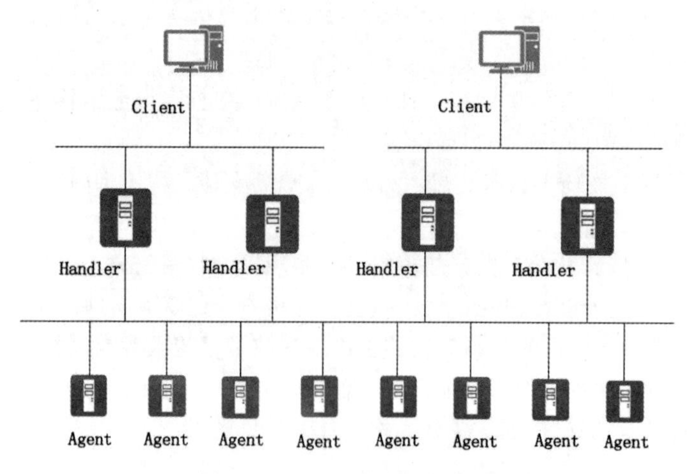

图 11-2　DDoS 攻击网络架构

拒绝服务攻击通用的防御方法有如下几种：

（1）**加强对数据包的特征识别**。攻击者在传送攻击命令或发送攻击数据时，虽然都加入了伪装甚至加密，但是其数据包中还是有一些特征字符串。通过搜寻这些特征字符串，就可以确定攻击类型、攻击服务器和攻击者的位置。

（2）**设置防火墙监控本地主机端口的使用情况**。对本地主机中的敏感端口进行监控，如 UDP 31335、UDP 27444、TCP 27665，如果发现这些端口处于监听状态，则系统很可能受到攻击。

（3）**对通信数据量进行统计也可获得有关攻击系统的位置和数量信息**。例如，在攻击之前，目的网络的域名服务器往往会接收到远远超过正常数量的反向和正向的地址查询。在攻击时，攻击数据的来源地址会发出超出正常极限的数据量。

（4）**尽可能地修复已经发现的问题和系统漏洞**。

（5）**购买安全设备（如防火墙、抗 DDoS 设备）和流量清洗服务**。

下面重点介绍 SYN Flooding、Ping of Death、SNMP 攻击等常见的拒绝服务攻击原理和防御思路，见表 11-3。

表 11-3　拒绝服务攻击原理与防御思路

攻击类型	攻击原理	防御思路
同步包风暴（SYN Flooding）（2020.39）	攻击者大量向攻击目标发送 SYN 数据包，而不返回 ACK，导致服务端有大量半开连接，耗尽目标资源，不能为其他正常用户提供服务	（1）通过修改注册表防御 SYN Flooding 攻击。 （2）防火墙上开启 SYN 防范功能
UDP Flooding	攻击者大量发送 UDP 数据，耗尽网络带宽，导致目的主机不能为正常用户提供服务	（1）购买流量清洗设备或服务。 （2）限时单个用户带宽
Ping of Death	利用操作系统规定的 ICMP 数据包最大尺寸不超过 64KB 这一规定，使 TCP/IP 堆栈崩溃、主机死机	（1）修改注册表防御 ICMP 攻击。 （2）升级系统，打补丁

6. 缓冲区溢出攻击与防御

缓冲区溢出攻击原理：通过**往程序的缓冲区写超出其长度的内容，造成缓冲区溢出，从而破坏程序的堆栈，使程序转而执行其他预设指令**，以达到攻击目的的攻击方法。缓冲区溢出是一个非常普遍、非常严重的漏洞，在各种操作系统中广泛存在。缓冲区溢出攻击与防御思路如下：

（1）系统管理上的防范策略：关闭不需要的特权程序、及时给程序漏洞打补丁。

（2）软件开发过程中的防范策略。

1）编写正确的代码，确保目标缓冲区中数据不越界。

2）程序指针完整性检查，如果程序指针被恶意改动，程序拒绝执行。

3）改进 C 语言中存在缓冲区溢出攻击隐患的函数库。

4）利用编译器将静态数据段中的函数地址指针存放地址和其他数据的存放地址分离。

7. SQL 注入和 XSS 跨站脚本攻击

SQL 注入攻击：黑客从正常的网页端口进行网站访问，通过巧妙构建 SQL 语句，获取数据库敏感信息，或直接向数据库插入恶意语句。SQL 注入攻击的防范方法如下：

（1）对用户输入做严格检查，防止恶意 SQL 输入。

（2）部署数据库审计系统、WAF 防火墙等安全设备，对攻击进行阻断。

跨站脚本攻击（Cross Site Script，XSS），指的是恶意攻击者往 Web 页面里插入恶意 html 代码，当用户浏览该页面时，嵌入 Web 里面的 html 代码会被执行，从而达到恶意用户的特殊目的。XSS 思路与 SQL 注入非常类似，只是 XSS 主要攻击网站，SQL 注入主要攻击数据库。XSS 的核心是利用脚本注入，因此解决办法很简单：

（1）不信赖用户输入，对特殊字符如“<”“>”进行转义，可以从根本上解决这一问题。

（2）部署 WAF 网页应用防火墙，自动过滤攻击报文。

8. 欺骗攻击与防御

（1）ARP 欺骗。ARP 欺骗原理：如图 11-3 所示，攻击者发送恶意 ARP 应答信息，刷新被攻击者 ARP 缓存，让对方不能进行正确的二层封装。ARP 欺骗的防范措施如下：

1）在主机上进行 ARP 静态绑定。例如：arp -s 10.0.0.254 00-11-d8-64-6b-bc。2016/（41）

2）主机和服务器采用双向绑定的方法解决并且防止 ARP 欺骗。

3）使用 ARP 服务器。通过该服务器查找自己的 ARP 转换表来响应其他机器的 ARP 广播。确保这台 ARP 服务器不被攻陷。

4）安装 ARP 防护软件，或在交换机上启动 DAI 等安全防护功能。

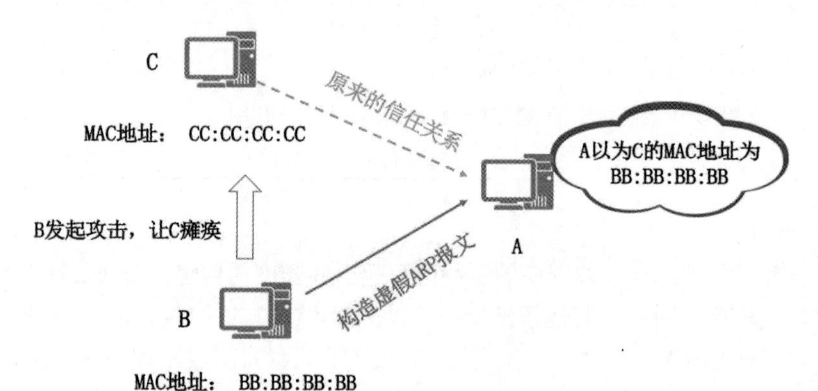

图 11-3　ARP 欺骗原理

（2）DNS 欺骗原理。DNS 欺骗首先是冒充域名服务器，然后**把查询的 IP 地址设为攻击者的 IP 地址**，用户上网只能看到攻击者的主页，而不是用户想要取得的网站的主页。DNS 欺骗基本原理如图 11-4 所示。DNS 欺骗其实并不是真的“黑掉”了对方的网站，而是冒名顶替、招摇撞骗罢了。根据检测手段的不同，将 DNS 欺骗的检测分为**被动监听检测、虚假报文探测和交叉检查查询** 3 种，见表 11-4。

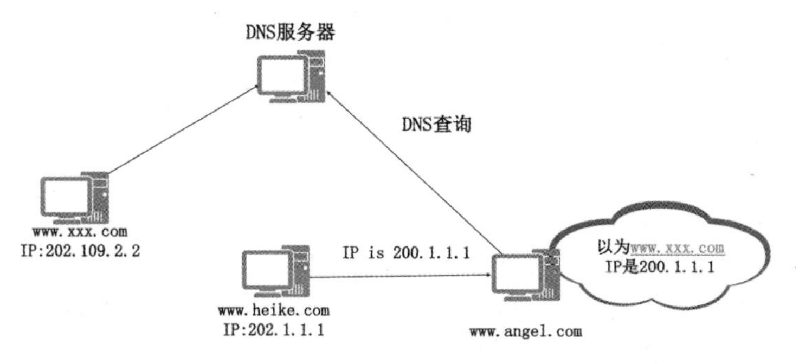

图 11-4 DNS 欺骗原理

表 11-4 DNS 欺骗检测技术

DNS 欺骗检测	解释
被动监听检测	该检测手段是通过旁路监听的方式，捕获所有 DNS 请求和应答数据包，并为其建立一个请求应答映射表。如果在一定的时间间隔内，一个请求对应两个或两个以上结果不同的应答包，则怀疑受到了 DNS 欺骗攻击，因为 DNS 服务器不会给出多个结果不同的应答包，即使目标域名对应多个 IP 地址，DNS 服务器也会在一个 DNS 应答包中返回，只是有多个应答域（answer section）而已
虚假报文探测	采用主动发送探测包的手段来检测网络内是否存在 DNS 欺骗攻击者。 这种探测手段基于一个简单的假设：攻击者为了尽快地发出欺骗包，不会对域名服务器 IP 的有效性进行验证。这样，如果向一个非 DNS 服务器发送请求包，正常来说不会收到任何应答，但是由于攻击者不会验证目标 IP 是否是合法 DNS 服务器，它会继续实施欺骗攻击，因此如果收到了应答包，则说明受到了攻击
交叉检查查询	在客户端收到 DNS 应答包之后，向 DNS 服务器反向查询应答包中返回的 IP 地址所对应的 DNS 名字，如果二者一致说明没有受到攻击，否则说明被欺骗

9. TCP/IP 漏洞与防御

TCP/IP 漏洞主要是利用 TCP/IP 协议缺陷，比如数据包头的一些重要字段（如 IP 包头部的 Total Length、Fragment offset IHL 和 Source address），使用错误的 IP 数据包发送出去，接收端收到这些异常数据包，无法正常重组，就会引起系统死机或崩溃，无法继续提供服务等问题。这些攻击包括 Ping of Death 攻击、Teardrop 攻击、WinNuke 攻击以及 Land 攻击等。

（1）Ping of Death 攻击：早期 Windows 系统，ping 大于 65536 字节（64KB 报文）的数据包，系统会蓝屏或者死机。

（2）Teardrop 攻击：恶意修改 IP 分组的偏移量，导致数据不能正常重组、缓冲区溢出和系统崩溃。

（3）WinNuke 攻击：是一种拒绝服务攻击。WinNuke 攻击又称带外传输攻击，它的特征是攻击目的端口，被攻击的目的端口通常是 139、138、137、113、53，而且 URG 位设为“1”，即紧急模式。这些攻击报文与正常数据报文不同的是，其指针字段与数据的实际位置不符，即存在重合，这样 Windows 操作系统在处理这些数据的时候，就会崩溃。

（4）Land 攻击：SYN 包中的源地址和目的地址都被设置成某一个服务器地址，这时将导致接收服务器向它自己的地址发送 SYN+ACK 消息，结果这个地址又发回 ACK 消息并创建一个空连接，每一个这样的连接都将保留直到超时。不同系统对 Land 攻击的反应不同，许多 UNIX 系统将崩溃，而 Windows 会变得极其缓慢。

对于这些利用 TCP/IP 协议实现中的处理程序错误实施的攻击，最有效最直接的防御方法是尽早发现潜在的错误并及时升级补丁。从长远角度考虑，在编制软件的时候应更多地考虑安全问题，提高代码质量，减少安全漏洞。这些都是很古老的 TCP/IP 协议栈漏洞，在 Windows 10 和 Windows 11 等最新的操作系统中，这些漏洞都已经被修复。

11.3.2 即学即练·精选真题

- 某计算机遭到 ARP 病毒的攻击，为临时解决故障，可将网关 IP 地址与其 MAC 绑定，正确的命令是___（1）___。（2016 年 11 月第 41 题）

（1）A．arp -a 192.168.16.254 00-22-aa-00-22-aa
B．arp -d 192.168.16.254 00-22-aa-00-22-aa
C．arp -r 192.168.16.254 00-22-aa-00-22-aa
D．arp -s 192.168.16.254 00-22-aa-00-22-aa

【答案】（1）D

【解析】掌握 ARP 相关命令。查询 ARP 表命令是 arp -a，删除 ARP 表命令是 arp -d，静态绑定命令是 arp -s。

- 流量分析属于___（2）___方式。（2016 年 11 月第 46 题）

（2）A．被动攻击　　B．主动攻击　　C．物理攻击　　D．分发攻击

【答案】（2）A

【解析】常见的主动攻击有中断、篡改和伪造信息，被动攻击有嗅探、流量分析等，所以流量分析是典型的被动攻击。

- 在 Windows Server 2008 系统中，要有效防止“穷举法”破解用户密码，应采用___（3）___。（2018 年 11 月第 52 题）

（3）A．安全选项策略　　B．账户锁定策略
C．审核对象访问策略　　D．用户权利指派策略

【答案】（3）B

【解析】防止穷举攻击的方法是账户锁定。

- SYN Flooding 攻击的原理是___（4）___。（2020 年 11 月第 39 题）

（4）A．利用 TCP 三次握手，恶意造成大量 TCP 半连接，耗尽服务器资源，导致系统的拒绝服务
B．有些操作系统在实现 TCP/IP 协议栈时，不能很好地处理 TCP 报文的序列号的查找问题，导致系统崩溃
C．有些操作系统在实现 TCP/IP 协议栈时，不能很好地处理 IP 分片包的重叠情况，导致系统崩溃

D. 有些操作系统协议栈在处理 IP 分片时，对于重组后超大的 IP 数据报不能很好地处理，导致缓存溢出而系统崩溃

【答案】（4）A

【解析】B 选项描述的是 TCP 序列号攻击，C 选项描述的是泪滴攻击，D 选项描述的是 ping of Death 攻击。

SYN Flooding 原理：攻击者向目标计算机发送 TCP 连接请求（SYN 报文），然后对于目标返回的 SYN+ACK 报文不作回应，目标计算机如果没有收到攻击者的 ACK 回应，就会一直等待，形成半开连接，直到连接超时才释放。攻击者利用这种方式发送大量 SYN 报文，让目标计算机上生成大量的半连接，迫使其大量资源浪费在这些半连接上。目标计算机一旦资源耗尽，就会出现速度极慢、正常的用户不能接入等情况。攻击者可以伪造 SYN 报文，其源地址是伪造的或者不存在的地址，向目标计算机发起攻击。

● 窃取是一种针对数据或系统的___（5）___的攻击。DDoS 攻击可以破坏数据或系统的___（6）___。（2021 年 11 月第 43～44 题）

（5）A. 可用性　B. 保密性　C. 完整性　D. 真实性

（6）A. 可用性　B. 保密性　C. 完整性　D. 真实性

【答案】（5）B　（6）A

【解析】掌握网络安全基础。窃取是被动攻击，而且是针对保密性的攻击，DoS/DDoS 是针对可用性的攻击。

11.4 防火墙与访问控制

11.4.1 考点精讲

1. 防火墙技术

防火墙可以实现内部网络（信任网络）与外部网络（非信任网络）之间或是不同网络区域间的隔离与访问控制，如图 11-5 所示。

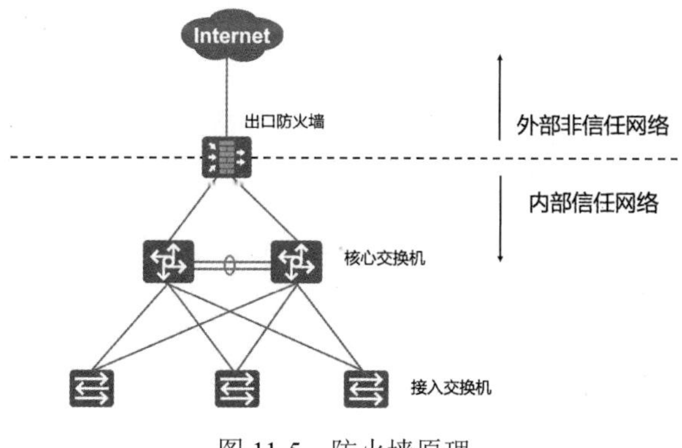

图 11-5 防火墙原理

防火墙可以将网络划分为：**信任区域、非信任区域、非军事化区域（DMZ）、本地区域（Local）**，不同区域优先级不同，优先级越高代表受信任程度越高，防火墙优先级如图 11-6 和表 11-5 所示。

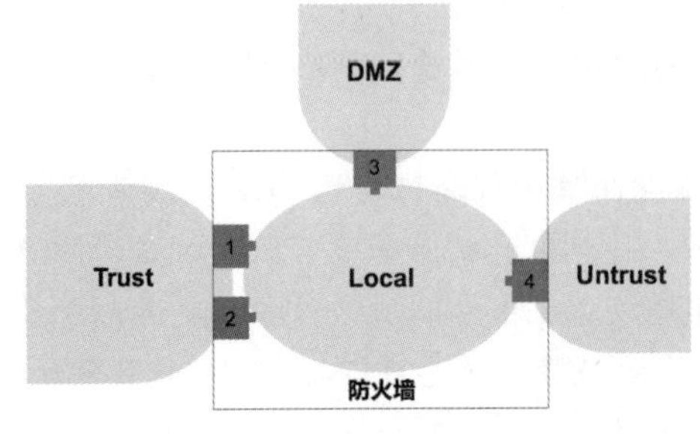

图 11-6　防火墙区域

表 11-5　防火墙区域划分

安全区域	安全级别	说明
Local	100	设备本身，包括设备的各接口本身
Trust	85	通常用于定义内网终端用户所在区域
DMZ	50	通常用于定义内网服务器所在区域
Untrust	5	通常用于定义 Internet 等不安全的网络

防火墙分类方式有多种，按软、硬件形式可以分为硬件防火墙、软件防火墙，按过滤技术可以分为包过滤、状态化防火墙、应用层防火墙，按经典体系结构可以分为**双重宿主主机体系结构防火墙、被屏蔽主机体系结构防火墙和被屏蔽子网体系结构防火墙**。

防火墙是**逻辑隔离**设备，**网闸是物理隔离**设备。网闸主要采用 **GAP 技术**，它是一种由带有多种控制功能的专用硬件在电路上切断网络之间的链路层连接，同时能够在**网络间进行安全数据交换**的网络安全设备。如图 11-7 所示，外网和内网不能直接相连，数据通过网闸设备的数据交换机区进行通信，该数据交换机区同一时刻只能与外网或内网进行通信，从而实现网络物理隔离。2017/（55～56）

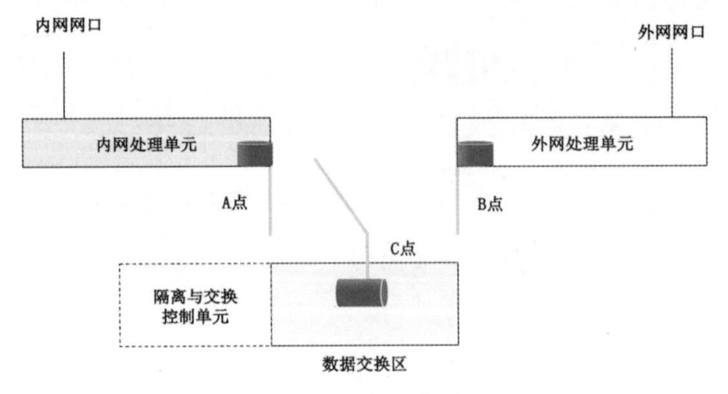

图 11-7　网闸工作原理

2. 访问控制技术

访问控制指根据某些控制策略对客体或资源进行的不同授权访问，包含3个要素：主体、客体和控制策略。访问者又称为主体，可以是用户、进程、应用程序等。资源对象又称为客体，即被访问的对象，可以是文件、应用服务、数据等。控制策略是对访问者是否允许用户访问资源对象做出决策，如拒绝访问、授权许可、禁止操作等。

访问控制的实现技术主要有访问控制矩阵、访问控制列表、能力表和授权关系表。

（1）访问控制矩阵：通过矩阵形式标识访问控制规则和用户权限的方法，见表11-6，张三可以访问网页、数据库和视频服务器，李四只能访问数据库。

表 11-6　访问控制矩阵

姓名	Web（网页）	DB（数据库）	Video（视频）
张三	√	√	√
李四	×	√	×

（2）访问控制列表：每个客体有一个访问控制列表，本质是按列保存访问控制矩阵。如网页应用只允许李四访问，张三不能访问。

（3）能力表：正好跟访问控制列表相反，能力表是按行保存访问控制矩阵的信息，如用户李四可以访问数据库，不能访问网页和视频服务器。

（4）授权关系表：表示的只是简单的能否访问，可以延伸为更复杂的读、写和执行等关系，具体授权关系在授权关系表中定义。

3. 访问控制列表

（1）访问控制列表（Access Control List，ACL）是由一系列规则组成的集合，ACL通过这些规则对数据包进行分类，从而使设备对不同类报文进行不同的处理。

（2）ACL的规则匹配：报文到达设备时，查找引擎从报文中取出信息组成查找键值，键值与ACL中的规则进行匹配，只要有一条规则和报文匹配，就停止查找，称为命中规则。查找完所有规则，如果没有符合条件的规则，称为未命中规则，故ACL的规则分为“permit”（允许）规则或者“deny”（拒绝）规则和未命中规则。

（3）华为设备常用ACL的功能分类见表11-7。

表 11-7　ACL 分类

分类	编号范围	应用场景
基本 ACL	2000～2999	使用报文的**源IP地址和时间段**信息来定义规则
高级 ACL	3000～3999	除了基本ACL的应用场景外，还支持**基于目的地址、IP优先级、报文类型、源目端口号**来定义规则

4. 访问控制模型

常见的访问控制模型包括自主访问控制（Discretionary Access Control，DAC）、强制访问控制

（Mandatory Access Control，MAC）和基于角色的访问控制（Role Based Access Control，RBAC）。

（1）自主访问控制（DAC）指客体的所有者按照自己的安全策略授予系统中的其他用户对其的访问权。用户自行设置访问控制权限，访问机制简单、灵活。这种机制的实施依赖于用户的安全意识和技能，不能满足高安全等级的安全要求。例如，网络用户由于操作不当，将敏感的文件用电子邮件发送到外部网，则会造成信息泄密。

（2）强制访问控制（MAC）是指根据主体和客体的安全属性，以强制方式控制主体对客体的访问。安全操作系统中的每个进程、每个文件等客体都被赋予了相应的安全级别和范畴，当一个进程访问一个文件时，系统调用强制访问控制机制，当且仅当**进程的安全级别不小于客体的安全级别，并且进程的范畴包含文件的范畴**时，进程才能访问客体，否则就拒绝。与自主访问控制相比较，强制访问控制更加严格。用户使用自主访问控制虽然能够防止其他用户非法入侵自己的网络资源，但对于用户的意外事件或误操作则无效。因此，自主访问控制不能适应高安全等级需求。在**政府部门、军事和金融等领域**，常**利用强制访问控制**机制，将系统中的资源划分安全等级和不同类别，然后进行安全管理。

强制访问控制最著名的是 Bell-LaPadula 模型和 Biba 模型。Bell-LaPadula 模型具有只允许向下读、向上写的特点，可以有效地**防止机密信息向下级泄露**。Biba 模型则具有不允许向下读、向上写的特点，可以有效地**保护数据的完整性**。

（3）基于角色的访问控制（RBAC）是目前国际上流行的、先进的安全访问控制方法。它通过分配和取消角色来完成用户权限的授予和取消，并且提供角色分配规则。RBAC 包括用户（U）、角色（R）、会话（S）和权限（P）四个基本要素。访问权限与角色相关联，角色再与用户关联，实现了用户与访问权限的逻辑分离，便于授权管理，便于根据工作需要分级，便于赋予最小特权，便于任务分担，便于文件分级管理。

11.4.2 即学即练·精选真题

- 某企业采用防火墙保护内部网络安全。但是与外网的连接丢包严重，网络延迟高，且故障持续时间有 2 周左右。技术人员采用如下步骤进行故障检测：

1．登录防火墙，检查__（1）__，发现使用率较低，一切正常。

2．查看网络内各设备的会话数和吞吐量，发现只有一台设备异常，连接数有 7 万多，而同期其他类似设备都没有超过千次。

3．进行__（2）__操作后，故障现象消失，用户 Internet 接入正常。可以初步判断，产生故障的原因不可能是__（3）__，排除故障的方法是在防火墙上__（4）__。（2016 年 11 月第 55～58 题）

（1）A．内存及 CPU 使用情况　　B．进入内网报文数量
　　C．ACL 规则执行情况　　D．进入 Internet 报文数量

（2）A．断开防火墙网络　　B．重启防火墙
　　C．断开异常设备　　D．重启异常设备

（3）A．故障设备遭受 DoS 攻击　　B．故障设备遭受木马攻击
　　C．故障设备感染病毒　　D．故障设备遭受 ARP 攻击

（4）A. 增加访问控制策略　　B. 恢复备份配置

C. 对防火墙初始化　　D. 升级防火墙软件版本

【答案】（1）A　（2）C　（3）D　（4）A

【解析】登录设备可以查看 CPU 和内存利用率，发现异常设备应该找到异常设备，断开连接。由于 ARP 不是传输协议，ARP 攻击不会产生连接，则故障设备不可能遭受的是 ARP 攻击，最后可以通过访问控制策略解决此问题，比如限制每个终端的 TCP 连接数量。

- 在网络规划中，政府内外网之间应该部署网络安全防护设备。在下图中部署的设备 A 是___（5）___，对设备 A 的作用描述错误的是___（6）___。（2017 年 11 月第 55～56 题）

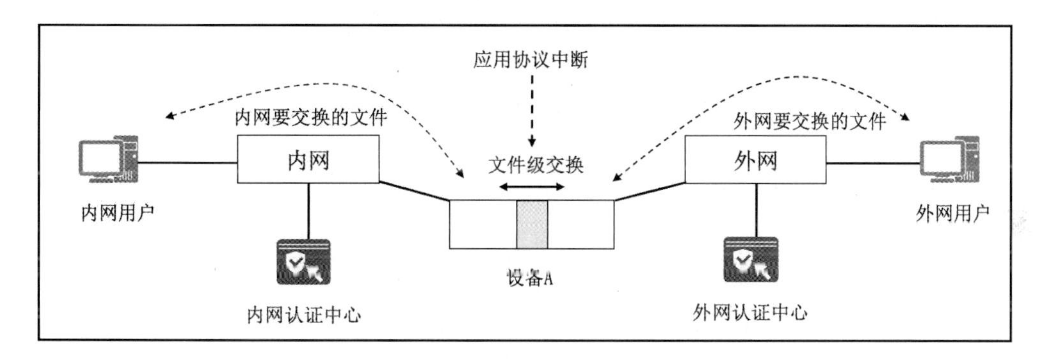

（5）A. IDS　　B. 防火墙

C. 网闸　　D. UTM

（6）A. 双主机系统，即使外网被黑客攻击瘫痪也无法影响到内网

B. 可以防止外部主动攻击

C. 采用专用硬件控制技术保证内外网的实时连接

D. 设备对外网的任何响应都是对内网用户请求的回答

【答案】（5）C　（6）C

【解析】通过设备原理图判断是网闸，网闸隔离的内网和外网不能实时连接，数据通过摆渡互访。

- 在 Windows Server 2008 系统中，某共享文件夹的 NTFS 权限和共享文件权限设置的不一致，则对于访问该文件夹的用户而言，下列___（7）___有效。（2018 年 11 月第 49 题）

（7）A. 共享文件夹权限

B. 共享文件夹的 NTFS 权限

C. 共享文件夹权限和共享文件夹的 NTFS 权限累加

D. 共享文件夹权限和共享文件夹的 NTFS 权限中更小的权限

【答案】（7）D

【解析】防止越权访问，选择更小的权限。

11.5 入侵检测系统（IDS）与入侵防御系统（IPS）

11.5.1 考点精讲

1. IDS定义与组成

入侵检测系统（Intrusion Detection System，IDS）是防火墙之后的第二道安全屏障。如果把防火墙比作园区入口的保安，那么入侵检测系统就类似园区内部的巡逻人员。有些攻击可能绕过入口的安全检查，那么入侵检测系统就可以派上用场。入侵检测系统主要由探测器、分析器、响应单元和事件数据库四部分组成。探测器主要负责收集各类数据，分析器主要分析数据判断是否有入侵，响应单元主要对分析的结果做出相应响应，比如报警、记录等，事件数据库主要负责存放相应的中间数据和结果数据，也是整个系统的日志部件。

2. IDS分类

入侵检测系统（IDS）有多种分类方式。按信息来源，可以分为主机入侵检测系统（Host-based Intrusion Detection System，HIDS）、网络入侵检测系统（Network Intrusion Detection System，NIDS）、分布式入侵检测系统（Distributed Intrusion Detection System，DIDS）和混合入侵检测系统。

按数据分析技术和处理方式分：**异常检测和误用检测**。异常检测原理是建立并不断更新和维护系统正常行为的轮廓，定义报警阈值，超过阈值则报警。异常检测**能够检测从未出现的攻击，但误报率高**。**误用检测是**对已知的入侵行为特征进行提取，形成入侵模式库，匹配则进行报警，实现技术有专家系统和模式匹配。误用检测对**已知入侵检测准确率高，对于未知入侵检测准确率低，高度依赖特征库**。

3. 入侵防御系统（IPS）

入侵防御系统（Intrusion Prevention System，IPS）是一种领先的网络安全检测和防御系统，能**检测出攻击并积极响应**。IPS不仅具有入侵检测系统检测攻击行为的能力，而且具有**拦截攻击并阻断攻击的功能**。IPS不是IDS和防火墙功能的简单组合，IPS在攻击响应上采取的是主动的全面深层次的防御。传统防火墙只能基于网络层和传输层进行检查，而IPS可以基于应用层还原出完整的数据流进行分析和过滤。IPS与IDS相比主要有如下两点差异：

（1）入侵响应能力不同：IDS只能检测，发出警报；IPS既检测入侵，还可以阻断攻击。

（2）部署位置不同：IDS一般旁路部署，IPS一般串行部署，对比如图11-8所示。

IPS检测技术更加丰富多样，常见的有基于特征的匹配技术、协议分析技术、抗DoS/DDoS技术、智能化检测技术、**蜜罐技术（这是一种主动防御技术）**等。由于IPS串行部署，也可能存在单点故障、性能瓶颈、漏报误报等问题，同时还需要保持特征库更新。

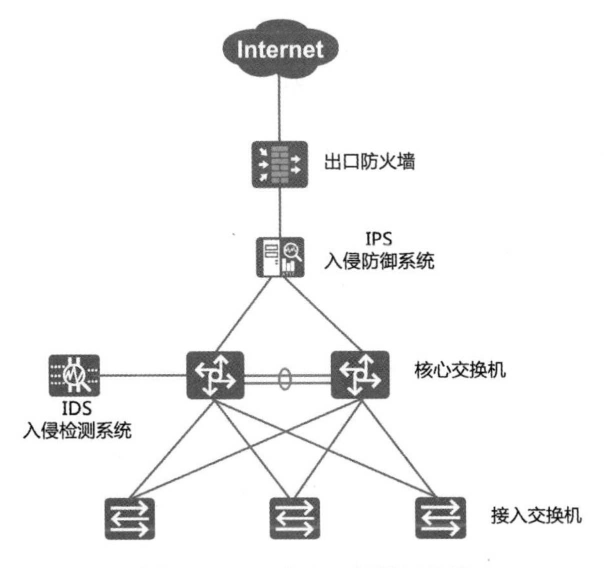

图 11-8　IDS 与 IPS 部署拓扑图

11.5.2　即学即练·精选真题

- 下图是某互联网服务企业网络拓扑，该企业主要对外提供网站消息发布、在线销售管理服务，Web 网站和在线销售管理服务系统采用 JavaEE 开发，中间件使用 Weblogic，采用访问控制、NAT 地址转换、异常流量检测、非法访问阻断等网络安全措施。

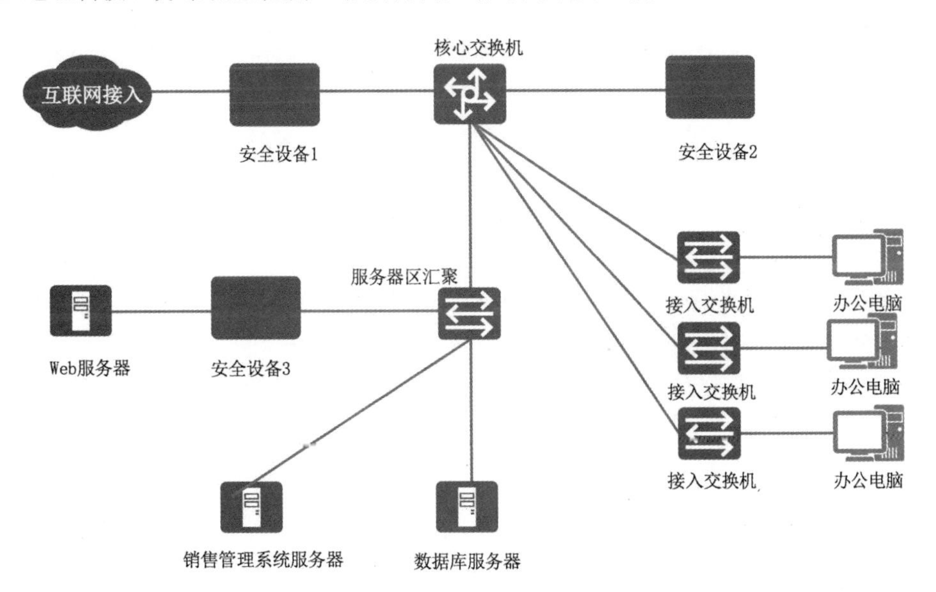

【问题 1】（6 分）

根据网络安全防范需求，需在不同位置部署不同的安全设备，进行不同的安全防范，为上图中的安全设备选择相应的网络安全设备。在安全设备1处部署__(1)__，在安全设备2处部署__(2)__；在安全设备3处部署__(3)__。(1)～(3)备选答案：

A．防火墙　B．入侵检测系统（IDS）　C．入侵防御系统（IPS）

【问题2】（6分，多选题）

在网络中需要加入如下安全防范措施：

A．访问控制　B．NAT　C．上网行为审计　D．包检测分析

E．数据库审计　F．DDoS攻击检测和阻止　G．服务器负载均衡　H．异常流量阻断

I．漏洞扫描　J．Web应用防护

其中，在防火墙上可部署的防范措施有__(4)__；在IDS上可部署的防范措施有__(5)__；在IPS上可部署的防范措施有__(6)__。

【问题3】（5分）

结合上述拓扑，请简要说明入侵防御系统（IPS）的不足和缺点。（2016年11月案例分析三/问题1）

【答案】(1) A　(2) B　(3) C　(4) A、B　(5) D　(6) D、H、J

入侵防御系统（IPS）的不足和缺点如下：

1）访问Web服务器的流量都要经过IPS，会加大网络的延迟。

2）IPS也存在单点故障和性能瓶颈。

3）IPS安全策略设置不合理会导致误报率高。

【解析】考查常见网络安全设备功能和网络安全防范措施。IPS是高频考点，务必掌握，同时需要对比IPS和IDS。

11.6 VPN技术

11.6.1 考点精讲

1. VPN分类

虚拟专用网（Virtual Private Network，VPN），是在公网上建立由某一组织或某一群用户专用的通信网络。按照网络层次可以分为二层VPN、三层VPN、四层VPN。

- 二层VPN：PPTP和L2TP，都基于PPP协议，但PPTP只支持TCP/IP体系，网络层必须是IP协议，而L2TP可以运行在IP协议上，也可以在X.25、帧中继或ATM网络上使用。PPTP使用UDP端口1723，L2TP依赖的端口有UDP 500、UDP 4500和UDP 1701。2015/(14～15)
- 三层VPN：IPSec和GRE，其中IPSec VPN应用广泛，常用于总分机构互连。2020/(44)
- 四层VPN：SSL和TLS，SSL常用于移动用户远程接入访问。

2. IPSec VPN

IPSec（IP Security）是IETF定义的一组安全协议，用于增强IP网络的安全性。IPSec通过加

密与验证等方式，从以下几个方面保障了用户业务数据在 Internet 中的安全传输：2021/（45）

- 数据来源验证：接收方验证发送方身份是否合法。
- 数据加密：发送方对数据进行加密，以密文的形式在 Internet 上传送，接收方对接收的加密数据进行解密后处理或直接转发。2022/（39）
- 数据完整性：接收方对接收的数据进行验证，以判定报文是否被篡改。
- 抗重放：接收方拒绝旧的或重复的数据包，防止恶意用户通过重复发送捕获到的数据包所进行的攻击。

IPSec 功能分为三类：认证头（AH）、封装安全负荷（ESP）和 Internet 密钥交换协议（IKE），总结对比见表 11-8。

- 认证头（AH）：提供数据完整性和数据源认证（MD5、SHA），但**不提供数据加密服务**。
- 封装安全负荷（ESP）：可以**提供数据加密功能**，加密算法有 DES、3DES、AES 等。
- Internet 密钥交换协议（IKE）：用于生成和分发在 ESP 和 AH 中使用的密钥，代表协议是 DH。2015/（45）

表 11-8 IPSec 子协议

子协议	功能	算法
AH	数据完整性和源认证 **2022/（44）**	MD5、SHA
ESP	数据加密	DES、3DES、AES
IKE	密钥生成和分发**（端口号 UDP 500 和 UDP 4500）**	DH

其中，AH 协议与 ESP 协议比较见表 11-9。

表 11-9 AH 和 ESP 对比

安全特性	AH	ESP
协议号	51	50
数据完整性校验	支持（验证整个 IP 报文）	支持（传输模式不验证 IP 头，隧道模式验证整个 IP 报文）
数据源验证	支持	支持
数据加密	不支持	支持
防报文重放攻击	支持	支持
IPSec NAT-T（NAT 穿越）	不支持	支持

从表 11.9 中可以看出两个协议各有优缺点，在安全性要求较高的场景中可以考虑联合使用 AH 协议和 ESP 协议。IPSec 有两种封装模式：传输模式和隧道模式，其中**隧道模式需要封装新的 IP 头**，如图 11-9 所示。2015/（44）、2017/（44）

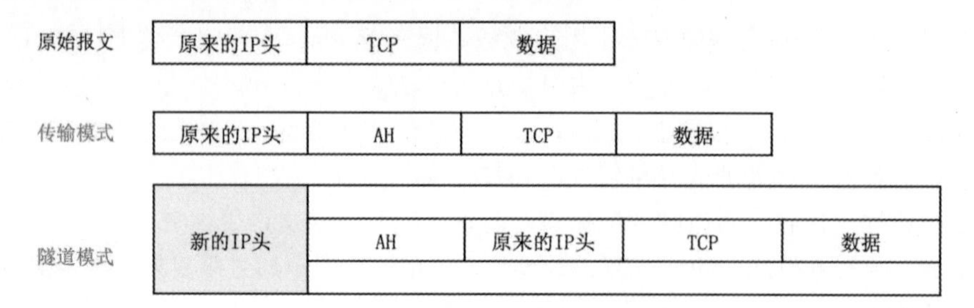

图 11-9　IPSec 两种封装模式

3．GRE 和 MPLS VPN

通用路由封装（Generic Routing Encapsulation，GRE）是网络层隧道协议，对组播等技术支持很好，但本身不加密，而 IPSec 可以实现加密，对组播支持不佳。所以语音、视频等业务中经常先用 GRE 封装，然后再使用 IPSec 进行加密。MPLS VPN 主要用于在广域网中实现业务隔离。

11.6.2　即学即练·精选真题

- 下面 4 组协议中，属于第二层隧道协议的是__（1）__，第二层隧道协议中必须要求 TCP/IP 支持的是__（2）__。（2015 年 11 月第 14～15 题）

  （1）A．PPTP 和 L2TP　　B．PPTP 和 IPSec
  　　 C．L2TP 和 GRE　　D．L2TP 和 IPSec

  （2）A．IPSec　　B．PPTP　　C．L2TP　　D．GRE

  【答案】（1）A　（2）B

  【解析】掌握不同 VPN 技术的层次。

- 如图所示，①、②和③是三种数据包的封装方式，以下关于 IPSec 认证头方式中，所使用的封装与其对应模式的匹配，__（3）__是正确的。（2015 年 11 月第 44 题）

  ① | 原IP头 | TCP | DATA
  ② | 原IP头 | AH | TCP | DATA
  ③ | 新IP头 | AH | 原IP头 | TCP | DATA

  （3）A．传输模式采用封装方式①　　B．隧道模式采用封装方式②
  　　 C．隧道模式采用封装方式③　　D．传输模式采用封装方式③

  【答案】（3）C

  【解析】本题考查 IPSec 的数据封装。传输模式在原有 IP 报文中插入 AH 头部即可，隧道模式需要重新封装认证头，故③采用的隧道模式。

- 下列协议中，不用于数据加密的是__（4）__。（2015 年 11 月第 45 题）

  （4）A．IDEA　　B．Differ-hellman　　C．AES　　D．RC4

  【答案】（4）B

  【解析】本题考查密码学基础知识，Differ-hellman 简称 DH，是密钥交换算法（非对称）。

● PPP 协议不包含___（5）___。（2015 年 11 月第 47 题）

（5）A．封装协议　　B．点对点隧道协议（PPTP）

C．链路控制协议（LCP）　　D．网络控制协议（NCP）

【答案】（5）B

【解析】点对点协议（Point-to-Point Protocol，PPP）是数据链路层协议，包含下列子协议：

（1）封装协议：用于包装各种上层协议的数据报。PPP 封装协议提供了在同一链路上传输各种网络层协议的多路复用功能，也能与各种常见的支持硬件保持兼容。

（2）链路控制协议（Link Control Protocol，LCP）：用来建立、配置和管理数据链路连接。

（3）网络控制协议（Network Control Protocol，NCP）：协商网络参数，如分配 IP 地址等。

二层 VPN 技术 PPTP 和 L2TP 都基于 PPP 协议开发，但不属于 PPP。

● 下列关于 IPSec 的说法中，错误的是___（6）___。（2017 年 11 月第 44 题/2020 年 11 月第 45 题）

（6）A．IPSec 用于增强 IP 网络的安全性，有传输模式和隧道模式两种模式

B．认证头 AH 提供数据完整性认证、数据源认证和数据机密性服务

C．在传输模式中，认证头仅对 IP 报文的数据部分进行了重新封装

D．在隧道模式中，认证头对含原 IP 头在内的所有字段都进行了封装

【答案】（6）B

【解析】认证头协议 AH 不能加密，只对数据报进行验证、保证报文完整性。AH 采用哈希算法（MD5 或 SHA），防止黑客截断数据包或者在网络中插入伪造的数据包，也能防止抵赖。

● 能够增强和提高网际层安全的协议是___（7）___。（2020 年 11 月第 44 题/2020 年 11 月第 45 题）

（7）A．IPSec　　B．L2TP　　C．TLS　　D．PPRP

【答案】（7）A

【解析】网际层即网络层（3 层），二层是网际接入层，不要混淆。L2TP 是二层 VPN，本身不提供加密服务，可以使用 IPSec 加密 L2TP。TLS 是四层安全协议，可以用于 HTTPS。PPRP 可能写错了，没有这个协议，如果是 PPTP 也是二层 VPN 协议。

● 下列隧道技术中本身自带加密功能的是___（8）___。（2022 年 11 月第 39 题）

（8）A．GRE　　B．L2TP

C．MPLS-VPN　　D．IPSec

【答案】（8）D

【解析】支持加密功能的是 IPSec 技术（ESP 实现数据加密）。

● IPSec 的两个基本协议是 AH 和 ESP，下列不属于 AH 协议的是___（9）___。（2022 年 11 月第 44 题）

（9）A．数据保密性　　B．抵抗重放攻击

C．数据源认证　　D．数据完整认证

【答案】（9）A

【解析】数据保密性（加密功能）是由 ESP 实现的，AH 提供完整性、源认证和抗重放攻击服务。

11.7 密码学技术

11.7.1 考点精讲

1. 加密算法

加密技术主要分为两类，对称加密（也叫共享密钥加密）和非对称加密（也叫公钥加密）。对称加密算法中加密和解密采用的密钥相同，非对称加密算法中加密和解密采用的密钥不同。

（1）对称加密。代表算法有**DES、3DES、IDEA和AES**，掌握这几种算法的分组和密文长度。

- 数据加密标准（DES）：一种分组密码，在加密前，先对整个明文进行分组。每一个**分组为64位**，之后进行16轮迭代，产生一组64位密文数据，使用的**密钥是56位**。
- 3DES：主要使用两个密钥，执行三次DES算法（用K1加密—用K2解密—用K1加密，K1和K2都是56位），**密钥长度是112位**，不是168位。2016/（44）、2017/（46）
- 国际数据加密算法（IDEA）使用**128位密钥**，把明文分成64位的块，进行8轮迭代。IDEA可以使用硬件或软件实现，比DES快。
- 高级加密标准（Advanced Encryption Standard，AES）**分组长度固定为128位，支持128、192位和256位三种密钥长度**，可通过硬件实现。
- 流加密算法RC4：加密速度快，可以达到DES的10倍，比如Wi-Fi加密。

（2）非对称加密。每个实体有公钥和私钥两个密钥，**公钥公开，私钥保密**。公钥加密，私钥解密，可实现保密通信。私钥签名，公钥验证，可用于数字签名。非对称加密算法的代表有RSA和DH，考查RSA较多。

2. 数字签名

现实生活中，我们经常签名，并且按手印，主要通过独一无二的笔迹和手印来防止抵赖。在计算机世界通过数字签名来实现同样的功能。签名方用自己的私钥进行签名，对方收到后，用签名方的公钥进行验证。数字签名是用于确认发送者身份和消息完整性的一个加密消息摘要，具有如下特点：

（1）数字签名是可信的。

（2）数字签名不可伪造。

（3）数字签名不能重新使用。2022/（46）

（4）签名文件是不能改变的。2022/（46）

（5）数字签名不能抵赖。2018/（43）

（6）接收者能够核实发送者身份。

常用的**签名算法是RSA**，采用**发送者私钥签名**，接收方收到数据后，采用**发送者的公钥进行验证**。可以直接对明文进行签名，由于明文文件可能很大，这种签名方案效率低。所以也可以先由明文生成Hash（比如MD5生成128位），再对Hash值进行签名，效率更高。2016/（43）、2019/（43～44）

3. 数字证书和 CA

（1）数字证书基础。数字证书是网络通信中标识通信各方身份信息的一系列数据，其作用类似于现实生活中的身份证。它是由一个权威机构发行的，人们可以在互联网上用它来识别对方的身份。证书颁发机构/证书授权中心（Certificate Authority，CA）**负责数字证书颁发**，类似为用户颁发身份证的公安机关。身份证与数字证书对比如图 11-10 所示。

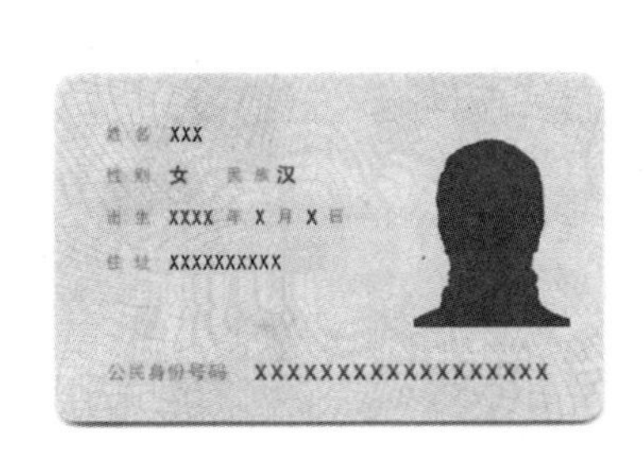

现实生活中的身份证

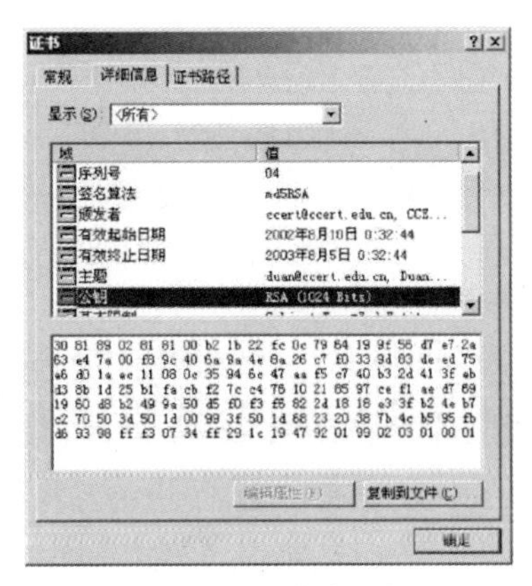

网络通信中的数字证书

图 11-10　身份证与数字证书对比

身份证与数字证书的特征对比见表 11-10。

表 11-10　身份证与数字证书的特征对比

	颁发机构	主要内容	防伪	用途
身份证	公安机关	身份证号码、住址、出生日期等	公安防伪标记	现实生活标识用户身份
数字证书	CA	用户公钥、证书有效期等	CA 的签名	网络通信标识用户身份

数字证书格式遵循 ITUTX.509 国际标准，包含以下内容：

- 证书的版本信息。
- 证书的序列号，每个证书都有一个唯一的证书序列号。
- 证书所使用的签名算法。
- 证书的发行机构名称，命名规则一般采用 X.500 格式。
- 证书的有效期，现在通用的证书一般采用 UTC 时间格式，它的计时范围为 1950～2049。
- 证书所有人的名称，命名规则一般采用 X.500 格式。
- **证书所有人的公开密钥（公钥）。**
- **证书发行者对证书的签名**。2018/（42）、2019/（42）、2021/（47～48）、2022/（43）

（2）数字证书分类。数字证书主要分为个人数字证书、机构数字证书、设备数字证书和代码签名数字证书。

1）个人数字证书，用于标识自然人的身份，包含了个人的身份信息及公钥，如姓名、证件号码、身份类型等，可用于网上合同签订、订单、录入审核、操作权限、支付信息等活动，比如政府采购专家的 Ukey 就是个人数字证书，网上评标需要通过 Ukey 进行身份验证。

2）机构数字证书，用于机构在电子政务和电子商务等方面的对外活动，如合同签订。证书中包含机构信息和机构的公钥，以及机构的私钥签名，用于标识证书持有机构的真实身份。此证书相当于现实世界中机构的公章。

3）设备数字证书，用于网络应用中标识网络设备的身份，主要包含设备相关信息及其公钥，如：域名、网址等，可用于网页服务器、VPN 服务器等各种网络设备在网络通信中标识和验证身份。

4）代码签名数字证书，是颁发给软件提供者的数字证书，包含了软件提供者的身份信息及其公钥，主要用来证明软件发布者所提供的软件代码来源于真实的软件发布者，能有效防止软件代码被篡改。

（3）数字证书原理与应用。Alice 向 Bob 发送数据，需要使用 Bob 的公钥进行加密，那么如何获取 Bob 的公钥？或者 Alice 怎么知道获取的公钥就是 Bob 的公钥，而不是黑客伪造的呢？这时 Alice 可以获取 Bob 的数字证书，里面包含 Bob 的公钥，同时有 CA 机构的签名（类似公安部门的防伪标记），从而确定 Alice 获得 Bob 的公钥正确无误。通信过程如图 11-11 所示。

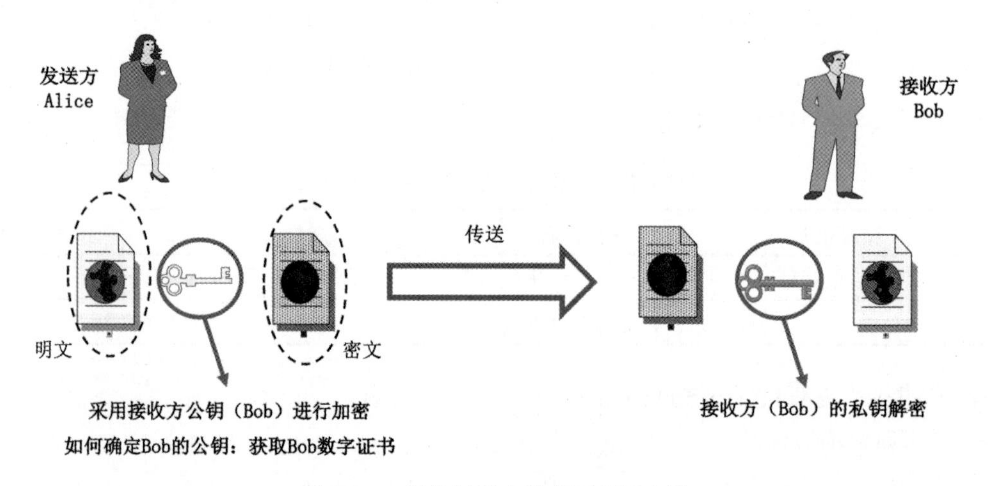

图 11-11　通信过程中数字证书的应用

（4）PKI 2020/（46～47）。公开密钥基础设施（Public Key Infrastructure，PKI）是利用**公开密钥机制**建立起来的基础设施。PKI 指证书制作和分发的一种机制，在这个机制的保障前提下，进行可信赖的网络通信，即安全的网络通信保障机制。PKI 技术是信息安全技术的核心，也是电子商务的关键和基础技术，它的基础技术包括加密、数字签名、数据完整性机制、数字信封、双重数字签名等。PKI 体系结构中包含用户/终端实体、注册机构（Registration Authority，RA）、证书颁发机构（Certification Authority，CA）、证书发放系统、CRL 库等，如图 11-12 所示。

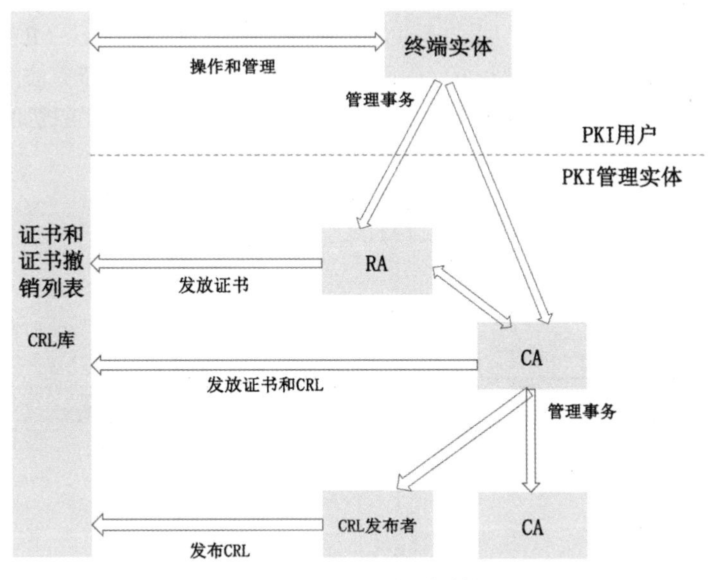

图 11-12　PKI 体系结构

1）**用户/终端实体：**指将要向认证中心申请数字证书的客户，可以是个人，也可以是集团或团体、某政府机构等。

2）**注册机构（RA）：**注册机构提供用户和 CA 之间的一个接口，它获取并认证用户的身份，向 CA 提出证书请求。它主要完成**收集用户信息和确认用户身份**的功能。注册机构并不给用户签发证书，而只是对用户进行资格审查。较小的机构，可以由 CA 兼任 RA 的工作。2020/（46）

3）**证书颁发机构（CA）：**负责给用户**颁发证书**。

4）**证书发放系统：**负责证书发放，如可以通过用户自己或是通过目录服务。

5）**CRL 库：**证书吊销列表，存放过期或者无效证书。

4. 哈希函数

哈希函数将一段任意长度数据（可以是 1bit，也可以是 1000TB）经过一道计算，转换为一段定长数据的算法，或叫散列函数，也叫报文摘要。哈希具有如下特点：2016/（42）、2018/（43）

（1）不可逆性（单向）：几乎无法通过 Hash 结果推导出原文，即无法通过 x 的 Hash 值推导出 x。

（2）无碰撞性：几乎没有可能找到一个 y，使得 y 的 Hash 值等于 x 的 Hash 值。

（3）雪崩效应：输入轻微变化，Hash 输出值产生巨大变化。

（4）使用场景：①完整性认证；②身份验证。

常用的两种报文摘要算法是 MD5 和 SHA。2016/（42）

（1）MD5：对任意长度报文进行运算，先把报文按 512 位分组，最后得到 128 位报文摘要。

（2）SHA：也是对 512 位长的数据块进行复杂运行，最终产生 160 位散列值，比 MD5 更安全，计算比 MD5 慢。

Hash 可用于完整性验证，比如验证文件的完整性。很多重要文件，比如金融领域的炒股软件，提供软件下载的同时会附 MD5 哈希值，用户下载后，利用下载的软件生成一个 MD5，然后与官网公布的 MD5 值进行对比，如果两个哈希值相同，则证明该软件数据是完整的，没有被修改。因为哪怕是修改了 1bit，由于 Hash 函数的雪崩效应，生成的 Hash 值也会千差万别。验证过程如图 11-13 所示。

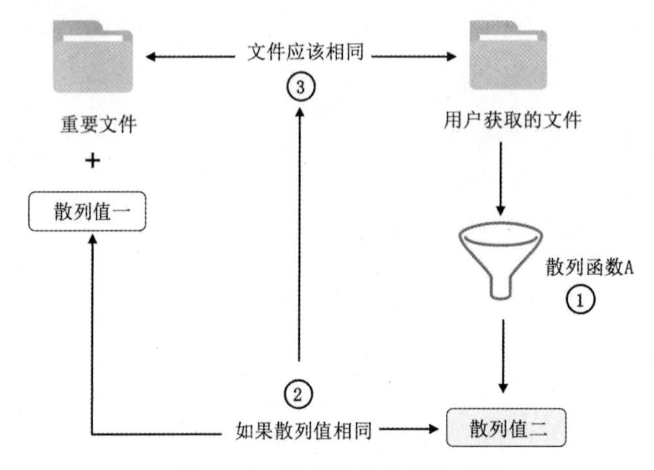

图 11-13　验证文件完整性过程

（1）通过用户获取的软件生成散列值二。

（2）把散列值一和散列值二进行对比。

（3）如果两个散列值相等，则证明用户获取的文件与原文件相同，没有被修改过。

还有一种特殊的 HASH 叫散列式报文认证码（Hashed Message Authentication Code，HMAC），可以提供数据完整性和身份认证。主要过程如下：

（1）增加一个 key 做哈希，HMAC=Hash（原始内容+key）。

（2）需要双方预先知道这个 key，正常情况下双方计算的 HMAC 应该相同。

（3）HMAC 可以消除中间人攻击，实现身份认证和完整性校验。

PPPoE 中 CHAP 认证就是 HMAC 典型应用，认证过程如图 11-14 所示。

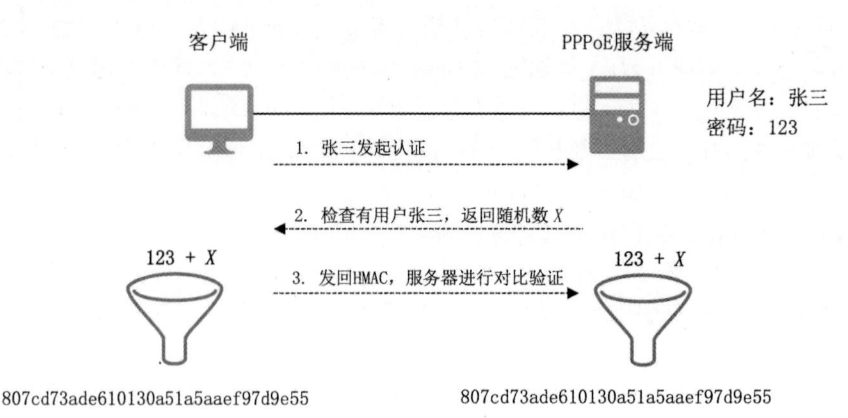

图 11-14　CHAP 中 HMAC 应用

（1）用户张三发起认证。

（2）PPPoE 服务端检查发现有用户张三，给客户端返回一个随机数 X。

（3）客户端收到随机数，把用户张三的密码和随机数一起哈希，即 HMAC(123+X)得到一个哈希值，发送给 PPPoE 服务端。

（4）PPPoE 服务端从数据库中找到用户张三的密码 123，同时加上随机数 X，进行 HMAC 运算 HMAC(123+X)，也得到一个哈希值，并把这个哈希值与客户端发送过来的哈希值进行对比，如果相同则表示客户端知道密码。

通过上述过程，既能验证客户端身份，也能避免密码在网络上传播，提升了安全性。

11.7.2 即学即练·精选真题

- A 和 B 分别从 CA1 和 CA2 两个认证中心获取了自己的证书 IA 和 IB，要使 A 能够对 B 进行认证，还需要___（1）___。（2015 年 11 月第 43 题）

（1）A．A 和 B 交换各自公钥　　B．A 和 B 交换各自私钥

C．CA1 和 CA2 交换各自公钥　　D．CA1 和 CA2 交换各自私钥

【答案】（1）C

【解析】私钥不能随意交换，直接排除 B 选项和 D 选项。A 选项和 B 选项两个用户之间交换证书是认证彼此的身份，要让不同 CA 颁发的证书能互认，则需要 CA 间交换各自的公钥，故选择 C 选项。

- 下列关于数字证书的说法中，正确的是___（2）___。（2015 年 11 月第 46 题）

（2）A．数字证书是在网上进行信息交换和商务活动的身份证明

B．数字证书使用公钥体制，用户使用公钥进行加密和签名

C．在用户端，只需维护当前有效的证书列表

D．数字证书用于身份证明，不可公开

【答案】（2）A

【解析】本题考查数字证书的基础知识。数字证书用户在网上进行信息交换及商务活动的身份证明，电子交易中交易的各方都需验证对方数字证书的有效性，从而解决相互间的信任问题。数字证书包含用户的公钥和采用 CA 私钥进行的签名，用户可以利用 CA 的公钥验证证书真伪。用户端除了有效的证书，还有 CRL 证书吊销列表，存放过期或无效证书。数字证书可以对外公开。

- 数字签名首先需要生成消息摘要，然后发送方用自己的私钥对报文摘要进行加密，接收方用发送方的公钥验证真伪。生成消息摘要的算法为___（3）___，对摘要进行加密的算法为___（4）___。（2016 年 11 月第 42～43 题）

（3）A．DES　　B．3DES　　C．MD5　　D．RSA

（4）A．DES　　B．3DES　　C．MD5　　D．RSA

【答案】（3）C　（4）D

【解析】生成消息摘要的算法为 MD5 或者 SHA，对摘要进行加密的算法（签名）为公钥加密算法，比如 RSA 或 DSA。

- DES 加密算法的密钥长度为 56 位，三重 DES 的密钥长度为___（5）___位。（2016 年 11 月第 44 题）

 （5）A. 168　　B. 128　　C. 112　　D. 56

 【答案】（5）C

 【解析】3DES 算法利用 2 个密钥进行三次加解密操作，密钥长度是 56×2=112 位。

- 甲和乙从认证中心 CA1 获取了自己的证书 I 甲和 I 乙，丙从认证中心 CA2 获取了自己的证书 I 丙，下列说法中错误的是___（6）___。（2017 年 11 月第 45 题）

 （6）A. 甲、乙可以直接使用自己的证书相互认证

 B. 甲与丙及乙与丙可以直接使用自己的证书相互认证

 C. CA1 和 CA2 可以通过交换各自公钥相互认证

 D. 证书 I 甲、I 乙和 I 丙中存放的是各自的公钥

 【答案】（6）B

 【解析】不同 CA 颁发的证书不能直接信任，需要两个 CA 间先构建信任关系，即证书链。

- 假设两个密钥分别是 K1 和 K2，以下___（7）___是正确使用三重 DES 加密算法对明文 M 进行加密的过程。（2017 年 11 月第 46 题）

 ①使用 K1 对 M 进行 DES 加密得到 C1

 ②使用 K1 对 C1 进行 DES 解密得到 C2

 ③使用 K2 对 C1 进行 DES 解密得到 C2

 ④使用 K1 对 C2 进行 DES 加密得到 C3

 ⑤使用 K2 对 C2 进行 DES 加密得到 C3

 （7）A. ①②⑤　　B. ①③④　　C. ①②④　　D. ①③⑤

 【答案】（7）B

 【解析】3DES 是 K1 加密—K2 解密—K1 加密的过程，包含三次加解密操作，两个密钥，密钥长度 112 位。

- 用户 A 在 CA 申请了自己的数字证书 I，下面的描述中正确的是___（8）___。（2018 年 11 月第 41 题）

 （8）A. 证书 I 中包含了 A 的私钥，CA 使用公钥对证书 I 进行了签名

 B. 证书 I 中包含了 A 的公钥，CA 使用私钥对证书 I 进行了签名

 C. 证书 I 中包含了 A 的私钥，CA 使用私钥对证书 I 进行了签名

 D. 证书 I 中包含了 A 的公钥，CA 使用公钥对证书 I 进行了签名

 【答案】（8）B

 【解析】证书包含用户的公钥和证书颁发机构 CA 的签名（私钥签名）。

- 数字签名首先需要生成消息摘要，然后发送方用自己的私钥对报文摘要进行加密，接收方用发送方的公钥验证真伪。生成消息摘要的目的是___（9）___，对摘要进行加密的目的是___（10）___。（2018 年 11 月第 42～43 题）

 （9）A. 防止窃听　　B. 防止抵赖　　C. 防止篡改　　D. 防止重放

 （10）A. 防止窃听　　B. 防止抵赖　　C. 防止篡改　　D. 防止重放

【答案】(9) C (10) B

【解析】消息摘要能够验证消息的完整性，对摘要用私钥进行加密，就是数字签名的过程，目的是抗抵赖。如果是对消息内容进行加密，才是防止窃听。

- 用户A在CA申请了自己的数字证书I，下面的描述中正确的是___(11)___。(2019年11月第42题)

(11) A. 证书中包含A的私钥，其他用户可使用CA的公钥验证证书真伪
B. 证书中包含CA的公钥，其他用户可使用A的公钥验证证书真伪
C. 证书中包含CA的私钥，其他用户可使用A的公钥验证证书真伪
D. 证书中包含A的公钥，其他用户可使用CA的公钥验证证书真伪

【答案】(11) D

【解析】数字证书包含用户的公钥和CA的签名，可以用CA的公钥验证其证书真伪。用户公钥相当于身份证号码，CA的签名相当于身份证的防伪标记。

- 数字签名首先要生成消息摘要，采用的算法为___(12)___，摘要长度为___(13)___位。(2019年11月第43～44题)

(12) A. DES　　B. 3DES　　C. MD5　　D. RSA
(13) A. 56　　B. 128　　C. 140　　D. 160

【答案】(12) C (13) B

【解析】常用的摘要算法有MD5和SHA，其中MD5报文摘要长度为128位，SHA摘要长度为160位。

- 以下关于区块链系统“挖矿”行为的描述中，错误的是___(14)___。(2020年11月第21题)

(14) A. “挖矿”取得区块链的记账权，同时获得代币奖励
B. “挖矿”本质上是在尝试计算一个HASH碰撞
C. “挖矿”是一种工作量证明机制
D. 可以防止比特币的双花攻击

【答案】(14) D

【解析】双花即双重支付，就是一笔资金被花费了两次。比特币的UTXO机制、时间戳和区块链的共识机制都能有效应对双花攻击，而“挖矿”不能防止双花攻击，故错误的是D选项。

- 在PKI体系中，负责验证用户身份的是___(15)___，___(16)___用户不能够在PKI体系中申请数字证书。(2020年11月第46～47题)

(15) A. 证书机构CA　　B. 注册机构RA　　C. 证书发布系统　　D. PKI策略
(16) A. 网络设备　　B. 自然人　　C. 政府团体　　D. 民间团体

【答案】(15) B (16) A

【解析】PKI包括用户/终端实体、CA、RA和证书/CRL发布系统。

(1) 用户/终端实体：指将要向认证中心申请数字证书的客户，可以是个人，也可以是集团或团体、某政府机构等。

(2) 注册机构RA：收集用户信息和确认用户身份。注册机构并不给用户签发证书，而只是

对用户进行资格审查。较小的机构，可以由CA兼任RA的工作。

（3）证书颁发机构CA：负责给用户颁发证书。

（4）证书发布系统：负责证书的发放。

（5）CRL库：证书吊销列表，存放过期或者无效证书。

注：现在最新的应用中，可以给网络设备颁发证书，故（16）空A选项也正确，但B、C、D选项与A选项的性质有差别，如果没有其他选项只能选A选项。

- 某Web网站向CA申请了数字证书。用户登录过程中可通过验证___（17）___确认该证书的有效性，以___（18）___。（2021年11月第47～48题）

（17）A. CA的签名　B. 网站的签名　C. 会话密钥　D. DES密码

（18）A. 向网站确认自己的身份　B. 获取访问网站的权限

C. 和网站进行双向认证　D. 验证网站的真伪

【答案】（17）A　（18）D

【解析】证书类似身份证，可以证实用户或网站的身份，包含用户的公钥和CA的签名。可以通过验证网站证书中CA的签名，以验证网站的真伪。

- 以下关于CA为用户颁发的证书的描述中，正确的是___（19）___。（2022年11月第43题）

（19）A. 证书中包含用户的私钥，CA用公钥为证书签名

B. 证书中包含用户的公钥，CA用公钥为证书签名

C. 证书中包含用户的私钥，CA用私钥为证书签名

D. 证书中包含用户的公钥，CA用私钥为证书签名

【答案】（19）D

【解析】数字证书中包含用户的公钥和CA用私钥为证书的签名。

- 一个可用的数字签名系统需满足签名是可信的、不可伪造、不可否认、___（20）___。（2022年11月第46题）

（20）A. 签名可重用和签名后文件不可修改

B. 签名不可重用和签名后文件不可修改

C. 签名不可重用和签名后文件可修改

D. 签名可重用和签名后文件可修改

【答案】（20）B

【解析】可以类比手写的签名，一事一签，不能重用，也不能更改。

11.8 网络安全应用

11.8.1 考点精讲

1. 文件加密

文件加密技术是一种常见的密码学应用，涉及**密码技术、操作系统、文件分析技术**。Windows

通过登录认证和 NTFS 权限可控制用户对文件的非授权存取，但如果用户在同一台计算机上安装不同的操作系统，可以绕过登录认证和 NTFS 的权限设置。为消除这种安全漏洞，Microsoft 提供了加密文件系统（Encrypting File System，EFS），与 NTFS 紧密集成，给敏感数据提供深层保护。当文件**被 EFS 加密后，只有加密用户和数据恢复代理用户才能解密加密文件**，其他用户即使取得该文件的所有权也不能解密。

EFS 使用**对称密钥和非对称密钥技术相结合**的方法来提供文件的保护，**对称密钥用于加密文件，非对称密钥中的公钥用于加密对称密钥**。EFS 加密发生在文件系统层而不在应用层，因此，其**加密和解密过程对加密用户和应用程序是透明的**。用户在使用加密文件时，感觉与普通文件一样。被 EFS 加密过的数据不能在 Windows 中直接共享，如果通过网络传输经 EFS 加密过的数据，这些数据在**网络上将会**以**明文的形式传输**。2022/（45）

2. SSL

安全套接层（Secure Socket Layer，SSL）是 Netscape 于 1994 年开发的传输层安全协议，面向用于实现 Web 安全通信。1999 年，IETF 基于 SSL 3.0 版本，制定了传输层安全标准（Transport Layer Security，TLS）。SSL/TLS 在 Web 安全通信中被称为 **HTTPS**。SSL 包含**记录协议、警告协议和握手协议**，其中握手协议用于**协商参数**。2018/（45～46）、2019/（46～47）、2021/（50）、2022/（47～48）

SSL 协议报文封装格式如图 11-15 所示。

SSL 握手协议	SSL 改变密码协议	SSL 警告协议	HTTP
SSL 记录协议			
TCP			
IP			

图 11-15　SSL 协议栈

3. SET

安全电子交易（Secure Electronic Transaction，SET）主要是为了解决用户、商家和银行之间**通过信用卡支付的交易而设计**的，以保证支付信息的机密、支付过程的完整、商户及持卡人的合法身份以及可操作性。SET 协议使用密码学技术来保障交易安全，默认使用的**对称加密算法是 DES，公钥密码算法是 RSA，散列函数是 SHA**。

4. HTTPS

基于 SSL 的超文本传输协议（Hypertext Transfer Protocol over Secure Socket Layer，HTTPS）不是一个单独的协议，而是两个协议的结合，即**在加密的安全套接层或传输层安全（SSL/TLS）上进行普通的 HTTP 交互传输**。这种方式提供了一种免于窃听者或中间人攻击的合理保护。HTTPS 的默认端口是 443，HTTP 的默认端口是 80。2019/（41）（50）

注意区分 HTTPS 和 S-HTTP 协议，S-HTTP 是安全的超文本传输协议（Security HTTP），本质还是 HTTP，基本语法与 HTTP 一样，只是报文头有所区别，进行了数据加密。而 HTTPS 是 SSL/TLS 和传统 HTTP 的结合。

5. PGP

PGP（Pretty Good Privacy）是一个完整的电子邮件安全软件包（应用层），PGP 提供**数据加密和数字签名**两种服务。采用 **RSA 公钥证书**进行身份验证，使用 **IDEA 进行数据加密**，使用 **MD5 进行数据完整性验证**。2016/（45）

6. S/MIME 和 Kerberos 认证

安全多用途互联网邮件扩展协议（Security/Multipurpose Internet Mail Extensions，S/MIME）提供**电子邮件安全服务**。S/MIME 采用 **MD5 生成数字指纹，利用 RSA 进行数字签名，并采用 3DES 加密数字签名**。不要混淆 MIME 和 S/MIME，MIME 不具备安全功能。2015/（33～34）、2017/（47）

7. Kerberos 认证

Kerberos 是用于进行身份认证的安全协议，Kerberos 包含密钥分发中心（Key Distribution Center，KDC）、认证服务器（Authentication Server，AS）、票据分发服务器（Ticket Granting Server，TGS）和应用服务器（Application Server）等几大组件，其中密钥分发中心（KDC）包含认证服务器（AS）和票据分发服务器（TGS），具有分发票据/凭证（Ticket）的功能。Kerberos 认证交互过程如图 11-16 所示。2017/（42）、2018/（44）、2019/（45）、2020/（45）

（1）用户先到 KDC 中的认证服务器（AS）进行身份认证，如果通过则获得初始许可凭证。

（2）接着向授权服务器（TGS）请求访问凭据，获取相应的访问权限凭证。

（3）向应用服务器递交访问权限凭据，获取资源访问。

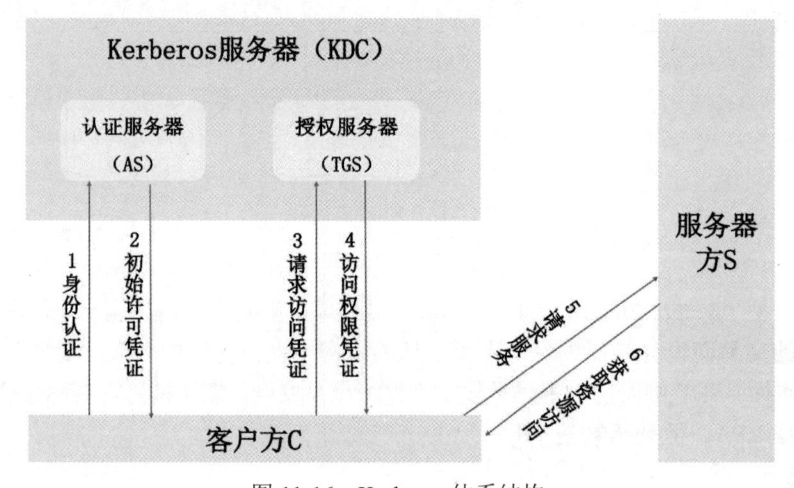

图 11-16　Kerberos 体系结构

11.8.2　即学即练·精选真题

● AAA 服务器（AAA Server）是一种处理用户访问请求的框架协议，它的主要功能有 3 个，但是不包括__（1）__，通常用来实现 AAA 服务的协议是__（2）__。（2015 年 11 月第 21～22 题）

（1）A．身份认证　B．访问授权　C．数据加密　D．计费

（2）A．Kerberos　B．RADIUS　C．SSL　D．IPSec

【答案】(1)C (2)B

【解析】AAA服务器主要实现用户访问网络服务器权限的管理，包括:

1)认证(Authentication):识别访问网络的用户的身份，判断访问者是否为合法的用户。

2)授权(Authorization):对不同用户赋予不同的权限，限制用户可以使用的服务。

3)计费(Accounting):记录用户使用网络服务过程中的相关操作，简单说就是:什么人、什么时间、做了什么事。记录内容包括使用的服务类型、起始时间、数据流量等，用于收集和记录用户对网络资源的使用情况，并可以实现针对时间、流量的计费需求，也对网络起到监控作用。

RADIUS/LDAP/AD均可用于AAA服务。

- 远程身份验证拨号用户服务(Remote Authentication Dial-In User Service，RADIUS)是标准协议，主流设备厂商都支持，在实际网络中应用最多。
- 轻量级目录存取协议(Lightweight Directory Access Protocol，LDAP)是一种基于TCP/IP的目录访问协议。LDAP可以理解为一个数据库，该数据库中可以存储有层次的、有结构的、有关联的各种类型的数据，比如:电子邮件地址、人力资源数据、联系人列表等。LDAP通过绑定和查询操作可以实现认证和授权功能，常用于单点登录场景，例如企业用户只需要在电脑上登录一次，就可以访问多个相互信任的应用系统。
- AD(Active Directory)是LDAP的一个应用实例，是Windows操作系统上提供目录服务的组件，用来保存操作系统的用户信息。与LDAP相比，AD将Kerberos协议集成到LDAP认证过程中，利用Kerberos协议的对称密钥体制来提高密码传输的安全性，防止在LDAP认证过程中泄露用户的密码。

- S/MIME发送报文的过程中对消息M的处理包括生成数字指纹、生成数字签名、加密数字签名和加密报文4个步骤，其中生成数字指纹采用的算法是__(3)__，加密数字签名采用的算法是__(4)__。(2015年11月第33～34题)

(3)A. MD5　　B. 3DES　　C. RSA　　D. RC2

(4)A. MD5　　B. RSA　　C. 3DES　　D. SHA-1

【答案】(3)A (4)C

【解析】本题考查安全协议S/MIME对报文的处理过程。S/MIME发送报文的过程中，首先数字指纹是Hash运算的结果，(3)空四个选项中只有MD5是摘要算法，故选A选项。生成数字签名通常采用公钥算法，加密数字签名采用对称密钥，(4)空只有3DES是对称密钥，故选C选项。

- 在Kerberos认证系统中，用户首先向__(5)__申请初始票据。(2017年11月第42题)

(5)A. 认证服务器　　B. 密钥分发中心KDC

C. 票据授予服务器TGS　　D. 认证中心CA

【答案】(5)A

【解析】在Kerberos系统中，用户首先向认证服务器(AS)申请初始票据，然后再向票据授权服务器(TGS)请求服务器凭证。

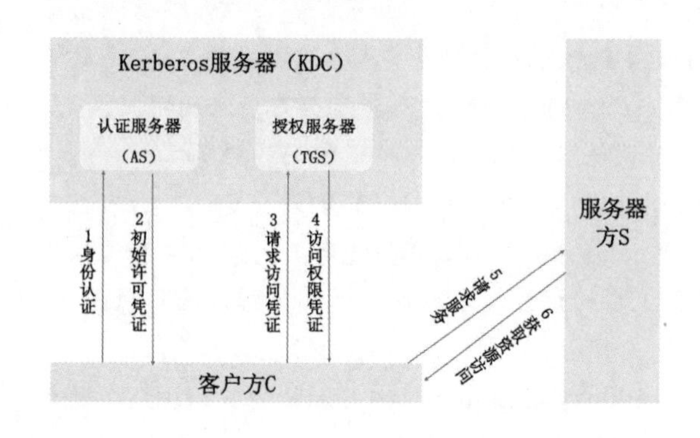

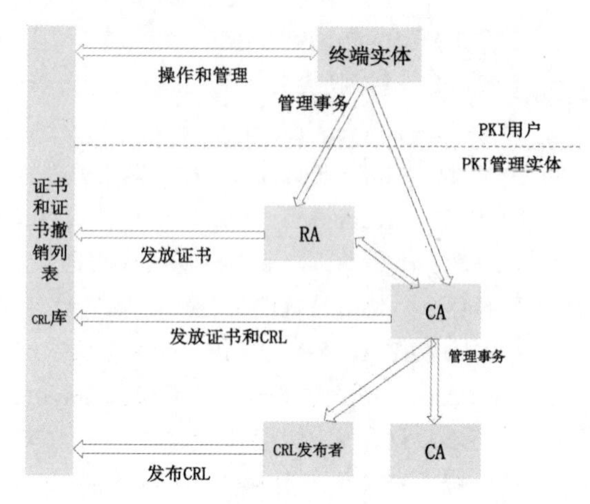

- 下面可提供安全电子邮件服务的是___（6）___。（2017 年 11 月第 47 题）

  （6）A．RSA　　B．SSL　　C．SET　　D．S/MIME

  【答案】（6）D

  【解析】RSA 是非对称加密算法，一般用于数字签名。SSL 是四层安全协议，可与 HTTP 联合构建 HTTPS，为 Web 提供加密服务。SET 是安全电子交易，主要用于电子商务。S/MIME 用于保护邮件的安全。

- 下列关于第三方认证服务的说法中，正确的是___（7）___。（2018 年 11 月第 44 题）

  （7）A．Kerberos 采用单钥体制

  B．Kerberos 的中文全称是“公钥基础设施”

  C．Kerberos 认证服务中保存数字证书的服务器叫 CA

  D．Kerberos 认证服务中用户首先向 CA 申请初始票据

  【答案】（7）A

  【解析】Kerberos 和 PKI 体系不要混淆，公钥基础设施和 CA 属于 PKI 体系，故 B、C、D 选项错误。

- SSL 的子协议主要有记录协议、___（8）___，其中___（9）___用于产生会话状态的密码参数，协商加密算法及密钥等。（2018 年 11 月第 45～56 题/2022 年 11 月 47～48 题）

  （8）A．AH 协议和 ESP 协议　　B．AH 协议和握手协议

  C．警告协议和握手协议　　D．警告协议和 ESP 协议

  （9）A．AH 协议　　B．握手协议　　C．警告协议　　D．ESP 协议

  【答案】（8）C　（9）B

  【解析】SSL 包含：握手协议（Handshake Protocol）、记录协议（Record Protocol）、告警协议（Alert Protocol）。

- 下列安全协议中属于应用层安全协议的是___（10）___。（2019 年 11 月第 41 题）

  （10）A．IPSec　　B．L2TP　　C．PAP　　D．HTTPS

  【答案】（10）D

【解析】HTTPS 是以安全为目标的 HTTP 通道，在 HTTP 的基础上通过传输加密和身份认证保证了传输过程的安全性。

- 下列关于第三方认证服务的说法中，正确的是＿（11）＿。（2019 年 11 月第 45 题）

（11）A．Kerberos 认证服务中保存数字证书的服务器叫 CA

B．Kerberos 和 PKI 是第三方认证服务的两种体制

C．Kerberos 认证服务中用户首先向 CA 申请初始票据

D．Kerberos 的中文全称是“公钥基础设施”

【答案】（11）B

【解析】CA 属于 PKI 体系（公钥基础设施），不属于 Kerberos，故 A 选项、C 选项和 D 选项均错误。

- 某 Web 网站使用 SSL 协议，该网站域名是 www.abc.edu.cn，用户访问该网站使用的 URL 是＿（12）＿。（2019 年 11 月第 50 题）

（12）A．http://www.abc.edu.cn　　B．https://www.abc.edu.cn

C．rtsp://www.abc.edu.cn　　D．mns://www.abc.cdu.cn

【答案】（12）B

【解析】HTTPS 协议是 HTTP 和 SSL 协议的结合，默认端口号为 443。

- 以下关于 Kerberos 认证的说法中，错误的是＿（13）＿。（2020 年 11 月第 45 题）

（13）A．Kerberos 是在开放的网络中为用户提供身份认证的一种方式

B．系统中的用户要相互访问必须首先向 CA 申请票据

C．KDC 中保存着所有用户的账号和密码

D．Kerberos 使用时间戳来防止重放攻击

【答案】（13）B

【解析】目前常用的密钥分配方式是设立密钥分配中心 KDC，KDC 是大家都信任的机构，其任务就是给需要进行秘密通信的用户临时分配一个会话密钥。目前用得最多的密钥分配协议是 Kerberos。

Kerberos 使用两个服务器：鉴别服务器 AS 和票据授权服务器 TGS。在 Kerberos 认证系统中，用户首先向认证服务器申请初始票据，然后票据授权服务器（TGS）获得会话票据。CA 不属于 Kerberos 体系，属于 PKI 公钥基础设施，故 B 选项错误。

- 某网站的域名是 www.xyz.com，使用 SSL 安全页面，用户可以使用＿（14）＿访问该网站。（2021 年 11 月第 50 题）

（14）A．http://www.xyz.com　　B．https://www.xyz.com

C．files://www.xyz.com　　D．ftp://www.xyz.com

【答案】（14）B

【解析】基础题，必须拿分。

- 以下关于链路加密的说法中，错误的是＿（15）＿。（2021 年 11 月第 51 题）

（15）A．链路加密网络中每条链路独立实现加密

B．链路中的每个节点会对数据单元的数据和控制信息均加密保护

C．链路中的每个节点均需对数据单元进行加解密

D．链路加密适用于广播网络和点到点网络

【答案】（15）BCD

【解析】题目有问题，B、C、D 选项都是错误的。链路加密在交换节点是明文传输，不需要对数据进行加解密，链路加密仅适用于点到点网络，不适用于广播网络。链路加密原理如下图所示：

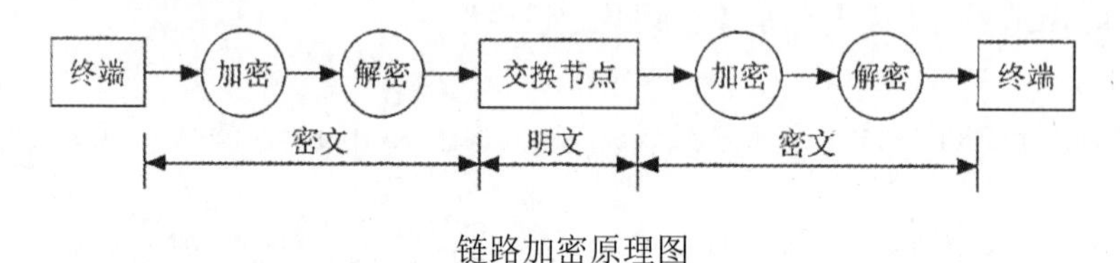

链路加密原理图

- 以下关于 EFS（Encrypting File System）的描述中，错误的是___（16）___。（2021 年 11 月第 45 题）

（16）A．EFS 与 NTFS 文件系统集成，提供文件加密

B．EFS 使用对称密钥加密文件，使用非对称密钥的公钥加密共享密钥

C．EFS 文件加密是在文件系统层而非应用层

D．独立的非联网计算机不能使用 EFS 为文件加密

【答案】（16）D

【解析】EFS 使用对称密钥和非对称密钥技术相结合的方法来提供文件的保护，对称密钥用于加密文件，非对称密钥中的公钥用于加密对称密钥。EFS 加密发生在文件系统层而不在应用层，因此，其加密和解密过程对加密用户和应用程序是透明的。用户在使用加密文件时，感觉与普通文件一样。被 EFS 加密过的数据不能在 Windows 中直接共享，如果通过网络传输经 EFS 加密过的数据，这些数据在网络上将会以明文的形式传输。

11.9 安全审计

11.9.1 考点精讲

安全审计包括识别、记录、存储、分析与安全相关行为的信息，审计记录用于检查与安全相关的活动和负责人。信息安全的目标分为系统安全、数据安全和事务安全，根据被审计对象的不同，安全审计分为：系统的安全审计、数据的安全审计和应用的安全审计。常用的审计工具有：LogBase、NetSC 和 Xlog 等。安全审计具有如下功能：

（1）监视网络中的异常行为。

（2）收集操作系统和应用系统内部产生的审计数据。

（3）实时报警，通知安全管理员及时处理。

（4）网络控制。具备自动响应的审计系统发现严重违规或重大入侵时，可以自动或手动中断网络连接，减少损失，保障网络安全。

（5）审计数据维护和查询加密，权限控制。

（6）规则制订。系统根据管理员制订的规则进行工作，适用不同应用的需求。

（7）附加功能。除了标准功能外，还提供审计接口，可以和其他网络安全设备联动，协同防御。

11.9.2 即学即练·精选真题

- 信息系统一般从物理安全、网络安全、主机安全、应用安全、数据安全等层面进行安全设计和防范，其中，“操作系统安全审计策略配置”属于__（1）__安全层面；“防盗、防破坏、防火”属于__（2）__安全层面；“系统登录失败处理、最大并发数设置”属于__（3）__安全层面；“入侵防范、访问控制策略配置、防地址欺骗”属于__（4）__安全层面。（2017年11月案例分析三/问题1）

  【答案】（1）主机　（2）物理　（3）应用　（4）网络

  【解析】考查网络安全与等级保护。

- 安全审计的手段主要包括__（5）__。（高项2021年11月第65题）

  ①识别网络各种违规操作

  ②对信息内容和业务流程进行审计，防止信息非法泄露

  ③响应并阻断网络攻击行为

  ④对系统运行情况进行日常维护

  （5）A. ①②③　　B. ②③④　　C. ①②④　　D. ①③④

  【答案】（5）A

  【解析】考查安全审计相关知识，需重点掌握。

第12章 知识产权与法律法规

考点精讲

我国在 IT 领域主要有《中华人民共和国著作权法》《计算机软件保护条例》《中华人民共和国专利法》《中华人民共和国商标法》和《中华人民共和国反不正当竞争法》五部法律法规对著作权人的权利进行保护。计算机软件是著作权保护作品中的一个特例，因此当《计算机软件保护条例》中没有相关规定时，将参照《中华人民共和国著作权法》。《计算机软件保护条例》规定，**软件著作权自软件开发完成之日起产生**。2022/（6）

不同作品或产品的保护期限见表 12-1。

表 12-1 不同作品或产品的保护期限

客体类型	权利类型	保护期限
公民作品	署名权、修改权、保护作品完整权	没有限制 2019/（10）、2020/（10）
	发表权、使用权和获得报酬权	作者终生及其死亡后的 50 年(第 50 年的 12 月 31 日)
单位作品	发表权、使用权和获得报酬权	50 年（首次发表后的第 50 年的 12 月 31 日），若期间未发表，不保护
公民软件产品	署名权、修改权	没有限制
	发表权、复制权、发行权、出租权、信息网络传播权、翻译权、使用许可权、获得报酬权、转让权	作者终生及其死亡后的 50 年(第 50 年的 12 月 31 日)。对于合作开发的，则以最后死亡的作者为准
单位软件产品	发表权、复制权、发行权、出租权、信息网络传播权、翻译权、使用许可权、获得报酬权、转让权	著作权的保护期为 50 年（首次发表后的第 50 年的 12 月 31 日），若 50 年内未发表，不予保护

续表

客体类型	权利类型	保护期限
注册商标		有效期为 10 年（若注册人死亡或倒闭 1 年后，未转移则可注销，期满后 6 个月内必须续注）
发明专利		保护期为 20 年（从申请日开始）
实用新型专利		保护期为 10 年（从申请日开始）
外观设计专利		保护期为 15 年（从申请日开始）
商业秘密		不确定，公开后公众可用

知识产权归属见表 12-2。

表 12-2 知识产权归属

情况说明		判断说明	归属
作品	职务作品	利用单位的物质技术条件进行创作，并由单位承担责任的	除署名权外其他著作权归单位
		有合同约定，其著作权属于单位	除署名权外其他著作权归单位
		其他	作者拥有著作权，单位有权在业务范围内优先使用
软件	职务作品	属于本职工作中明确规定的开发目标	单位享有著作权
		属于从事本职工作活动的结果	单位享有著作权
		使用了单位资金、专用设备、未公开的信息等物质、技术条件，并由单位或组织承担责任的软件	单位享有著作权
作品软件	委托创作	有合同约定，著作权归委托方	委托方
		合同中未约定著作权归属	创作方
	合作开发	只进行组织、提供咨询意见、物质条件或者进行其他辅助工作	不享有著作权
		共同创作的	共同享有，按人头比例。成果可分割的，可分开申请
商标		谁先申请谁拥有（除知名商标的非法抢注） 同时申请，则根据谁先使用（需提供证据） 无法提供证据，协商归属，无效时使用抽签（但不可不确定）	
专利		谁先申请谁拥有，如果双方同一天申请，则双方协商，协商不成，均不予受理（同时驳回双方的专利申请）	

即学即练·精选真题

- 软件设计师王某在其公司的某一综合信息管理系统软件开发项目中，承担了大部分程序设计工作。该系统交付用户，投入试运行后，王某辞职离开公司，并带走了该综合信息管理系统的源程序，拒不交还公司。王某认为综合信息管理系统源程序是他独立完成的，他是综合信息管理系统源程序的软件著作权人。王某的行为___(1)___。（2016年11月第10题）

（1）A．侵犯了公司的软件著作权　　B．未侵犯公司的软件著作权

C．侵犯了公司的商业秘密权　　D．不涉及侵犯公司的软件著作权

【答案】（1）A

【解析】本题考查知识产权基本知识，职务作品著作权归单位所有。

- M公司购买了N画家创作的一幅美术作品原件。M公司未经N画家的许可，擅自将这幅美术作品作为商标注册，并大量复制用于该公司的产品上。M公司的行为侵犯了N画家的___(2)___。（2016年11月第10题）

（2）A．著作权　　B．发表权　　C．商标权　　D．展览权

【答案】（2）A

【解析】著作权法规定：美术作品的著作权不随原作品所有权的转变而发生变化。M公司购买N画家的美术作品，著作权归N画家，不归M公司。M公司将美术作品注册为商标，侵犯了N画家的著作权。

- 某人持有盗版软件，但不知道该软件是盗版的，该软件的提供者不能证明其提供的复制品有合法来源。此情况下，该软件的___(3)___应承担法律责任。（2016年11月第10题）

（3）A．持有者　　B．持有者和提供者均

C．提供者　　D．提供者和持有者均不

【答案】（3）C

【解析】考查《软件著作权保护条例》。

第二十八条：软件复制品的出版者、制作者不能证明其出版、制作有合法授权的，或者软件复制品的发行者、出租者不能证明其发行、出租的复制品有合法来源的，应当承担法律责任。

第三十条：软件的复制品持有人不知道也没有合理理由应当知道该软件是侵权复制品的，不承担赔偿责任；但是，应当停止使用、销毁该侵权复制品。如果停止使用并销毁该侵权复制品将给复制品使用人造成重大损失的，复制品使用人可以在向软件著作权人支付合理费用后继续使用。

- 某软件程序员接受X公司（软件著作权人）委托开发一个软件，三个月后又接受Y公司委托开发功能类似的软件，该程序员仅将受X公司委托开发的软件略做修改即完成提交给Y公司，此种行为___(4)___。（2018年11月第9题）

（4）A．属于开发者的特权　　B．属于正常使用著作权

C．不构成侵权　　D．构成侵权

【答案】（4）D

【解析】职务作品著作权归公司享有。未经软件著作权人或者其合法受让者的同意，修改、翻

译、注释其软件作品，此种行为侵犯了著作权人或其合法受让者的使用权中的修改权、翻译权与注释权。

- 著作权中，___（5）___的保护期不受限制。（2019年11月第10题）

（5）A．发表权　　B．发行权　　C．展览权　　D．署名权

【答案】（5）D

【解析】署名权、修改权和保护作品完整权没有时间限制，熟悉下表：

客体类型	权利类型	保护期限
公民作品	署名权、修改权、保护作品完整权	没有限制
	发表权、使用权和获得报酬权	作者终生及其死亡后的50年(第50年的12月31日)
单位作品	发表权、使用权和获得报酬权	50年（首次发表后的第50年的12月31日），若期间未发表，不保护
公民软件产品	署名权、修改权	没有限制
	发表权、复制权、发行权、出租权、信息网络传播权、翻译权、使用许可权、获得报酬权、转让权	作者终生及其死亡后的50年(第50年的12月31日)。对于合作开发的，则以最后死亡的作者为准
单位软件产品	发表权、复制权、发行权、出租权、信息网络传播权、翻译权、使用许可权、获得报酬权、转让权	著作权的保护期为50年（首次发表后的第50年的12月31日），若50年内未发表，不予保护
注册商标		有效期为10年（若注册人死亡或倒闭1年后，未转移则可注销，期满后6个月内必须续注）
发明专利权		保护期为20年（从申请日开始）
实用新型专利权		保护期为10年（从申请日开始）
外观设计专利权		保护期为15年（从申请日开始）
商业秘密		不确定，公开后公众可用

- 按照我国著作权法的权利保护期，___（6）___受到永久保护。（2020年11月第10题）

（6）A．发表权　　B．修改权　　C．复制权　　D．发行权

【答案】（6）B

【解析】我国《中华人民共和国著作权法》规定作者的署名权、修改权和保护作品完整权不受时间限制，其他权利为作者终生及其死后的50年。

- 以下关于软件著作权产生时间的叙述中，正确的是___（7）___。（2022年11月第6题）

（7）A．软件著作权产生自软件首次公开发表时

B．软件著作权产生自开发者有开发意图时

C．软件著作权产生自软件开发完成之日起

D．软件著作权产生自软件著作权登记时

【答案】（7）C

【解析】《计算机软件保护条例》规定，软件著作权自软件开发完成之日起产生。自然人的软件著作权，保护期为自然人终生及其死亡后50年，截止于自然人死亡后第50年的12月31日；软件是合作开发的，截止于最后死亡的自然人死亡后第50年的12月31日。法人或者其他组织的软件著作权，保护期为50年，截止于软件首次发表后第50年的12月31日，但软件自开发完成之日起50年内未发表的，本条例不再保护。

第13章 计算机基础专题

13.1 计算机硬件

13.1.1 考点精讲

1. 计算机硬件组成

计算机硬件系统是冯·诺依曼设计的体系结构，由运算器、控制器、存储器、输入/输出（I/O）设备五大部件组成，运算器和控制器组成中央处理器（Central Processing Unit，CPU），如图13-1所示。

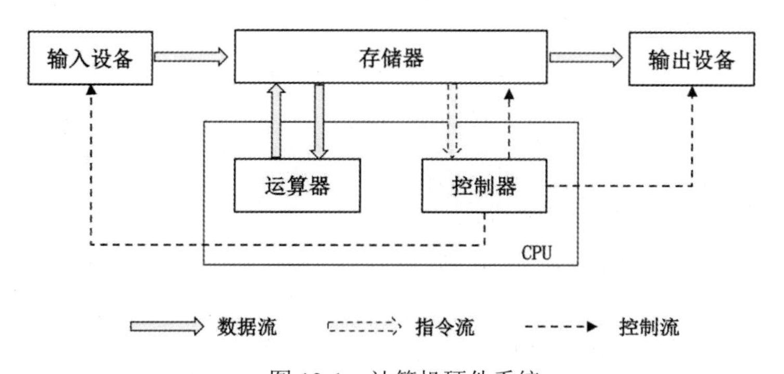

图13-1 计算机硬件系统

（1）运算器：负责完成算术、逻辑运算，通常由算术/逻辑单元、通用寄存器、状态寄存器、多路转换器构成。

（2）控制器：负责访问程序指令，进行指令译码，并协调其他设备，通常由程序计数器（Program Counter，PC）、指令寄存器（Instruction Register，IR）、指令译码器、状态/条件寄存器、时序发生器、微操作信号发生器组成。指令执行包含取指、译码、执行。

1）程序计数器（PC）：用于存放下一条指令所在单元的地址。

2）指令寄存器（IR）：存放当前从主存读出的正在执行的一条指令。

3）指令译码器：分析指令的操作码，以决定操作的性质和方法。

4）微操作信号发生器：产生每条指令的操作信号，并将信号送往相应的部件进行处理，以完成指定的操作。

2. 存储系统

计算机存储器分为：寄存器、Cache（高速缓冲存储器）、主存储器（内存）、辅助存储器（硬盘），速度越来越慢，容量越来越大，成本越来越低，如图 13-2 所示。辅助存储器需求量最大，成本最低；主存经常被使用，而 Cache 和寄存器成本很高，需求量就大大减少了。2016/（1）

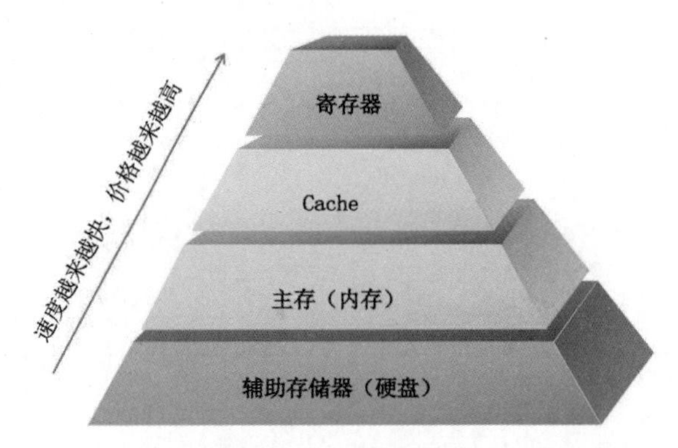

图 13-2　存储器等级

13.1.2　即学即练·精选真题

● 在嵌入式系统的存储结构中，存取速度最快的是＿＿（1）＿＿。（2016 年 11 月第 1 题）

（1）A．内存　　B．寄存器组　　C．Flash　　D．Cache

【答案】（1）B

【解析】存取速度由快到慢依次是：寄存器、Cache、内存和硬盘，容量则相反。计算机存储体系如下图所示，寄存器位于 CPU，主存储器一般指内存，外存储器一般指硬盘。

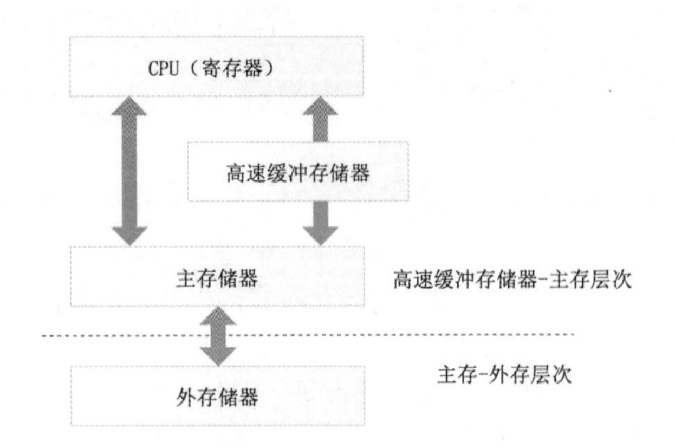

- RISC（精简指令系统计算机）是计算机系统的基础技术之一，其特点不包括___（2）___。（2017年11月第3题）

（2）A．指令长度固定，指令种类尽量少

B．寻址方式尽量丰富，指令功能尽可能强

C．增加寄存器数目，以减少访存次数

D．用硬布线电路实现指令解码，以尽快完成指令译码

【答案】（2）B

【解析】 RISC与CISC指令集对比如下：

指令系统类型	指令	寻址方式	实现方式
CISC（复杂）	数量多，使用频率差别大，可变长格式	支持多种寻址方式	—
RISC（精简）	数量少，使用频率接近，定长格式	支持方式少	硬布线逻辑控制为主

- 对计算机评价的主要性能指标有时钟频率、___（3）___、运算精度、内存容量等。对数据库管理系统评价的主要性能指标有___（4）___、数据库所允许的索引数量、最大并发事务处理能力等。（2017年11月第6～7题）

（3）A．丢包率　　B．端口吞吐量

C．可移植性　　D．数据处理速率

（4）A．MIPS　　B．支持协议和标准

C．最大连接数　　D．时延抖动

【答案】（3）D　（4）C

【解析】（3）空中的A选项是评价网络的指标，B选项更多用于评价存储系统，C选项可移植性不是性能指标，故（3）空选择D选项最合适。（4）空中数据库的并发连接和最大连接数都是非常重要的性能衡量指标。

- 某文件系统采用多级索引结构，若磁盘块的大小为4K字节，每个块号需占4字节，那么采用二级索引结构时的文件最大长度可占用___（5）___个物理块。（2018年11月第2题）

（5）A．1024　　B．1024×1024

C．2048×2048　　D．4096×4096

【答案】（5）B

【解析】 磁盘块为4KB，即4×1024B，而每个块号需占4字节，故磁盘有4×1024B/4B=1024块，采用二级索引结构时可以表示1024×1024=1048576个物理块。

- 进程P有8个页面，页号分别为0～7，页面大小为4K，假设系统给进程P分配了4个存储块P，进程P的页面变换表如下所示。表中状态位等于1和0，分别表示页面在内存和不在内存。若进程P要访问的逻辑地址为十六进制5148H，则该地址经过变换后，其物理地址应为十六进制___（6）___；如果进程P要访问的页面6不在内存，那么应该淘汰页号为___（7）___的页面。（2019年11月第1～2题）

页号	页帧号	状态位	访问位	修改位
0	-	0	0	0
1	7	1	1	0
2	5	1	0	1
3	-	0	0	0
4	-	0	0	0
5	3	1	1	1
6	-	0	0	0
7	9	1	1	0

（6）A．3148H　　B．5148H　　C．7148H　　D．9148H

（7）A．1　　B．2　　C．5　　D．9

【答案】（6）A　（7）B

【解析】1）页面大小为 4K，那么需要 212 表示页内地址。5148H 是十六进制数，1 个十六进制数等于 4 个二进制数，则该数表示 16 个二进制数，且最后 12 位表示页内地址，前 4 位表示页号。即 5148H 中页号为 5，页内地址为 148H，查询页表后，可得到页帧号（物理块号）是 3，那么地址经过变换后为 3148H，选 A 选项。

2）状态位是 1，表示页面在内存中，通过表可以看到页面 1、2、5、7 的状态为都为 1，那么都在内存中，访问位为 1 表示最近访问过的页面，其中 1、5、7 的访问位为 1，那么页面 2 近期没有被访问过，那么肯定首选淘汰页面 2，选 B 选项。

● 分页内存管理的核心是将虚拟内存空间和物理内存空间皆划分为大小相同的页面，并以页面作为内存空间的最小分配单位，下图给出了内存管理单元的虚拟地址到物理页面翻译过程，假设页面大小为 4KB，那么 CPU 发出虚拟地址 0010 0000 0000 1000，访问的物理地址是＿＿（8）＿＿。（2020 年 11 月第 4 题）

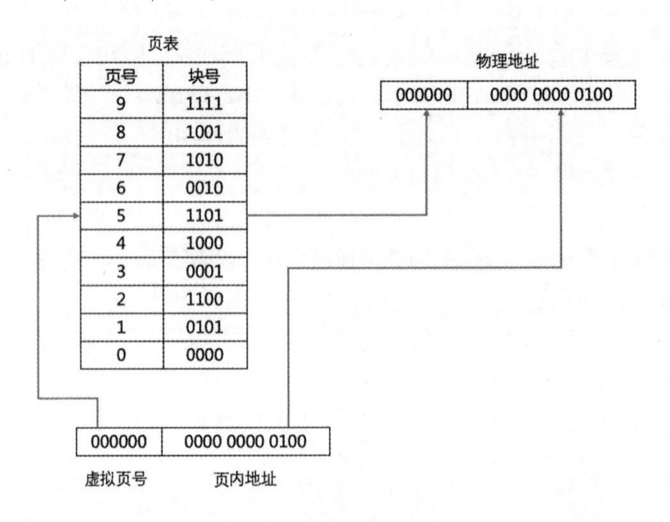

（8）A．1100 0000 0000 0100　　　　B．0100 0000 0000 0100
　　C．1100 0000 0000 0000　　　　D．1100 0000 0000 1000

【答案】（8）D

【解析】页面大小为4K，4K可以写为2^{12}，则页面大小4K需要用12位二进制表示。把虚拟地址0010000000001000最低位去掉12位，剩下高位0010，换算成二进制是2，查表2对应110，故把最高三位替换为110，后面的12位保持不变，选D选项。

- 以下关于计算机内存管理的描述中，＿（9）＿属于段页式内存管理的描述。（2020年11月第5题）

（9）A．一个程序就是一段，使用基址极限对来进行管理
　　B．一个程序分为需要固定大小的页面，使用页表进行管理
　　C．程序按逻辑分为多段，每一段内又进行分页，使用段页表来进行管理
　　D．程序按逻辑分成多段，用一组基址极限对来进行管理，基址极限对存放在段表里

【答案】（9）C

【解析】了解段页式内存管理基本概念即可，包括段号、页号和页内地址。

13.2 软件开发与测试

13.2.1 考点精讲

1．程序设计语言

程序设计语言可以分为标记语言、脚本语言和编译型语言。

（1）标记语言：一种将文本以及文本相关的其他信息结合起来，展现出关于文档结构和数据处理细节的电脑文字编码。常用于格式化和链接，如HTML、XML。

（2）脚本语言：又称为动态语言，是一种编程语言，用来控制软件应用程序，只在调用时进行解释，可以定义函数和变量，典型的脚本语言有Python、JavaScript、VBScript、PHP。

（3）编译型语言：程序在执行之前需要一个专门的编译过程，把程序编译成机器语言，比如exe文件。运行时不需要重新翻译，直接使用编译结果就行。程序执行效率高，依赖编译器，可移植性差，只能在兼容的操作系统上运行。典型编译型语言有C、C++、C#、Java。2022/（8）

2．软件开发

软件测试分类方式很多，按是否有用户参与可以分为α测试和β测试。

（1）α测试是在模拟的运行环境下测试，由用户或第三方测试公司进行测试，模拟各类用户行为，试图发现并修改错误，一般叫内测。

（2）β测试是组织各类典型用户在日常工作中实际使用beta版本，并要求用户报告异常情况，提出修改意见，一般叫公测，也可以是内部试运行。

按是否查看代码可以分为黑盒测试、白盒测试和灰盒测试。

（1）黑盒测试：也称功能测试，检测每个功能是否正常。主要针对软件界面和软件功能性测试。

（2）白盒测试：检查代码或逻辑结构是否合理。

（3）灰盒测试：介于黑盒测试和白盒测试之间的一种测试，灰盒测试多用于**集成测试阶段**，不仅关注输出、输入的正确性，同时也关注程序内部代码的情况。

按开发阶段可以分为**单元测试、集成测试、系统测试和验收测试**，每个阶段的测试对象、测试人员、测试依据、测试方法见表 13-1，必须掌握，考试经常出现。

表 13-1 软件测试过程

类别	别名	测试阶段	测试对象	测试人员	测试依据	测试方法
单元测试（UT）	模块测试 组件测试	在编码之后进行，来检验代码的正确性	模块、类、函数和对象也可能是更小的单元（如：一行代码，一个单词）	白盒测试工程师或开发人员	依据代码、详细设计文档来进行测试	白盒测试
集成测试（IT）	组装测试 联合测试	单元测试之后，检验模块间接口的正确性	模块间的接口	白盒测试工程师或开发人员	单元测试的文档、概要设计文档	黑盒测试+白盒测试（灰盒测试）
系统测试（ST）	—	集成测试之后	整个系统（软件、硬件）	黑盒测试工程师	需求规格说明书	黑盒测试
验收测试	交付测试	系统测试通过后	整个系统（软件、硬件）	最终用户或需求方	用户需求、验收标准	黑盒测试

13.2.2 即学即练·精选真题

- ___（1）___的目的是检查模块之间，以及模块和已集成的软件之间的接口关系，并验证已集成的软件是否符合设计要求。其测试的技术依据是___（2）___。（2015 年 11 月第 6～7 题）

（1）A．单元测试　　B．集成测试

C．系统测试　　D．回归测试

（2）A．软件详细设计说明书　　B．技术开发合同

C．软件概要设计文档　　D．软件配置文档

【答案】（1）B　（2）C

【解析】掌握软件测试阶段、测试依据和测试方法。

- 软件集成测试将已通过单元测试的模块集成在一起，主要测试模块之间的协作性。从组装策略而言，可以分为___（3）___，集成测试计划通常是在___（4）___阶段完成，集成测试一般采用黑盒测试方法。（2016 年 11 月第 7～8 题）

（3）A．批量式组装和增量式组装　　B．自顶向下和自底向上组装

C．一次性组装和增量式组装　　D．整体性组装和混合式组装

（4）A．软件方案建议　　B．软件概要设计
　　C．软件详细设计　　D．软件模块集成

【答案】（3）C　（4）B

【解析】从组装策略而言，可以分为一次性组装测试和增量式组装测试（后者又包括自顶向下、自底向上及混合式）两种。集成测试一般采用黑盒测试或灰盒测试，集成测试计划通常在软件概要设计阶段完成。

● 软件测试一般分为两个大类：动态测试和静态测试。前者通过运行程序发现错误，包括＿（5）＿等方法；后者采用人工和计算机辅助静态分析的手段对程序进行检测，包括＿（6）＿等方法。（2018年11月第7～8题）

（5）A．边界值分析、逻辑覆盖、基本路径　　B．桌面检查、逻辑覆盖、错误推测
　　C．桌面检查、代码审查、代码走查　　D．错误推测、代码审查、基本路径

（6）A．边界值分析、逻辑覆盖、基本路径　　B．桌面检查、逻辑覆盖、错误推测
　　C．桌面检查、代码审查、代码走查　　D．错误推测、代码审查、基本路径

【答案】（5）A　（6）C

【解析】动态测试是通过运行程序发现错误，包括：

- 黑盒测试：等价类划分、边界值分析、错误推测、因果图。
- 白盒测试：逻辑覆盖、循环覆盖、基本路径法。
- 灰盒测试：结合白盒和黑盒的方法。

静态测试：人工和计算机辅助静态分析，典型方法有：桌面检查、代码审查和代码走查。

● 软件概要设计将软件需求转化为＿（7）＿和软件的＿（8）＿。（2019年11月第6～7题）

（7）A．算法流程　　B．数据结构　　C．交互原型　　D．操作接口

（8）A．系统结构　　B．算法流程　　C．控制结构　　D．程序流程

【答案】（7）B　（8）A

【解析】传统软件工程采用结构化设计方法，从工程管理角度结构化设计分为两步：

- 概要设计：将软件需求转化为数据结构和软件系统结构。
- 详细设计：过程设计，通过对结构细化，得到软件详细数据结构和算法。

● 软件文档可分为用户文档和＿（9）＿，其中用户文档主要描述＿（10）＿和使用方法。（2020年11月第6～7题）

（9）A．系统文档　　B．需求文档　　C．标准文档　　D．实现文档

（10）A．系统实现　　B．系统设计　　C．系统功能　　D．系统测试

【答案】（9）A　（10）C

【解析】用户文档描述系统功能和使用方法，不关心如何实现。系统文档描述系统设计、实现和测试技术方面的内容。

● 以下关于敏捷开发方法特点的叙述中，错误的是＿（11）＿。（2020年11月第8题）

（11）A．敏捷开发方法是适应性而非预设性
　　B．敏捷开发方法是面向过程的而非面向人的

C．采用迭代增量式的开发过程，发行版本小型化

D．敏捷开发强调开发过程中相关人员之间的信息交流

【答案】（11）B

【解析】敏捷开发以用户的需求进化为核心，采用迭代、循序渐进的方法进行软件开发。不是面向过程，而是面向人的，故错误的是B选项。

● 以下关于软件开发过程中增量模型优点的叙述中，不正确的是＿＿（12）＿＿。（2021年11月第6题）

（12）A．强调开发阶段性早期计划

B．第一个可交付版本所需要的时间少和成本低

C．开发由增量表示的小系统所承担的风险小

D．系统管理成本低、效率高、配置简单

【答案】（12）A

【解析】增量模型是后期不断更新迭代，不强调开发阶段早期计划。

● 编译器与解释器是语言翻译的两种基本形态，以下关于编译器工作方式及特点的叙述中，正确的是＿＿（13）＿＿。（2022年11月第8题）

（13）A．边翻译边执行，用户程序运行效率低且可移植性差

B．先翻译后执行，用户程序运行效率高且可移植性好

C．边翻译边执行，用户程序运行效率低但可移植性好

D．先翻译后执行，用户程序运行效率高但可移植性差

【答案】（13）D

【解析】程序设计语言可以分为：标记语言、脚本语言、编译型语言。编译型语言在程序执行之前需要一个专门的编译过程，把程序编译成机器语言，比如exe文件。运行时不需要重新翻译，直接使用编译结果就行。程序执行效率高，依赖编译器，如：C、C++、Java。编译型语言可移植性差，只能在兼容的操作系统上运行，比如编译后的exe文件只能在Windows上运行，dmg文件只能在macOS上运行。

13.3 子网划分 VLSM

13.3.1 考点精讲

IP子网划分在网络规划设计师考试中，早年会考2～4分，近年来有弱化的趋势，考查0～2分。如果考到希望大家务必拿分，这是网络的基础。

1．点分十进制表示法

在IP网络中，IP地址用于标识每个通信节点。IPv4一共32位，使用点分十进制形式表示，IPv6一共128位，使用冒号分隔的十六进制表示。下面重点介绍点分十进制。如图13-3所示，假设两台主机PC1和PC2采用的IPv4地址如下（32位二进制）：

PC1：11000000101010000000101000000001

PC2：11000000101010000001010000000001

图 13-3　IP 互联

如此复杂的 IP 地址，不容易让人记住，点分十进制的方法能让 IP 地址变得简单。以 PC1 的地址为例：11000000101010000000101000000001，进行如下几步操作，完成简化：

（1）把 32 位二进制 IP 地址分为 4 段，每段 8 位，即 11000000 10101000 00001010 00000001。

（2）把每个段二进制数转换为十进制数，转换规则是按幂依次展开求和。常规幂对应的十进制如下：

2^7	2^6	2^5	2^4	2^3	2^2	2^1	2^0
128	64	32	16	8	4	2	1

第一段 11000000 转换成十进制数是：$1\times2^7+1\times2^6+0\times2^5+0\times2^4+0\times2^3+0\times2^2+0\times2^1+0\times2^0=128+64=192$

第二段 10101000 转换成十进制数是：$1\times2^7+1\times2^0+0\times2^0+0\times2^4+1\times2^3+0\times2^2+0\times2^1+0\times2^0=128+32+8=168$

第三段 00001010 转换成十进制数是 10，第四段 00000001 转换成十进制数是 1，所以 PC1 的 IP 地址可以表示为 192.168.10.1。同理，PC2 的 IP 地址可以表示为 192.168.20.1。故转换完后 PC1 和 PC2 进制对应关系如图 13-4 所示。

11000000	10101000	00001010	00000001	二进制	11000000	10101000	00010100	00000001
192	168	10	1	十进制	192	168	20	1

图 13-4　PC1 和 PC2 二进制与十进制对应关系

二进制与十进制的转换，一定要会计算，这是 IP 子网划分的基础。

2. 网络掩码

网络掩码（简称掩码）与 IP 地址搭配使用，用于描述 IP 地址中网络位和主机位的分界线。如图 13-5 所示，网络掩码是 32 位，与 IP 地址的 32 位对应，掩码中为 1 的位对应 IP 地址网络位，为 0 的位对应 IP 地址主机位。

掩码是网络位和主机位的分界线

←网络位→ ←主机位→

IP地址	192	168	1	1
	1 1 0 0 0 0 0 0	1 0 1 0 1 0 0 0	0 0 0 0 0 0 0 1	0 0 0 0 0 0 0 1
网络掩码	255	255	255	0
	1 1 1 1 1 1 1 1	1 1 1 1 1 1 1 1	1 1 1 1 1 1 1 1	0 0 0 0 0 0 0 0

图 13-5　网络掩码

网络掩码有如下两种表示方法：

（1）/24 表示网络位是 24 位，主机位是 32-24=8 位。

（2）255.255.255.0 同样表示前 24 位全是 1，后 8 位是 0，即表示网络位是 24 位，主机位是 8 位。下列主类网络掩码对应关系要牢记：255.255.255.0=/24，255.255.0.0=/16，255.0.0.0=/8。

不同类别 IP 地址，通过网络掩码区分，A 类地址默认掩码是/8，B 类默认掩码是/16，C 类默认掩码是/24，如图 13-6 所示。

A类	0NNNNNNN	主机位	主机位	主机位	1-127
B类	10NNNNNN	网络位	主机位	主机位	128-192
C类	110NNNNN	网络位	网络位	主机位	192-223

A类	255	0	0	0	掩码：255.0.0.0或/8
B类	255	255	0	0	掩码：255.255.0.0或/16
C类	255	255	255	0	掩码：255.255.255.0或/24

图 13-6　A、B、C 类 IP 地址与掩码对应关系

3. IP 地址类型

IP 地址可以分为**网络地址、广播地址和主机地址**，如图 13-7 所示。

（1）网络地址：最小地址保留为网络地址，网络地址的主机位均为 0。

（2）广播地址：用于向网络中所有主机发送数据的特殊地址。广播地址使用该网络范围内的最大地址，即主机位全部为 1 的地址。

（3）主机地址：除去网络地址和广播地址外，其他可分配给网络中终端设备使用的地址。

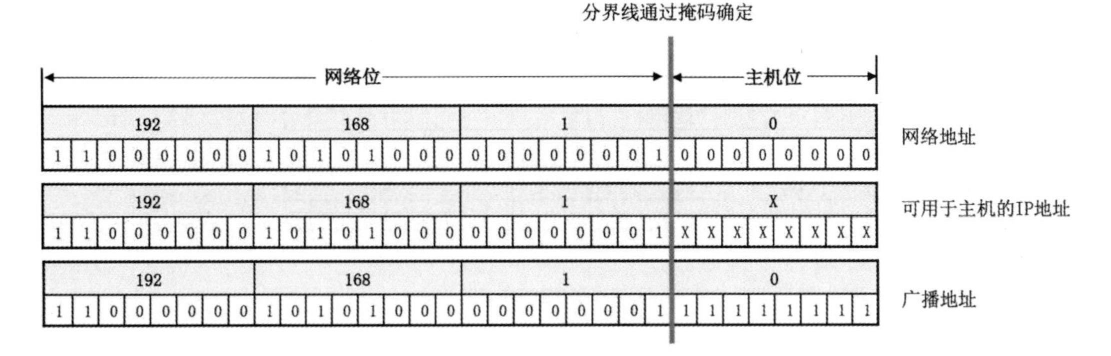

图 13-7　IP 地址分类

4. 为什么要进行 IP 子网划分

假设一个公司网络内有 500 台主机，分配一个标准 C 类网络，IP 地址不够用，因为标准/24 的 C 类网络只有 254 个可用 IP 地址。如果分配一个标准 A 类网 IP，又会产生巨大的浪费，因为标准 A 类地址可用地址数量是 $2^{24}-2=16777214$，即可用 IP 地址数量约等于 1600 万。给一个单位直接分配一个标准 A 类地址根本用不完，利用率极低。同时，如果把海量终端放入同一个网络，还存在广播风暴，病毒扩散等问题。故使用标准 A、B、C 类地址存在如下两个问题：

（1）IP 地址空间的极大浪费。

（2）广播域中 PC 数量过于庞大，广播报文可能消耗大量的网络资源，且安全风险高。

所以需要进行子网划分，将一个大的网络拆分成多个小型网络（子网），然后分给不同用户使用。一般一个 VLAN 对应一个子网，实际项目中一个子网中的主机数量建议是一个 C 类地址，容纳 254 台，最大不超过 4 个 C 类地址，即容纳 1000 台主机。

5. 如何进行子网划分

如图 13-8 所示，一个 A 类地址：10.0.0.0/8，包含的地址范围是从 10.0.0.0～10.255.255.255。网络位是 10.0.0.0，主机位是后面 24 位，一共包含 2^{24} 个 IP 地址。

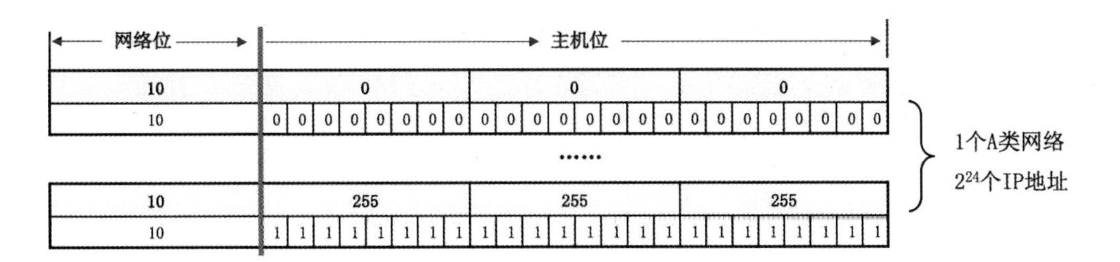

图 13-8　A 类地址空间

如果要将此标准 A 类地址进行子网划分，核心思想是：**网络位向主机位借位**，从而使得网络部分的位数加长，借用的位表示子网位。如果借用 1 位，则可以划分为 $2^1=2$ 个子网，借用 2 位可以划分为 $2^2=4$ 个子网，借用 3 位，可以划分为 $2^3=8$ 个子网，如图 13-9 所示。

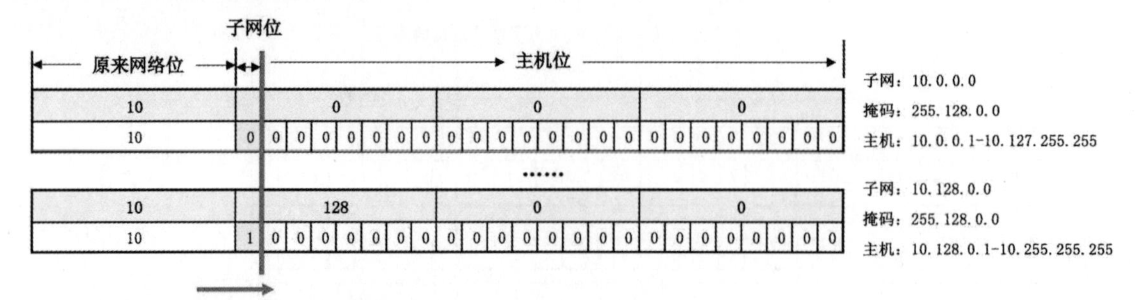

图 13-9　子网划分原理

进行子网划分后子网个数为 2^m（m 是所借的位数，即子网位数），每个子网可用主机数量为 2^n-2（n 是主机位数，需要减 2 的原因是每个子网中的网络号和广播号不可用），如图 13-10 所示。

$$2^m =$$
向主机位借位后产生的子网个数
m 表示借用的位数

$$2^n-2$$
向主机位借位后产生的每个子网可用主机 IP 数量
n 是主机位数
−2 的原因是子网中网络号和广播号不可用

图 13-10　子网数量和可用主机数量

6. IP 子网划分考试类型分析

IP 地址规划考试比较灵活，所以务必理解底层原理，然后多加练习。IP 子网划分常见考试类型总结如下。

（1）已知子网数量，要求进行子网划分。

例如，已知某公司有 6 个部门，给出 IP 地址段 192.168.1.0/24，如何进行子网划分？

解析：公司有 6 个部门，则至少要划分为 6 个子网，一般每个部门对应 1 个 VLAN，也对应 1 个子网。那么推算子网位至少需要 3 位，即可划分为 $2^3=8$ 个子网，满足 6 个部门使用。完成划分后，子网掩码应该为 24+3=27，即网络位为 27 位，那么主机位则为 32−27=5 位。每个子网地址块为 $2^5=32$（地址块等于 2 的主机位次方），如图 13-11 所示。

$$2^n =$$
地址块
n 表示主机位数

图 13-11　地址块大小

由此可以推算所有子网地址，其中标注部分是地址块的倍数，如图 13-12 所示。

192.168.1.0 /27 ←32的0倍
192.168.1.32 /27 ←32的1倍
192.168.1.64 /27 ←32的2倍
192.168.1.96 /27
192.168.1.128 /27 ⋮
192.168.1.160 /27
192.168.1.192 /27 ←32的6倍
192.168.1.224 /27 ←32的7倍

都是地址块32的倍数

图 13-12 地址块示意图

（2）进行子网划分后，第一个子网的广播地址是多少。

方法一：第一个子网的子网部分是 000，广播地址的主机部分是 11111，那么第一个子网的广播地址是 192.168.1.00011111，即 192.168.1.31。

方法二：第一个子网地址为 192.168.1.0/27，由于地址块为 32，那么第一个子网地址为 192.168.1.0～192.168.1.31，网络号是 192.168.1.0，第一个可用主机地址是 192.168.1.1，广播地址是子网最后一个 IP 地址，即 192.168.1.31，实际可用主机地址是：192.168.1.1～192.168.1.30。

方法三（推荐方法）：前两个子网位分别是 192.168.1.0/27 和 192.168.1.32/27。很明显，第二个子网的前一个地址为上一个子网的广播地址，那么第一个子网的广播地址是 192.168.1.32-1，即 192.168.1.31。

（3）192.168.1.159 属于什么地址。

解析：该地址是子网地址 192.168.1.160/27 的前一个地址，所以这是子网 192.168.1.128/27 的广播地址。

（4）已知子网主机数量，进行子网划分。

例如，已知每个部门不多于 25 人，如何对 192.168.1.0/24 进行子网划分？

解析：每个部门不多于 25 人，如果主机位为 4 位，每个子网可用地址为 $2^4-2=14$，如果主机位为 5 位，每个子网可用地址 $2^5-2=30$ 个。很明显，主机位为 5 位，划分出来的地址才够用，这时网络位为 27 位，子网掩码为/27，子网划分与前面介绍的案例一样，不再展开讲解。

7. 子网掩码转换

子网掩码有两种表示方法：比如 255.255.240.0，也可以表示为/20，怎么转换的呢？

（1）首先必须清楚掩码中 1 表示网络位，0 表示主机位。255.255.240.0 有两个 255，每个 255 都可以写成 8 个 1（11111111），那么 2 个 255 表示有 16 位是网络位。

（2）240 转换成二进制是 11110000，其中 1 的个数是 4，而 1 表示网络位，那么有 4 位是网络位。

（3）子网掩码是 16+4=20 位，可以写成/20。

形象表示如图 13-13 所示。

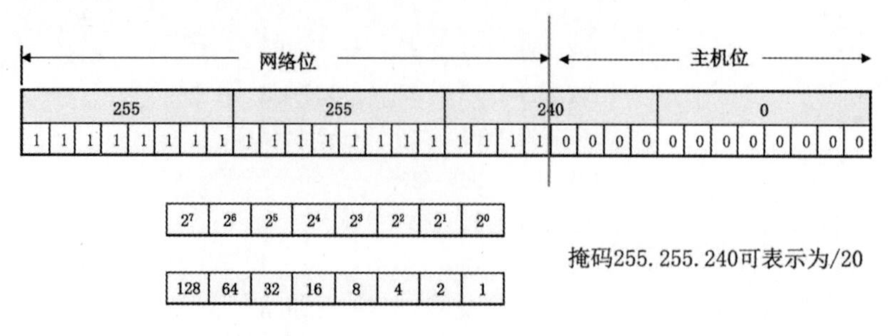

图 13-13　子网掩码转换

8. 掩码作用位置与地址块计算

如图 13-14 所示，网络掩码是 X，那么：

（1）如果 X 范围是 25～32，那么掩码作用于第四段，地址块=2^{32-X}，例如掩码是 28，地址块=$2^{32-28}=2^4=16$。

（2）如果 X 范围是 17～24，那么掩码作用于第三段，地址块=2^{24-X}，例如掩码是 22，地址块=$2^{24-22}=2^2=4$。

（3）如果 X 范围是 9～16，那么掩码作用于第二段，地址块=2^{16-X}，例如掩码是 12，地址块=$2^{16-12}=2^4=16$。

（4）如果 X 范围是 0～8，那么掩码作用于第一段，地址块=2^{8-X}，例如掩码是 7，地址块=$2^{8-7}=2^1=2$。

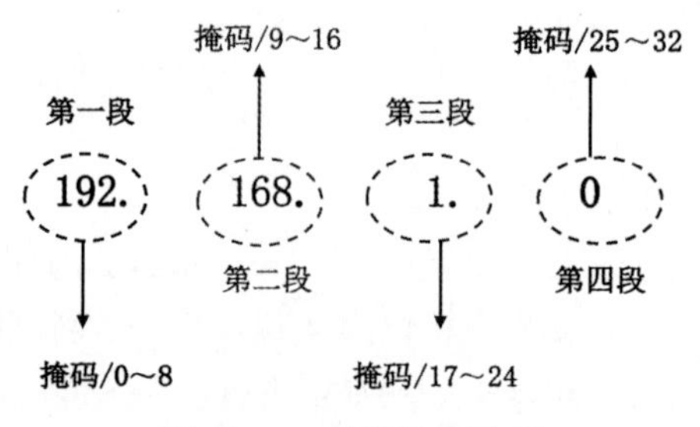

图 13-14　掩码作用位置

13.3.2　即学即练·精选真题

- DHCP 服务器分配的默认网关地址是 220.115.5.33/28，＿＿（1）＿＿是该子网主机地址。（2015 年 11 月第 37 题）

（1）A．220.115.5.32　B．220.115.5.40　C．220.115.5.47　D．220.115.5.55

【答案】（1）B

【解析】由于默认网关地址为 220.115.5.33/28，本质是判断与此地址在同一网段的地址。由于掩码是/28，主机位是 32−28=4 位，地址块=2^4=16。那么网络地址是 220.115.5.32/28，此网段可用主机地址为 34～46（排除网关地址 33 和广播地址 47），其中只有 40 在此网段内，选 B 选项。

● 主机地址 122.34.2.160 属于子网___（2）___。（2015 年 11 月第 38 题）

（2）A．122.34.2.64/26　　B．122.34.2.96/26

C．122.34.2.128/26　　D．122.34.2.192/26

【答案】（2）C

【解析】题目给出的选项都是/26 掩码，故地址块为 $2^{32-26}=64$，子网为 122.34.2.0/26、122.34.2.64/26、122.34.2.128/26、122.34.2.192/26，其中子网 122.34.2.128 的可用地址范围是 122.34.2.129～122.34.2.190，则 122.34.2.160 属于 C 选项子网的范围。

● 某公司的网络地址为 192.168.1.0，要划分成 5 个子网，每个子网最多 20 台主机，则适用的子网掩码是___（3）___。（2015 年 11 月第 39 题）

（3）A．255.255.255.192　　B．255.255.255.240

C．255.255.255.224　　D．255.255.255.248

【答案】（3）C

【解析】由“要划分成 5 个子网，每个子网最多 20 台主机”判断子网位是 3，主机位是 5。原始是 C 类地址，掩码默认是/24，增加三位子网位后，掩码变为/27，即 255.255.255.224。

● 某网络的地址是 202.117.0.0，其中包含 4000 台主机，指定给该网络的合理子网掩码是___（4）___，下列选项中，不属于这个网络的地址是___（5）___。（2016 年 11 月第 27～28 题）

（4）A．255.255.240.0　B．255.255.248.0　C．255:255.252.0　D．255.255.255.0

（5）A．202.117.0.1　B．202.117.1.254　C．202.117.15.2　D．202.117.16.113

【答案】（4）A　（5）D

【解析】由 4000 台主机可以推出主机位是 12 位，掩码是/20，即 255.255.240.0。可用地址范围是 202.117.0.1～202.117.15.254。

● 假设用户 X1 有 4000 台主机，分配给他的超网号为 202.112.64.0，则给 X1 指定合理的地址掩码是___（6）___。（2017 年 11 月第 29 题）

（6）A．255.255.255.0　B．255.255.224.0　C．255.255.248.0　D．255.255.240.0

【答案】（6）D

【解析】需要记住 $2^{10}=1024$，这是常用的数字。那么 4000 台相当于 $4000=2\times2\times2^{10}=2^{12}$，主机位是 12 位，掩码为/20，即 255.255.240.0。

● 地址 202.118.37.192/26 是___（7）___，地址 192.117.17.255/22 是___（8）___。（2018 年 11 月第 24～25 题）

（7）A．网络地址　B．组播地址　C．主机地址　D．定向广播地址

（8）A．网络地址　B．组播地址　C．主机地址　D．定向广播地址

【答案】（7）A　（8）C

【解析】由于地址 202.118.37.192/26 掩码为/26，作用于第 4 段，地址块为 $2^{32-26}=64$，可以写出所有子网（递加 64）：

202.118.37.0/26

202.118.37.64/26

202.118.37.128/26

202.118.37.192/26

……

202.118.37.192 是子网地址，即网络地址。

地址 192.117.17.255/22 掩码为/22，作用于第三段，地址块为 $2^{24-22}=4$，可以写出全部子网（递加 4）:

192.117.0.0/22

192.117.4.0/22

……

192.117.16.0/22

192.117.20.0/22

地址 192.117.17.255 属于子网 192.117.16.0/22 的主机地址。

- 将地址块 192.168.0.0/24 按照可变长子网掩码的思想进行子网划分，若各部门可用主机地址需求如下表所示，则共有＿（9）＿种划分方案，部门 3 的掩码长度为＿（10）＿。（2018 年 11 月第 26～27 题）

部门	所需地址总数
部门 1	100
部门 2	50
部门 3	16
部门 4	10
部门 5	8

（9）A．4　B．8　C．16　D．32

（10）A．25　B．26　C．27　D．28

【答案】（9）C　（10）C

【解析】部门 1 需要 100 个地址，由于 $2^7=128>100$，则需要 7 位主机位，这种组合方式有 2 种。同理部门 50 个地址，由于 $2^6=64>50$，则需要 6 位主机位，这种组合方式有两种。同理，部门 3 有 2 种组合，最后部门 4、部门 5 也有 2 种选择，故共有 $2^4=16$ 种组合方式。

- 默认网关地址是 61.115.15.33/28，下列选项中属于该子网主机地址的是＿（11）＿。（2019 年 11 月第 31 题）

（11）A．61.115.15.32　B．61.115.15.40　C．61.115.15.47　D．61.115.15.55

【答案】（11）B

【解析】方法一：默认网关地址为 61.115.15.33/28。那么该子网的主机地址范围是：61.115.15.0010 0001～61.115.15.0010 1110（61.115.15.33～61.115.15.46）。

方法二：掩码是/28，主机位是 4，那么地址块是 $2^4=16$，可以写出子网地址：

61.115.0.0/28

61.115.16.0/28

61.115.32.0/28

61.115.48.0/28

题目给出的地址 61.115.15.33 是属于 61.115.15.32.0/28 的第一个地址，该子网可用地址为 61.115.15.33～61.115.15.46，只有 B 选项在此范围。

- 家用无线路由器开启 DHCP 服务，可使用的地址池为＿（12）＿。（2019 年 11 月第 32 题）

（12）A．192.168.0.1～192.168.0.128　　B．169.254.0.1～169.254.0.255

C．127.0.0.1～127.0.0.128　　D．224.115.5.1～224.115.5.128

【答案】（12）A

【解析】A 选项为 RFC 1918 规定的私有地址，B 选项为 DHCP 失败后分配的特殊地址，C 选项是环回地址，D 选项是组播地址。

- 某公司的网络地址为 10.10.1.0，每个子网最多 1000 台主机，则适用的子网掩码是＿（13）＿。（2019 年 11 月第 33 题）

（13）A．255.255.252.0　　B．255.255.254.0

C．255.255.255.0　　D．255.255.255.128

【答案】（13）A

【解析】某公司的网络地址为 10.10.1.0，每个子网最多 1000 台主机，需要 10 位主机位，掩码是 255.255.252.0，B、C、D 选项主机位均不足 10 位，故选 A 选项。

- 下列地址中，既可作为源地址又可作为目的地址的是＿（14）＿。（2019 年 11 月第 34 题）

（14）A．0.0.0.0　　B．127.0.0.1

C．10.255.255.255　　D．202.117.115.255

【答案】（14）B

【解析】0.0.0.0 只能做源地址，不能做目的地址，故 A 选项错误。127.0.0.1 是本地回环测试地址，既可以作为源地址也可以作为目的地址，故 B 选项正确。C 选项和 D 选项是广播地址（默认为主类网络），只能作为目的地址。

13.4 无类别域间路由（CIDR）

13.4.1 考点精讲

无类别域间路由（Classless Inter-Domain Routing，CIDR）是一个在 Internet 上创建附加地址的方法，这些地址提供给服务提供商（ISP），再由 ISP 分配给客户。CIDR 将路由集中起来，使一个 IP 地址代表主要骨干提供商服务的几千个 IP 地址，可以减轻 Internet 路由器的负担。

CIDR 经常用于路由汇总，方法很简单，参考如下案例。已知 4 个网段：200.200.192.0/24、200.200.193.0/24、200.200.194.0/24、200.200.195.0/24，计算汇总路由，主要分为如下几步：

（1）观察 4 个地址，其中 200.200 相同，不用汇总，第 3 段不相同。

（2）把 4 个地址的第 3 段转换为二进制，如下：

200.200.192.0 → 200. 200. 110000 00.0

200.200.193.0 → 200. 200. 110000 01.0

200.200.194.0 → 200. 200. 110000 10.0

200.200.195.0 → 200. 200. 110000 11.0

（3）根据二进制可以判断，4 个 IP 地址中有 22 位相同，那么汇总后的掩码为/22。

（4）将相同位 200.200.110000 00.00 转换为十进制得到 200.200.192.0，那么汇总后的地址是 200.200.192.0/22。

13.4.2 即学即练·精选真题

- 4 个网络 202.114.129.0/24、202.114.130.0/24、202.114.132.0/24 和 202.114.133.0/24，在路由器中汇聚成一条路由，该路由的网络地址是＿（1）＿。（2017 年 11 月第 30 题）

（1）A．202.114.128.0/21　　B．202.114.128.0/22

C．202.114.130.0/22　　D．202.114.132.0/20

【答案】（1）A

【解析】路由汇总，没有捷径，把涉及的 IP 地址，恢复成二进制，再找相同位。

202.114.129.0=202.114.10000 001.0

202.114.130.0=202.114.10000 010.0

202.114.132.0=202.114.10000 100.0

202.114.133.0=202.114.10000 101.0

故汇总后的地址是 202.114.100000.0=202.114.128.0/21。

- 对下面 4 个网络：110.125.129.0/24、110.125.130.0/24、110.125.132.0/24 和 110.125.133.0/24 进行路由汇聚，能覆盖这 4 个网络的地址是＿（2）＿。（2020 年 11 月第 26 题）

（2）A．110.125.128.0/21　　B．110.125.128.0/22

C．110.125.130.0/22　　D．110.125.132.0/23

【答案】（2）A

【解析】对 4 个网络地址进行汇聚，汇聚后的地址是 110.125.128.0/21。

第14章 DHCP和DNS专题

14.1 DHCP

14.1.1 考点精讲

1. DHCP基础

动态主机配置协议（Dynamic Host Configuration Protocol，DHCP）主要用来为主机动态分配IP地址。2018/（21）

DHCP租约默认是8天，当租期超过一半时（4天），客户机会向DHCP服务器发送**DHCP Request**进行续约。2019/（22）

如果客户机接收到服务器回应的DHCP Ack报文，客户机就根据报文中提供的新租期以及其他参数更新配置，IP租约更新完成，续约后租约还是8天。如果没有收到该服务器的回复，则客户机继续使用现有IP地址，客户机将在租期过去87.5%时再次与DHCP服务器联系，申请更新租约。如果还不成功，等到租约100%的时候，客户机必须放弃这个IP地址，发送**DHCP Discover**重新申请IP地址。DHCP获取失败或续约失败，客户机会使用**169.254.0.0/16**中随机的一个地址，该地址只能用于局域网通信。2017/（27～28）

2. DHCP过程与报文

DHCP过程分为4个阶段，如图14-1所示，重点掌握前4个阶段中使用的报文。2015/（30）、2016（34）、2017/（41）、2018/（24）、2019/（26）、2021/（37）

（1）发现阶段：DHCP客户机在网络中广播发送DHCP Discover请求报文，发现DHCP服务器，请求IP地址租约。

（2）提供阶段：DHCP服务器通过DHCP Offer报文向DHCP客户机提供IP地址预分配。

（3）选择阶段：DHCP客户机通过DHCP Request报文，选择一个DHCP服务器为它提供的IP地址。

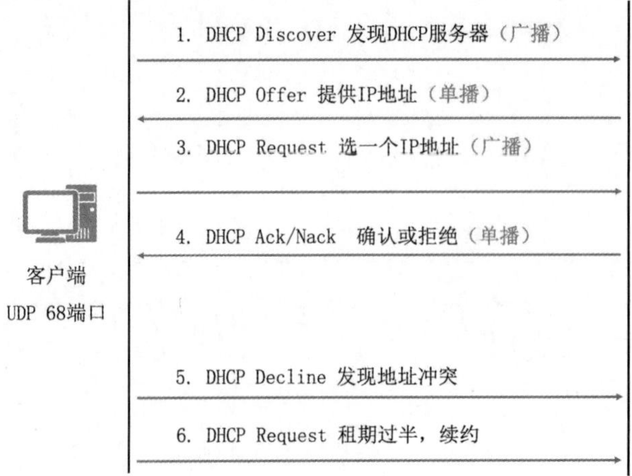

图 14-1　DHCP 过程与报文

（4）确认阶段：被选择的 DHCP 服务器发送 DHCP Ack，确认把 IP 地址分配给对应客户机，如果拒绝客户机使用，则发送 DHCP Nack，客户机收到后继续重复上面的过程。

通过以上 4 个阶段，客户机可以通过 DHCP 协议动态获取 IP 地址及网关等参数。如果 DHCP 客户机收到 DHCP 服务器 Ack 应答报文后，通过地址冲突检测（免费 ARP 协议）发现服务器分配的地址冲突或者由于其他原因导致不能使用，则会向 DHCP 服务器发送 **DHCP Decline**，通知服务器分配的 IP 地址不可用，以期获得新的 IP 地址。

3. DHCP 中继

由于 DHCP Discover 是广播报文，不能跨越广播域，即要求客户端和 DHCP 服务器必须在同一个网段。但随着网络规模的不断扩大，需要跨网段进行 DHCP，于是诞生了 DHCP 中继。

DHCP 中继（DHCP Relay）是为解决 DHCP 服务器和 DHCP 客户端不在同一个广播域而提出的，提供了对 DHCP 广播报文的中继转发功能，能够把 DHCP 客户端的广播报文“透明地”传送到其他广播域的 DHCP 服务器上，同样也能够把 DHCP 服务器端的应答报文“透明地”传送到其他广播域的 DHCP 客户端，原理如图 14-2 所示，DHCP 中继本质是把 DHCP **广播报文转换成单播**发往 DHCP 服务器所在的网段。

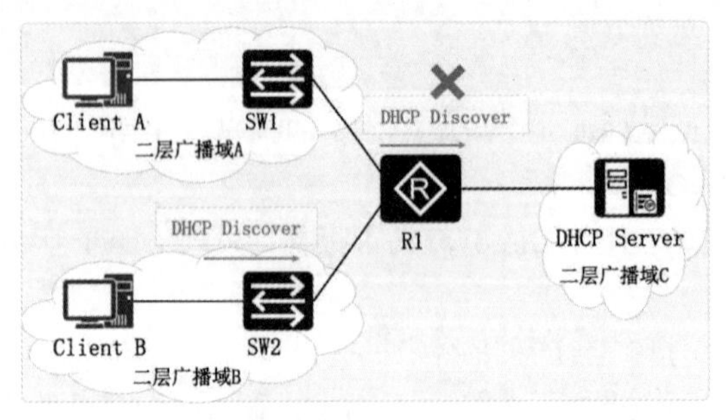

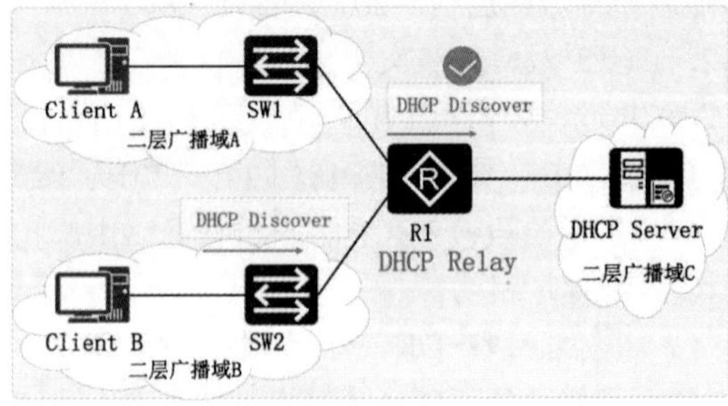

图 14-2　DHCP 中继

4. DHCP 选项

DHCP 除了标准字段，还包含可选部分 Option，可由用户自定义，所以 DHCP 除了分配 IP 地址参数外，还可以分配其他用户定义信息。比如可以通过 DHCP Option 43 为 AP 分配 IP 的同时，通告无线控制器（AC）的地址，如图 14-3 所示。重点掌握 Option 82 和 Option 43。

- Option 82：称为中继代理 DHCP Relay 信息选项。
- Option 43：为 AP 分配 IP 地址的同时，通告 AC 的地址。

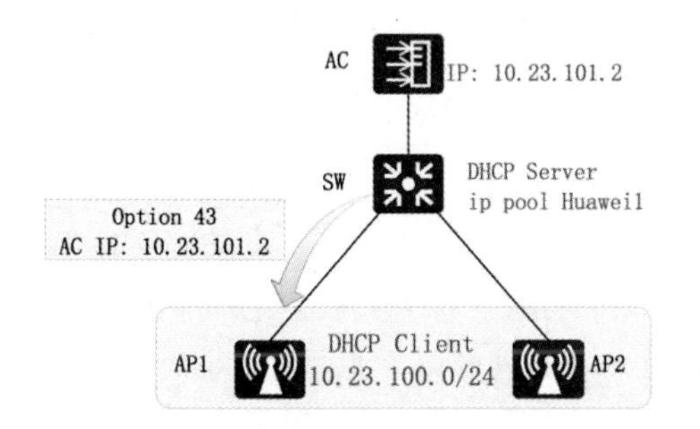

AC的IP地址是10.23.101.2，AP所在网络的网关地址为10.23.100.1，AP通过DHCP的方式从IP地址池Huawei1中获取IP地址，DHCP服务器通过option 43选项字段向AP通告AC的IP地址。

图 14-3　DHCP Option 43 为 AP 分配 IP 并通告 AC 的地址

5. DHCP Snooping

私接家用路由器，导致内部用户不能上网的问题已经屡见不鲜。原因是私接的家用路由器具有 DHCP 功能，从而使网络中有多个 DHCP 服务器，部分用户获取错误 IP 地址，或者造成 IP 地址冲突。DHCP Snooping 技术可以保证客户端从合法的 DHCP 服务器获取 IP 地址，并记录客户端 IP 地址与 MAC 地址的对应关系。

DHCP Snooping 的原理和配置非常简单，在交换机上进行设置，将连接合法 DHCP 服务器的接口设置为信任接口（Trusted），其他连接终端的接口设置为非信任接口（Untrusted），那么用户只能从信任接口连接的 DHCP 服务器获取 IP 地址，防止用户从其他连接终端的接口获取 IP 地址，如图 14-4 所示。

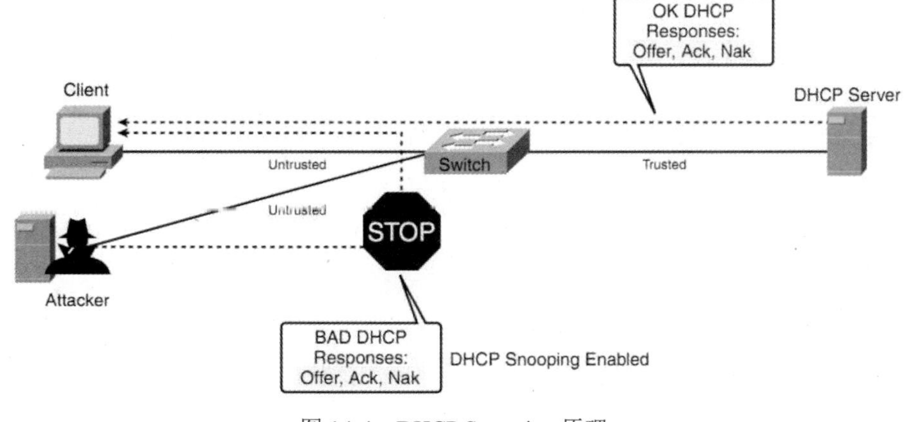

图 14-4　DHCP Snooping 原理

DHCP Snooping 配置如下：

```
[Huawei] dhcp snooping enable            //交换机上开启 DHCP Snooping 功能
[Huawei] int GigabitEthernet0/0/1        //进入接口
[Huawei-GigabitEthernet0/0/1] dhcp snooping trusted      //将连接 DHCP 服务器的接口设置为信任接口
[Huawei] int GigabitEthernet0/0/2        //进入接口
[Huawei-GigabitEthernet0/0/2] dhcp snooping untrusted    //将连接 PC 的接口设置为非信任接口
```

14.1.2 即学即练·精选真题

- 下列 DHCP 报文中，由客户端发送给 DHCP 服务器的是___（1）___。（2015 年 11 月第 30 题/2019 年 11 月第 26 题）

  （1）A. DHCP Offer　B. DHCP Decline　C. DHCP Ack　D. DHCP Nack

  【答案】（1）B

  【解析】本题考查 DHCP 报文基础知识，需重点掌握。DHCP 客户端收到 DHCP 服务器回应的 Ack 报文后，通过地址冲突检测发现服务器分配的地址冲突或者由于其他原因导致不能使用，则发送 DHCP Decline 报文，通知服务器所分配的 IP 地址不可用。通知 DHCP 服务器禁用这个 IP 地址以免引起 IP 地址冲突，客户端重新开始 DHCP 过程。

- 某学生宿舍采用 ADSL 接入 Internet，为扩展网络接口，用双绞线将两台家用路由器连接在一起，出现无法访问 Internet 的情况，导致该问题最可能的原因是___（2）___。（2015 年 11 月第 64 题）

  （2）A. 双绞线质量太差　B. 两台路由器上的 IP 地址冲突
  　　C. 有强烈的无线信号干扰　D. 双绞线类型错误

  【答案】（2）B

  【解析】家用路由器都带有 DHCP 功能，同时接入 2 台家用路由器进行 IP 地址分配，可能出现 IP 地址冲突，导致用户无法访问 Internet。

- 某单位采用 DHCP 服务器进行地址自动分配。下列 DHCP 报文中，由客户机发送给服务器的是___（3）___。（2016 年 11 月第 34 题）

  （3）A. DHCP Discover　B. DHCP Offer
  　　C. DHCP Nack　D. DHCP Ack

  【答案】（3）A

  【解析】掌握 DHCP 过程中的几个重要报文。

- 下列 DHCP 报文中，由客户端发送给服务器的是___（4）___。（2017 年 11 月第 41 题）

  （4）A. DHCP Offer　B. DHCP Nack　C. DHCP Ack　D. DHCP Decline

  【答案】（4）D

  【解析】掌握 DHCP 过程的几个报文。

- 在 DHCP 服务器的设计过程中，不同的主机划分为不同的类别进行管理，下列划分中合理的是___（5）___。（2018 年 11 月第 20 题）

（5）A．移动用户采用保留地址　　B．服务器可以采用保留地址
C．服务器划分到租约期最短的类别　　D．固定用户划分到租约期较短的类别

【答案】（4）B

【解析】移动用户采用 DHCP 动态获取 IP 地址，服务器可以采用保留地址，即为特定 MAC 地址保留某个 IP 地址。

● 如果发送给 DHCP 客户端的地址已经被其他 DHCP 客户端使用，客户端会向服务器发送＿（6）＿信息包拒绝接受已经分配的地址信息。（2018 年 11 月第 23 题）

（6）A．DHCP Ack　B．DHCP Offer　C．DHCP Decline　D．DHCP Nack

【答案】（6）C

【解析】DHCP 常见报文如下：

DHCP Discover：主机发送此报文发现 DHCP 服务器。

DHCP Offer：DHCP 服务器发送此报文，向客户端提供 IP 地址。

DHCP Request：主机发送此报文，从服务器 Offer 的地址中选择一个（DHCP 续期也使用此报文）。

DHCP Ack：确认某个地址给主机使用。

DHCP Decline：DHCP 客户端收到 DHCP 服务器回应的 ACK 报文后，通过地址冲突检测发现服务器分配的地址冲突或者由于其他原因导致不能使用，则发送 Decline 报文，通知服务器所分配的 IP 地址不可用。通知 DHCP 服务器禁用这个 IP 地址以免引起 IP 地址冲突，客户端重新开始 DHCP 过程。

DHCP Nack：DHCP 地址池空了，没有可分配的 IP，或者用户请求的地址不能分配给用户使用。

● 以下关于 DHCP 服务器租约的说法中，正确的是＿（7）＿。（2019 年 11 月第 22 题）

（7）A．当租约期过了 50%时，客户端更新租约期
B．当租约期过了 80%时，客户端更新租约期
C．当租约期过了 87.5%时，客户端更新租约期
D．当租约期到期后，客户端更新租约期

【答案】(7) A

【解析】客户机会在租期过去 50%时，向客户端发起续约申请，如果没有收到服务回复，则 87.5%时再次发起续约请求，如果还不成功，到租约 100%时，客户机必须放弃这个 IP 地址，重新申请。如果此时无 DHCP 可用，客户机会使用 169.254.0.0/16 中随机的一个地址，并且每隔 5 分钟再进行尝试。

- 客户端通过 DHCP 获得 IP 地址的顺序正确的是___(8)___。(2021 年 11 月第 37 题)

①客户端发送 DHCP Request 请求 IP 地址

②Server 发送 DHCP Offer 报文响应

③客户端发送 DHCP Discover 报文寻找 DHCP Server

④Server 收到请求后回应 Ack 响应请求

(8) A. ①②③④　　B. ①④③②　　C. ③②①④　　D. ③④①②

【答案】(8) C

【解析】掌握 DHCP 过程和交互报文。

14.2 DNS

14.2.1 考点精讲

1. DNS 基础

域名系统（Domain Name System，DNS）的作用是把域名转换成 IP 地址。为什么需要 DNS 呢？原因很简单，如图 14-5 所示，主机地址标识最原始的方法是二进制数，为了方便书写采用点分十进制法，但 IP 地址记忆难度依旧很大，于是诞生了域名，让主机的标识更加直观好记，比如典型的 www.test.com。

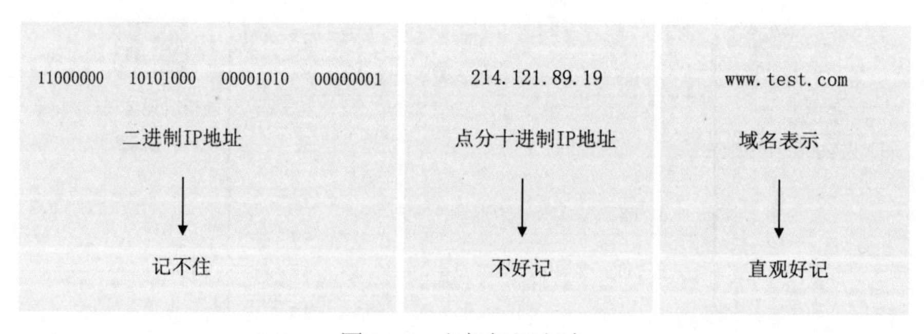

图 14-5　主机标识方法

域名系统通过层次结构的分布式数据库建立一致性名字空间。域名系统采用倒置的树型结构，从根到顶级域名、二级域名、三级域名、四级域名一级级向下扩展。最顶层是根域，用“.”表示，根域下面是顶级域名，分为国家顶级域和通用顶级域，顶级域下面是二级域，二级域下还可以划分子域，如图 14-6 所示。

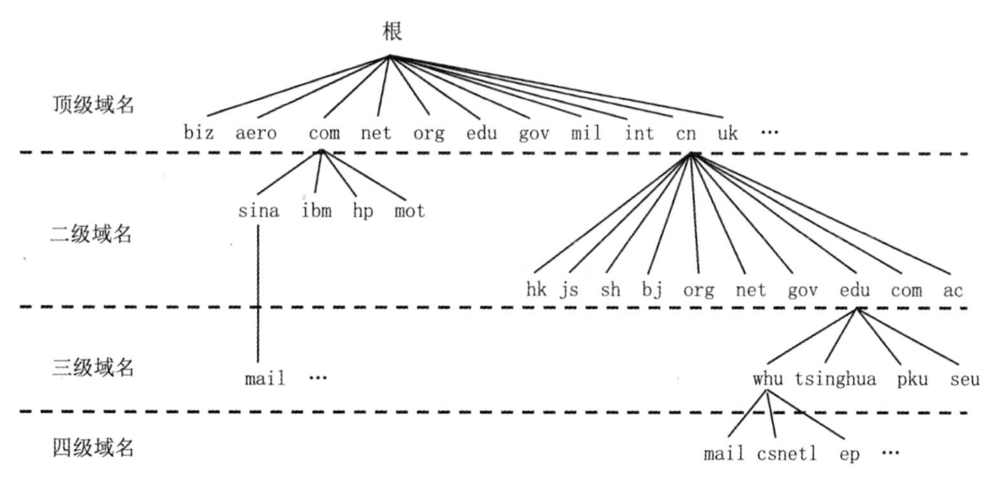

图 14-6　域名系统结构

2. DNS 域名记录

DNS 系统中有 6 种解析记录，分别实现不同的功能，见表 14-1。2016/（32）、2018/（19、34）、2019/（21）

表 14-1　DNS 记录类型

记录类型	说明	备注
SOA	起始授权机构记录，用于在众多 NS 中记录哪一台是主域名服务器	SOA 记录还设置一些数据版本以及更新过期时间的信息
A	把主机名解析为 IP 地址	www.test.com→1.1.1.1
指针 PTR	反向查询，把 IP 地址解析为主机名	1.1.1.1→www.test.com
名字服务器 NS	为一个域指定了授权域名服务器，该域的所有子域内的解析也被委派给这个服务器	指定某区域由 NS 名字服务器来进行解析
邮件服务器 MX	指明区域的邮件服务器及优先级	建立电子邮箱服务，将 MX 记录指向邮件服务器的 IP 地址
别名 CNAME	指定主机名的别名，把主机名解析为另一个主机名	www.test.com 别名为 webserver12.test.com

3. 主机 DNS 解析查找顺序

主机 DNS 解析查找主要分为三步：本地查询、客户机到服务器查询和服务器到服务器查询，如图 14-7 所示。

（1）本地查找。顺序为：浏览器缓存、操作系统缓存（ipconfig/displaydns）、本地 hosts 文件，hosts 文件一般存储在 C:\Windows\System32\drivers\etc\hosts。缓存到期后自动删除，而 hosts 文件中的内容可以一直保存。2016/（33）、2017/（40）

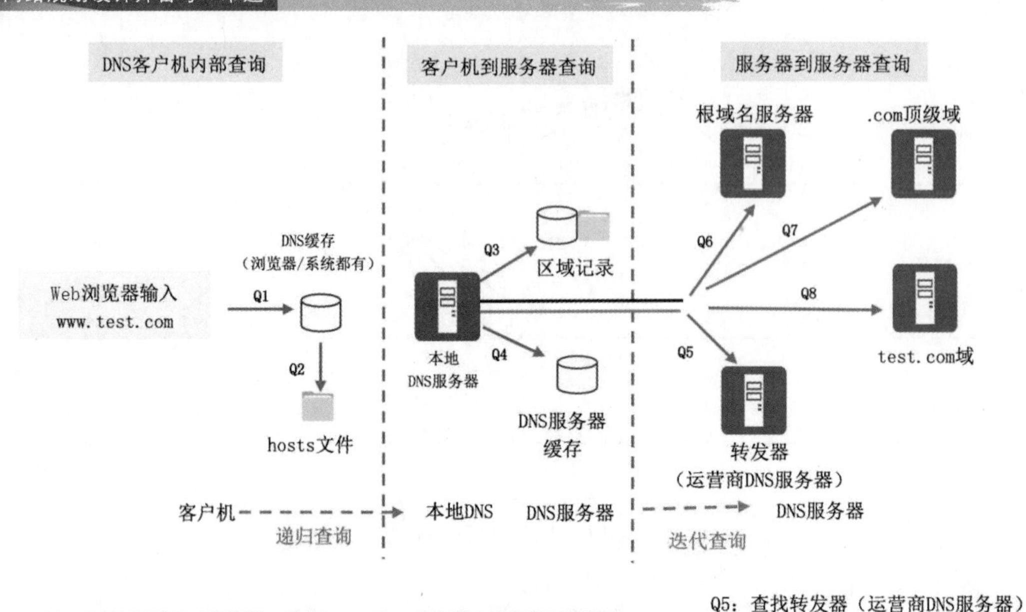

图 14-7　主机 DNS 解析顺序

（2）客户机到服务器查询。如果第一步没查到，查询本地 DNS 服务器（也叫主域名服务器）。查询顺序为：区域记录、DNS 服务器缓存。PC 主机端先查缓存，而服务器端是先查区域记录，如果区域记录没有再查缓存。因为区域记录是存在本地的，比如本地 DNS 服务器存放着某个域名的 A 记录，而 DNS 服务器的缓存是别人“告诉”的，本地的记录优先级更高。

（3）服务器到服务器查询。查询顺序为：转发器（可能没有）、根、顶级域、二级域、授权域名服务器（也叫权限域名服务器）。

4. DNS 递归查询和迭代查询

DNS 域名查找方式可以分为递归查询和迭代查询，递归查询会帮助用户进行名字解析，返回最终结果，且能体现帮忙查找的过程，如果它本身不知道，它会去询问其他服务器，获取结果，所以递归查询像是一个助人为乐的老好人。迭代查询则是域名服务器进行迭代访问，反复多次，直到最后找到结果，简单地讲，采用迭代查询，如果它自己不知道结果，那么它会告诉你去找某台主机，所以迭代查询有点类似踢皮球。常规情况下 DNS 查询的过程如图 14-8 所示。2015/（35～36、66）、2017/（18）、2018/（30）

Q1：如果客户端本地没有缓存，向主域名服务器（本地 DNS 服务器）发起查询，这个过程一般是递归查询，主域名服务器会找到最终结果，然后返回给客户端。

Q2：如果主域名服务器没有相关记录，则向转发器发起查询，这个过程一般也是递归查询，由转发器找到最终结果，返回给主域名服务器。

Q3：转发器向根域名服务器发起查询，这个过程是迭代查询，根域名服务器告诉转发器去找.com 顶级域名服务器。

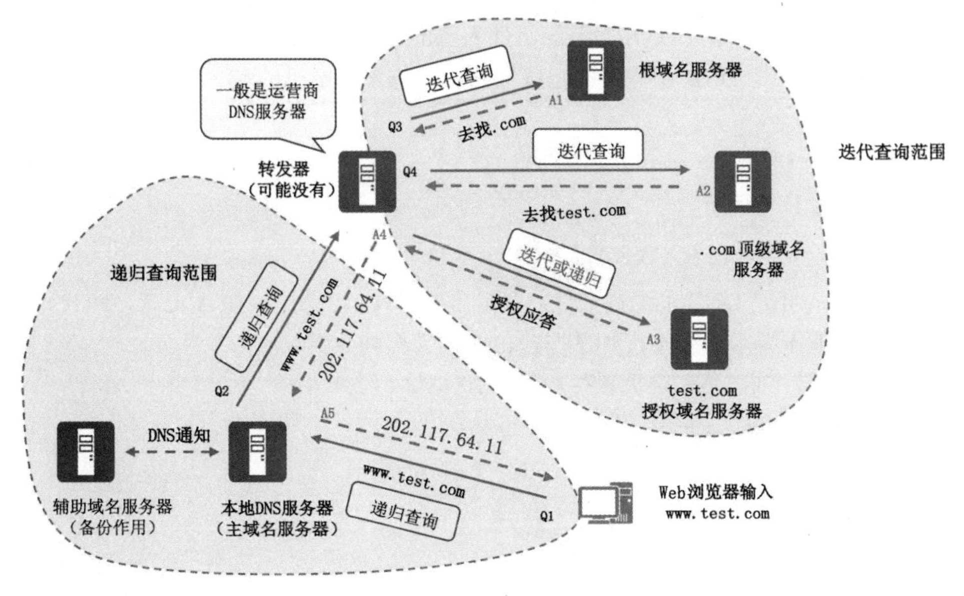

图 14-8　递归和迭代查询

Q4：转发器继续向.com 顶级域名服务器发起查询，这个过程是迭代查询，.com 顶级域名服务器告诉转发器去找 test.com 授权域名服务器。

Q5：转发器向 test.com 授权域名服务器发起查询，由授权域名服务器返回 www.test.com 的查询结果。需要重点提醒的是：最后这一步查找过程，可能是递归查询，有可能是迭代查询。

A4、A5：转发器从授权域名服务器查到结果后，向主域名服务器返回结果，接着主域名服务器再向客户端返回结果，完成 DNS 全部查找过程。

5. 辅助域名服务器

辅助 DNS 服务器是一种容错设计，一旦 DNS 主服务器出现故障或因负载太重无法及时响应客户机请求，辅助服务器将挺身而出为主服务器排忧解难。辅助服务器的区域数据都是从主服务器复制而来，因此辅助服务器的数据都是只读的，当然，如果有必要，辅助服务器可以很轻松地升级为主服务器。如图 14-9 所示，**DNS 通知消息**让辅助服务器能及时更新区域信息，只有被通知的辅助域名服务器才能从主域名服务器进行区域复制。2016/（32）、2017/（36）、2019/（20）

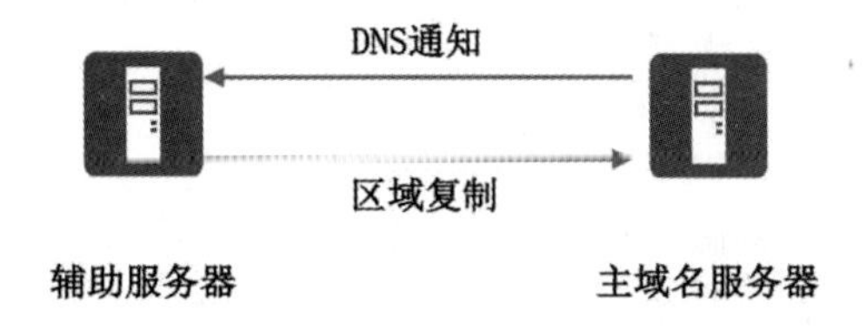

图 14-9　辅助域名服务器与 DNS 通知

6. DNS 文件与命令

（1）DNS 相关文件。DNS/DHCP 服务器必须配置静态 IP 地址，而 Web/FTP 服务器可以使用动态 IP 地址。Linux 系统中提供 DNS 服务的组件为 bind。Linux 系统与 DNS 解析相关的文件如下：

1）/etc/resolv.conf 是 DNS 服务器的配置文件，它包含了主机的域名搜索顺序和 DNS 服务器的地址。2020/（24）

```
[root@localhost ~]# cat /etc/resolv.conf          //查看该文件中的内容
# Generated by Network Manager
nameserver 8.8.8.8        //google 主 DNS 服务器
nameserver 8.8.4.4        //google 备用 DNS 服务器
```

2）/etc/named.conf 是 DNS 主配置文件，存放各类 DNS 记录，比如 A 记录、PTR 记录。这个文件比较复杂，一般不要求网络工程师掌握，由系统工程师负责。

3）/etc/hosts 存放主机 DNS 解析缓存，包含 IP 地址、主机名。

```
C:\Windows\System32\drivers\etc\hosts
# For example:
#        102.54.94.97        rhino.acme.com
#        38.25.63.10         x.acme.com
```

4）host.conf 解析器查询顺序配置文件

```
vi /etc/host.conf
order hosts bind        //表示先查询本地 hosts 文件，如果没有结果，再尝试查找 dind 服务器。
```

（2）DNS 相关命令。诊断和查看 DNS 服务器 IP 地址命令是 nslookup。查看 DNS 缓存的命令是 ipconfig/displaydns，清除 DNS 缓存的命令是 ipconfig/flushdns。2017/（20）

14.2.2 即学即练·精选真题

- 下列 DNS 查询过程中，采用迭代查询的是＿＿（1）＿＿，采用递归查询的是＿＿（2）＿＿。（2015 年 11 月第 35～36 题）

（1）A．客户端向本地 DNS 服务器发的出查询请求
B．客户端在本地缓存中找到目的主机的地址
C．本地域名服务器缓存中找到目的主机的地址
D．由根域名服务器找到授权域名服务器的地址

（2）A．转发查询非授权域名服务器
B．客户端向本地域名服务器发出查询请求
C．由上级域名服务器给出下级服务器的地址
D．由根域名服务器找到授权域名服务器的地址

【答案】（1）D　（2）B

【解析】一般情况下，根域名服务器和顶级域名服务器都采用迭代查询，本地域名服务器（也叫主域名服务器）采用递归查询，授权域名服务器是递归查询还是迭代查询不能确定。

- 如果本地域名服务器无缓存，当采用递归算法解析另一个网络的某主机域名时，用户主机、本地域名服务器发送的域名请求消息分别为＿＿（3）＿＿。（2015 年 11 月第 66 题）

（3）A．一条，一条　B．一条，多条　C．多条，一条　D．多条，多条

【答案】（3）A

【解析】如果本地域名服务器无缓存，当采用递归算法解析另一个网络的某主机域名时，用户发送的域名请求消息数为一条，这时本地域名服务器发送的域名请求消息数也为一条。

- DNS 资源记录___（4）___定义了区域的反向搜索。（2016 年 11 月第 31 题）

（4）A．SOA　　B．PTR　　C．NS　　D．MX

【答案】（4）B

【解析】掌握 6 种 DNS 记录类型。

- 辅助域名服务器在___（5）___时进行域名解析。（2016 年 11 月第 32 题）

（5）A．本地缓存解析不到结果　　B．主域名服务器解析不到结果

C．转发域名服务器不工作　　D．主域名服务器不工作

【答案】（5）D

【解析】辅助域名服务器相当于备用 DNS 服务器，只有当主域名服务器关闭、出现故障或负载过重的时候，启动辅助域名服务器进行解析。主域名服务器会把自己的信息，通过 DNS 通告，完整同步给辅助域名服务器。

- 某网络中在对某网站进行域名解析时，只有客户机 PC1 得到的解析结果一直错误，造成该现象的原因是___（6）___。（2016 年 11 月第 33 题）

（6）A．PC1 的 hosts 文件存在错误记录　　B．主域名服务器解析出错

C．PC1 本地缓存出现错误记录　　D．该网站授权域名服务器出现错误记录

【答案】（6）A

【解析】根据题意，由于只有 PC1 的解析结果错误，那么不可能是域名服务器的问题，不然会影响其他主机的解析，排除 B 选项和 D 选项。如果是本地缓存出现错误，不会一直解析错误，因为 DNS 缓存会删除和更新（Chrome 对每个域名默认缓存 60 秒，IE 缓存 30 分钟，Firefox 缓存 1 分钟），排除 C 选项。

- 在域名服务器的配置过程中，通常___（7）___。（2017 年 11 月第 18 题）

（7）A．根域名服务器和域内主域名服务器均采用迭代算法

B．根域名服务器和域内主域名服务器均采用递归算法

C．根域名服务器采用迭代算法，域内主域名服务器采用递归算法

D．根域名服务器采用递归算法，域内主域名服务器采用迭代算法

【答案】（7）C

【解析】通常根域名服务器采用迭代算法，域内主域名服务器采用递归算法。

- 在 Windows 操作系统中，启动 DNS 缓存的服务是___（8）___；采用命令___（9）___可以清除本地缓存中的 DNS 记录。（2017 年 11 月第 19～20 题）

（8）A．DNS Cache　　B．DNS Client　　C．DNS Flush　　D．DNS Start

（9）A．ipconfig/flushdns　　B．ipconfig/cleardns

C．ipconfig/renew　　D．ipconfig/release

【答案】（8）B　（9）A

【解析】启动 DNS 缓存命令是 DNS Client。（9）空 A 选项中/flushdns 清除 DNS 解析程序缓存；无 B 选项这个参数；C 选项中/renew 更新 DHCP 获得的地址；D 选项中/release 释放指定适配器的 IPv4 地址。

- 基于 Windows 的 DNS 服务器支持 DNS 通知，DNS 通知的作用是___（10）___。（2017 年 11 月第 36 题）

（10）A．本地域名服务器发送域名记录
B．辅助域名服务器及时更新信息
C．授权域名服务器向管区内发送公告
D．主域名服务器向域内用户发送被攻击通知

【答案】（10）B

【解析】DNS 通知主要用于同步主域名服务器和辅助域名服务器的信息。

- 在 Windows 操作系统中，___（11）___文件可以帮助域名解析。（2017 年 11 月第 40 题）

（11）A．cookie　　B．index　　C．hosts　　D．default

【答案】（11）C

【解析】hosts 文件存放 IP 地址和主机名的映射关系。

- 在客户机上运行 nslookup 查询某服务器名称时能解析出 IP 地址，查询 IP 地址时却不能解析出服务器名称，解决这一问题的方法是___（12）___。（2018 年 11 月第 19 题）

（12）A．清除 DNS 缓存　　B．刷新 DNS 缓存
C．为该服务器创建 PTR 记录　　D．重启 DNS 服务

【答案】（12）C

【解析】掌握 DNS 的几种记录。指针记录（Pointer Record，PTR）表示 IP 到名称的映射，与 A 记录正好相反。

- 下列 DNS 查询过程中，合理的是___（13）___。（2018 年 11 月第 30 题）

（13）A．本地域名服务器把转发域名服务器地址发送给客户机
B．本地域名服务器把查询请求发送给转发域名服务器
C．根域名服务器把查询结果直接发送给客户机
D．客户端把查询请求发送给中介域名服务器

【答案】（13）B

【解析】一般本地域名服务器采用递归查询，会找到最终结果发送给客户机，而 A 选项描述的是迭代查询，B 选项描述的是递归查询。根域名服务器都采用迭代查询，不会直接给用户返回结果，故 C 选项错误。客户端不会把查询请求发送给中介域名服务器，故 D 选项错误。

- DNS 服务器中提供了多种资源记录，其中定义区域授权域名服务器的是___（14）___。（2018 年 11 月第 34 题）

（14）A．SOA　　B．NS　　C．PTR　　D．MX

【答案】（14）B

【解析】掌握 DNS 的几种记录。

- 在进行域名解析的过程中，若由授权域名服务器给客户本地传回解析结果，表明＿（15）＿。（2019 年 11 月第 20 题）

（15）A．主域名服务器、转发域名服务器均采用了迭代算法

B．主域名服务器、转发域名服务器均采用了递归算法

C．根域名服务器、授权域名服务器均采用了迭代算法

D．根域名服务器、授权域名服务器均采用了递归算法

【答案】（15）A

【解析】在域名解析过程中，由授权域名服务器传回结果，不能确定授权域名服务器采用哪种算法，故 C 选项和 D 选项错误，但可以确定中间的其他 DNS 服务器采用的都是迭代算法。

- 若要获取某个域的授权域名服务器的地址，应查询该域的＿（16）＿记录。（2019 年 11 月第 21 题）

（16）A．CNAME　　B．MX　　C．NS　　D．A

【答案】（16）C

【解析】DNS 的资源记录中的 NS 记录列出负责区域名解析的 DNS 服务器（即授权域名服务器），CNAME 记录是别名记录，MX 是邮件交换记录，A 是主机记录。

- 在 Linux 中，DNS 的配置文件是＿（17）＿，它包含了主机的域名搜索顺序和 DNS 服务器的地址。（2020 年 11 月第 24 题）

（17）A．/etc/hostname　　B．/dev/host.conf

C．/etc/resolv.conf　　D．/dev/name.conf

【答案】（17）C

【解析】Linux 系统几个重要文件，务必要掌握。

/etc/hostname：主机名文件。

/etc/resolv.conf：DNS 配置文件，关键参数有如下 4 个。

（1）nameserver　#定义 DNS 服务器的 IP 地址

（2）domain　#定义本地域名

（3）search　#定义域名的搜索列表

（4）sortlist　#对返回的域名进行排序

/etc/hosts：存放主机 IP 地址、主机名和别名。

/etc/named.conf：DNS 主配置文件，存放各类 DNS 记录。

第15章 等保2.0与安全攻防专题

15.1 等保2.0技术篇

15.1.1 考点精讲

1. 等保2.0基础

网络安全等级保护2.0标准（简称等保2.0）于2019年12月1日正式开始实施，等保2.0将安全分为5个级别，技术上从**安全物理环境、安全通信网络、安全区域边界、安全计算环境、安全管理中心**5个方面保障网络安全，也叫“一个中心三重防护”。一般要求2级等保每两年进行一次测评，**3级等保每年进行一次测评**，4级等保每半年进行一次测评。网络安全**日志至少保存6个月**（180天）。等保2.0规定了5个标准步骤：**系统定级、备案、建设整改、等级测评、监督检查**。

（1）系统定级：确定建设几级等保，常规为三级。

（2）备案：等保二级以上需要到**公安网安进行备案**，以后公安部门有权力和义务定期检查。

（3）建设整改：根据等保2.0标准要求，进行安全升级和改造。

（4）等级测评：由具备测评资格的等保测评机构进行测评，确定是否通过等保。需要注意测评机构不是甲方，也不是公安网安，而是**第三方有资质的公司**，需要付费进行测评。

（5）监督检查：公安网安部门可以定期检查网络安全建设情况。

实际项目中三级等保最多，所以后续主要介绍三级等保的技术和管理要求，需要重点掌握，案例分析和论文都可能考查。

2. 安全物理环境（三级等保要求）

（1）物理位置选择。

1）机房场地应选择在具有防震、防风和防雨等能力的建筑内。

2）机房场地应避免设在建筑物的顶层或地下室，否则应加强防水和防潮措施。

（2）物理访问控制。

机房出入口应**配置电子门禁系统**，控制、鉴别和记录进入的人员。

（3）防盗窃和防破坏。

1）应将设备或主要部件进行固定并设置明显的不易除去的标识。

2）应将通信线缆铺设在隐蔽安全处。

3）应设置机房防盗报警系统或设置有**专人值守的视频监控系统**。

（4）防雷击。

1）应将各类机柜、设施和设备等通过接地系统安全接地。

2）应采取措施**防止感应雷，例如设置防雷保安器或过压保护装置等**。

（5）防火。

1）机房应设置火灾自动消防系统，能够自动检测火情、自动报警，并自动灭火。

2）机房及相关的工作房间和辅助房应采用具有耐火等级的建筑材料。

3）**应对机房划分区域进行管理，区域和区域之间设置隔离防火措施**。

（6）防水和防潮。

1）应采取措施防止雨水通过机房窗户、屋顶和墙壁渗透。

2）应采取措施防止机房内水蒸气结露和地下积水的转移与渗透。

3）**应安装对水敏感的检测仪表或元件，对机房进行防水检测和报警**。

（7）防静电。

1）应采用防静电地板或地面并采用必要的接地防静电措施。

2）**应采取措施防止静电的产生，例如采用静电消除器、佩戴防静电手环等**。

（8）温湿度控制。应设置温湿度自动调节设施，使机房温湿度的变化在设备运行所允许的范围之内。

（9）电力供应。

1）应在机房供电线路上配置稳压器和过电压防护设备。

2）应提供短期的备用电力供应，至少满足设备在断电情况下的正常运行要求。

3）**应设置冗余或并行的电力电缆线路为计算机系统供电**。

（10）电磁防护。

1）**电源线和通信线缆应隔离铺设**，避免互相干扰。

2）**应对关键设备实施电磁屏蔽**。

3. 安全通信网络（三级等保要求）

（1）网络架构。

1）**应保证网络设备的业务处理能力满足业务高峰期需要**。

2）**应保证网络各个部分的带宽满足业务高峰期需要**。

3）应划分不同的网络区域，并按照方便管理和控制的原则为各网络区域分配地址。

4）应避免将重要网络区域部署在边界处，重要网络区域与其他网络区域之间应采取可靠的技术隔离手段。

5）**应提供通信线路、关键网络设备和关键计算设备的硬件冗余，保证系统的可用性**。

（2）通信传输。

1）应采用**校验技术或密码技术**保证通信过程中数据的完整性（**常用技术是 Hash**）。

2）**应采用密码技术保证通信过程中数据的保密性（即数据加密，比如 DES、3DES 等算法）。**

（3）可信验证。可**基于可信根**对通信设备的系统引导程序、系统程序、重要配置参数和通信应用程序等进行可信验证，并在应用程序的**关键执行环节进行动态可信验证**，在检测到其可信性受到破坏后进行报警，并将验证结果形成审计记录送至安全管理中心。

4. 安全区域边界（三级等保要求）

（1）边界防护。

1）应保证跨越边界的访问和数据流通过边界设备提供的受控接口进行通信。

2）**应能够对非授权设备私自连到内部网络的行为进行检查或限制。**

3）**应能够对内部用户非授权连到外部网络的行为进行检查或限制。**

4）**应限制无线网络的使用，保证无线网络通过受控的边界设备接入内部网络。**

（2）访问控制。

1）应在网络边界或区域之间根据访问控制策略设置访问控制规则，默认情况下除允许通信外，受控接口拒绝所有通信。

2）应删除多余或无效的访问控制规则，优化访问控制列表，并保证访问控制规则数量最小化。

3）应对**源地址、目的地址、源端口、目的端口和协议**等进行检查，以允许/拒绝数据包进出。（包过滤防火墙中的五元组）。

4）应能根据**会话状态信息**为进出数据流提供明确的允许/拒绝访问的能力（状态化防火墙）。

5）应对进出网络的数据流实现**基于应用协议和应用内容的访问控制**（应用层防火墙）。

（3）入侵防范。

1）**应在关键网络节点处检测、防止或限制从外部发起的网络攻击行为。**

2）**应在关键网络节点处检测、防止或限制从内部发起的网络攻击行为。**

3）应采取技术措施对**网络行为进行分析，实现网络攻击特别是新型网络攻击行为的分析。**

4）**当检测到攻击行为时，记录攻击源 IP、攻击类型、攻击目标、攻击时间，在发生严重入侵事件时应报警。**

（4）恶意代码和垃圾邮件防范。

1）应在关键网络节点处对恶意代码进行检测和清除，并维护恶意代码防护机制的升级和更新。

2）应在关键网络节点处**对垃圾邮件进行检测和防护，并维护垃圾邮件防护机制的升级和更新。**

（5）安全审计。

1）应在网络边界、重要网络节点进行安全审计，审计覆盖到每个用户，对重要的用户行为和重要安全事件进行审计。

2）审计记录应包括事件的日期和时间、用户、事件类型、事件是否成功及其他与审计相关的信息。

3）应对审计记录进行保护，定期备份，避免受到未预期的删除、修改或覆盖等。

4）**应能对远程访问的用户行为、访问互联网的用户行为等单独进行行为审计和数据分析。**

（6）可信验证。可**基于可信根**对边界设备的系统引导程序、系统程序、重要配置参数和边界防护应用程序等进行可信验证，并在应用程序的**关键执行环节进行动态可信验证**，在检测到其可信性受到破坏后进行报警，并将验证结果形成审计记录送至安全管理中心。

5. 安全计算环境（三级等保要求）

（1）身份鉴别。

1）应对登录的用户进行身份标识和鉴别，身份标识具有唯一性，身份鉴别信息具有复杂度要求并定期更换。

2）应具有登录失败处理功能，应配置并启用结束会话、限制非法登录次数和当登录连接超时自动退出等相关措施。

3）当进行远程管理时，应采取必要措施防止鉴别信息在网络传输过程中被窃听。

4）**应采用口令、密码技术、生物技术等两种或两种以上组合的鉴别技术对用户进行身份鉴别，且其中一种鉴别技术至少应使用密码技术来实现**。

（2）访问控制。

1）应对登录的用户分配账户和权限。

2）应重命名或删除默认账户，修改默认账户的默认口令。

3）应及时删除或停用多余的、过期的账户，避免共享账户的存在。

4）**应授予管理用户所需的最小权限，实现管理用户的权限分离**。

5）应由授权主体配置访问控制策略，访问控制策略规定主体对客体的访问规则。

6）**访问控制的粒度应达到主体为用户级或进程级**，客体为文件、数据库表级。

7）应对重要主体和客体设置安全标记，并控制主体对有安全标记信息资源的访问。

（3）安全审计。

1）应启用安全审计功能，审计覆盖到每个用户，对重要的用户行为和重要安全事件进行审计。

2）审计记录应包括事件的日期和时间、用户、事件类型、事件是否成功及其他与审计相关的信息。

3）应对审计记录进行保护，定期备份，避免受到未预期的删除、修改或覆盖等。

4）**应对审计进程进行保护，防止未经授权的中断**。

（4）入侵防范。

1）应遵循最小安装的原则，仅安装需要的组件和应用程序。

2）应关闭不需要的系统服务、默认共享和高危端口。

3）应通过设定终端接入方式或网络地址范围，对通过网络进行管理的管理终端进行限制。

4）应提供**数据有效性检验功能**，保证通过人机接口输入或通过通信接口输入的内容符合系统设定要求。

5）应能发现可能存在的已知漏洞，并在经过充分测试评估后，及时修补漏洞。

6）**应能够检测到对重要节点进行入侵的行为，并在发生严重入侵事件时进行报警**。

（5）恶意代码防范。**应采用免受恶意代码攻击的技术措施或主动免疫可信验证机制及时识别入侵和病毒行为，并将其有效阻断**。

（6）可信验证。可基于可信根对计算设备的系统引导程序、系统程序、重要配置参数和应用程序等进行可信验证，并在应用程序的**关键执行环节进行动态可信验证**，在检测到其可信性受到破坏后进行报警，并将验证结果形成审计记录送至安全管理中心。

（7）数据完整性。

1）应采用校验技术或密码技术保证重要数据在**传输过程中的完整性**，包括但不限于鉴别数据、重要业务数据、重要审计数据、重要配置数据、重要视频数据和重要个人信息等。

2）应采用校验技术或密码技术保证重要数据在**存储过程中的完整性**，包括但不限于鉴别数据、重要业务数据、重要审计数据、重要配置数据、重要视频数据和重要个人信息等。

（8）数据保密性。

1）应采用密码技术保证重要数据在**传输过程中的保密性**，包括但不限于鉴别数据、重要业务数据和重要个人信息等。

2）应采用密码技术保证重要数据在**存储过程中的保密性**，包括但不限于鉴别数据、重要业务数据和重要个人信息等。

（9）数据备份恢复。

1）应提供**重要数据的本地数据备份与恢复**功能。

2）应提供**异地实时备份功能**，利用通信网络将重要数据实时备份至备份场地。

3）**应提供重要数据处理系统的热冗余，保证系统的高可用性**。

（10）剩余信息保护。

1）应保证鉴别信息所在的存储空间被释放或重新分配前得到完全清除。

2）**应保证存有敏感数据的存储空间被释放或重新分配前得到完全清除**。

（11）个人信息保护。

1）应仅**采集和保存业务必需的用户个人信息**。

2）应**禁止未授权**访问和非法使用用户个人信息。

6. 安全管理中心（三级等保要求）

（1）系统管理。

1）应对系统管理员进行身份鉴别，只允许其通过特定的命令或操作界面进行系统管理操作，并对这些操作进行审计。

2）应通过系统管理员对系统的资源和运行进行配置、控制和管理，包括用户身份、系统资源配置、系统加载和启动、系统运行的异常处理、数据和设备的备份与恢复等。

（2）审计管理。

1）应对审计管理员进行身份鉴别，只允许其通过特定的命令或操作界面进行安全审计操作，并对这些操作进行审计。

2）应通过审计管理员对审计记录进行分析，并根据分析结果进行处理，包括根据安全审计策略对审计记录进行存储、管理和查询等。

（3）安全管理。

1）**应对安全管理员进行身份鉴别，只允许其通过特定的命令或操作界面进行安全管理操作，**

并对这些操作进行审计。

2）应通过安全管理员对系统中的安全策略进行配置，包括安全参数的设置，主体、客体进行统一安全标记，对主体进行授权，配置可信验证策略等。

（4）集中管控。

1）应划分出特定的管理区域，对分布在网络中的安全设备或安全组件进行管控。

2）应能够建立一条安全的信息传输路径，对网络中的安全设备或安全组件进行管理。

3）应对网络链路、安全设备、网络设备和服务器等的运行状况进行集中监测。

4）应对分散在各个设备上的审计数据进行收集汇总和集中分析，并保证审计记录的留存时间符合法律法规要求（上网日志要求保存 6 个月）。

5）应对安全策略、恶意代码、补丁升级等安全相关事项进行集中管理。

6）应能对网络中发生的各类安全事件进行识别、报警和分析。

15.1.2 即学即练·精选真题

- 单位主管的做法明显不符合网络安全等级保护制度要求，请问，该信息系统（三级等保）应该至少___（1）___年进行一次等保安全评测，该信息系统的网络日志至少应保存___（2）___个月。（2021 年 11 月案例三/问题 4）

  【答案】至少 1 年一次，网络日志保存 6 个月。

  【解析】掌握等保评测周期、日志保存时间和等保 5 个标准步骤。

- 数据中心按照等级保护第三级要求，应从哪些方面考虑安全物理环境规划？（至少回答五点）（2022 年 11 月案例三/问题 4）

  【答案】

  （1）机房位置选择。

  （2）防火、防潮、防雷、防静电（可以分开写）。

  （3）机房物理访问控制，如门禁、登记、保安等。

  （4）防止意外断电，部署 UPS、多路市电等。

  （5）考虑防静电，如防静电地板。

  （6）电磁防护。

  【解析】开放性题，合理即可，参考等保 2.0 中对安全物理环境的要求。

- 等级保护制度是中国网络安全保障的特色和基石，等级保护 2.0 新标准强化了可信计算技术使用的要求。其中安全保护等级___（3）___要求对应用程序的所有执行环节进行动态可信验证。（信安 2021 年 11 月第 26 题）

  （3）A．第一级　　B．第二级　　C．第三级　　D．第四级

  【答案】（3）D

  【解析】等保 2.0 第四级要求：所有计算节点都应基于可信根实现开机到操作系统启动，再到应用程序启动的可信验证，并在应用程序的所有执行环节对其执行环境进行可信验证，主动抵御病毒入侵行为，同时验证结果，进行动态关联感知，形成实时的态势。

- 下列属于网络安全等级保护第三级且是在上一级基础上增加的安全要求是___（4）___。（网工 2022 年 11 月第 70 题）

  （4）A. 应对登录的用户分配账号和设置权限

  B. 应在关键网络节点处监视网络攻击行为

  C. 应具有登录失败处理功能限制非法登录次数

  D. 应对关键设备实施电磁屏蔽

【答案】（4）D

【解析】二级等保有接地、电源线和通信线路防止电磁干扰的要求，三级等保增加了重要设备和磁介质实施电磁屏蔽的要求。

15.2 等保 2.0 管理篇

15.2.1 考点精讲

网络安全等保 2.0 中要求从**安全管理制度、安全管理机构、安全管理人员、安全建设管理、安全运维管理** 5 个方面进行安全管理，考生首先要对这 5 个方面有基本的认识，然后重点掌握三级等保的管理要求，案例分析和论文都会考查。

（1）安全管理制度：通过制度化、规范化的流程和行为约束，来保证各项管理工作的规范性。包括机房管理制度、账户管理制度、远程访问管理制度和变更管理制度等。

（2）安全管理机构：建立配套的安全管理职能部门，提供组织上的保障。比如建立由单位主任或者一把手牵头成立的网络安全领导小组。

（3）安全管理人员：通过岗位设置、人员的分工和岗位培训以及各种资源的配备，保证人员具有与其岗位职责相适应的技术能力和管理能力。比如有专门负责网络安全相关的人员分工名单。

（4）安全建设管理：在等级保护对象定级、规划设计、实施过程中，对工程的质量、进度、文档和变更等方面的工作进行监督控制和科学管理。

（5）安全运维管理：包括安全运行与维护机构的建立，环境、资产、设备、介质的管理，网络、系统的管理，密码、密钥的管理，运行、变更的管理，安全状态监控和安全事件处置，安全审计和安全检查等内容。比如每周进行一次安全巡检、每月进行一次渗透测试。

下面为三级等保对管理的详细要求。

1. 安全管理制度（三级等保要求）

（1）安全策略。应制定网络安全工作的总体方针和安全策略，阐明机构安全工作的总体目标、范围、原则和安全框架等。

（2）管理制度。

1）应对安全管理活动中的各类管理内容建立安全管理制度。

2）应对管理人员或操作人员执行的日常管理操作建立操作规程。

3）应**形成由安全策略、管理制度、操作规程、记录表单等构成的全面的安全管理制度体系。**

（3）制定和发布。

1）应指定或授权专门的部门或人员负责安全管理制度的制定。

2）安全管理制度应通过正式的、有效的方式发布，并进行版本控制。

（4）评审和修订。应定期对安全管理制度的合理性和适用性进行论证和审定，对存在不足或需要改进的安全管理制度进行修订。

网络安全制度主要包括：**管理制度、制定和发布、评审和修订**。不同安全级别制度要求见表15-1。

表 15-1　不同安全级别制度要求

等级	控制点			其他要求
	管理制度	制定和发布	评审和修订	
一级	√	√		无
二级	√	√	√	无
三级	√	√	√	**要求机构形成信息安全管理制度体系，对安全制度的评审和修订要求领导小组负责**
四级	√	√	√	考虑了涉密管理制度的管理和日常维护

信息安全有 3 条基本管理原则：从不单独工作、限制使用期限和责任分散。

（1）从不单独工作：指派两个或者多个人员共同参与安全相关活动，并通过签字、记录和注册等方式证明。

（2）限制使用期限：任何人都不能在同一个安全岗位工作太长时间，应该经常轮换。

（3）责任分散：避免由一个人负责全部的安全工作，应该由不同的人或组织来完成。

2. 安全管理机构（三级等保要求）

（1）岗位设置。

1）应成立指导和管理网络安全工作的委员会或领导小组，其最高领导由单位主管领导担任或授权。

2）应设立网络安全管理工作的职能部门，设立安全主管、安全管理各个方面的负责人岗位，并定义各负责人的职责。

3）应设立**系统管理员、审计管理员和安全管理员**等岗位，并定义部门及各个工作岗位的职责。

（2）人员配备。

1）应配备一定数量的**系统管理员、审计管理员和安全管理员**等。（三员）

2）**应配备专职安全管理员，不可兼任**。

（3）授权和审批。

1）应根据各个部门和岗位的职责明确授权审批事项、审批部门和批准人等。

2）应针对系统变更、重要操作、物理访问和系统接入等事项建立审批程序，按照审批程序执行审批过程，**对重要活动建立逐级审批制度**。

3）**应定期审查审批事项，及时更新需授权和审批的项目、审批部门和审批人等信息**。

（4）沟通和合作。

1）应加强各类管理人员、组织内部机构和网络安全管理部门之间的合作与沟通，定期召开协调会议，共同协作处理网络安全问题。

2）应加强与网络安全职能部门、各类供应商、业界专家及安全组织的合作与沟通。

3）应建立外联单位联系列表，包括外联单位名称、合作内容、联系人和联系方式等信息。

（5）审核和检查。

1）应定期进行常规安全检查，检查内容包括系统日常运行、系统漏洞和数据备份等情况。

2）应定期进行全面安全检查，检查内容包括现有安全技术措施的有效性、安全配置与安全策略的一致性、安全管理制度的执行情况等。

3）**应制定安全检查表格实施安全检查，汇总安全检查数据，形成安全检查报告，并对安全检查结果进行通报**。

3. 安全管理人员（三级等保要求）

（1）人员录用。

1）应指定或授权专门的部门或人员负责人员录用。

2）应对被录用人员的身份、安全背景、专业资格或资质等进行审查，对其所具有的技术技能进行考核。

3）**应与被录用人员签署保密协议，与关键岗位人员签署岗位责任协议**。

（2）人员离岗。

1）应**及时终止离岗人员的所有访问权限**，取回各种身份证件、钥匙、徽章等以及机构提供的软硬件设备。

2）应办理严格的调离手续，并承诺调离后的保密义务后方可离开。

（3）安全意识教育和培训。

1）应对各类人员进行安全意识教育和岗位技能培训，并告知相关的安全责任和惩戒措施。

2）应针对不同岗位制定不同的培训计划，对安全基础知识、岗位操作规程等进行培训。

3）应定期对不同岗位的人员进行技能考核。

（4）外部人员访问管理。

1）应在外部人员物理访问受控区域前先提出书面申请，批准后由专人全程陪同，并登记备案。

2）应在外部人员接入受控网络访问系统前先提出书面申请，批准后由专人开设账户、分配权限，并登记备案。

3）外部人员离场后应及时清除其所有的访问权限。

4）**获得系统访问授权的外部人员应签署保密协议，不得进行非授权操作，不得复制和泄露任何敏感信息**。

4. 安全建设管理（三级等保要求）

（1）定级和备案。

1）应以书面的形式说明保护对象的安全保护等级及确定等级的方法和理由。

2）应组织相关部门和有关安全技术专家对定级结果的合理性和正确性进行论证和审定。

3）应保证定级结果经过相关部门的批准。

4）应将备案材料报主管部门和相应公安机关备案。

（2）安全方案设计。

1）应根据安全保护等级选择基本安全措施，依据风险分析的结果补充和调整安全措施。

2）应根据保护对象的安全保护等级及与其他级别保护对象的关系进行安全整体规划和安全方案设计，设计内容应包含密码技术相关内容，并形成配套文件。

3）应组织相关部门和有关安全专家对安全整体规划及其配套文件的合理性和正确性**进行论证和审定**，经过批准后才能正式实施。

（3）产品采购和使用。

1）应确保网络安全产品的采购和使用符合国家的有关规定。

2）应确保密码产品与服务的采购和使用符合国家密码管理主管部门的要求。

3）应预先对产品进行选型测试，确定产品的候选范围，并定期审定和更新候选产品名单。

（4）自行软件开发。

1）应将开发环境与实际运行环境物理分开，测试数据和测试结果受到控制。

2）**应制定软件开发管理制度，明确说明开发过程的控制方法和人员行为准则**。

3）**应制定代码编写安全规范，要求开发人员参照规范编写代码**。

4）**应具备软件设计的相关文档和使用指南，并对文档使用进行控制**。

5）应保证在软件开发过程中对安全性进行测试，在软件安装前对可能存在的恶意代码进行检测。

6）应对程序资源库的修改、更新、发布进行授权和批准，并严格进行版本控制。

7）应保证开发人员为专职人员，开发人员的开发活动受到控制、监视和审查。

（5）外包软件开发。

1）应在软件交付前检测其可能存在的恶意代码。

2）应保证开发单位提供软件设计文档和使用指南。

3）**应保证开发单位提供软件源代码，并审查软件中可能存在的后门和隐蔽信道**。

（6）工程实施。

1）应指定或授权专门的部门或人员负责工程实施过程的管理。

2）应制定安全工程实施方案控制工程实施过程。

3）**应通过第三方工程监理控制项目的实施过程**。

（7）测试验收。

1）应制定测试验收方案，并依据测试验收方案实施测试验收，形成测试验收报告。

2）应进行上线前的安全性测试，并出具安全测试报告，**安全测试报告应包含密码应用安全性测试相关内容**。

（8）系统交付。

1）应制定交付清单，并根据交付清单对所交接的设备、软件和文档等进行清点。

2）应对负责运行维护的技术人员进行相应的技能培训。

3）应提供建设过程文档和运行维护文档。

（9）等级测评。

1）应**定期进行等级测评**，发现不符合相应等级保护标准要求的及时整改。

2）应在**发生重大变更或级别发生变化时进行等级测评**。

3）应确保**测评机构的选择**符合国家有关规定。

（10）服务供应商选择。

1）应确保服务供应商的选择符合国家的有关规定。

2）应与选定的服务供应商签订相关协议，明确整个服务供应链各方需履行的网络安全相关义务。

3）应定期监督、评审和审核服务供应商提供的服务，并对其变更服务内容加以控制。

5. 安全运维管理（三级等保要求）

（1）环境管理。

1）应指定专门的部门或人员负责机房安全，对机房出入进行管理，定期对机房供配电、空调、温湿度控制、消防等设施进行维护管理。

2）应建立机房安全管理制度，对有关物理访问、物品进出和环境安全等方面的管理作出规定。

3）应不在重要区域接待来访人员，不随意放置含有敏感信息的纸档文件和移动介质等。

（2）资产管理。

1）应编制并保存与保护对象相关的资产清单，包括资产责任部门、重要程度和所处位置等内容。

2）**应根据资产的重要程度对资产进行标识管理，根据资产的价值选择相应的管理措施。**

3）**应对信息分类与标识方法作出规定，并对信息的使用、传输和存储等进行规范化管理。**

（3）介质管理。

1）应将介质存放在安全的环境中，对各类介质进行控制和保护，实行存储环境专人管理，并根据存档介质的目录清单定期盘点。

2）应对介质在物理传输过程中的人员选择、打包、交付等情况进行控制，并对介质的归档和查询等进行登记记录。

（4）设备维护管理。

1）应对各种设备（包括备份和冗余设备）、线路等指定专门的部门或人员定期进行维护管理。

2）应建立配套设施、软硬件维护方面的管理制度，对其维护进行有效的管理，包括明确维护人员的责任、维修和服务的审批、维修过程的监督控制等。

3）**信息处理设备应经过审批才能带离机房或办公地点，含有存储介质的设备带出工作环境时其中重要数据应加密。**

4）**含有存储介质的设备在报废或重用前，应进行完全清除或被安全覆盖，保证该设备上的敏感数据和授权软件无法被恢复重用。**

（5）漏洞和风险管理。

1）应采取必要的措施识别安全漏洞和隐患，对发现的安全漏洞和隐患及时进行修补或评估可能的影响后进行修补。

2）**应定期开展安全测评，形成安全测评报告，采取措施应对发现的安全问题。**

（6）网络和系统安全管理。

1）应划分不同的管理员角色进行网络和系统的运维管理，明确各个角色的责任和权限。

2）应指定专门的部门或人员进行账户管理，对申请账户、建立账户、删除账户等进行控制。

3）应建立网络和系统安全管理制度，对安全策略、账户管理、配置管理、日志管理、日常操作、升级与打补丁、口令更新周期等方面作出规定。

4）应制定重要设备的配置和操作手册，依据手册对设备进行安全配置和优化配置等。

5）应详细记录运维操作日志，包括日常巡检工作、运行维护记录、参数的设置和修改等内容。

6）**应指定专门的部门或人员对日志、监测和报警数据等进行分析、统计，及时发现可疑行为。**

7）应严格控制变更性运维，经过审批后才可改变连接、安装系统组件或调整配置参数，操作过程应保留不可更改的审计日志，操作结束后应同步更新配置信息库。

8）**应严格控制运维工具的使用**，经过审批后才可接入进行操作，操作过程中应保留不可更改的审计日志，操作结束后应删除工具中的敏感数据。

9）**应严格控制远程运维的开通**，经过审批后才可开通远程运维接口或通道，操作过程中应保留不可更改的审计日志，操作结束后立即关闭接口或通道。

10）应保证所有与外部的连接均得到授权和批准，**应定期检查违反规定无线上网及其他违反网络安全策略的行为**。

（7）恶意代码防范管理。

1）应提高所有用户防恶意代码的意识，对外来计算机或存储设备接入系统前进行恶意代码检查等。

2）**应定期验证防范恶意代码攻击的技术措施的有效性**。

（8）配置管理。

1）应记录和保存基本配置信息，包括网络拓扑结构、各个设备安装的软件组件、软件组件的版本和补丁信息、各个设备或软件组件的配置参数等。

2）应将基本配置信息改变纳入变更范畴，实施对配置信息改变的控制，并及时更新基本配置信息库。

（9）密码管理。

1）应遵循密码相关国家标准和行业标准。

2）应使用国家密码管理主管部门认证核准的密码技术和产品。

（10）变更管理。

1）应明确变更需求，变更前根据变更需求制定变更方案，变更方案经过评审、审批后方可实施。

2）应**建立变更的申报和审批控制程序**，依据程序控制所有的变更，记录变更实施过程。

3）应建立中止变更并从失败变更中恢复的程序，**明确过程控制方法和人员职责，必要时对恢复过程进行演练**。

（11）备份与恢复管理。

1）应识别需要定期备份的重要业务信息、系统数据及软件系统等。

2）应规定备份信息的**备份方式、备份频度、存储介质、保存期等**。

3）应根据数据的重要性和数据对系统运行的影响，制定数据的备份策略和恢复策略、备份程序和恢复程序等。

（12）安全事件处置。

1）应及时向安全管理部门报告所发现的安全弱点和可疑事件。

2）应制定安全事件报告和处置管理制度，明确不同安全事件的报告、处置和响应流程，规定安全事件的现场处理、事件报告和后期恢复的管理职责等。

3）应在安全事件报告和响应处理过程中，分析和鉴定事件产生的原因，收集证据，记录处理过程，总结经验教训。

4）对造成系统中断和造成信息泄露的重大安全事件应采用不同的处理程序和报告程序。

（13）应急预案管理。

1）应规定统一的应急预案框架，包括**启动预案的条件、应急组织构成、应急资源保障、事后教育和培训等内容**。

2）应制定重要事件的应急预案，包括应急处理流程、系统恢复流程等内容。

3）应定期对系统**相关的人员进行应急预案培训，并进行应急预案的演练**。

4）应定期对原有的应急预案重新评估，修订完善。

（14）外包运维管理。

1）应确保外包运维服务商的选择符合国家的有关规定。

2）应与选定的外包运维服务商签订相关的协议，明确约定外包运维的范围、工作内容。

3）应保证选择的外包运维服务商在**技术和管理方面均具有按照等级保护要求开展安全运维工作的能力，并将能力要求在签订的协议中明确**。

4）**应在与外包运维服务商签订的协议中明确所有相关的安全要求，如可能涉及对敏感信息的访问、处理、存储要求，对IT基础设施中断服务的应急保障要求等**。

15.2.2 即学即练·精选真题

- 信息安全管理一般从安全管理制度、安全管理机构、人员安全管理、系统建设管理、系统运维管理等方面进行安全管理规划和建设。其中应急预案制定和演练、安全事件处理属于＿（1）＿方面；人员录用、安全教育和培训属于＿（2）＿方面；制定信息安全方针与策略和日常操作规程属于＿（3）＿方面；设立信息安全工作领导小组，明确安全管理职能部门的职责和分工属于＿（4）＿方面。（2018年11月案例分析三/问题2）

  【答案】（1）系统运维管理　（2）人员安全管理　（3）安全管理制度　（4）安全管理机构

- 安全管理制度管理、规划和建设为信息安全管理的重要组成部分。一般从安全策略、安全预案、安全检查、安全改进等方面加强安全管理制度建设和规划。其中，＿（5）＿应定义安全管理机构、等级划分、汇报处置、处置操作、安全演练等内容；＿（6）＿应该以信息安全的总体目标、管理意图为基础，是指导管理人员行为，保护信息网络安全的指南。（2019年11月案例分析三/问题1）

  【答案】（5）安全预案　（6）安全策略

- 安全运维管理为信息系统安全的重要组成部分，一般从环境管理、资产管理、设备维护管理、漏洞和风险管理、网络和系统安全管理、恶意代码管理、备份与恢复管理、安全事件处置、外包运维管理等方面进行规范管理。其中：规范机房出入管理，定期对配电、消防、空调等设施维护管理应属于___(7)___范围；分析和鉴定安全事件发生的原因，收集证据，记录处理过程，总结经验教训应属于___(8)___范围；制定重要设备和系统的配置和操作手册，按照不同的角色进行安全运维管理应属于___(9)___范围；定期开展安全测评，形成安全测评报告，采取措施应对发现的安全问题应属于___(10)___管理范围。

【答案】(7) 环境管理 (8) 安全事件处置 (9) 网络和系统安全管理 (10) 漏洞和风险管理

- 信息安全管理机构是行使单位信息安全管理职能的重要机构，各个单位应设立___(11)___领导小组，作为本单位信息安全工作的最高领导决策机构。设立信息安全管理岗位并明确职责，至少应包含安全主管和"三员"岗位，其中"三员"岗位中：___(12)___岗位职责包括信息系统安全监督和网络安全管理，沟通、协调和组织处信息安全事件等；系统管理员岗位职责包括网络安全设备和服务器的配置、部署、运行维护和日常管理等工作；___(13)___岗位职责包括对安全、网络、系统、应用、数据库等管理人员的操作行为进行审计，监督信息安全制度执行情况。(2021 年 11 月案例分析三/问题 1)

【答案】(11) 指导和管理网络安全工作的/信息安全/网络安全（意思接近即可，官方标准文件是第 1 个） (12) 安全管理员 (13) 审计管理员

【解析】等保 2.0 要求配备一定数量的系统管理员、审计管理员和安全管理员，简称"三员"。

- 安全人员管理是信息系统安全管理的重要组成部分，新员工入职时应与其签署___(14)___明确安全责任，与关键岗位人员应签署___(15)___明确岗位职责和责任；人员离职时，应终止离岗人员的所有___(16)___权限，办理离职手续，并承诺离职后___(17)___的义务。(2022 年 11 月案例分析三/问题 1)

【答案】(14) 保密协议 (15) 岗位责任协议 (16) 访问 (17) 保密

【解析】来自等保标准文件《信息安全技术 网络安全等级保护基本要求》(GB/T 22239—2019)，最好一字不落完整地写出来。

15.3 安全攻防篇

15.3.1 考点精讲

表 15-2 总结了主流攻击的特征码，看到关键字就要判断出遭受了哪种攻击，并知道如何防范，这是历年的高频考点。

表 15-2　网络攻击特征码与防范思路

攻击类型	特征码	防范思路
SQL 注入	select、1=1、union	（1）对用户输入做严格检查，防止恶意 SQL 输入。 （2）部署数据库审计系统、WAF 防火墙等安全设备，对攻击进行阻断
XSS 跨站脚本攻击	script，alert、<>	（1）不信赖用户输入，对特殊字符如“<”“>”进行转义，可以从根本上解决这一问题。 （2）部署 WAF 网页应用防火墙，自动过滤攻击报文
木马	传统木马：c&c、 trojan/troy 用于攻击网页的一句话木马，关键字：eval php 的一句话木马：<?php @eval($_POST['pass']);?> asp 的一句话是：<%eval request ("pass")%> aspx 的一句话是：<%@ Page Language="Jscript"%> <%eval(Request.Item["pass"],"unsafe");%>	（1）部署杀毒软件，并及时升级系统和特征库。 （2）定期进行漏洞扫描，修补安全漏洞。 （3）部署防火墙、IDS/IPS 等安全设备，监测网络安全状态，发现异常及时告警。 （4）进行规范化安全管理，防止携带木马的 U 盘等介质接入网络
DoS/DDoS 攻击	Flood、Flooding	（1）购买流量清洗服务。 （2）部署流量清洗设备，如抗 DDoS 设备。 （3）限制用户连接数量。 （4）增加网络带宽、计算能力。 （5）部署 CDN
暴力破解	access、failed、success、password	（1）设置复杂密码，并定期修改密码。 （2）部署 IPS 等安全设备，进行安全阻断。 （3）限制用户在单位时间内的密码尝试次数

15.3.2　即学即练·精选真题

- 某企业门户网站（www.xxx.com）被不法分子入侵，查看访问日志，发现存在大量入侵访问记录，如下所示。

  www.xxx.com/news/html/?0’union select 1 from (select count(*),concat(floor(rand(0)*2),0x3a,(select concat(user,0x3a,password) from pwn_base_admin limit 0,1),0x3a)a from information_schema.tables group by a)b where’1’=’1.htm

  该入侵为＿（1）＿攻击，应配备＿（2）＿设备进行防护。（2017 年 11 月第 69～70 题）

  （1）A．DDoS　　B．跨站脚本　　C．SQL 注入　　D．远程命令执行

（2）A．WAF（Web 安全防护）　　B．IDS（入侵检测）
　　C．漏洞扫描系统　　D．负载均衡

【答案】（1）C　（2）A

【解析】看到关键 selcet 确定是 SQL 注入攻击，网站安全问题可以通过部署 WAF 来解决。

- 网络管理员在对公司门户网站（www.onlineMall.com）巡检时，在访问日志中发现如下入侵记录。该入侵为___（3）___攻击，应配备___（4）___设备进行防护。（2018 年 11 月第 66～67 题）

```
2018-07-10 21:07:44 219.232.47.183访问www.onlineMall.com/manager/htmlstart?path=<script>alert(/scanner/)</script>
```

（3）A．远程命令执行　　B．跨站脚本（XSS）
　　C．SQL 注入　　D．Http Heads

（4）A．数据库审计系统　　B．堡垒机
　　C．漏洞扫描系统　　D．Web 应用防火墙

【答案】（3）B　（4）D

【解析】XSS 攻击全称为跨站脚本攻击，是针对 Web 应用的攻击，它允许恶意用户将代码植入到提供给其他用户使用的页面中，可以部署 Web 应用防火墙来解决。

- 某单位网站受到攻击，首页被非法篡改。经安全专业机构调查，该网站有一个两年前被人非法上传的后门程序，本次攻击就是因为其他攻击者发现该后门程序，利用并实施非法篡改。

（5）请分析案例中信息系统存在的安全隐患和问题。（至少回答 2 点）

（6）针对案例中存在的安全隐患和问题，提出相应的整改措施。（至少回答 2 点）

（2022 年 11 月案例分析三/问题 2）

【答案】（5）①技术上存在上传和后门漏洞，没有及时修复。②管理上没有定期漏扫和安全检测。

（6）①部署 WAF、防火墙、IDS/IPS 等安全设备进行防护。②定期进行安全检测、漏扫或渗透测试，及时发现安全隐患，解决安全问题。③进行网站服务器加固。

第16章 传输介质与测试工具专题

16.1 传输介质

16.1.1 考点精讲

常见的传输介质有**双绞线、光纤和同轴电缆**，同轴电缆现在用得很少，考试重点考查双绞线和光纤，特别是光纤考查最多。

双绞线将8根铜导线每2根扭在一起，百兆可以使用4根传输，而千兆必须用8根，故出现**线路故障，导致的结果可能是网络不通，也可能是网络降速，从千兆降为百兆**。双绞线可以分为直通线、交叉线、屏蔽和非屏蔽双绞线。光纤是利用光在**玻璃或塑料纤维**中的全反射原理而达成的光传导工具。光传导损耗比电缆传导的损耗低得多，光纤适合用于长距离的信息传递。光纤特点有：**重量轻、体积小、传输远（衰减小）、容量大、抗电磁干扰**。光纤可以分为单模光纤和多模光纤，对比见表16-1。

表16-1 单模和多模光纤对比

属性	单模光纤	多模光纤
纤芯和包层	纤芯直径8～10μm，多为9μm，包层直径为125μm	纤芯直径 50μm 或 62.5μm，包层直径为125μm
光源	光谱线较窄的LED或LD激光器	LED发光二极管或LD激光器
带宽	模态色散小于多模光纤，具有更高的带宽	具有更大的纤芯尺寸，支持多个传输模式，模态色散大于单模光纤，带宽低于单模光纤
护套颜色	黄色	橙色或水绿色
价格	高	低
传输距离 **2020/（57）**	远	近
工作波长 **2020/（57）**	1310nm或1550nm	850nm

16.1.2 即学即练·精选真题

- 以下关于光缆的弯曲半径的说法中不正确的是___(1)___。(2018 年 11 月第 64 题)

  (1) A．光缆弯曲半径太小易折断光纤

  B．光缆弯曲半径太小易发生光信号的泄露影响光信号的传输质量

  C．施工完毕光缆余长的盘线半径应大于光缆半径的 15 倍以上

  D．施工中光缆的弯折角度可以小于 90°

  【答案】(1) D

  【解析】光纤不能直接弯曲，可以打个圆圈再进行转弯。动态弯曲半径是指光纤在运动中，光纤弯曲半径一般是不得小于光缆外径的 20 倍。静态弯曲半径是光纤在静止时，弯曲半径一般是光缆外径的 15 倍。否则会造成衰减严重和老化断裂，折角需要控制在 90°～120°。

- 光纤本身的缺陷，如制作工艺和石英玻璃材料的不均匀造成信号在光纤中传输时产生___(2)___现象。(2019 年 11 月第 61 题)

  (2) A．瑞利散射　　B．菲涅尔反射　　C．噪声放大　　D．波长波动

  【答案】(2) A

  【解析】由于光纤材料的不均匀性，光波在光纤中传输时将产生瑞利散射。当光入射到折射率不同的两个媒质分界面时，一部分光会被反射，这种现象称为菲涅尔反射。

- 光纤传输测试指标中，回波损耗是指___(3)___。(2020 年 11 月第 13 题)

  (3) A．传输数据时线对间信号的相互侵扰

  B．传输距离引起的发射端的能量与接收端的能量差

  C．光信号通过活动连接器后功率的减少

  D．信号反射引起的衰减

  【答案】(3) D

  【解析】回波损耗也称反射损耗，一般指连接头的反射引起的衰减。

- 以下关于单模光纤与多模光纤区别的描述中，错误的是___(4)___。(2020 年 11 月第 57 题)

  (4) A．单模光纤的工作波长一般是 1310nm 和 1550nm，多模光纤一般的工作波长是 850mm

  B．单模光纤纤径一般为 9/125μm，多模光纤纤径一般为 50/125μm 或 62.5/125μm

  C．单模光纤常用于短距离传输，多模光纤多用于远距离传输

  D．单模光纤的光源一般是 LD 线光谱线较窄的 LED，多模光纤的光源一般是发光二极管或激光器

  【答案】(4) C

  【解析】光纤分多模光纤和单模光纤两类，多模光纤传输距离近；单模光纤传输距离远。

- 光纤信号经 10km 线路传输后光功率下降到输入功率的 50%，只考虑光纤线路的衰减，则该光纤的损耗系数为___(5)___。(2022 年 11 月第 11 题)

  (5) A．0.1dB/km　　B．0.3dB/km　　C．1dB/km　　D．3dB/km

  【答案】(5) B

【解析】解法 1：对比法。无线电委员会规定了无线 AP 的最大发送功率。室外 AP 发射功率是 500mW（27dB），室内 AP 发射功率是 100mW（20dB），相差 7 个 dB，功率相差 5 倍。题目功率衰减了 50%，只是 2 倍关系，故损耗肯定比 7dB 小。而选项 C 和选项 D 分别为 10dB 和 30dB，直接排除。

解法 2：公式法。损耗系数定义为：每公里光纤对光信号功率的衰减值。公式：$\alpha=10/L\times\lg P_i/P_o$，单位为 dB/km。其中，$P_i$ 为输入光功率（W），P_o 为输出光功率（W）。那么损耗系数是 $10/10\times\lg2\approx0.3$。

16.2 测试工具

16.2.1 考点精讲

1. 电缆测试工具

- 欧姆表、数字万用表及电缆测试器：可以检测电缆的物理连通性，测试并报告电缆状况，其中包括近端串音、信号衰减及噪声。
- 时域反射计（Time Domain Reflectometer，TDR）能够快速**定位金属线缆中的短路、断路、阻抗等问题**。2016/（64）

2. 光纤测试工具

- 红光笔：类似手电筒，可以通过发光测试光纤通断。把红光笔触到光纤接头上，设置为一直发光或者脉冲式发光（闪烁），光纤另外一头安排人员配合查看，如果另一端光纤接头有光，就证明光纤畅通，如图 16-1 所示。红光笔的优点是价格便宜，缺点是只能测通断，而没有客观数据反映光纤线路的质量。

图 16-1 红光笔工作原理

- 光功率计：用来测试光功率。一般甲方或监理会带着光功率计去现场检测光缆施工情况，先测试光端机/光模块（源端）的发光功率，再把光纤一头接上光端机/光模块，到另一头插上光功率计，查看接收端的光功率，从而计算出光损耗。如果损耗达标就可以验收，不达标就让施工单位整改。作为甲方或监理，关注的是结果，而不是过程。如图 16-2 所示，使用光功率计时，必须在**两端测试**（两端都有设备），**一端为光端机、光模块或稳定光源，另一端是光功率计**。比如稳定光源发光功率是-1dBm，接收端光功率计测得的光功率是-10dBm，那么光纤线路的衰减是-1dBm-(-10dBm)=9dBm。光功率为负值只是表示功率小，而不是真正的负数，dBm 与毫瓦（mW）可以自由转换，转换过程比较复杂，不用掌握。

了解几个常规值对应关系即可：-10dBm=100μW，0dBm=lmW，10dBm=10mW，20dBm=100mW，27dBm=500mW。我国无线电管理委员会规定室内 AP 的发射功率不超过 20dBm（100mW），室外 AP 的发射功率不超过 27dBm（500mW）。2021/（59）、2022（11）

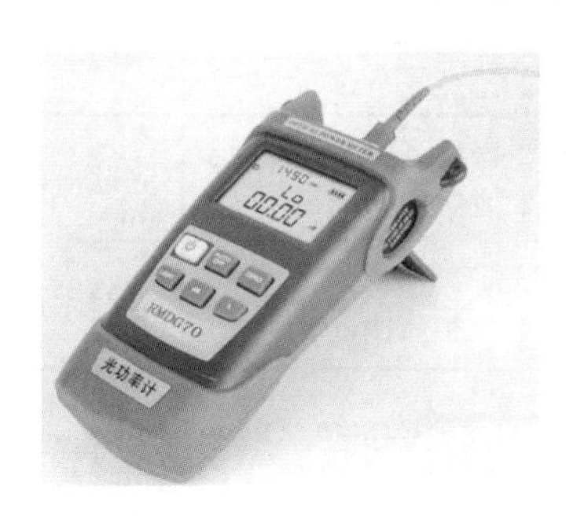

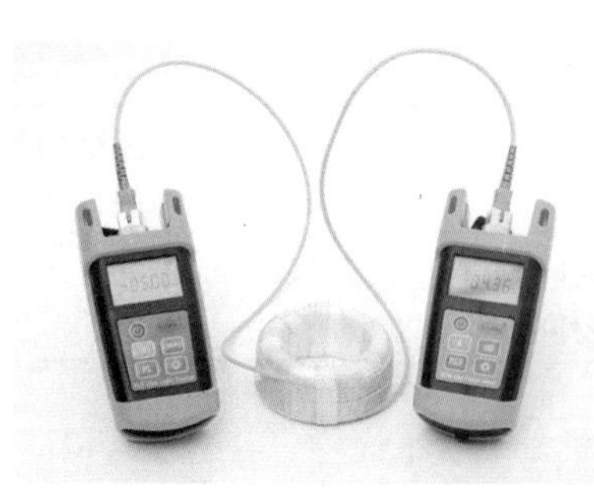

图 16-2　光功率计与使用

- 光时域反射仪（Optical Time Domain Reflectometer，OTDR）：可以精确**测量光纤的长度、断裂位置和信号衰减**。如果施工完成后，发现衰减过大，不能满足设计要求，这时就需要用 OTDR 进行检测，OTDR 不仅能测出光纤损耗值，还可以定位故障点，然后有针对性地进行修复。如图 16-3 所示，OTDR 测出的光纤后向散射曲线中，台阶表示熔接点或弯曲点，波峰表示连接器或固定连接头，大波峰表示断裂或光纤末端，在 OTDR 中还可以看到每个事件点具体的损耗值，方便整改。采用 OTDR 进行测试，可**加 1～2km 的测试光纤（尾纤），以消除 OTDR 的盲区**，并做好记录。2015/（32）

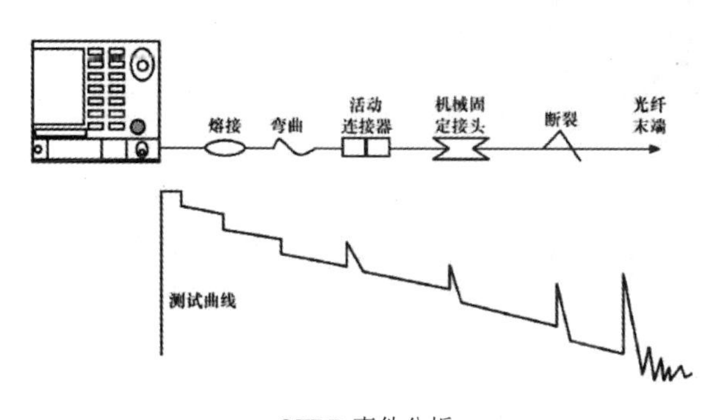

OTDR 事件分析

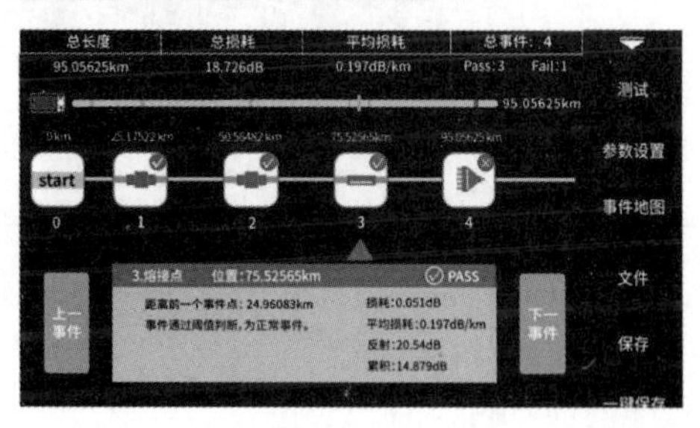

OTDR 测长度与综合分析

图 16-3　OTDR 工作原理

知识扩展：光功率计和光时域反射仪的原理有什么区别？

光功率计可确定被测光纤链路中损耗或衰减的总量：在光纤一端（A 端），稳定光源以特定波长发射出由连续光波形成的信号，在另一端（B 端），光功率计检测并测量该信号的功率级别。OTDR 所检测并分析的是由菲涅尔反射（Fresnel Reflection）和瑞利散射（Rayleigh Scattering）返回的信号。

光功率计测试损耗类似于在链路始端发送了 100 个光子，在终端只接收到 20 个光子，其中就损耗掉了 80 个。OTDR 测试也是在链路始端发送了 100 个光子，但它不到对端去测试，而是通过测试散射或反射回来的光子来得到结果。光功率计和光时域返射仪对比见表 16-2。

表 16-2 光功率计和 OTDR 对比

测试仪表	功能	特点	原理
光功率计	测试光功率和衰减	光纤**两端都要有设备，只关注结果**，甲方和监理使用较多	测试接收到光的功率
光时域反射仪	精确测量光纤的长度、断裂位置、信号衰减等	光纤单边测试即可，**关注产生问题的原因**，施工队使用较多	菲涅尔反射和瑞利散射

- 光纤熔接机是结合了光学、电子技术和精密机械的高科技仪器设备。主要用于光通信中光缆的施工和维护，所以又叫光缆熔接机。一般工作原理是利用高压电弧将两光纤断面熔化的同时，用高精度运动机构平缓推进让两根光纤融合成一根，**熔接后的光纤具备低损耗、高机械强度的特性**。如图 16-4 所示，利用光纤熔接机可以将光缆里面的光纤与尾纤进行熔接。

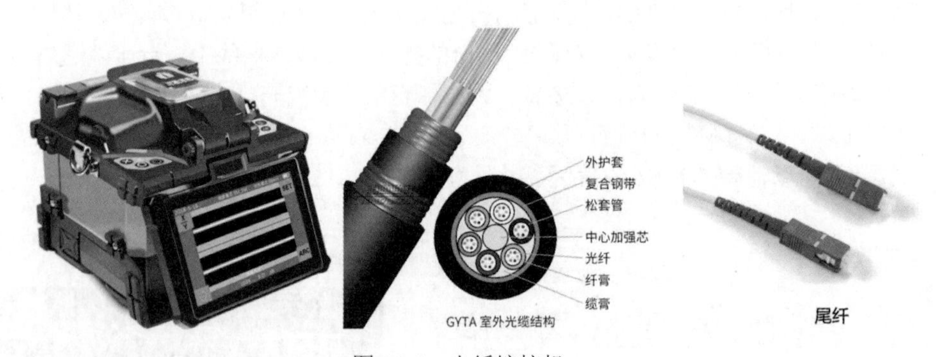

图 16-4 光纤熔接机

影响光纤熔接损耗的因素较多，大体可分为光纤**本征因素和非本征因素**两类。光纤本征因素是指光纤自身因素，主要有四点：

（1）光纤模场直径不一致。

（2）两根光纤芯径失配。

（3）纤芯截面不圆。

（4）纤芯与包层同心度不佳。

其中光纤模场直径不一致影响最大。2017/（64）

影响光纤接续损耗的非本征因素即接续技术，包括：

（1）轴心错位：单模光纤纤芯很细，两根对接光纤轴心错位会影响接续损耗。

（2）轴心倾斜：当光纤断面倾斜 1°时，约产生 0.6dB 的接续损耗，如果要求接续损耗≤0.1dB，则单模光纤的倾角应为≤0.3°。

（3）端面分离：活动连接器的连接不好，很容易产生端面分离，造成连接损耗较大。

（4）端面质量：光纤端面出现平整度差时也会产生损耗，甚至气泡。

（5）接续点附近光纤物理变形：光缆在架设过程中的拉伸变形，接续盒中夹固光缆压力太大等，都会对接续损耗有影响，甚至熔接几次都不能改善。

（6）其他因素：接续人员操作水平、操作步骤、盘纤工艺水平、熔接机中电极清洁程度、熔接参数设置、工作环境清洁程度等均会影响到熔接损耗的值。

16.2.2 即学即练·精选真题

● 在光纤测试过程中，存在强反射时，使得光电二极管饱和，光电二极管需要一定的时间由饱和状态中恢复，在这一时间内，它将不会精确地检测后散射信号，在这一过程中没有被确定的光纤长度称为盲区。盲区一般表现为前端盲区，为了解决这一问题，可以__（1）__，以便将此效应减到最小。（2015 年 11 月第 32 题）

（1）A．采用光功率计进行测试　　B．在测试光缆后加一条长的测试光纤
C．在测试光缆前加一条测试光纤　　D．采用 OTDR 进行测试

【答案】（1）C

【解析】光缆光电性能检验包含如下 4 点：

1）光缆长度复测。应 100%抽样，按厂家标明的折射率系数用光时域反射仪（OTDR）测试光纤长度。按厂家标明的扭绞系数计算单盘光缆长度，一般规定光纤出厂长度只允许正偏差，当发现负偏差时应重点测量，以得出光缆的实际长度。

2）光缆单盘损耗测试。采用后向散射法（OTDR 法），可加 1～2km 的测试光纤（尾纤），以消除 OTDR 的盲区，并做好记录。

3）光纤后向散射信号曲线。用于观察判断光缆在成缆或运输过程中，光纤是否被压伤、断裂或轻微裂伤，同时还可观察光纤随长度的损耗分布是否均匀，光纤是否存在缺陷。

4）光缆护层的绝缘检查。除特殊要求外，施工现场一般不进行测量。但对缆盘的包装以及光缆的外护层要进行目视检查。

● 采用网络测试工具__（2）__可以确定电缆断点的位置。（2016 年 11 月第 64 题）

（2）A．OTDR　　B．TDR　　C．BERT　　D．Sniffer

【答案】（2）B

【解析】TDR 可测电缆的断点位置，OTDR 可以测试光纤长度、断点位置和衰减大小等指标。

● 影响光纤熔接损耗的因素较多，以下因素中影响最大的是__（3）__。（2017 年 11 月第 64 题）

（3）A．光纤模场直径不一致　　B．两根光纤芯径失配
C．纤芯截面不圆　　D．纤芯与包层同心度不佳

【答案】（3）A

【解析】光纤模场直径不一致对光纤熔接损耗影响最大。

● 在进行 POE 链路预算时，已知光纤线路长 5km，下行衰减 0.3dB/km；热熔连接点 3 个，衰减 0.1dB/个；分光比 1:8；衰减 10.3dB；光纤长度冗余衰减 1dB。下行链路衰减的值是__（4）__。（2018 年 11 月第 47 题）

第 16 章

（4）A. 11.7dB　　B. 13.1dB　　C. 12.1　　D. 10.7

【答案】（4）B

【解析】下行链路衰减等于所有衰减之和，即 5×0.3+3×0.1+10.3+1=13.1dB。

- 光网络设备调测时，一旦光功率过高就容易导致烧毁光模块事故，符合规范要求的是＿（5）＿。（2018 年 11 月第 50 题）

①调测时要严格按照调测指导书说明的受光功率要求进行调测

②进行过载点测试时，达到国标即可，禁止超过国标 2 个 dB 以上，否则可能烧毁光模块

③使用 OTDR 等能输出大功率光信号的仪器对光路进行测量时，要将通信设备与光路断开

④不能采用将光纤连接器插松的方法来代替光衰减器

（5）A. ①②③④　　B. ②③④　　C. ①②　　D. ①②③

【答案】（5）A

【解析】光链路调测实操，了解即可。

- 下列测试指标中，属于光纤指标的是＿（6）＿，仪器＿（7）＿可在光纤的一端测得光纤的损耗。（2018 年 11 月第 62～63 题/2019 年 11 月第 63～64 题/2022 年 11 月第 51～52 题）

（6）A. 波长窗口参数　　B. 线对间传播时延差

C. 回波损耗　　D. 近端串扰

（7）A. 光功率计　　B. 稳定光源

C. 电磁辐射测试笔　　D. 光时域反射仪

【答案】（6）A　（7）D

【解析】光纤和双绞线都有时延、回波损耗指标，近端串扰属于双绞线指标，波长参数是光纤指标，故(6)空选择 A 选项最佳，没有 A 选项也可以选 C 选项。光时域反射仪（Optical Time Domain Reflectometer，OTDR）是通过对测量曲线的分析，了解光纤的均匀性、缺陷、断裂、接头耦合等若干性能的仪器。它根据光的后向散射与菲涅尔反向原理制作，利用光在光纤中传播时产生的后向散射光来获取衰减的信息，可在一端测得光纤的损耗。

- EPON 可以利用＿（8）＿定位 OLT 到 ONU 段的故障。（2020 年 11 月第 56 题）

（8）A. EPON 远端环回测试　　B. 自环测试

C. OLT 端外环回测试　　D. ONU 端外环回测试

【答案】（8）A

【解析】ONU 端外测试指向以太网侧，ONU 端内测试指向 PON 网络侧，即要测 PON 网络的链路，需要在 OLT 或 ONU 进行端内环回测试，或直接进行 EPON 远端环回测试。

- remote-inner：远端内环回类型，表示设置 ONU 上的端口的环回功能类型为远端内环回类型，对应的还有远端外环回类型。二者的环回方向不同，远端内环回的方向是朝向 OLT 设备的，而远端外环回则是背离 OLT 设备的，故 D 选项错误。
- remote-outer：远端外环回类型，表示设置 ONU 上的端口的环回功能类型为远端外环回类型。

- 以下关于光功率计的功能的说法中，错误的是___（9）___。（2021年11月第59题）

（9）A．可以测量激光光源的输出功率

B．可以测量LED光源的输出功率

C．可以确认光纤链路的损耗估计

D．可以通过光纤一端测得光纤损耗

【答案】（9）D

【解析】只有OTDR能在一端测得损耗，光功率计需要在两端测试。

第17章 论文专题

17.1 论文简介

网络规划设计师论文作为下午科目II的考试，考试时间为2小时（15：20—17：20），要求写1篇正文不少于2000字的论文，一般有2道论文试题，选择其中的1道写作即可，总分75分，45分及格，时间非常紧张，所以需要提前准备。

对于很多考生来说，论文是难点，因为完全没有思路。掌握方法和套路之后，就会发现论文并不难。也有不少考生考前只写过一篇论文，最后一次通过考试。因为论文的方法和套路是永恒的，无论出什么题目，只要按部就班，往标准框架里面填内容就行了，网络规划设计师论文需要注意以下几点：

（1）练字。字不一定要写得多漂亮，但要保证字迹工整。考试时间很紧张，如果平时不注意，考场写出来的论文就没法看。平时一定要勤加练习，保证2小时能写到2000字以上，且卷面整洁，文字清晰。

（2）论文架构规范。网络规划设计师论文与“八股文”差不多，有要求的架构和格式，一定不要自己想到哪儿就写到哪儿，需要按照标准架构和格式来。

（3）项目背景和结尾提前准备好，考试直接用。

历年论文真题题目见表17-1。论文考查范围非常广，但总结起来也就3个重点方向：园区网、数据中心和网络安全。无论题目是园区网还是数据中心都可以写网络安全。所以，论文需要重点准备园区网和数据中心两篇，同时包含网络安全的内容。

表17-1 历年论文题目

年份	题目1	题目2
2015	局域网络中信息安全方案设计与攻击防范技术	智能小区Wi-Fi覆盖解决方案
2016	论园区网的升级与改造	论数据灾备技术与应用
2017	论网络规划与设计中的光纤传输技术	论网络存储技术与应用

续表

年份	题目 1	题目 2
2018	网络监控系统的规划设计	网络升级与改造设备的重用
2019	IPv6 在企业网络中的应用	虚拟化技术在企业网络中的应用
2020	论疫情应用系统中的网络规划与设计	论企业网中 VPN 的规划与设计
2021	论 SD-WAN 技术在企业与多分支机构广域网互连中的应用	论数据中心信息网络系统安全风险评测和防范技术
2022	论 5G 与校园网络融合的规划与设计	论企业数据中心机房建设

17.2 论文评分标准

网络规划设计师论文主要从如下 5 个方面进行评分，希望大家做到心中有数。

（1）**切合题意**。一般占 30%左右。技术理论和项目实践（具体怎么用的）不能完全按照自己的想法写，要根据写作要点中的一个或几个方面进行论述，可分为非常切合、较好地切合和基本切合三个档次。

（2）**应用的深度与水平**。一般占 20%左右。分为有很强的、较强的、一般的与较差的独立工作能力四个级别。也就是判断你在项目中的作用，有没有好的规划设计思路、理念、落地怎么样、落地过程中有哪些问题、你怎么解决的、效果怎么样、后续有什么改进优化的方向等。

（3）**实践性**。一般占 20%，可分为如下 4 个档次：有大量实践和深入的专业级水平与体会；有良好的实践与切身体会和经历；有一般的实践与基本合适的体会；有初步实践与比较肤浅的体会。需要结合实际项目进行写作，不然论文会显得太空洞，体现不了实践经验。即使没有真实项目经验，参考给的范文，提前编好一些项目实践的内容，至少看上去显得是真实的。

（4）**表达能力**。一般是 15%左右，可从逻辑清晰、表达严谨、文字流畅和条理分明等方面划分为 3 个档次。

（5）**综合能力与分析能力**。一般是 15%，可分为很强、比较强和一般 3 个档次。

论文评分规则看起来很细，应该先打出每个模块的分值，加起来是最后得分。但实际操作往往正好相反，阅卷老师拿到试卷的 2 分钟之内基本就确定了论文是否及格，然后看具体写得怎么样，大概在心底估算一个分值，写得非常好，给 55 分以上；写得比较好，给 51～55 分；写得一般，但也把要求的内容写出来了，给 46～50 分；写得不行直接给 44 分以下，然后再反推每个部分的得分。

加分项，根据实际情况加 5～10 分。

（1）有独特的见解或者有着很深入的体会、相对非常突出的论文。

（2）起点很高，确实符合当今网络发展的新趋势与新动向，并能加以应用的论文。比如当今比较火的新技术：云计算、区块链、物联网等，如果能说清楚，是可以加分的。

（3）内容翔实、体会中肯、思路清晰、非常符合实际的很优秀的论文。

（4）项目难度很高，或者项目完成的质量优异，又或者项目涉及国家重大信息系统工程且作者本人参加并发挥了重要作用，并且能正确地按照试题要求论述论文。

扣分项，根据实际情况扣5～10分。

（1）凡是没有写论文摘要，摘要过于简略，或者摘要中没有实质性内容的论文。

（2）字迹比较潦草，其中有不少字难以辨认的论文。

（3）过分自我吹嘘或自我标榜，夸大其词的论文。

（4）内容有明显错误和漏洞的，按同一类错误每一类扣一次分。

（5）内容仅有大学生或研究生实习性质的项目，并且其实际应用水平相对较低的论文。

不及格的几种类型：

（1）虚构情节、文章中有较严重的不真实的或者不可信的内容出现的论文。可以编造，但不要瞎编，参考给出的范文。

（2）没有实际项目经验，整篇都是浅层次纯理论的论文。网络规划设计师论文跟学术论文不一样，不是理论研究，而是要写实际项目中的操作和体会。

（3）讨论的内容与技术过于陈旧，或者项目水准非常低下的论文。比如网络技术还在用802.3以太网组网，这是早已经被淘汰的10Mb/s网络，现在最新的是千兆以太网、万兆以太网、甚至40/100G以太网。

（4）内容不切题意，相对很空洞，基本上都是泛泛而谈且没有深入体会的。比如有些人会写到云计算、大数据、虚拟化、物联网等新技术，但都是简单提一下概念，没有深入。如果提到很多新技术，至少对其中一两个稍加说明，比如这次使用的华为云计算平台，配置××节点服务器虚拟化，实现服务器、存储、网络等资源统一管理。

（5）正文篇幅过于短小的，少于2000字很难通过，除非内容写得非常好。

（6）不通顺，错别字多，条理思路不清晰、字迹潦草等情况严重。这种论文一看，就觉得作者水平不高。

下面罗列了论文存在的普遍问题，希望读者备考时引以为鉴。

（1）不按标准架构写，天马行空，想到哪儿写到哪儿，这种大概率会不合格。

（2）全篇没有小标题，密密麻麻全是文字，阅卷老师看起来很累，抓不住重点。

（3）按照范文修改而成，而且修改幅度特别小，50%以上都是范文的内容，容易被判雷同卷。

（4）字数不够，论文要求2小时写2000字（以前是要求2500字，现在降低了要求），部分人考前没准备好，在考试时由于时间不够用达不到字数要求。

（5）正文中论述的方法和经验比较少，很多考生在进行论文写作时没有结合自己的项目进行论述，文章显得很空洞。

（6）题目给出的要求未提及，或者没有按照文章的子题目进行写作，导致论文偏题。

17.3 论文架构分析

网络规划设计师论文对于论文的架构和布局有明确的要求，一般分为**摘要、项目背景、正文、总结收尾**四个部分。

第一部分：摘要（300 字）。简要叙述项目基本情况、做了什么事情、达到什么效果、存在哪些不足、后续改进思路等。通过简短的几句话，介绍项目的整体情况，让阅卷老师心中有数。建议摘要分 1～2 段，条理清晰，字一定要认真写，否则给阅卷老师的印象将会大打折扣。

第二部分：项目背景（500 字）。用 1～2 段介绍项目背景、需求、投资预算、具体干的事情、采用的技术、效果等。这个模块非常重要，需要提前准备，无论遇到什么论文题目，这个部分的内容都可以使用。

第三部分：正文（1200 字）。根据考试题目和子题目的要求，结合实际项目进行书写，一定要注意结合前面的项目背景。一些考生写正文完全忽略了项目背景，写出来很空洞。正文一定要分段，要写小标题，千万别把 1200 字写到 1 段中。或者分了段，但没有小标题，阅卷老师看起来会很累，找不到重点。一般阅卷老师先看小标题，然后再扫一下正文内容，不会逐字逐句阅读。

第四部分：总结收尾（300 字）。简单总结在项目中的收获，以及存在的一些不足，后期怎么优化等。

简单总结网络规划设计师论文架构及各部分的字数要求，见表 17-2。

表 17-2 网络规划设计师论文架构与字数

分类	模块	内容	字数建议
摘要	摘要/概述	介绍项目的整体情况，实现的效果	300 字
背景	项目背景	描述项目基本信息，突出项目特点	500 字
正文	过渡段（非必需）	回答子题目，承上启下（本段可以合并到正文）	150 字
	正文	以考查的知识为线索，叙述项目操作方式	1200 字
总结	总结收尾	归纳总结，提出项目的不足与改进方向	300 字

17.4 论文写作方法

1. 摘要

摘要的目的是阅卷老师能够通过提纲挈领的方式迅速了解考生正文的主要内容和观点。对于摘要的撰写方式虽然无进一步的要求和说明，但是应根据论文题目的要求和内容条目进行相应的细分。

2. 项目背景

项目背景建议写 500 字左右，可以根据自己选择的项目进行相应介绍。项目背景部分篇幅过短，会让阅卷老师怀疑考生是否真正做过项目，有种“空中楼阁”的感觉，降低信息项目的真实度和可信度。篇幅过长也存在问题，阅卷老师会怀疑考生“避重就轻”，对于网络规划设计掌握不透彻，这部分篇幅比例最好占正文的四分之一左右。

项目背景与摘要可能有部分信息重合，但肯定不一样，除了在摘要的基础之上说明项目的客户、业务内容、自己所承担的职责之外，更应该写好如下几点：

（1）为什么要做这个项目？可能是行业政策要求，比如疫情期间，卫健委要求每个医院都要建设发热门诊。也可能是业务发展需要，比如学校的师生翻了一倍，现在的系统不够用等。任何项目都有原因，因为做项目都是耗时、耗力还耗钱的。

（2）业务描述。考生到底做了什么项目，一定要描述清楚，做完这个项目，给单位带来的具体收益，从这块就可以看出，考生的水平怎么样。所以，这块内容一定要下功夫。

（3）运用的技术。毕竟网络规划设计师是高级考试，论文要求写 IT 项目，项目中肯定会用到一些技术，所以技术方面的内容必不可少。常出现的问题首先是罗列了很多技术，完全没有展开；其次是过分谈论技术，完全忽略了单位的业务，还有考生写的技术跟项目完全无关。

针对项目背景写作，有如下几点建议：

（1）首先选定一个熟悉的行业，比如教育、医疗、政府、军工、能源、电力、金融、企业……任何行业都可以。部分老师可能会说，不要写教育和医疗，怕阅卷老师是高校的老师，更容易发现漏洞。其实没有关系，只要提前做好功课，把背景描述清楚，写哪个行业都是可以的。就像 2022 年的论文要求是写 5G 和校园网络融合，若是对学校和校园网不熟悉，即使 5G 技术烂熟于心，也没法写。

（2）如果对行业背景不熟悉，可以去各种官网找一找相关介绍和政策文件，比如《北京教育信息化“十四五”规划》《金融标准化“十四五”发展规划》等，确定了要写的行业之后，可以找到很多类似的文件。

（3）业务描述不知道怎么写，可以去华为、华三、海康、浪潮等厂商官网去看看一些项目的成功案例，其实很多内容稍加修改就可以使用。当然，设备厂商很多，可以根据具体的项目或者行业，找行业的龙头厂商、集成商的成功案例。

（4）项目应用的 IT 技术。负责技术的考生，这块问题不大，如果非科班出身，可以参考一下范文，适当引用即可。切莫写很多跟项目没关系的新技术。

3. 过渡段

过渡段可以融入到背景里面，也可以单独写一段。作为项目背景和正文之间的过渡，显得更加自然。参考如下两个过渡段的写法：

范例 1：由于网络建设时间长，缺少无线 Wi-Fi，随着用户规模的增加，私接无线路由器等问题屡见不鲜，不仅影响用户上网体验，而且存在较大的安全风险。**（承上）**本次网络升级改造项目涉及无线 Wi-Fi 和网络安全建设，我将从网络架构设计、无线 AP 部署模式、用户接入认证、安全规划等方面进行介绍。**（启下）**

范例 2：本人组织项目组成员仔细研究了国家和监管行业相关管理规定，对我行信息系统和机房开展了实地调研，制定了网络安全改造方案，从物理环境、网络安全、主机安全、数据安全、安全管理制度五个方面进行网络安全项目建设，最终建立我行“可信、可控、可管”的安全防护体系，使得信息系统能够按照预期运行，免受网络攻击和破坏。

4. 正文

正文建议 1200 字左右，一般分 3～5 段，每段 300 字左右。当然，也不是按照这样均分，需要详略得当，熟悉的内容多写一点，不熟悉的内容可以简略一些。同时，需要写出论文子题目要求的内容。正文写作需要注意以下几点：

（1）实践为王：只把自己做过的事情或者课本上的技术罗列出来是不够的，需要结合实际项目进行说明，把自己所做的事情、遇到的问题、解决方案和实施效果写明白。

（2）站位精准：一定要时刻提醒自己，论文中作者扮演的角色是项目负责人或者技术负责人，负责整体规划设计，以及沟通协调。很多事情不需要作者亲自干，可以协调其他人去干，千万别“身兼数职”，样样精通。最常见的问题是把自己写成了一个设备调试人员，而缺乏对业务的理解和全局的规划思路。

（3）条理清晰：需要分段说明，并写明子题目，不分段或者没有子题目，最后会乱成一锅粥。建议考生选题后，花5分钟左右梳理一下思路，搭建整体框架，后续填入内容即可。每个自然段最好不要超过500字，否则容易让阅卷老师疲劳，从而影响得分。

（4）价值呈现：体现“我”在项目中的推动作用、解决问题的能力，项目正是由于“我”的优秀规划设计才取得了这样的成功，不要写出来的项目跟你没什么关系，你也没什么突出的贡献，那就失败了。

（5）独到见解：有好的想法或者见解可以提，但不要瞎提，这是锦上添花的内容。

5．结尾

结尾一般300字左右，主要有如下几方面的内容：经验总结、不足分析和后续如何改进，可以根据自己的理解重点写1～3点。总结得当，可以起到画龙点睛的效果。首尾一定要认真写好，通过项目背景，阅卷老师可以推断考生对行业的理解，经验总结反映了考生对于项目实践的思考，以及技术理论与应用的结合能力。

17.5 论文万能模板

网络规划设计师的论文按照模板填写内容就行。下面总结了1000字的通用万能模板，考生在准备论文的时候按照此模板填入自己的内容即可。

1．摘要模板

（1）××年××月（**最好写最近3年的项目，即使是以前的项目，也写成最近的年份**）。我作为项目经理参与了××市××项目，整个项目总投资700余万元，建设工期为7个月。某市希望通过××项目的建设，实现××目的（**需要自己补充完善**）。该项目××年××月通过甲方的验收，系统至今运行稳定，取得客户的一致好评（**结合项目写具体些，谁给的好评，具体怎样的评价**）。本文以××项目为例，结合作者实践，探讨了××（**论文标题或扩展**）。包括××、××、××（**题目的要求**）。

（2）本文讨论……（论文标题），该系统由某单位主导建设，投资××万，系统是用来做什么的（**项目背景、系统功能等**）。在本文中，首先讨论了……（题目要求内容），最后……（主要是不足之处、如何改进、特色之处、发展趋势等）。在本项目的建设过程中，我主要负责……（方案设计、产品选型、组织招投标等）。

（3）根据××需求（项目背景），我所在的××单位进行××项目建设。该项目……（**项目背景、简单功能介绍**）。在项目中，我担任了……（角色）。我通过采取……（过程、方法、措施等），使项目圆满成功，得到了用户的一致好评（**可以具体点，比如怎么体现成功的？提升效率，降低成本？谁给你好评，结合项目场景，越具体越好**）。但通过项目的建设，我发现……（**主要是不足之处、如何改进、特色之处、发展趋势等**）。

当然，大家也不必拘泥于上面的模板，**可以结合项目和自己的理解，适当增减**。要明白摘要应概括正文的主要内容，要给改卷老师一个比较好的印象。实在不知道怎么写摘要，也可以写完正文后，再补充摘要的内容。

2. 项目背景模板

××年××月，我参与了某市××项目的建设。由于本人具备较丰富的××经验。又是单位网络技术部门的负责人，因此有幸被指定为该项目的负责人。××项目投资 800 万元，总工期 1 年，（项目的重要性以及该项目的战略作用**需要根据自己准备的项目补充完善，一定要适当结合单位业务和背景去谈项目**）。

××项目的基本情况：比如为什么要做这个项目，是单位业务发展带来的驱动，还是上层政策驱动？项目包含哪些模块或子系统？各自是怎么运行的，有什么作用？（**补充完善**）

3. 过渡段模板（可选）

由于本项目××（**自己补充，体现项目的重要性**），因此，在本项目中，整体网络规划设计就显得尤为重要，我主要从××等几个方面进行了规划（**起承上启下的作用，引出正文**）。

4. 正文模板

常见的论文模块 1：①基础网络规划设计；②无线网络规划设计；③网络管理设计；④网络安全规划设计。

常见的论文模块 2：①网络出口规划设计；②核心区域设计；③局域网设计；④服务器区域规划设计。

正文模块是论文的核心架构，平时多总结几个适合自己的模块，勤加练习。特别像基础网络、网络安全、网络管理这些万能模块，要烂熟于心。

收尾模板

范例 1：此次疫情应用系统项目，时间紧任务重，在整个项目团队通力合作下，在第 4 天晚上系统就完成上线，并投入使用，目前运行平稳（**实现的效果**）。后期，我们还打算采取措施保证该疫情应用系统的虚拟机之间的互访安全，如采用 NFV 技术，在 X86 平台安装虚拟化防火墙、虚拟 IPS、虚拟沙箱，将安全资源虚拟成一个资源池，配置 SDN 控制器，对疫情应用系统虚拟机之间的互访进行不同的安全检测业务编排，以保证虚拟机之间的安全（**后期怎么改进**）。

范例 2：本次××项目历时 4 个月，最后顺利完成验收并投入使用，通过各种虚拟化技术以及安全防御手段，显著地提升了集团数据中心的整体算力存储水平以及数据安全性，为集团在智能制造两化融合的发展道路上持续发力提供保障（**用什么技术，实现了什么效果**）。本次项目由于资金预算的问题暂未建设数据灾备体系，对于一些人为或大型自然灾害不具备抵御能力，后期将继续建设与分部之间基于异地容灾的两地三中心或者云端灾备体系，避免或减少灾难打击和重大安全事故对关键数据造成的损失，提高核心业务系统的风险抵御能力（**存在什么问题，后续怎么优化**）。

收尾部分的文字一定要认真写，给阅卷老师留下好印象，收尾部分的字数建议在 300 字左右，时间控制在15分钟以内。如果时间来不及，一定要及时收尾。收尾没有或者不认真写很可能通不过。

17.6 经典范文参考

论园区网的升级与改造

摘要

2022年，××公司园区网进行升级改造，项目投入600万元。我作为公司信息中心技术负责人，参与了整个网络建设方案的规划设计，并组织参与了项目招标、建设等工作。该项目是在公司原有园区网的基础上升级改造，对网络进行重新规划设计，提升网络性能及用户体验。主要包括多出口的升级改造、核心设备双机热备、IP 地址重新规划、园区无线网络建设和网络安全升级等。项目完工后，立即投入使用，公司同事普遍反映网速明显变快，网络稳定性提高。由于资源、资金投入有限，园区网升级改造还存在一些不足，如海外出口带宽存在一定瓶颈，重要系统没有 CDN 加速等。针对这些问题，我也给出了优化思路，将在后续建设中一步步完善，提升信息化建设整体水平。

正文

2022年4月至2022年8月，我作为××公司园区网建设信息中心负责人，参与了公司园区网升级改造项目，负责整体网络规划设计，组织参与了整个项目的招标、工程建设，并承担了该网络的运维管理工作。我公司现有员工8000人，分布在园区10栋办公楼内。近期，公司业务扩张，原有办公楼已经不能容纳新员工，需要新建2栋办公楼供新员工使用，园区内所有办公楼均使用光纤互联。随着公司员工人数的不断增多，原来网络架构问题日趋明显，出现过几次断网事件，公司员工普遍反映网络访问速度缓慢，于是公司决定对整个园区网进行升级改造。根据调研和对现网架构问题的分析，发现目前主要存在以下问题：

（1）网络出口有2G电信和500M联通两条线路，无法进行有效负载均衡，大部分流量均通过电信出口访问互联网，联通出口利用率不高。员工上班高峰期，上网速度慢，经过流量分析，发现内部用户使用迅雷等P2P下载软件，抢占带宽，导致其他用户无法正常上网。

（2）中心机房位于总部办公楼内，核心层有1台CISCO 6509E交换机，该设备已经停产，如果出现板卡故障，将无法进行有效替换。另外该设备存在单点故障，出现问题，会影响全网业务。

（3）随着BYOD移动时代的来临，办公Wi-Fi建设需求也越来越旺盛，公司高层决定依托原有线网络进行无线网络建设，实现整个园区的无线网覆盖。

（4）公司使用1个C类电信公有IP和20个联通公网IP，内网采用192.168.0.0/16段分配地址，由于前期缺乏规划，地址分配混乱，导致后期无法汇总，很难扩容。

（5）最近半年内网攻击增多，曾出现内网ARP攻击，导致用户断网，同时勒索病毒造成数据加密。

根据上述调研总结的问题，结合目前公司现有网络架构，本次主要从如下几个方面，对现网进行了升级改造和优化。

一、网络出口优化

由于现网出口是电信和联通双链路，但无法有效负载均衡，导致联通链路利用率较低，本次决定在出口增加部署负载均衡设备。经过交流和测试，发现F5产品负载均衡效果最好，但价格贵，操作界面不友好。最终我们选择了性价比高、管理界面更简单的深信服负载均衡硬件设备，实现出口多链路负载均衡，充分把两条链路利用起来，缓解了用户上网慢的问题。

另外，针对P2P流量抢占带宽问题，前期尝试通过在交换机和路由器配置ACL，封堵相应端口实现，但由于P2P是动态端口，效果不佳。于是在本次网络改造中，通过部署上网行为管理设备，对P2P下载、网页视频等业务进行流量限制，同时对重点业务进行带宽保障，防止因带宽抢占导致其他用户无法正常进行业务访问。上网行为管理设备上线后，彻底解决了大家反馈的上网慢问题。

二、网络核心区域改造

原有网络采用单核心，且设备停产，风险较高。故本次将单核心升级为双核心，采用两台华为S12700E系列设备，配置双引擎双电源双交换网板，实现单设备冗余，同时将两台核心交换机通过CSS技术虚拟成一台，任何一台出现故障，都不影响业务正常运行，提升了网络可靠性，又能简化网络管理。用CSS技术替代传统的VRRP+MSTP组网，还能避免端口阻塞，提高网络性能。

原有网络骨干均为千兆网络，已经不能满足公司业务高速发展的需求，本次对汇聚交换机和骨干链路也进行了升级改造。将汇聚交换机升级为华为S5700H系列交换机，配置10G接口，通过多模光模块上行到核心交换机，构建万兆骨干链路。汇聚交换机保留一定扩展能力，支持扩展插槽，可以灵活扩展40G接口，将来平滑升级40G骨干网络。

三、园区无线网络建设

为了节省成本和简化管理，本次无线网络与有线网络共用核心和汇聚交换机，在有线网络基础上扩展无线接入交换机，本次采用华为S5700-LI系列PoE交换机，提供无线接入，并为AP供电。考虑到不同区域需求，本次采用三种类型的无线AP，分别为：室外AP、室内高密AP和室内墙面AP。其中室外园区采用华为室外AP，具备防水防尘功能，适应室外恶劣环境，支持远距离覆盖；室内高密度会议室采用华为高密AP，配置智能天线，支持100人接入，能有效减少AP部署数量，防止同频干扰；室内办公室采用墙面AP，保障每个角落信号无死角覆盖。最后配置无线控制器AC对所有AP进行统一管理、配置下发，也能保障无线用户在整个园区网实现无缝漫游。

四、IP地址优化改造

由于前期IP地址规划不足，内网只有一个地址段192.168.0.0/16，随着公司员工人数增多，个人电脑普及，公共机房建设，这段地址基本分配完毕。网络建设初期地址分配杂乱无章，无法做到路由汇总，因此趁这次网络大规模升级改造的机会，对地址重新规划。地址主要按办公楼划分，因公司总部人数众多且固定IP较多，故总部继续沿用192.168.0.0/16段，其余办公区使用172.16.X.0/16段（X=OSPF区域编号），每个办公区一个B类地址，其中172.16.254.0/16网段作为全园区设备地址。同时使用10.X.0.0/16段作为全园区无线网络地址，划分方法与有线网络类似。

五、园区网络安全升级

针对勒索病毒，本次首先进行了一轮系统升级，全部PC安装杀毒软件，同时在交换机和路由器上配置 ACL，封闭 135、139、445 等病毒传播端口。另外，在汇聚交换机上开启 DHCP Snooping 和 DAI 功能，防止 ARP 欺骗。同时，本次在网络出口部署两台华为 USG6500 防火墙，在网络出口阻断各类来自互联网的攻击。最后按照三级等保技术要求，新增了日志审计、入侵检测、漏洞扫描等安全设备，实现体系化安全防护。

经过多方配合，网络升级改造完成以后，广大员工普遍感觉网络明显变快了，满意度显著提高。随着网络质量变好，流量必然大幅上升，安全建设也还需要进一步完善，同时我公司海外业务逐步扩大，需提升海外用户访问公司相关资源的速度，下一阶段主要有以下几方面需要完善：

（1）目前网管相对比较麻烦，后续可引入商业化运维系统，对全网进行监测。

（2）重要业务系统，增加区域 CDN 节点建设，加快用户访问速度。

（3）目前安全还倾向于被动安全防御，后续可以引入安全态势感知等主动安全防御系统。

（4）IPv6 支持有待改造，后续可逐步升级 IPv6 双栈，向 IPv6 网络逐渐过渡。

虚拟化技术在企业网络中的应用

摘要

为了实现政务数字化转型，保障各类业务快速上线，方便民众办理各类业务，同时解决现有网络瓶颈、服务器存储资源紧张、网络分区规划不合理等问题，2022 年我市进行了政务云建设，项目金额 1500 万元。我作为该项目技术负责人，负责整体规划设计和落地工作。项目中考虑到提升资源利用效率和灵活扩容，同时平滑对接云平台，运用了大量虚拟化技术，包括服务器虚拟化、网络虚拟化、存储虚拟化。通过虚拟化技术将各类 IT 资源虚拟成统一资源池，实现按需调度，各委办单位不必再单独购买服务器和存储等硬件资源，只需通过网络向政务云申请资源即可。此外，本次项目还建设了 100 个点位的虚拟化云桌面试点，用以测试云桌面替代传统办公终端的可行性。项目完工后经集成测试，顺利通过业主验收，并被评为市级信息化建设示范项目。

正文

经过前期调研，我市各类主要政务应用大概有 160 个，大部分应用均由物理服务器承载，大量服务器利用率常年不足 20%，造成极大的资源浪费；另外各类硬件资源由各委办局自行维护，由于技术水平参差不齐，导致 IT 服务水平低下。为了解决这些问题，决定采用虚拟化技术构建政务云。其中，服务器虚拟化是整个政务云的基础，将服务器物理资源抽象成逻辑资源，让一台服务器变成几台甚至几十台相互隔离的虚拟机，让 CPU、内存、磁盘等硬件变成可以动态管理的“资源池”，所有委办局都可以使用政务云资源，从而提高资源的利用率。服务器虚拟化后，要实现虚拟机在不同物理机的迁移，传统三层网络架构设计已经不能满足需求，必须引入大二层网络技术。由于资源和业务上收，需要海量存储空间，不同业务需要不同类别的存储，但必须实现统一管理。

基于前期沟通和调研，我们设计了如下解决方案：采用服务器虚拟化技术，提升服务器利用率；采用 CSS 和 iStack 堆叠，SDN+VxLAN 技术构建大二层网络，从而保障虚拟机迁移；利用存储虚拟化技术，整合各存储资源，简化存储管理；通过云桌面技术，提高桌面运维效率。下面将详细分析这些技术的具体应用和方案。

一、服务器虚拟化技术应用

根据前期业务统计，将业务分为两类：普通业务和精品业务。普通业务包含：OA 办公、网站等轻量级应用，精品业务包含：GIS、数据库等对性能要求较高的应用。本次规划设计中，通过普通两路服务器承载普通业务，经过性能评估和计算，同时参考兄弟单位建设情况，本次一共采购 50 台华为两路服务器，前期虚拟出 120 台虚拟机，并保留一定资源富余，方便未来灵活扩展。本次采购了 8 台华为四路服务器，通过安装华为服务器虚拟化软件，形成精品资源池，用以承载前期规划的精品业务。最后通过华为 FusionSphere 进行计算资源统一管理。

本次在虚拟化平台上配置了 HA 高可用、DRS 动态资源调度功能，可以根据使用情况，在低负载阶段，将虚拟机集中迁移到某些服务器，关闭其他服务器，从而实现绿色节能效果。另外，服务器需要断电维护，可以通过 HA 技术提前将虚拟机平滑迁移到其他服务器，用户访问无感知。

二、网络虚拟化技术应用

数据中心由于采用了服务器虚拟化，虚拟机迁移需要二层网络环境，传统网络接入、汇聚、核心三层架构，网关部署在汇聚层交换机，无法实现虚拟机迁移。本次数据中心采用核心、接入两层架构，首先在接入层使用了华为 iStack 横向虚拟化技术，将 4 台万兆接入交换机虚拟成 1 台，同时利用华为 CSS 横向虚拟化技术，将两台核心交换机 CE12800 虚拟成一台。通过横向虚拟化技术替代传统 VRRP+MSTP 组网，能有效简化网络管理，同时避免阻塞端口，让所有链路都能利用起来，提升网络性能。

通过传统 IP 技术构建 underlay 网络后，还要实现租户隔离，项目通过 VxLAN 技术，构建 overlay 网络，并结合 SDN 技术，平滑对接云平台，将网络资源也虚拟成资源池，可以自动、灵活地为租户进行网络资源分配。

三、存储虚拟化技术应用

企业级存储技术有 DAS、SAN、NAS，考虑到 DAS 技术扩展性较差，NAS 更适合文件存储，本次项目中的存储主要采用 SAN。IP-SAN 成本低，带宽高，I/O 读取延时较高，更适合文件、视频等对 I/O 要求不高，对带宽要求较高的应用。FC-SAN 成本较高，更适合数据库这类频繁进行 I/O 读取的应用。项目中，通过购买 4 台超融合服务器，配置 10G 接口，通过底层 ceph 存储虚拟化技术，构建 IP-SAN 存储资源池，用以承载普通业务。另外采购 2 台华为 Oceastor 统一存储，配置 16G FC 接口，构建 FC-SAN 资源池。最后通过云平台对 IP-SAN 和 FC-SAN 两大存储资源池进行统一管理。

四、桌面虚拟化技术应用

考虑到信息中心人少事多，且政务内部数据敏感，PC 硬盘故障，容易造成数据丢失，本次建设 100 点虚拟化云桌面作为试点。采用 3 台深信服超融合云桌面一体机，提供计算和存储资源，前端用户只需要配置瘦终端，通过用户名和密码在有网络的地方都可以登录自己的办公桌面，另外还可以通过手机客户端，远程访问云桌面，实现了移动办公，颇受用户好评。用户桌面出现死机或蓝屏等状态，也可以通过后端 Web 管理界面，进行一键重置和恢复，极大地提升了运维效率。

通过云桌面试点与应用，我也总结出一些经验和教训，比如针对某些软件和外设兼容性不是特别好，需要频繁使用 Ukey 等外设的终端不建议使用云桌面。云桌面整体性能一般，可满足日常办公应用，对需要长期使用或编辑音视频的用户不建议使用云桌面，对性能要求较高的用户，建议使用配置独立显卡的 PC。由于用户的所有数据都在后端服务器中存储，基于服务器的存储虚拟化和 RAID 技术能有效提升数据安全性，但对网络的要求也更高，需要将内部网络改造成千兆到桌面，同时交换机上需要开启隔离安全功能，尽量防止出现网络故障，导致云桌面无法访问。

通过厂商、集成商、设计院等各方通力配合，组织方案设计、论证和实施，项目按期交付验收，并上线稳定运行 1 年多，支撑日常业务应用的同时，具有一定资源富余，满足将来扩展要求。在项目实施过程中有很多成功的方面，当然也存在需要改进的地方。如服务器分区最早比较简单，后期通过对业务安全等级进行评估，按照不同要求划分成了多个安全域，提升整体安全性。虚拟化云桌面虽然可以简化日常运维管理，但前期也出现了一些软件和外设兼容性问题，经过云桌面厂商售后研发的配合，最终解决了问题。总体来说，项目是成功的，我也通过这个项目学习到了不少经验，为数字政务和智慧城市建设打下了坚实的基础。

第18章 网络规划设计师冲刺密卷

18.1 综合知识试卷

- 系统测试的主要依据是___(1)___。

  (1) A. 软件详细设计说明书　　B. 软件概要设计文档
  C. 需求规格说明书　　D. 软件配置文档

- 一个事务是一个不可分割的工作单位，事务在执行时，应该遵守“要么不做，要么全做”(Nothing or All)是指数据库事务的___(2)___。

  (2) A. 原子性　　B. 一致性　　C. 隔离性　　D. 持久性

- 结合速率与容错，硬盘做RAID效果最好的是___(3)___。

  (3) A. RAID 0　　B. RAID 1　　C. RAID 5　　D. RAID 10

- 元宇宙本身不是一种技术，而是一个理念和概念，它需要整合不同的新技术，强调虚实相融。元宇宙主要有以下几项核心技术：一是___(4)___，包括VR、AR和MR，可以提供沉浸式的体验；二是___(4)___，能够把现实世界镜像到虚拟世界里面去，在元宇宙里面，我们可以看到很多自己的虚拟分身；三是用___(4)___来搭建经济体系。经济体系将通过稳定的虚拟产权和成熟的去中心化金融生态具备现实世界的调节功能，市场将决定用户劳动创造的虚拟价值。

  (4) A. 扩展现实　数字孪生　区块链　　B. 增强现实　虚拟技术　区块链
  C. 增强现实　数字孪生　大数据　　D. 扩展现实　虚拟技术　大数据

- 2021年6月10日，第十三届全国人民代表大会常务委员会第二十九次会议表决通过了《中华人民共和国数据安全法》，该法律自___(5)___起施行。

  (5) A. 2021年9月1日　　B. 2021年10月1日
  C. 2021年11月1日　　D. 2021年12月1日

- 进程P有4个页面，页号分别为0～3，页面大小为4K，若进程P要访问的逻辑地址为十六进制148H，则该地址经过变换后，其物理地址应为十六进制___(6)___。

  (6) A. 148H　　B. 5148H　　C. 2148H　　D. 1148H

页号	页帧号
0	5
1	2
2	0
3	1

- 国产密码算法是指由国家密码研究相关机构自主研发，具有相关知识产权的商用密码算法。以下国产密码算法中，属于分组密码算法的是___(7)___。

(7) A. SM2　B. SM3　C. SM4　D. SM9

- DMA 工作方式下，在___(8)___之间建立了直接的数据通路。

(8) A. CPU 与外设　B. CPU 与主存　C. 主存与外设　D. 外设与外设

- 编译和解释是实现高级程序设计语言的两种基本方式，___(9)___是这两种方式的主要区别。

(9) A. 是否进行代码优化　B. 是否进行语法分析
C. 是否生成中间代码　D. 是否生成目标代码

- 按照我国著作权法的权利保护期，___(10)___受到永久保护。

(10) A. 发表权　B. 修改权　C. 复制权　D. 发行权

- 采用 CRC 进行差错校验，生成多项式为 $G(X)=X^4+X+1$，信息码字为 10111，则计算出的 CRC 校验码是___(11)___。

(11) A. 0000　B. 0100　C. 0010　D. 1100

- 下面的广域网络中属于电路交换网络的是___(12)___。

(12) A. ADSL　B. X.25　C. IP　D. ATM

- 在异步传输中，1 位起始位，7 位数据位，2 位停止位，1 位校验位，每秒传输 200 字符，采用曼彻斯特编码，有效数据速率是___(13)___kb/s，最大波特率为___(14)___Baud。

(13) A. 1.2　B. 1.4　C. 2.2　D. 2.4

(14) A. 700　B. 2200　C. 1400　D. 4400

- 以下关于单模光纤与多模光纤区别的描述中，错误的是___(15)___。

(15) A. 单模光纤的工作波长一般是 1310nm、1550nm，多模光纤一般的工作波长是 850mm
B. 单模光纤纤径一般为 9/125μm，多模光纤纤径一般为 50/125μm 或 62.5/125μm
C. 单模光纤常用于短距离传输，多模光纤多用于远距离传输
D. 单模光纤的光源一般是 LD 线光谱线较窄的 LED，多模光纤的光源一般是发光二极管或激光器

- 关于 HDLC 协议的帧顺序控制，下列说法中正确的是___(16)___。

(16) A. 只有信息帧（I）可以发送数据
B. 信息帧（I）和管理帧（S）的控制字段都包含发送顺序号和接收序列号
C. 如果信息帧（I）的控制字段是 8 位，则发送顺序号的取值范围是 0～7
D. 发送器每收到一个确认帧，就把窗口向前滑动一格

- 某视频监控网络有 30 个探头，原来使用模拟方式，连续摄像，现改为数字方式，每 5 秒拍照一次，每次拍照的数据量约为 500KB。则该网络___(17)___。

（17）A．由电路交换方式变为分组交换方式，由 FDM 变为 TDM
B．由电路交换方式变为分组交换方式，由 TDM 变为 WDM
C．由分组交换方式变为电路交换方式，由 WDM 变为 TDM
D．由广播方式变为分组交换方式，由 FDM 变为 WDM

- 在一个采用 CSMA/CD 协议的网络中，传输介质是一根电缆，传输速率为 1Gb/s，电缆中的信号传播速度是 200000km/s。若最小数据帧长度减少 800 位，则最远的两个站点之间的距离应至少___(18)___才能保证网络正常工作。

（18）A．增加 160m　B．增加 80m　C．减少 160m　D．减少 80m

- TCP 使用慢启动拥塞避免机制进行拥塞控制。当前拥塞窗口大小为 24，当发送节点出现超时未收到确认现象时，将采取的措施是___(19)___。

（19）A．将慢启动阈值设为 24，将拥塞窗口设为 12
B．将慢启动阈值设为 24，将拥塞窗口设为 1
C．将慢启动阈值设为 12，将拥塞窗口设为 12
D．将慢启动阈值设为 12，将拥塞窗口设为 1

- 设信道带宽为 3000Hz，信噪比为 30dB，则信道可达到的最大数据速率约为___(20)___b/s。

（20）A．10000　B．20000　C．30000　D．40000

- IP 头和 TCP 头的最大开销合计为___(21)___字节，以太网最大帧长为 1518 字节，则可以传送的 TCP 数据最大为___(22)___字节。

（21）A．20　B．40　C．50　D．120
（22）A．1434　B．1460　C．1480　D．1500

- 如果发送给 DHCP 客户端的地址已经被其他 DHCP 客户端使用，客户端会向服务器发送___(23)___信息包拒绝接受已经分配的地址信息。

（23）A．DHCP Ack　B．DHCP Offer　C．DHCP Decline　D．DHCP Nack

- 一个 IP 数据报长度为 3820 字节（包括固定首部长度 20 字节），要经过一个 MTU 为 1400 字节的网络传输，此时需把原始数据报划分为___(24)___个数据报分片，最后一片的偏移量是___(25)___，最后一个分片总长度是___(26)___字节。

（24）A．2　B．3　C．4　D．5
（25）A．344　B．345　C．1376　D．1380
（26）A．1040　B．1060　C．1068　D．1072

- TCP 采用拥塞窗口（cwnd）进行拥塞控制。以下关于 cwnd 的说法中正确的是___(27)___。

（27）A．首部中的窗口段存放 cwnd 的值
B．每个段包含的数据只要不超过 cwnd 值就可以发送了
C．cwnd 值由对方指定
D．cwnd 值存放在本地

- 下列不属于电子邮件协议的是___(28)___。

（28）A．POP3　　B．SMTP　　C．SET　　D．IMAP4

- DHCP 获取地址过程中，第一个数据包是___(29)___报文，源目 IP 地址和端口是___(30)___。

（29）A．组播　　B．单播　　C．任意播　　D．广播

（30）A．UDP 0.0.0.0:68 -> 255.255.255.255:67

B．UDP 0.0.0.0:67 -> 255.255.255.255:68

C．TCP 0.0.0.0:68 -> 255.255.255.255:67

D．TCP 0.0.0.0:67 -> 255.255.255.255:68

- 为了在不同网页之间传递参数，可以使用的技术及其特性是___(31)___。

（31）A．Cookie，将状态信息保存在客户端硬盘中，具有很高的安全性

B．Cookie，将状态信息保存在服务器硬盘中，具有较低的安全性

C．Session，将状态信息保存在服务器缓存中，具有很高的安全性

D．Session，将状态信息保存在客户端缓存中，具有较低的安全性

- 设备 1 输入___(32)___命令显示如图 1 所示信息，设备 2 输入___(33)___命令显示如图 2 的___(34)___表。

网络目标	网络掩码	网关	接口	跃点数
0.0.0.0	0.0.0.0	192.168.2.1	192.168.2.149	25
127.0.0.0	255.0.0.0	在链路上	127.0.0.1	331
127.0.0.1	255.255.255.255	在链路上	127.0.0.1	331
127.255.255.255	255.255.255.255	在链路上	127.0.0.1	331
169.254.0.0	255.255.0.0	在链路上	169.254.54.105	281
169.254.54.105	255.255.255.255	在链路上	169.254.54.105	281
169.254.255.255	255.255.255.255	在链路上	169.254.54.105	281
192.168.2.0	255.255.255.0	在链路上	192.168.2.1	291
192.168.2.0	255.255.255.0	在链路上	192.168.2.149	281
192.168.2.1	255.255.255.255	在链路上	192.168.2.1	291
192.168.2.149	255.255.255.255	在链路上	192.168.2.149	281
192.168.2.255	255.255.255.255	在链路上	192.168.2.1	291
192.168.2.255	255.255.255.255	在链路上	192.168.2.149	281
192.168.32.0	255.255.255.0	在链路上	192.168.32.1	291
192.168.32.1	255.255.255.255	在链路上	192.168.32.1	291
192.168.32.255	255.255.255.255	在链路上	192.168.32.1	291
192.168.56.0	255.255.255.0	在链路上	192.168.56.1	281
192.168.56.1	255.255.255.255	在链路上	192.168.56.1	281
192.168.56.255	255.255.255.255	在链路上	192.168.56.1	281

图 1

```
[Huawei]
MAC address table of slot 0:
-------------------------------------------------------------------------------
MAC Address      VLAN/        PEVLAN CEVLAN Port           Type        LSP/LSR-ID
                 VSI/SI                                                MAC-Tunnel
-------------------------------------------------------------------------------
5489-98d0-33d9 10            -       -       GE0/0/3       dynamic     0/-
5489-98dd-736d 10            -       -       GE0/0/4       dynamic     0/-
-------------------------------------------------------------------------------
Total matching items on slot 0 displayed = 2
```

图 2

（32）A．display ip routing-table　　B．route display
　　C．netstat -r　　D．show ip route

（33）A．display mac-address　　B．display vlan brief
　　C．arp -a　　D．show mac-address-table

（34）A．ARP 表　　B．路由表　　C．MAC 地址表　　D．VLAN 接口表

- NB-IoT 的特点包括___（35）___。

①NB-IoT 聚焦小数据量、小速率应用，NB-IoT 设备功耗可以做到非常小

②NB-IoT 射频和天线可以复用已有网络，减少投资

③NB-IoT 室内覆盖能力强，比 LTE 提升 20dB 增益，提升了覆盖区域的能力

④NB-IoT 可以比现有无线技术提供更大的接入数

（35）A．①②③④　　B．②③④　　C．①②③　　D．①③④

- 以下关于软件定义光网络（SDON）的描述错误的是___（36）___。

（36）A．SDON 研究和发展的动机在于替代现有 SDN 技术
　　B．SDON 的可编程光层技术目的是实现光层的软件定义、可编程
　　C．SDON 可以实现光网络虚拟化
　　D．应用 SDON 后，网络的交换点重心下移

- 用户针对待建设的网络系统的存储子系统提出的要求是：存取速度快、可靠性最高、可进行异地存取和备份，则首选方案是___（37）___，其中硬盘系统应选用___（38）___。

（37）A．NAS　　B．DAS　　C．IP-SAN　　D．FC-SAN

（38）A．RAID 0　　B．RAID 1　　C．RAID 5　　D．RAID 6

- 在进行域名解析的过程中，若由授权域名服务器给客户本地传回解析结果，表明___（39）___。

（39）A．主域名服务器、转发域名服务器均采用了迭代算法
　　B．主域名服务器、转发域名服务器均采用了递归算法
　　C．根域名服务器、授权域名服务器均采用了迭代算法
　　D．根域名服务器、授权域名服务器均采用了递归算法

- ICMP 协议的功能包括___（40）___，当网络通信出现拥塞时，路由器发出 ICMP___（41）___报文。

  （40）A．传递路由信息　B．报告通信故障　C．分配网络地址　D．管理用户连接

  （41）A．回声请求　B．掩码请求　C．源抑制　D．路由重定向

- 在采用公开密钥密码体制的数字签名方案中每个用户有一个私钥，可用它进行___（42）___，同时每个用户还有一个公钥，可用于___（43）___。

  （42）A．解密和验证　B．解密和签名　C．加密和签名　D．加密和验证

  （43）A．解密和验证　B．解密和签名　C．加密和签名　D．加密和验证

- 下列可用于消息认证的算法是___（44）___。

  （44）A．DES　B．PGP　C．KMI　D．SHA

- 下列针对加密算法的说法，正确的是___（45）___。

  （45）A．3DES 需要执行三次 DES 算法，密钥长度是 168 位

  B．国际数据加密算法（IDEA）使用 128 位密钥，把明文分成 64 位的块，进行 8 轮迭代，可以通过软件或硬件实现，比 DES 加密快

  C．高级加密标准（Advanced Encryption Standard，AES）分组长度固定为 128 位，密钥长度是 256 位

  D．流加密算法 RC4 由于加密算法比较复杂，加密速度较慢，一般用于 Wi-Fi 加密

- 在 X.509 标准中，不包含在数字证书中的数据域是___（46）___。

  （46）A．序列号　B．签名算法　C．认证机构的签名　D．用户的签名

- 与 RIPv1 相比，RIPv2 的改进是___（47）___。

  （47）A．采用了可变长子网掩码　B．使用 SPF 算法计算最短路由

  C．广播发布路由更新信息　D．采用了更复杂的路由度量算法

- OSPF 将路由器连接的物理网络划分为以下 4 种类型，以太网属于___（48）___，X.25 分组交换网属于___（49）___。

  （48）A．点对点网络　B．广播多址网络　C．点到多点网络　D．非广播多址网络

  （49）A．点对点网络　B．广播多址网络　C．点到多点网络　D．非广播多址网络

- Windows 系统中的 SNMP 服务程序包括 SNMPService 和 SNMPTrap 两个，关于 SNMPService 的说法正确的是___（50）___。

  （50）A．接收 SNMP 请求报文，根据要求发送响应报文

  B．接收并转发本地或远程 SNMP 代理产生的陷阱消息

  C．这是 SNMP 服务器端必须开启的服务

  D．同时使用 UDP 端口号 161 和 162

- 使用 SMTP 协议发送邮件时，可以选用 PGP 加密机制。PGP 的主要加密方式是___（51）___。

  （51）A．邮件内容生成摘要，对摘要和内容用 DES 算法加密

  B．邮件内容生成摘要，对摘要和内容用 AES 算法加密

  C．邮件内容生成摘要，对内容用 IDEA 算法加密，对摘要和 IDEA 密钥用 RSA 算法加密

  D．对邮件内容用 RSA 算法加密

- DiffServ 是 Internet 实现 QoS 的一种方式，它对 IP 的主要修改是___（52）___，其实现过程可简述为___（53）___。

（52）A．设置 DS 域，将 IP 分组分为不同的等级和丢弃优先级
B．设置 DS 域和 RSVP 协议
C．定义转发等价类
D．定义多种包格式，分别封装不同优先级的数据

（53）A．边界路由器对数据包进行分类，设置不同的标记，并选择不同的路径 LSP 转发
B．边界路由器对数据包进行分类，设置不同的标识，并根据 SLA 和 PHB 选择不同的队列转发
C．对数据包进行分类，并据此实施资源预留，对不能获得资源的包实施丢弃
D．在网络中设置不同优先级的路径，按照数据包的优先级分别选择相应的路径转发

- 假设用户 X 有 4000 台主机，则必须给他分配___（54）___个 C 类网络。如果为其分配的网络号为 196.25.64.0，则给该用户指定的地址掩码为___（55）___。

（54）A．4　　B．8　　C．10　　D．16
（55）A．255.255.255.0　　B．255.255.250.0　　C．255.255.248.0　　D．255.255.240.0

- DNS 服务器中提供了多种资源记录，其中___（56）___定义了区域的邮件服务器及其优先级。

（56）A．SOA　　B．NS　　C．PTR　　D．MX

- 防火墙优先级最高的区域是___（57）___。

（57）A．DMZ　　B．Local　　C．Trust　　D．Untrust

- IPv6 的“链路本地地址”是将主机的___（58）___附加在地址前缀 1111 1110 10 之后产生的。

（58）A．IPv4 地址　　B．MAC 地址　　C．主机名　　D．任意字符串

- 无线局域网通常采用的加密方式是 WPA2，其安全加密算法是___（59）___。

（59）A．AES 和 TKIP　　B．DES 和 TKIP　　C．AES 和 RSA　　D．DES 和 RSA

- 快速以太网标准 100Base-TX 规定的传输介质是___（60）___。

（60）A．2 类 UTP　　B．3 类 UTP　　C．5 类 UTP　　D．光纤

- 某政府机构拟建设一个网络，委托甲公司承建。甲公司的张工程师带队去进行需求调研，在与委托方会谈过程中记录了大量信息，其中主要内容有：用户计算机数量：80 台；业务类型：政务办公，不允许连接 Internet；分布范围：分布在一栋四层楼房内；最远距离：约 80 米；该网络通过专用光纤与上级机关的政务网相连；网络建设时间：三个月。张工据此撰写了需求分析报告，与常规网络建设的需求分析报告相比，该报告的最大不同之处应该是___（61）___。为此，张工在需求报告中特别强调应增加预算，以采购性能优越的进口设备。该需求分析报告___（62）___。

（61）A．网络隔离需求　　B．网络速度需求
C．文件加密需求　　D．邮件安全需求

（62）A．恰当，考虑周全
B．不是很恰当，因现有预算足够买国产设备

C．不恰当，因无须增加预算也能采购到好的进口设备

D．不恰当，因政务网的关键设备不允许使用进口设备

- 根据网络安全等级保护 2.0 的要求，对云计算实施安全分级保护。围绕“一个中心，三重防护”的原则，构建云计算安全等级保护框架。其中一个中心是指安全管理中心，三重防护包括：计算环境安全、区域边界安全和通信网络安全。以下安全机制属于安全管理中心的是__（63）__。

（63）A．应用安全　　B．安全审计　　C．Web 服务　　D．网络访问

- 利用虚拟化技术，实现业务功能与硬件设备分离的技术是__（64）__。

（64）A．SDN　　B．NFV　　C．区块链　　D．AI

- IEEE 802.11 MAC 子层定义的竞争性访问控制协议是__（65）__。之所以不采用与 IEEE 802.11 相同协议的原因是__（66）__。

（65）A．CSMA/CA　　B．CSMA/CB　　C．CSMA/CD　　D．CSMA/CG

（66）A．IEEE 802.11 协议的效率更高　　B．为了解决隐蔽终端问题

C．IEEE 802.3 协议的开销更大　　D．为了引进多种非竞争业务

- PKI 由多个实体组成，其中管理证书发放的是__（67）__，证书到期或废弃后的处理方法是__（68）__。

（67）A．RA　　B．CA　　C．CRL　　D．LDAP

（68）A．删除　　B．标记无效

C．放于 CRL 并发布　　D．回收放入待用证书库

- 结构化综合布线系统分为六个子系统，其中水平子系统的作用是__（69）__。

（69）A．实现各楼层设备间子系统之间的互联

B．实现中央主配线架和各种不同设备之间的连接

C．连接干线子系统和用户工作区

D．连接各个建筑物中的通信系统

- 下列指标中，仅用于双绞线测试的是__（70）__。

（70）A．最大衰减限值　B．波长窗口参数　C．回波损耗限值　D．近端串扰

- Methods for __（71）__ people differ significantly from those for authenticating machines and programs, and this is because of the major differences in the capabilities of people versus computers. Computers are great at doing __（72）__ calculations quickly and correctly, and they have large memories into which they can store and later retrieve Gigabytes of information. Humans don't. So we need to use different methods to authenticate people. In particular, the __（73）__ protocols we've already discussed are not well suited if the principal being authenticated is a person (with all the associated limitations).

All approaches for human authentication rely on at least one of the following:

- Something you know (eg. a password).This is the most common kind of authentication used for humans. We use passwords every day to access our systems. Unfortunately, something that you know can become something you just forgot. And if you write it down, then other people might find it.

- Something you ___（74）___ (eg. a smart card).This form of human authentication removes the problem of forgetting something you know, but some object now must be with you any time you want to be authenticated. And such an object might be stolen and then becomes something the attacker has.
- Something you are (eg. a fingerprint). Base authentication on something ___（75）___ to the principal being authenticated. It's much harder to lose a fingerprint than a wallet. Unfortunately, biometric sensors are fairly expensive and (at present) not very accurate.

（71）A．authenticating　B．authentication　C．authorizing　D．authorization

（72）A．much　B．huge　C．large　D．big

（73）A．network　B．cryptographic　C．communication　D．security

（74）A．are　B．have　C．can　D．owned

（75）A．unique　B．expensive　C．important　D．intrinsic

18.2 案例分析试卷

试题一（共 25 分）

阅读以下说明，回答问题 1 至问题 3，将解答填入答题纸对应的解答栏内。

【说明】某校园网架构如下图所示，要实现学生宿舍区和教师办公区的有线无线网络一体化认证，并对进出校园网的流量进行识别、过滤，确保网络安全。

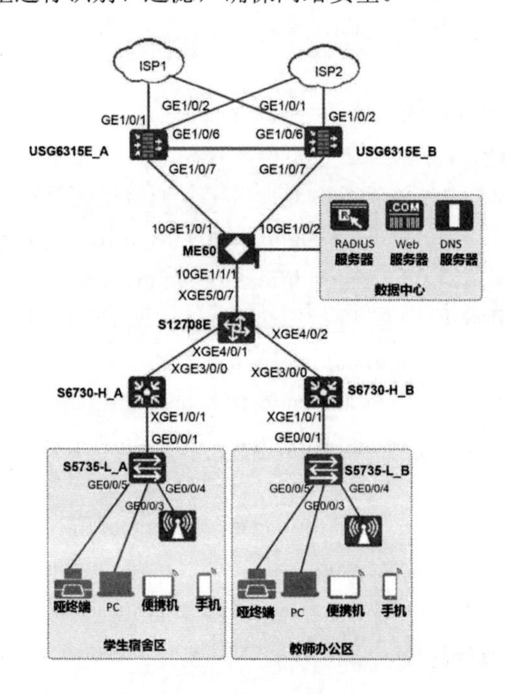

【问题1】（12分）

1．防火墙USG6315E和ME60设备，可能配置的功能有哪些？（6分）

2．简述该网络存在的风险与优化思路。（6分）

【问题2】（6分）

该网络中可能存在哪些认证方案？它们一般应用于什么场景？

【问题3】（7分）

1．无线控制器有几种部署方式？该网络中可能采用的是何种方式？（3分）

2．如果该网络中部署华为iMaster NCE方案，可以实现哪些功能？（4分）

试题二（共 25 分）

阅读以下说明，回答问题 1 至问题 2，将解答填入答题纸对应的解答栏内。

【说明】某企业数据中心部署有 Web、销售管理系统、数据库等多个应用，利用多种类型服务器和存储构建企业 IT 资源池，大部分业务均运行在虚拟机上，该企业网络架构图如下：

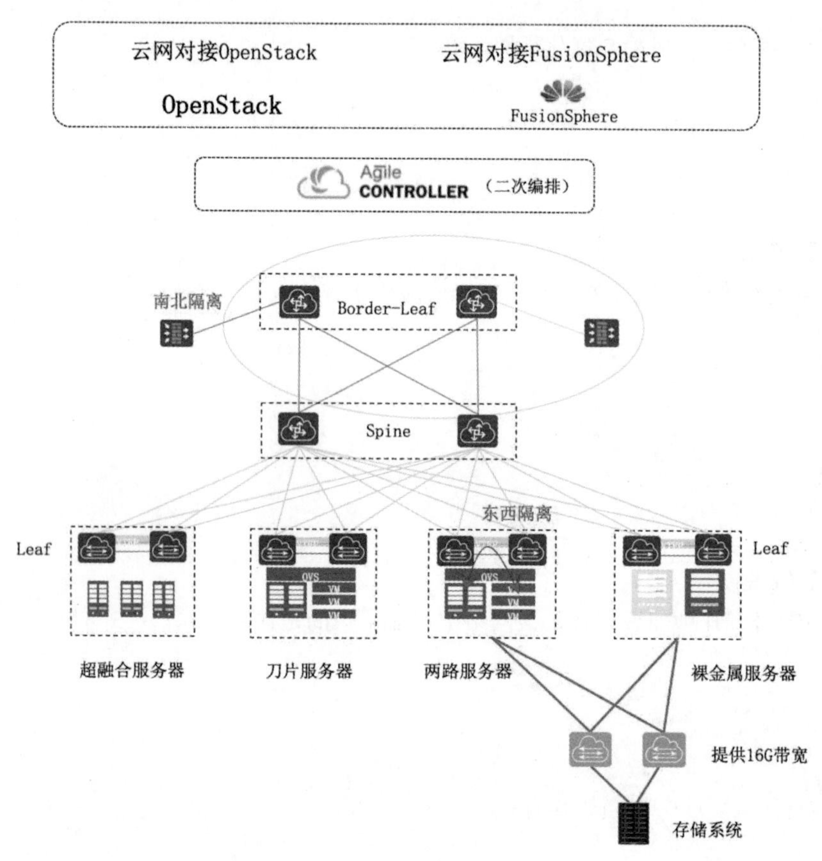

【问题 1】（12 分）

1．采用虚拟机部署业务，有哪些优势和问题？（5 分）

2．虚拟机迁移要求 IP 地址和 MAC 地址保持不变，通常采用___（1）___技术在数据中心中构建___（2）___网络，保障虚拟化平滑从一台物理服务器迁移到另外一台物理服务器。本次数据中心采用 Spine-leaf 网络架构，与传统三层网络架构有何区别，有何优势？（7 分）

【问题 2】（7 分）

1．该企业涉及生产制造的核心都存放在数据库中，为了保障数据安全，决定对核心数据进行备份。不影响业务网络和业务服务器，建议采用的备份网络架构是___（3）___，为了最大程度节省存储空间，建议采用___（4）___备份策略。（4 分）

2．___（5）___技术中 RTO=0，且 RPO=0，常用于___（6）___场景。（6）为多选。（3 分）

（5）A．同步复制　B．异步复制　C．LUN 拷贝　D．快照

（6）A．暖备数据中心　B．主备数据中心　C．双活数据中心　D．两地三中心

【问题 3】（6 分）

1．该企业部署了基于的 Hadoop 大数据分析系统，Hadoop 有三个主要的核心组件，___（7）___负责分布式文件存储，___（8）___负责分布式计算，___（9）___负责资源调度。（3 分）

2．简述现代化数据中心的发展趋势有哪些。（3 分）

试题三（共 25 分）

阅读以下题目，回答问题 1 至问题 3，将解答填入答题纸对应的解答栏内。

西北工业大学，简称“西工大”，是以同时发展航空、航天、航海工程教育和科学研究为特色的全国重点大学。2022 年 6 月，西工大遭受了来自美国国家安全局 NSA“特定入侵行动办公室”（TAO）的网络攻击，影响恶劣。TAO 使用“酸狐狸”平台对西北工业大学内部主机和服务器实施中间人劫持攻击，部署“怒火喷射”远程控制武器，控制多台关键服务器。利用木马级联控制渗透的方式，向西北工业大学内部网络深度渗透，先后控制运维网、办公网的核心网络设备、服务器及终端，并获取了部分西北工业大学内部路由器、交换机等重要网络节点设备的控制权，窃取身份验证数据，并进一步实施渗透拓展，最终达成了对西北工业大学内部网络的隐蔽控制。

【问题 1】（10 分）

1．针对西工大的网络攻击属于什么攻击？如何防范？（6 分）

2．攻击者为了隐藏自己的身份和攻击痕迹，通常有哪些方式？（4 分）

【问题 2】（8 分）

按照网络安全测评的实施方式，测评主要包括安全功能检测、安全管理检测、代码安全审查、安全渗透、信息系统攻击测试等。王工调阅了部分网站后台处理代码，发现网站某页面的数据库查询代码存在安全漏洞，代码如下：

```
1 <?php
2 if(isset($GET['Submit'])){
3
4    //Retrieve data
5   $id= $_GET['id'];
6
7 $getid = "SELECT first_name,last_name FROM users WHRER user_id = '$id' ";
```

```
8  $result = mysql_query($getid)or die('<pre>'.mysql_error().'<pre>');
9
10 $num = mysql_numrows($result);
11
12   $i=0;
13   while($i  <  $num){
14
15          $first = mysql_result(Sresult,$i,"first_name");
16          $last = mysql_result($result,$i,"last_name");
17
18          ehco'<pre>'
19          ehco 'ID:' .$id .'<br>First name:' .$first '<br>Surname:'.$last;
20         ehco '<pre>'
21
22          $i++;
23       }
24    }
25 ?>
```

（1）请问上述代码存在哪种漏洞？（2 分）

（2）为了进一步验证自己的判断，王工在该页面的编辑框中输入了漏洞测试语句，发起测试。请问王工最有可能输入的测试语句对应以下哪个选项？（2 分）

A．or 1=1--order by 1　　B．1 or '1'='1'=1 order by 1#

C．1' or 1=1 order by 1#　　D．1' and '1'='2' order by 1#

（3）根据上述代码，网站后台使用的是哪种数据库系统？（2 分）

（4）王工在对数据库中保存口令的数据表进行检查的过程中，发现口令为明文保存，于是给出了整改建议，建议李工对源码进行修改，以加强口令的安全防护，降低敏感信息泄露风险。下面给出四种在数据库中保存口令信息的方法，李工在安全实践中应采用哪一种方法？（2 分）

A．Base64　　B．MD5

C．哈希加盐　　D．加密存储

【问题 3】（7 分）

（1）按照等级保护 2.0 的要求，政府网站的定级不应低于几级？该等级的测评每几年开展一次？（2 分）

（2）网络安全等级保护 2.0 安全管理包含：安全管理制度、安全管理机构、安全管理人员、安全建设管理和安全运维管理。应设立系统管理员等岗位，并定义各个工作岗位的职责，并配备一定数量的系统管理员属于______。保证在外部人员访问受控区域前得到授权或审批属于______。根据安全保护等级选择基本安全措施，依据风险分析的结果补充和调整安全措施，确保网络安全产品采购和使用符合国家的有关规定属于______。采取必要的措施识别安全漏洞和隐患，对发现的安全漏洞和隐患及时进行修补或评估可能的影响后进行修补______。规定任何人不得在网站及其连网的计算机上收阅下载传递有政治问题和淫秽色情内容的信息属于______。（5 分）

18.3　综合知识答案与解析

（1）【答案】C

【解析】掌握下表中软件测试阶段、测试依据与测试方法。

	别名	测试阶段	测试对象	测试人员	测试依据	测试方法
单元测试（UT）	模块测试 组件测试	在编码之后进行，来检验代码的正确性	模块、类、函数和对象也可能是更小的单元（如：一行代码，一个单词）	白盒测试工程师或开发人员	依据代码、详细设计文档来进行测试	白盒测试
集成测试（IT）	组装测试 联合测试	单元测试之后，检验模块间接口的正确性	模块间的接口	白盒测试工程师或开发人员	单元测试的文档、概要设计文档	黑盒测试+白盒测试（灰盒测试）
系统测试（ST）	—	集成测试之后	整个系统（软件、硬件）	黑盒测试工程师	需求规格说明书	黑盒测试
验收测试	交付测试	系统测试通过后	整个系统（软件、硬件）	最终用户或需求方	用户需求、验收标准	黑盒测试

（2）【答案】A

【解析】数据库事务的 4 个特性：①原子性；②一致性；③隔离性；④持久性。

特征	内容
原子性	一个事务是一个不可分割的工作单位，事务在执行时，应该遵守“要么不做，要么全做”（Nothing or All）的原则，即不允许完成部分的事务
一致性	事务对数据库的作用是数据库从一个一致状态转变到另一个一致状态。所谓数据库的一致状态是指数据库中的数据满足完整性约束。事务的一致性与原子性是密切相关的
隔离性	如果多个事务并发地执行，应像各个事务独立执行一样，一个事务的执行不能被其他事务干扰。即一个事务内部的操作及使用的数据对并发的其他事务是隔离的。并发控制就是为了保证事务间的隔离性
持久性	持久性指一个事务一旦提交，它对数据库中数据的改变就应该是持久的，即使数据库因故障而受到破坏，DBMS 也应该能够恢复

（3）【答案】D

【解析】在读操作上 RAID 5 和 RAID 10 相当，由于 RAID 10 不存在数据校验的问题，每次写操作只是单纯的执行，所以在写性能上 RAID 10 好于 RAID 5。RAID 5 磁盘利用率是$(N-1)/N$，最少 3 块磁盘。

（4）【答案】A

【解析】来自清华大学新闻学院沈阳教授的发言，元宇宙主要有以下几项核心技术：

1）扩展现实技术，包括 VR 和 AR。扩展现实技术可以提供沉浸式的体验，可以解决手机解决不了的问题。

2）数字孪生，能够把现实世界镜像到虚拟世界里面去。这也意味着在元宇宙里面，我们可以看到很多自己的虚拟分身。

3）用区块链来搭建经济体系。随着元宇宙的进一步发展，对整个现实社会的模拟程度加强，我们在元宇宙当中可能不仅仅是在花钱，而且有可能赚钱，这样在虚拟世界里同样形成了一套经济体系。

（5）【答案】A

【解析】2021 年 6 月 10 日，十三届全国人大常委会第二十九次会议通过了《中华人民共和国数据安全法》，并于 2021 年 9 月 1 日起施行。

（6）【答案】B

【解析】页面大小为 4K ，那么需要 2^{12} 表示页内地址。148H=0148H 是十六进制表示，1 个十六进制数=4 个二进制数，则该数表示 16 个二进制数，且最后 12 位表示页内地址，前 4 位表示页号。即 0148H 中页帧号为 5，页内地址为 148H，查询页表后，可得到页号对应的页帧号是 3，那么地址经过变换后是 5148H，选 B 选项。

（7）【答案】C

【解析】掌握国产密码算法。

算法名称	算法特征描述
SM1	对称加密，分组长度和密钥长度都为 128 比特
SM2	非对称加密，用于公钥加密算法、密钥交换协议、数字签名算法
SM3	杂凑算法，分组 512 位，输出杂凑值长度为 256 位
SM4	对称加密，分组长度和密钥长度都为 128 比特
SM9	标识密码算法，支持公钥加密、密钥交换、数字签名等安全功能

（8）【答案】C

【解析】计算机输入输出 I/O 控制有四种方式：直接程序控制（软件方式）、中断方式（软件+硬件方式）、直接存储器存取（DMA）、I/O 通道方式。

- 直接程序控制/程序查询（软件方式）：软件方式会消耗 CPU 资源，导致 CPU 利用率低，因此，这种方式适合工作不太繁忙的系统。
- 中断方式（软件+硬件方式）：当出现来自系统外部、机器内部甚至处理机本身的任何例外时，CPU 暂停执行现行程序，转去处理这些事情，等处理完成后再返回来继续执行原先的程序。中断处理过程为：

1）CPU 收到中断请求后，如果 CPU 中断允许触发器是 1，则在当前指令执行完成后，响应中断。

2）CPU 保护好被中断的主程序的断点及现场信息，保持中断前一时刻的状态不被破坏。

3）CPU 根据中断类型码从中断向量表中找到对应中断服务程序的入口地址，并进入中断服务程序。

4）中断服务程序执行完毕后，CPU 返回中断点处继续执行刚才被中断的程序。

- 直接存储器存取（DMA）方式：DMA 方式不是用软件而是采用一个专门的控制器（相当于一个硬件设备）来控制内存与外设之间的数据交流，无须 CPU 介入，可大大提高 CPU 的工作效率。
- I/O 通道方式：又称输入/输出处理器（IOP），目的是使 CPU 摆脱繁重的输入输出负担和共享输入输出接口，多用于大型计算机系统中。根据多台外围设备共享通道的不同情况，可将通道分为三种类型：字节多路通道、选择通道和数组多路通道。

（9）**【答案】**D

【解析】把高级语言源程序翻译成机器语言程序的方法有“解释”和“编译”两种。

- 编译：先把源程序翻译成目标程序，然后计算机再执行该目标程序，比如 C++和 C 语言编写的程序，会先编译成 exe 目标程序，之后再执行。
- 解释（翻译）：源程序进入计算机后，解释程序边扫描边解释，逐句输入，逐句翻译，计算机一句句执行，并不产生目标程序，如 BASIC、Python。
- 编译程序与解释程序最大的区别之一在于前者生成目标代码，而后者不生成。此外，前者产生的目标代码的执行速度比解释程序的执行速度要快，后者人机交互好，适于初学者使用。

（10）**【答案】**B

【解析】《中华人民共和国著作权法》规定作者的署名权、修改权和保护作品完整权不受时间限制，其他权利为作者终生及其死亡后的 50 年，掌握下表。

不同作品或产品的保护期限

客体类型	权利类型	保护期限
公民作品	署名权、修改权、保护作品完整权	没有限制
	发表权、使用权和获得报酬权	作者终生及其死亡后的 50 年（第 50 年的 12 月 31 日）
单位作品	发表权、使用权和获得报酬权	50 年（首次发表后的第 50 年的 12 月 31 日），若期间未发表，不保护
公民软件产品	署名权、修改权	没有限制
	发表权、复制权、发行权、出租权、信息网络传播权、翻译权、使用许可权、获得报酬权、转让权	作者终生及其死亡后的 50 年（第 50 年的 12 月 31 日）。对于合作开发的，则以最后死亡的作者为准
单位软件产品	发表权、复制权、发行权、出租权、信息网络传播权、翻译权、使用许可权、获得报酬权、转让权	著作权的保护期为 50 年（首次发表后的第 50 年的 12 月 31 日），若 50 年内未发表，不予保护

续表

客体类型	权利类型	保护期限
注册商标		有效期为 10 年（若注册人死亡或倒闭 1 年后，未转移则可注销，期满后 6 个月内必须续注）
发明专利权		保护期为 20 年（从申请日开始）
实用新型专利权		保护期为 10 年（从申请日开始）
外观设计专利权		保护期为 15 年（从申请日开始）
商业秘密		不确定，公开后公众可用

（11）【答案】D

【解析】掌握 CRC 计算过程，这是高频考点。

（12）【答案】A

【解析】B、C、D 选项都是分组交换，其中 B、D 选项是分组交换中的虚电路模式，C 选项是分组交换中的数据报方式。ADSL 主要借助传统电话线通过 Cable Modem 供用户上网，故依赖传统电话网络，是电路交换。

（13）、（14）【答案】B　D

【解析】每秒传 200 字符，而每个字符有 1+7+2+1=11 位，那么每秒传 200×11=2200bit，即 2.2kb/s，有效数据位占 7/11，故有效速率为 7/11×2.2kb/s=1.4kb/s；或者直接字符数量×每个字符的有效数据位：200×7=1400bit/s=1.4kb/s。曼彻斯特编码效率是 50%，最大波特率是数据速率的 2 倍，4400 Baud。

（15）【答案】C

【解析】光纤分多模光纤和单模光纤两类，多模光纤传输距离近，单模光纤传输距离远。

（16）【答案】C

【解析】HDLC 分为三种帧，信息帧、监控帧、无编号帧，帧格式如下图所示：

标志：1字节	1字节	1字节	≥0字节	2字节	标志：1字节
01111110	地址	控制字段	DATA	FCS	01111110

I帧：信息帧	0	N(S)			P/F	N(R)		
S帧：监控帧	1	0	S		P/F	N(R)		
U帧：无编号帧	1	1	M		P/F	M		
比特序号：	1	2	3	4	5	6	7	8

记忆符	名称	S字段		功能
RR	接收准备好	0	0	确认，且准备接收下一帧，已收妥N(R)以前的各帧
RNR	接收未准备好	1	0	确认，暂停接收下一帧，N(R)含义同上
REJ	拒绝接收	0	1	否认，否认N(R)起的各帧，但N(R)以前的帧已收妥
SREJ	选择拒绝接收	1	1	否认，只否认序号为N(R)的帧

- 信息帧（I 帧）：第 1 位为 0，用于承载数据和控制。N(S)表示发送帧序号，N(R)表示下一个预期要接收帧的序号，N(R)=5，表示下一帧要接收 5 号帧。N(S)和 N(R)均为 3 位二进制编码，可取值 0～7。

- 监控帧（S 帧）：前两位为 10，监控帧用于差错控制和流量控制。S 帧控制字段的第三、四位为 S 帧类型编码，共有四种不同的编码，含义如上表所示。
- 无编号帧（U 帧）：控制字段中不包含编号 N(S)和 N(R)，U 帧用于提供对链路的建立、拆除以及多种控制功能，但是当要求提供不可靠的无连接服务时，它有时也可以承载数据。
- HDLC 和 TCP 都有流量控制机制，常用的流量控制协议是停等协议和滑动窗口协议。
- 停等协议：发送站发一帧，收到应答信号后再发送下一帧，接收站每收到一帧后都回送一个应答信号（ACK），表示愿意接收下一帧，如果接收站不应答，发送站必须等待。
- 滑动窗口协议：主要思想是允许发送方连续发送多个帧而无须等待应答确认。

故 D 选项，发送器每收到一个确认帧，就把窗口向前滑动一格表述错误，因为一个确认帧可以确认多个数据帧正确接收，窗口也可能移动多格。

（17）**【答案】** A

【解析】 模拟通信是电路交换，采用频分复用。修改为数字方式，每 5 秒拍照 1 次，是典型的 TDM 时分复用。

（18）**【答案】** D

【解析】 CSMA/CD 检测出冲突的条件是帧的发送时间不小于信号在最远两个站点之间往返传输的时间。如果帧的长度减少了，其发送时间会减少，为了保证 CSMA/CD 正常工作，最远两个站点之间往返传输的时间必然减少，即电缆长度一定要缩短。假设电缆减少的长度是 x 米，则信号往返减少的路程长度为 $2x$ 米，因此 $2x/(200000\times1000)\geqslant 800/10^9$，得到 $x\geqslant 80$。

注：$1\text{Gb/s}=1000\times1000\text{Kb/s}=1000\times1000\times1000\text{b/s}=10^9\text{b/s}$。

（19）**【答案】** D

【解析】 考查 TCP 拥塞控制，掌握慢启动与拥塞控制的过程。

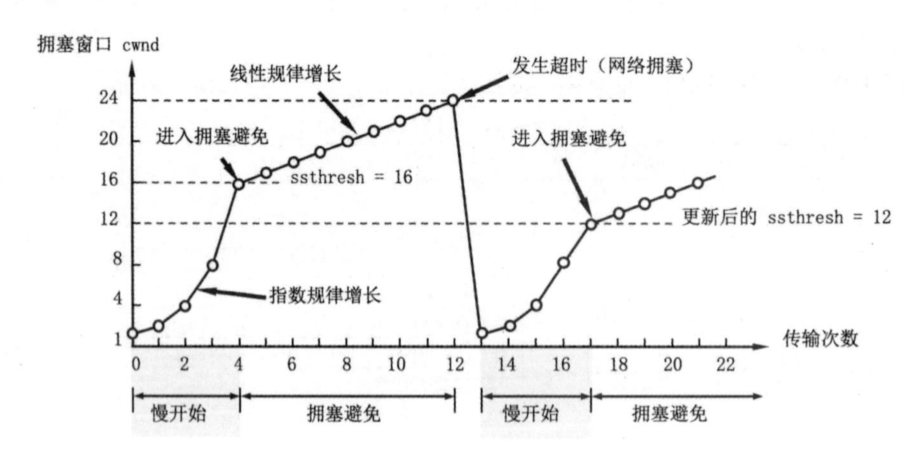

（20）**【答案】** C

【解析】

1）把 30dB 信噪比，转换为 S/N。dB 与 S/N 的关系是 $\text{dB}=10\log10(S/N)$，把 30dB 代入公式即

得到：30=10log10(S/N)，即 3=log10(S/N)，那么 $S/N\approx10^3$=1000。

2）把 S/N 代入香农公式，则可以计算出最大速率：$C=B\log_2(1+S/N)=3000\times\log_2(1+1000)\approx$ 30000b/s。

（21）、（22）**【答案】** D B

【解析】 IP 报头最小为 20 个字节（最大可扩展到 60 字节），TCP 报头最小也是 20 个字节（最大 60 字节），则 IP 报头和 TCP 报头最小为 40 字节，最大为 120 字节。以太网帧最大帧长为 1518 字节，包含 18 字节以太网报头，最少 20 字节 IP 报头，最少 20 字节 TCP 报头，则封装在以太帧中的 TCP 数据最大为 1460 字节。

（23）**【答案】** C

【解析】 DHCP 常见报文如下：

DHCP Discover：主机发送此报文发现 DHCP 服务器。

DHCP Offer：DHCP 服务器发送此报文，向客户端提供 IP 地址。

DHCP Request：主机发送此报文，从服务器 Offer 的地址中选择一个（DHCP 续期也用的此报文）。

DHCP Ack：确认某个地址给主机使用。

DHCP Decline：DHCP 客户端收到 DHCP 服务器回应的 ACK 报文后，通过地址冲突检测发现服务器分配的地址冲突或者由于其他原因导致不能使用，则发送 Decline 报文，通知服务器所分配的 IP 地址不可用。通知 DHCP 服务器禁用这个 IP 地址以免引起 IP 地址冲突，客户端重新开始 DHCP 过程。

DHCP Nack：DHCP 地址池空了，没有可分配的 IP，或者用户请求的地址不能分配给用户使用。

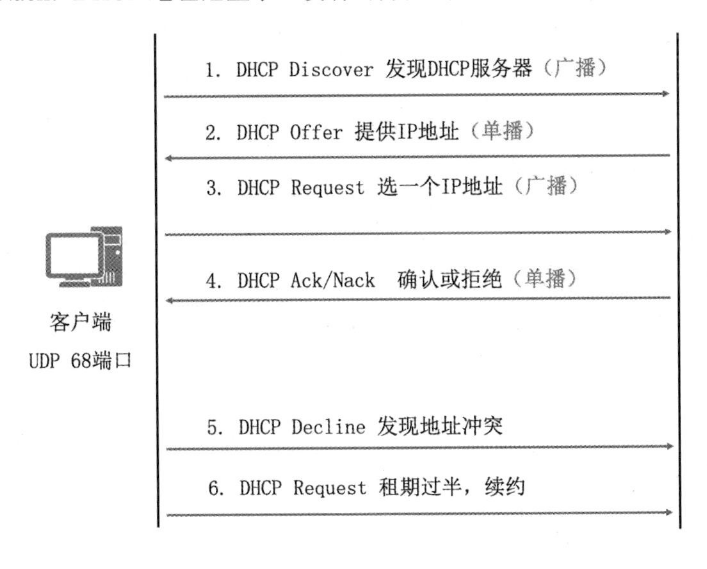

（24）～（26）**【答案】** B A C

IP 数据报为 3820 字节，除去 IP 头长度为 3800，具体分片如下：

报文	特征			
	总长度	数据长度	MF	片偏移
原始数据报	3820	3800	0	0
数据报片 1	1396	1376	1	0（0/8）
数据报片 2	1396	1376	1	172（1376/8）
数据报片 3	1068	1048	0	344（2752/8）

【解析】考查 IP 数据报数据长度、MF 和片偏移知识点。1380 不能被 8 整除（1380/8=172.5），故片偏移只能取 172，如果取 173，那么 173×8=1384，会造成溢出，因为 MTU 是 1380。

（27）【答案】D

【解析】滑动窗口是 TCP 的流控措施，接收方通过通告发送方自己的可以接收的缓冲区大小，从而控制发送方的发送速度。拥塞窗口（cwnd）是 TCP 拥塞控制措施，发送方维持的一个状态变量。拥塞窗口的大小取决于网络的拥塞程度，并且动态变化，发送方让自己的发送窗口等于 min[拥塞窗口，滑动窗口]。TCP 首部的窗口是指滑动窗口，A 选项和 B 选项描述的是滑动窗口。

（28）【答案】C

【解析】掌握电子邮件协议 SMTP（TCP 25）、POP3（TCP 110）和 IMAP4（TCP 143），而 SET（Secure Electronic Transaction）安全的电子交易，用于保障电子商务安全。

（29）、（30）【答案】D　A

【解析】DHCP 第一个数据包是 DHCP Discover，广播发送。DHCP 采用 UDP 67 端口和 68 端口，客户端是 68 端口，服务器端是 67 端口。

（31）【答案】C

【解析】不同网页之间传递参数有 4 种方法：Cookie、Session、数据库和 Ajax。其中 Cookie 方法将参数保存在客户端硬盘中（存在安全隐患），Session 将参数保存在服务器缓存中（数据量受限），数据库方法将参数保存在数据库中（存在数据结构化和速度问题），Ajax 以局部更新页面的方式实现参数的传递。下表为 Cookie、Session 和 Cache 的对比。

类型	功能描述
Cookie	提供一种在 Web 应用程序中存储用户特定信息的方法。当用户访问站点时，Cookie 存储用户信息，当该用户再次访问该网站时，可以检索以前存储的信息。Cookie 存储于客户端硬盘上，与用户相关，在一定时间内持久化存储，可以跨浏览器共享数据，需要被序列化，发生服务器-客户端数据传输
Session	为当前用户会话提供信息。提供对会话缓存的访问，以及控制如何管理会话的方法。存储在服务器的内存中，因此与在数据库中存储和检索信息相比，它的执行速度更快。会话状态应用于单个的用户和会话。在会话的整个生存期中存在即不会被主动丢弃，不被序列化，不发生服务器-客户端数据传输
Cache	存储于服务器的内存中，允许自定义缓存项以及缓存时间。它不与会话相关，所以它是多会话共享的，因此使用它可以提高网站性能，但是可能泄露用户的安全信息。另外，在服务器缺乏内存时可能会自动移除 Cache，因此需要在每次获取数据时检测该 Cache 项是否还存在。Cache 与会话无关，根据服务器内存资源的状况随时可能被丢弃，不被序列化，不发生服务器-客户端数据传输

（32）～（34）【答案】C　A　C

【解析】图 1 显示的是主机路由表，命令是 route print 或 netstat -r，图 2 是交换机 MAC 地址表，命令是 display mac-address。需牢记路由表、MAC 地址表、ARP 表格式。

（35）【答案】A

【解析】NB-IoT 可以复用运营商基站，发射 NB-IoT 信号，覆盖能力强，可以实现海量终端连接（理论上 1 个 NB-IoT 基站可以带 20 万个终端），适用于小数据量、低功耗场景，常用于智能电表、智能水表、智能井盖等场景。

（36）【答案】A

【解析】SDON 聚焦于将软件定义技术融入光网络的综合解决方案，其关键技术主要包括 SDON 控制平面、光层虚拟化、可编程光层传输、分组与光集成控制等。SD-Campus、SD-WAN、SD-DC、SD-Sec 也都是 SDN 在不同场景的应用，分别是软件定义园区网、软件定义广域网、软件定义数据中心、软件定义安全。

（37）、（38）【答案】C　B

【解析】（37）首先排除 B 选项和 D 选项，这两个主要用于局域网，不能异地存取。A 选项和 C 选项中建议选 C 选项，因为 SAN 是通用存储，而 NAS 只能用于文件存取，题目中没有出现文件共享。（38）首先排除 A 选项，RAID 0 没有数据冗余功能，故可靠性不高。RAID 1 与 RAID 6 哪个可靠性更高？RAID1 最多坏一半硬盘，比如有 8 块硬盘做 RAID 1，最多允许坏 4 个，但不能数据盘和镜像盘同时故障，否则会造成数据丢失。如果是 8 盘 RAID 6，则任意两块盘故障，都不会影响数据。所以，从最大坏盘数量来看，RAID 1 可靠性更高，从随机坏盘数量来看，RAID 6 可靠性更高，故（38）存在一定争议。

（39）【答案】A

【解析】在域名解析过程中，根域名服务器一般是迭代查询，排除 D 选项。授权域名服务可能是递归查询，也可能是迭代查询，故 C 选项不对；主域名服务器（本地域名服务器）没有给客户返回查询结果，肯定是迭代查询，故排除 B 选项，正确答案选 A 选项。

（40）、（41）【答案】B　C

【解析】ICMP（Internet Control Message Protocol）用于进行网络差错控制，包含多种类型：

1）请求/响应（类型 8/0）：用于测试两个节点之间的通信线路是否联通，发送方使用 echo request 报文，接收方回送 echo reply 报文，ping 工具底层依赖这两个报文。

2）地址掩码（请求/响应，类型 17/18）：主机可以利用这种报文获得它所在的 LAN 的子网掩码。主机先发广播请求报文，同一局域网内的路由器以地址掩码响应报文回答，告诉主机子网掩码。

3）源抑制（类型 4）：这种报文提供了一种流量控制的方式。如果路由器或目的主机缓冲资源耗尽而必须丢弃数据报，则每丢弃一个数据报就向源主机发回一个源抑制报文，这时源主机必须降低发送速度。另外一种情况是系统的缓冲区已用完，并预感到行将发生拥塞，则会发出源抑制报文。

4）路由重定向（类型 5）：路由器向直接相连的主机发出重定向报文，告诉主机一个更短的路径。例如，路由器 R1 收到本地网络上的主机发来的数据报，R1 检查它的路由表，发现要把数据报发往网络 M，必须先转发给路由器 R2，而 R2 又与源主机在同一网络中，于是 R1 向源主机发出路由重定向报文，把 R2 的地址告诉它，让主机直接把报文发给 R2，不用通过 R1 中转。

（42）、（43）**【答案】** B　D

【解析】 用户私钥可以用于数字签名（数字签名的本质是：使用用户的私钥对数据的 Hash 值进行加密的过程）。如果对方使用用户的公钥进行数据加密，用户也可以使用私钥进行解密。

（44）**【答案】** D

【解析】 Hash 算法可用于消息认证，常见的有 MD5 和 SHA。

（45）**【答案】** B

【解析】 Hash 算法 3DES 密钥长度一般是 112 位，通过 2 个密钥执行 3 次加解密操作、AES 密钥长度可变，支持 128、192 位和 256 位三种密钥长度，RC4 加密算法速度快。

（46）**【答案】** D

【解析】 数字证书中包含用户的公钥，没有用户的签名，所以 D 选项不可能包含在数字证书中。

（47）**【答案】** A

【解析】 OSPF 采用 SPF 算法，RIPv2 组播更新，RIP 两个版本度量值都是跳数。两个版本对比如下：

RIPv1	RIPv2
有类，不携带子网掩码	无类，携带子网掩码
广播更新	组播更新（224.0.0.9）
周期性更新（30s）	触发更新
不支持 VLSM、CIDR	支持 VLSM、CIDR
不提供认证	提供明文和 MD5 认证

（48）、（49）**【答案】** B　D

【解析】 以太网是广播网络，X.25 是非广播多址网络。

（50）**【答案】** A

【解析】 B 选项描述的是 SNMPTrap，SNMP 服务器必须开启 SNMPTrap（UDP 162），而不一定开启 SNMPService（UDP 161），SNMPService 是客户端需要开启的服务，使用 UDP 端口 161。

（51）**【答案】** C

【解析】 参考第（42）和（43）题的解析。

（52）、（53）**【答案】** A　B

【解析】 IP 报头中有 8bit，称为服务类型，定义了优先级（3 位）、延迟、吞吐量、可靠性等一系列 QoS 指标，但网络一直没有使用这些定义。后来将服务类型改为区分服务（DS），用于区分 IP 分组不同的等级及丢弃优先级。Diffserv 实现 QoS 的基本思想是：边界路由器对数据包进行分类，打上不同的 DS 标识，并利用 SLA 和 PHB 选择不同的队列转发，以实现有区别的服务，保证高优先级的数据包得到服务质量保证。QoS 的三种服务模型对比见下表。

术语	解释
Best-Effort service（尽力而为服务模型）	Best-Effort 是一个单一的服务模型，也是最简单的服务模型。 对 Best-Effort 服务模型，网络尽最大的可能来发送报文。但对延时、可靠性等性能不提供任何保证。 Best-Effort 服务模型是网络的缺省服务模型，通过先入先出（First In First Out，FIFO）队列来实现。它适用于绝大多数网络应用，如 FTP、E-mail 等
综合服务模型（Integrated service，Int-Serv）	Int-Serv 可以满足多种 QoS 需求。该模型使用资源预留协议（RSVP），RSVP 运行在从源端到目的端的每个设备上，可以监视每个流，以防止其消耗资源过多。这种体系能够明确区分并保证每一个业务流的服务质量，为网络提供最细粒度化的服务质量区分。 但是，Inter-Serv 模型对设备的要求高，当网络中的数据流数量很大时，设备的存储和处理能力会遇到很大的压力。Inter-Serv 模型可扩展性差，难以在 Internet 核心网络实施
区分服务模型（Differentiated service，Diff-Serv）	Diff Serv 是一个多服务模型，它可以满足不同的 QoS 需求。与 Int-Serv 不同，它不需要通知网络为每个业务预留资源。区分服务实现简单，扩展性较好。 DiffServ 模型的基本思想是根据预先确定的规则对数据流进行分类，给不同类型流量确定不同的优先级和操作

（54）、（55）**【答案】** D　D

【解析】 1 个 C 类网络的可用地址是 254 个，如果 4000 台主机，则需要 4000/254≈16。

由于 2^{10}=1024（熟记 2^{10}≈1000），那么 4000=2^2×1000≈2^2×2^{10}=2^{12}，则主机位是 12，那么网络位是 32-12=20，转换则为 255.255.240.0。

（56）**【答案】** D

【解析】 掌握六种 DNS 记录类型。

（57）**【答案】** B

【解析】 考查防火墙基础，一般包含四个区域：DMZ、Trust、Untrust 和 Local（代表防火墙自身）。

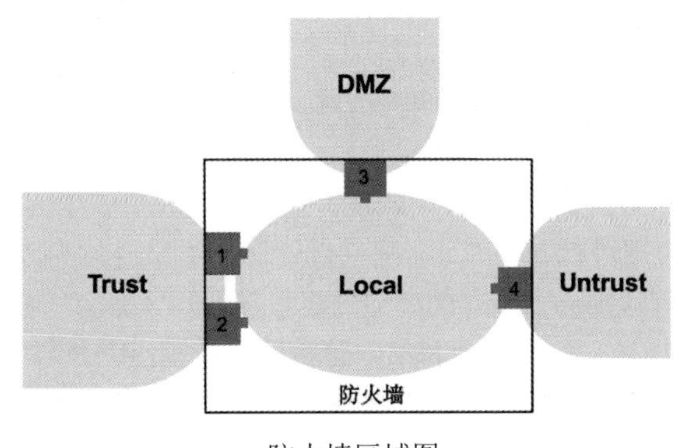

防火墙区域图

各区域默认安全级别如下表所示，受信任程度：Local > Trust > DMZ > Untrust。

安全区域	安全级别	说明
Local	100	设备本身，包括设备的各接口本身
Trust	85	通常用于定义内网终端用户所在区域
DMZ	50	通常用于定义内网服务器所在区域
Untrust	5	通常用于定义 Internet 等不安全的网络

针对经过防火墙的流量是 inbound 还是 outbound 主要看区域优先级，从优先级低的区域访问优先级高的区域方向是 inbound，反之就是 outbound。比如 Untrust 区域（优先级 5）访问 Trust 区域（优先级是 85），从优先级为 5 的区域到优先级为 85 的区域，流量属于 inbound。

（58）**【答案】**B

【解析】IPv6 的链路本地地址是将主机网卡 MAC 地址附加在链路本地地址前缀 1111 1110 10 之后形成的。链路本地地址用于同一链路相连的节点间通信，链路本地地址相当于 IPv4 中自动专用 IP 地址（APIPA），可用于邻居发现，并且自动配置，包含链路本地地址的分组不会被路由器转发。

（59）**【答案】**A

【解析】WPA2 需要采用高级加密标准（AES）的芯片组来支持，并且定义了一个具有更高安全性的加密标准 CCMP。WLAN 安全包含如下方法与技术：

1）SSID 访问控制：隐藏 SSID，让不知道的人搜索不到。

2）物理地址过滤：在无线路由器设置 MAC 地址黑白名单。

3）WEP 认证和加密：采用 PSK 预共享密钥认证，加密算法是 RC4。

4）WPA（802.11i 草案）：采用 802.1x 认证，加密算法是 RC4（增强）和 TKIP（临时密钥完整协议，动态改变密钥），可以实现完整性认证和防重放攻击。

5）WPA2（802.11i）：针对 WPA 进行了优化，加密协议是基于 AES 的 CCMP。

（60）**【答案】**C

【解析】100Base-TX 采用两对 5 类 UTP 或者两对 STP 进行传输。

（61）、（62）**【答案】**A　D

【解析】不允许与互联网连接，可能是政务内网，必须考虑安全隔离需求，同时采用国产设备。

（63）**【答案】**B

【解析】所谓“一个中心，三重防护”，就是针对安全管理中心和计算环境安全、区域边界安全、通信网络安全的安全合规进行方案设计，建立以计算环境安全为基础，以区域边界安全、通信网络安全为保障，以安全管理中心为核心的信息安全整体保障体系。“安全管理中心”这一控制项主要包括**系统管理、审计管理、安全管理和集中管控**四个控制点。所以安全审计机制属于“安全管理中心”这一控制项。该控制项主要的检查点包括系统、审计、安全管理。

等保五个标准步骤：系统定级、备案、建设整改、等级测评、监督检查。

等保测评周期：二级信息系统每两年测评一次，三级信息系统每年测评一次，四级信息系统每半年测评一次。五级属于特殊范畴进行特殊审查。一般企业的信息系统定级都在二级、三级。

（64）【答案】B

【解析】SDN 实现设备控制层面与数据层面分离，而 NFV 主要实现软硬分离，通过软件实现各种功能，比如 vFW 虚拟防火墙、vIPS 虚拟入侵检测系统、vLB 虚拟负载均衡，将各种软件安装在虚拟机中即可实现相应功能，无须再单独购买硬件设备。NFV 在数据中心领域已经有大量应用。区块链主要强调去中心化和不可篡改性，用于金融债券、版权保护、食品溯源等领域，AI 是人工智能。

（65）、（66）【答案】A　B

【解析】基础题目，理解即可。

（67）、（68）【答案】B　C

【解析】本题考查 PKI 基础知识，建议与 Kerberos 对比记忆。

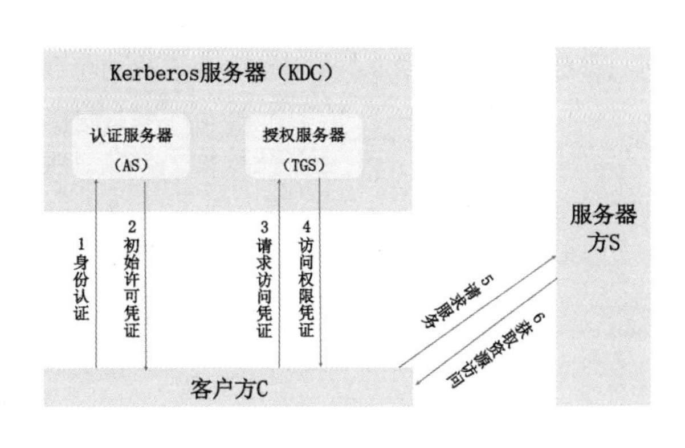

Kerberos 体系结构

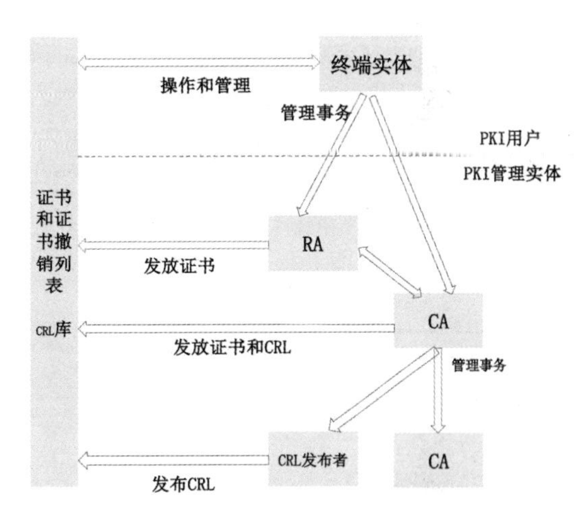

PKI 体系结构

（69）【答案】C

【解析】水平子系统：目的是实现信息插座和管理子系统（跳线架）间的连接。该子系统由一个工作区的信息插座开始，经水平布置到管理区的内侧配线架的线缆所组成。水平子系统电缆长度要求在 90m 范围内，它是指从楼层接线间的配线架至工作区的信息插座的实际长度。

干线子系统：作用是通过骨干线缆将主设备间与各楼层配线间体系连接起来，由设备间的配线设备和跳线以及设备间至各楼层配线间的连接电缆构成，由于其通常是顺着大楼的弱电井而下，是与大楼垂直的，因此也称为垂直子系统。

（70）【答案】D

【解析】专用故障排查工具参考如下：

- 欧姆表、数字万用表及电缆测试器：利用这些参数可以检测电缆的物理连通性。测试并报告电缆状况，其中包括近端串音、信号衰减及噪声。

- 时域反射计（TDR）与光时域反射计（OTDR）：前者能够快速定位金属线缆中的短路、断路、阻抗等问题，后者可以精确测量光纤的长度、断裂位置、信号衰减等。

（71）～（75）**【答案】** A　C　B　B　D

【解析】对人进行身份验证的方法与对机器和程序进行身份验证的方法有很大的不同，这是因为人与计算机的能力存在重大差异。计算机擅长快速地、正确地进行大型计算，它们拥有巨大的内存，可以存储并检索千兆字节的信息。人类没有这种能力。所以我们需要使用不同的方法来验证人的身份。特别是，如果被认证的主体是个人（具有所有相关限制），我们已经讨论过的加密协议就不太适合。

所有人类身份验证的方法至少依赖于以下一种：

- 你知道的（如密码）。这是用于人类的最常见的身份验证。我们每天都使用密码来访问我们的系统。不幸的是，你知道的东西可能会变成你刚刚忘记的东西。如果你把它写下来，其他人可能会找到它。
- 你拥有的（如智能卡）。这种形式的人类身份验证避免了人会遗忘所知道的东西的问题，但是现在，在你想要被身份验证的任何时候，都必须有一些物体与你在一起。这样的东西可能会被盗，然后变成攻击者拥有的东西。
- 你特有的（如指纹）。利用被验证主体的固有特性进行身份验证。丢失指纹比丢失钱包难多了。不幸的是，生物传感器相当昂贵，而且当前不太准确。

18.4　案例分析答案与解析

试题一

【问题 1 答案】

USG6315E 防火墙配置功能：NAT、策略路由、安全过滤。

ME60 配置功能：认证、流量控制（限速）、DHCP。

该网络存在的问题与优化思路：

（1）汇聚/核心交换机和 BRAS 存在单点故障，建议增加设备，变为双核心和双汇聚。

（2）接入和汇聚交换机都是单上行，建议调整为双上行，实现链路冗余。

（3）数据中心区域缺乏安全防范，建议部署防火墙进行区域隔离。

【问题 2 答案】

可能的认证方案有：MAC 地址认证、PPPoE 认证、IPoE 认证、Web portal 认证。MAC 地址认证用于哑终端（比如打印机），PPPoE 认证用于有线网络（比如 PC），IPoE 和 Web portal 用于移动终端和无线网络。

【问题 3 答案】

无线控制器部署方式有：独立无线控制器、核心交换机 AC 板卡（只提供 AC 功能，不提供接口）、核心交换机随板 AC（48 个千兆接口的板卡，接口+AC），该网络中可能是核心交换机部署

AC 板卡或随板 AC。

iMaster NCE 实现的功能：

（1）全网统一管理（网管功能）。

（2）用户接入认证（认证功能）。

（3）全网流量可视化（流量可视化）。

（4）设备零配置上线（自动配置下发）。

（5）出口链路负责均衡，网络优化等。

试题二

【问题 1 答案】

1．部署虚拟机优势：

1）提高物理服务器 CPU 利用率。

2）提高数据中心能耗效率。

3）提高数据中心高可用性。

4）加快业务部署速度。

5）降低 TCO。

6）资源扩展更加灵活。

部署虚拟机的问题：

1）安全问题更加突出，一台虚拟机中毒可能影响其他虚拟机。

2）服务器和网络边界模糊，运维管理难度增加。

3）部分业务不支持虚拟化，或虚拟化后性能降低。

开放性问题，写得合理即可。

2．（1）VxLAN　（2）大二层

Spine-leaf 网络架构与传统三层网络架构的区别：

1）Spine-leaf 架构中，接入交换机开启三层功能，网关直接在接入层交换机。而传统三层网络架构网关一般在汇聚层交换机。

2）Spine-leaf 架构中，Spine 节点可以根据需要灵活扩展多台，而传统三层网络架构中，汇聚和核心交换机一般最多 2 台。

Spine-leaf 网络架构的优势：多链路负载均衡，灵活扩展网络规模，提升网络性能。

【问题 2 答案】

（3）Server-Free　（4）增量

（5）A　（6）CD

【问题 3 答案】

1．（7）HDFS　（8）Mapreduce　（9）Yarn

2．现代数据中心的发展趋势：

（1）绿色数据中心。

（2）自动化数据中心。

（3）超大规模数据中心。

（4）自然冷却数据中心。

（5）模块化数据中心。

开放性题目，写得合理即可。

试题三

【问题1答案】

APT攻击，主要从技术和管理上进行防范。

针对APT攻击，可以从技术和管理上进行防范。技术上可以部署沙箱、态势感知等系统，联动防火墙、入侵检测、交换机等设备进行综合分析。管理上可以：

（1）制定网络安全管理制度。

（2）明确网络安全主体责任。

（3）细化网络安全工作职责，责任到人。

（4）合理分配人员权限、最小权限和加强审计。

（5）加强网络安全意识和技能培训。

（6）强化网络安全执行监督。

隐藏自己的身份和攻击痕迹的方式有：使用跳板/肉鸡，清除攻击日志、使用隐蔽信道。

【问题2答案】

（1）SQL注入　（2）C　（3）MySQL　（4）C

【问题3答案】

（1）3　1

（2）安全管理机构　安全管理人员　安全建设管理　安全运维管理　安全制度管理